U0036765

# 前言

　　本書沒有從基本的網路程式設計知識講起，而是講解當前業界主流的 Linux 高性能程式設計框架，並以實戰案例的形式將相關知識展現出來。本書講解的高性能框架包括 Linux 原生 epoll I/O 模型、高性能事件程式庫 libevent、高性能 Web 伺服器 Nginx 以及 Intel 公司的 DPDK，實戰案例包括基於 libevent 的 FTP 伺服器、基於 epoll 的高並發聊天伺服器、DPDK 於應用案例、基於 P2P 架構的高性能遊戲伺服器。

## 關於本書

　　在高性能網路程式設計領域，epoll 是最基本的 I/O 模型，這是 Linux 網路附帶的。除此以外，各大公司或組織也提出了自己的高性能解決方案，比如 Intel 公司提出 DPDK，俄國人提出的 Nginx，它們都是高效且已經應用很廣的解決方案，這裡的 DPDK、Nginx 於都是基於 C/S 應用架構的。可以這麼說，如果要從事 Linux 網路開發工作，那麼這些程式庫都是繞不過去的，而且在很多公司，都是要求員工必須掌握的，因為這些公司的網路產品基本都是使用這些程式庫來開發的。

　　本書對 Nginx 於架構進行解析，用於指導讀者學習先進伺服器架構設計原理和實現程式，啟發讀者於把先進技術吸收到自己產品中，或基於這些先進技術進行延伸開發，比自己盲目實現一個粗糙的產品更加重要。

　　此外，本書還講解大名鼎鼎的高性能事件程式庫 libevent，這是高性能領域的老兵了，在 DPDK、Nginx 這些後起之秀之前就已經在應用，大浪淘沙，能至今沒有沒落，說明有其獨特的優勢所在，因此，本書也把它引進過來。

　　為了讓讀者開闊眼界，本書最後透過一個遊戲伺服器來講解 P2P 架構下的解決方案，這個架構案例在遊戲伺服器程式設計領域幾乎是標準配備。

## 本書目標讀者

- Linux 高性能網路程式設計初學者
- 高性能網路伺服器開發人員
- 高並發遊戲伺服器開發人員
- 高等院校電腦網路與通訊、電腦網路技術等相關專業的學生

# 目錄

## 第 1 章  高性能網路程式設計概述

## 第 2 章  Linux 基礎和網路

# 第 3 章　架設 Linux 網路開發環境

# 第 4 章 網路服務器設計

# 第 5 章 基於 libevent 的 FTP 伺服器

# 第 6 章　基於 epoll 的高並發聊天伺服器

# 第 7 章　高性能伺服器 Nginx 架構解析

# 第 8 章  DPDK 開發環境的架設

# 第 9 章 DPDK 應用案例實戰

# 第 10 章　基於 P2P 架構的高性能遊戲伺服器

# 第 1 章
# 高性能網路程式設計概述

## 1.1 來自產品經理的壓力

新人剛開始從事 Linux 程式設計的時候，產品經理或其他領導不會給他很大的壓力，這樣「快快樂樂」幾年後，工作壓力就來了。筆者也是這樣過來的，往事不堪回首，勸誡各位新人應為工作早做準備，不斷提升自己的能力。記得當年筆者是在開發一個網路監控軟體，後面的故事讓它自己說吧。

我是一個網路監控軟體，我被開發出來的使命就是監控網路中進進出出的所有通訊流量。一直以來，我工作得都非常出色，但是隨著我監控的網路越來越龐大，網路中的通訊流量也變得越來越多，我開始有些忙不過來了，逐漸發生封包遺失的現象，而且最近這一現象越發嚴重了。

一天晚上，程式設計師小哥哥（就是筆者）把我從硬碟上叫了起來。「這都幾點了，你怎麼還不下班啊？」我問小哥哥。

「哎，產品經理說了，讓我下個月必須支援 10GB 網路流量的分析，我這壓力可大了，沒辦法只好加班了。」說完小哥哥整理了一下他那日益稀疏的頭髮。

「10GB ？ 10Gbps ？開玩笑的吧？這是要累死我的節奏啊！」我有點驚訝地說。

「可不是嗎？愁死我了。你快給我說說，工作這麼久了，有沒有覺得不舒服的或覺得可以改進的地方？」小哥哥真誠地看著我。

我思考了片刻，說道：「要說不舒服的地方，還真有！就是我現在花了太多時間在複製資料封包上了，把資料封包從核心空間複製到使用者態空間，以前資料量小還行，現在網路流量這麼大，可真是要了我的老命了。」

小哥哥歎了口氣，說道：「哎，這個改不了，資料封包是透過作業系統的 API 獲取的，作業系統又是從網路卡那裡讀取的，而我們是工作在使用者空間的程式，必須複製一次，這沒辦法。你再想想還有別的嗎？」

　　我也歎了口氣，說道：「那行，還有一個槽點，資料封包收到後能不能直接交給我，別交給系統的協定層和 Netfilter 框架去處理了，反正我拿來後也要重新分析，每次都從它們那裡過一次，它們辦事效率又低，這不拖累我的工作嘛。」

　　筆者在這裡插入一幅圖，如圖 1-1 所示，看一下長久以來 Linux 網路封包的上傳架構。

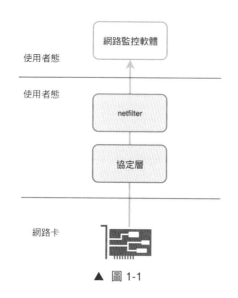

▲ 圖 1-1

　　從圖 1-1 中能清楚地看到，網路卡位於最底層，第一個抓取到資料封包，然後向上傳輸給協定層（TCP/IP 協定層）模組，然後再傳給 Netfilter（Linux 附帶的防火牆處理模組），這兩個模組都位於 Linux 核心態，最後資料封包才達到使用者態，從而被執行在使用者態的各個應用軟體獲取，比如網路監控軟體。這個架構是 Linux 誕生以來一直如此的網路捕捉流程，在以前網路資料量不是很大的時候，這樣工作沒問題。

　　小哥哥皺著眉頭，眨了眨眼睛，說道：「兄弟，這個我也改不了啊，我現在水準有限，還沒有能力讓你繞過作業系統直接去跟網路卡打交道，要不你再說一個？嘿嘿。」

　　「好，我也就不為難你了。有個簡單的問題，你可得改一下。」我說。

　　「什麼問題？說說看。」小哥哥興奮地說。

　　「就是我現在花了很多時間在執行緒切換上，等到再次獲得排程執行後，會經常發現換了一個 CPU 核心，導致之前的快取都失效了，得重新建立快取，這又是一個很大的浪費啊！能不能讓我的工作執行緒獨佔 CPU 的核心，這樣我肯定能提高不少工作效率！」我對小哥哥說。

　　小哥哥稍微思考了一下，說：「沒問題，這個可以有！用執行緒親和性就可以搞定，給你劃幾個核心出來，不讓它們參與系統的執行緒排程分配，專門給你用，這事就包在我身上吧！」

　　過了幾天，程式設計師小哥哥對我進行了升級改造，讓我的幾個工作執行緒都能獨佔 CPU 核心，工作效率提升了不少。不過，距離產品經理要求的 10GB 流量分析指標還是差了一大截。

　　一天晚上，程式設計師小哥哥又找我聊了起來。

　　「現在分析能力確實有所提升，不過離目標還差得遠啊，你還有沒有改進的建議給我啊？」小哥哥問到。

　　「有倒是有，但是我估計你還是會說改不了。」我翻了個白眼跟小哥哥說。

　　「你先說說看嘛！」小哥哥不死心地說。

　　「現在這個資料封包是用中斷的形式來通知讀取的，能不能不用中斷，讓我自己去取啊？你是不知道，每次中斷都要儲存上下文，從使用者態切換到核心態，那麼多流量，這銷耗大了去了！」我激動地說。

　　小哥哥聽完沉默了。

　　「看，我就說你改不了吧！還是趁早給產品經理說這個需求做不了，我倆都輕鬆自在。」我向小哥哥提出建議。

　　「那不行，這個專案對我非常重要，我還指望透過你來升職加薪，走向人生巔峰呢！」小哥哥說得很堅定。

　　「實在不行，那就多找幾台伺服器，把我複製幾份過去，軟體不行就靠硬體堆出性能嘛！」我對他眨了個眼睛。

　　「這還用你說，老闆肯定不會同意的」。小哥哥說。

　　「那我沒轍了，實話告訴你，想要我能處理 10GB 網路流量，非得繞開作業系統讓我親自去從網路卡讀取資料封包不可。你好好研究一下，想升職加薪，怎麼能怕難呢！」我給小哥哥打了打氣。

　　小哥哥點了點頭，說：「你說的對，我一定可以的，給我一點時間。」

就這樣過了一個多星期，這期間程式設計師小哥哥一直沒再來找過我，也不知道他研究得怎麼樣了。

又過了好幾天，他終於又來了。

「快出來！我找到辦法了，明天就開始改造你！」小哥哥興奮地說。

我一聽來了興趣，問：「什麼辦法？你打算怎麼改造我？」

「這個新方案可以解決你之前提出的所有問題，可以讓你直接去跟網路卡打交道，不用中斷來通知讀取資料封包，不用再把資料封包交給系統協定層和 Netfilter 框架處理，也不用頻繁地在使用者態和核心態反覆切換了！」小哥哥越說越激動。

「你也太厲害了，能把這些問題都解決了！你是怎麼做到這些的，什麼原理？」我好奇地問到。

小哥哥有些不好意思地說：「我哪有那本事啊，其實這是別人開發的技術，我只是拿來用而已。」

「額～那你都弄清楚它的原理了嗎？」我有些不太放心地問。

「這個你放心，這個技術叫 DPDK，是 Intel（英特爾公司）開發的技術，靠譜！」小哥哥向我保證，「有了 DPDK，透過作業系統的使用者態模式驅動 UIO，你就可以在使用者態透過輪詢的方式讀取網路卡的資料封包，再也不用中斷了。直接在使用者態讀取，再也不用把資料封包在核心態空間和使用者態空間搬來搬去，讀到之後你直接就可以分析，還不用走系統協定層和 Netfilter 浪費時間，簡直完美！」

「還不止這些呢，DPDK 還支援大分頁記憶體技術」小哥哥得意地說。

「大分頁記憶體？這是什麼？」我好奇地問。

「預設情況下系統以 4KB 大小來管理記憶體分頁，這個單位太小了，我們伺服器記憶體會有大量的記憶體分頁面，為了管理這些頁面，就會有大量的分頁表項。CPU 裡面進行記憶體位址翻譯的快取 TLB 大小有限，分頁表項太多就會頻繁失效，降低記憶體位址翻譯的速度！」小哥哥解釋道。

聽到這裡，我突然明白了：「我知道了，把這個單位調大，管理的記憶體分頁面就變少了，分頁表項數量也就變少了，TLB 就不容易失效，位址翻譯就能更快，對不對？」

「沒錯，你猜猜看，調到多大？」小哥哥故作神秘地說。

「翻一倍，8KB ？」我猜到。見小哥哥搖搖頭，我又猜到：「難道是 16KB ？」

「太保守了，能支援 2MB 和 1GB 兩種大小呢！」小哥哥說。

「這麼大，厲害了！」我也忍不住驚歎。

第二天，程式設計師小哥哥開始對我進行徹底的重構。

升級後的我試著執行了一下，發現了一個問題：如果資料封包不是很多或沒有資料封包的情況下，我的輪詢基本上就挺浪費時間的，一直空轉。由於我獨佔了一個核心，這個核心的佔用率就一直是 100%，不少別的程式都吐槽我是佔著職位不工作。

於是，程式設計師小哥哥又對我進行了升級，用上了 Interrupt DPDK 模式：沒有資料封包處理時就進入睡眠，改為中斷通知；還可以和其他執行緒共用 CPU 核心，不再獨佔，但是 DPDK 執行緒會有更高排程優先順序，一旦資料封包多了起來，我就又變成輪詢模式，可以靈活切換。

程式設計師哥哥連續加了兩個星期的班，經過一番最佳化升級，我的資料封包分析處理能力有了極大的提升。然而遺憾的是，測試了幾輪，當面臨 10Gbps 的流量時，我還是有點力不從心，始終差了那麼一點點。

小哥哥有些灰心喪氣地說：「我不知道該怎麼辦了，你覺得還有什麼哪些地方可以改進嗎？」

「我現在基本滿負荷工作了，應該沒有什麼地方可以改進了。現在唯一能喘口氣的時候就是資料競爭的時候了，遇到資料被加了鎖發生執行緒切換時才能歇一歇。」我說。

小哥哥思考了幾秒鐘，突然眼睛一亮，高興地說：「有了！」

我還沒來得及問，他就昏了過去，畢竟加班太累了，資料又太少，書籍更是沒有，只能自己辛苦摸索，可憐的小哥哥啊！不像若干年後的現在，讀者可以站在小哥哥的肩膀（經驗教訓）上敲程式，不用從頭再來。

往事敘述到這裡，基本結束了。相信讀者都有所了解了，可以使用英特爾公司的 DPDK（Data Plane Development Kit，資料平面開發套件）技術來提升網路性能。DPDK 技術的應用已經如火如荼了，各大 Linux 網路開發的高薪職務都要求最好會使用 DPDK 技術並開發過相關專案。本書不僅只講 DPDK 技術，高性能網路程式設計也不僅只有 DPDK 技術，比如還有掃地僧 ICE，這位也是武林頂尖高手，我們讓它最後一個出場。

# 1.2 網路高性能需求越來越大

隨著 21 世紀網際網路的高速發展,人們進入了以網路為核心的資訊時代,網際網路越來越成為人們不可缺少的生活品,慢慢滲透進了人們生活的各個方面。而近年來,隨著 3G、4G、5G 和 Wifi 的無線網路的推廣,網際網路使用者規模迅速增長。人們之間的溝通從傳統電話和簡訊,擴展到即時通訊軟體和社交娛樂興趣分享平臺,購物方式從線下購物擴展到線上再擴展到線上線下聯合,同時還有手機支付的大規模發展。「網際網路 +」正滲透到人們的生活、生產、交易活動的各方面。醫療、教育、交通等公共服務也正在與網際網路融合並發生智慧化。

網路的開發包含建設、網路最佳化、網路流量應用等幾個方面。網路基本功能的核心工作之一就是封包處理,即資料封包處理。網路的高速發展要求封包處理速率要跟上網路整體速率發展的要求。網路從不同的功能定位角度可以分為三方面的內容:第一方面為網路資訊的產生和最終吸收,它以終端與終端的資訊互動為代表,是網路建設最根本的應用功能;第二方面為網路資訊的轉發,它是網路建設發展在空間、性能、可靠性上支援越來越高要求的保證;第三方面是網路監控,以網路品質控制、特性分析、趨勢預測為主要目標,主要包括網路流量監測。網路的這三個方面對網路發展而言是不可或缺的,其重要程度不言而喻。

以網路流量監測為例。網路流量分析應用首先對網路流量進行資料獲取,然後進行分析與應用。主要包含以下幾個方面:透過網路流量監控可以實現對網路的科學規劃和擴充,公平分配資源和資費,更進一步地運行維護,提高網路資源使用率,及時發現破壞網路秩序的行為,同時還可以進行使用者行為分析、網路業務分析。網路流量監測涉及網路資料采集,其中包含網路業務資料的擷取,網路流量資料是一組封包的統計整理資訊,用於獲取整體流量資訊。為了更全面地了解流量的特徵和內容資訊,就需要網路業務資料。網路業務資料涉及某個特定的封包,此封包有特定業務的封裝和內容資訊,透過這些資訊可以知道此次存取的通訊過程和通訊內容,將流量資訊和業務資料結合起來,就能分析出使用者網路行為和流量資料。對網路服務提供方來說,了解這些資料就能從全域以及細節上把控流量,不僅可以用於辨識非正常流量的方式、來源、特點,以此來提高網路的穩定性,還能基於具體業務流量資訊提供高品質業務服務保障。網路流量的資料獲取是資料分析的關鍵環節之一,同時也是網路流量的入口,其重要性可見一斑。網路封包處理正是其中重要的一環。

網路封包處理不單在網路流量監測的網路資料獲取中十分重要，在網路基本的網資訊產生和吸收，以及中繼裝置的轉發這幾方面，也是重要的一環。

此外，隨著當下熱門的雲端運算產業的異軍突起，網路技術的不斷創新，越來越多的網路裝置基礎架構逐步向基於通用處理器平臺的架構方向融合，從傳統的實體網路到虛擬網路，從扁平化的網路結構到基於 SDN（Software Defined Network，軟體定義網路）分層的網路結構，無不表現出這種創新與融合。SDN 是由美國史丹佛大學 Clean State 課題研究小組提出的一種新型網路創新架構，是網路虛擬化的一種實現方式，可以透過軟體程式設計的形式定義和控制網路，其控制平面和轉發平面分離及開放性可程式化的特點，被認為是網路領域的一場革新，為新型網際網路系統結構研究提供了新的實驗途徑，也極大地推動了下一代網際網路的發展，這裡只要了解即可。

網路技術的不斷創新與融合在使得網路變得更加可控和成本更低的同時，也能夠支援大規模使用者或應用程式的性能需求，以及巨量資料的處理。究其原因，其實是高性能網路程式設計技術隨著網路架構的演進而不斷突破的一種必然結果。

## 1.3 高性能網路封包處理的瓶頸

首先我們來看 C10M 問題，即單機 1000 萬個並發連接問題。很多電腦領域的專家從硬體和軟體上都對它提出了多種解決方案。從硬體上，現在的類似 40Gpbs、32-cores、256GRAM 這樣設定的 X86 伺服器完全可以處理 1000 萬個以上的並發連接。但是從硬體上解決問題就沒多大意思了，首先它成本高，其次不通用，最後也沒什麼挑戰，無非就是堆砌硬體而已。所以，拋開硬體不談，我們看看從軟體上該如何解決這個世界難題呢？這裡不得不提一個人，就是 Errata Security 公司的 CEO Robert Graham，如圖 1-2 所示，他在 Shmoocon 2013 大會上很巧妙地解釋了這個問題。

他提到了 UNIX 的設計初衷其實是為了電話網絡的控制系統，而非一般的伺服器作業系統，所以它僅是一個負責資料傳送的系統，沒有所謂的控制層面和資料層面的說法，不適合處理大規模的網路資料封包。最後他得出結論：作業系統（OS）的核心不是解決 C10M 問題的辦法，恰恰相反 OS 的核心正是導致 C10M 問題的關鍵所在。

▲ 圖 1-2

　　隨著行動網際網路的發展，網路裝置的硬體能力在不斷增加，特別是網路卡、接換機路由器等裝置的性能在不斷提高。網路處理中小型應用環境由 GB 網環境不斷向 10GB 網環境發展。Linux 封包處理技術是當前網路封包處理技術中重要的一方面。基於 Linux 核心協定層（包括 socket）的資料封包擷取方法和基於 libpcap（一種開放原始碼的資料捕捉函式程式庫）的封包處理平臺往往會出現較為嚴重的封包遺失現象，特別是在大流量資料獲取方面，這些問題影響到後面流量分析系統的性能，成為整個流量監測系統的性能瓶頸。因此，在現有 Linux 系統上，網路封包處理技術需要更多的最佳化技術，以適應越來越高的性能要求。

　　當前硬體的速度越來越快，使得高速率封包接收的性能在軟體上出現瓶頸，尤其是涉及多核心平臺的 Linux 作業系統。這裡有以下幾點技術研究需求：

## 1）Linux 封包處理路徑的限制與最佳化需求

　　這一需求和 Robert Graham 的觀點一樣，最初的設計是讓 UNIX 成為一個電話網絡的控制系統，而非成為一個伺服器作業系統。對於控制系統而言，主要目標是使用者和任務，因而並沒有為協助功能的資料處理做特別設計，也就是既沒有所謂的快速路徑、慢速路徑，也沒有各種資料服務處理的優先順序差別。在標準的 Linux 封包處理框架內，資料封包從網路卡到應用程式，經歷了很長路徑。

## 2）封包處理應用的複製問題與最佳化需求

　　Linux 中，封包從網路卡到應用層需要經過多次複製，CPU 承擔了很大的負擔。這導致網路流量較大時，大量的處理資源被消耗在資料複製，整個網路裝置性能大幅度降低，而且封包處理路徑過長，封包在核心中傳遞時還被進行很多額外的解析。對於純粹的資料獲取系統而言，這些都是多餘的。此外，處理程序在使用者態和核心態之間切換將佔用大量系統資源，頻繁的系統呼叫在高速網路流量擷取過程中會形成額外的消耗。再有封包處理過程中記憶體資源的低效使用，往往也會造成系統在多個部件上和處理流程上付出額外的等待時間。與此同時，網路卡中斷、協定處理以及資料驗證等都是影響封包擷取的重要因素。

3）CPU 快取與記憶體速度的矛盾與最佳化需求

現在，大記憶體容量已經相當普及，但是記憶體的存取速度仍然很慢，CPU存取一次記憶體大約需要 60~100 毫微秒，相比很久以前的記憶體存取速度，這基本沒有增長多少。核心快取雖然存取速度會快些，但大小仍然不夠。如何借助快取，最佳化快取的使用，達到更高的性能水準，還需進一步的研究。

4）多核心平臺任務分割最佳化需求

因為最初的 CPU 只有一個核心，所以作業系統程式以多執行緒或多工的形式來提升整體性能。而現在，4 核心、8 核心、32 核心、64 核心和 100 核心都已經是真實存在的 CPU 晶片，如何提高多核心的性能可擴展性，是一個必須面對的問題。比如讓同一任務分割在多個核心上執行，以避免 CPU 的空閒浪費。只有將功能邏輯在多核心上做好劃分才可以達到良好的效果。

5）任務在多核心平臺的可擴展性研究需求

封包處理任務不但可以在多個核心上進行劃分排程，還可以將任務處理管線水平重複擴展於多核心平臺，以便透過平行化方式提高處理性能。透過一些實際應用發現，任務在多核心平臺上的擴展有時出現瓶頸，有時不出現瓶頸；有時只能按線性增長方式擴展性能，有時能以高於線性增長的方式擴展性能，有時又出現性能不升反降的問題。封包處理任務在多核心平臺上是否可以無限擴展，擴展性能有哪些影響因素，這都需要得到研究。

6）NUMA 平臺與封包處理的性能研究

NUMA（Non-Uniform Memory Access，非一致記憶體存取架構）是一種當前普遍應用的電腦架構。由於 NUMA 平臺自身結構和記憶體存取方面的特性，封包處理應用在該類平臺上時性能會受到影響限制。NUMA 平臺本身緣於對以往 CPU架構系統性能問題的最佳化，但如果封包處理應用在該平臺上的性能最佳化得不到妥善處理，那麼它本身的性能就會受到限制。

7）性能評價指標的擴充需求

現有的與封包處理相關的性能指標具有在所有封包處理領域的普遍適應性。它們可以為封包處理技術的研究與評估提供參考，但隨著研究的深入，大多數指標僅片面提供整體的性能指標（如處理速率、資源佔用、時間等），對於封包處理系統的處理能力表現得並不充分，例如缺乏處理速率與資源佔用之間的表現。

8）現有高速處理框架對比研究需求

隨著封包處理研究的不斷發展，有一批優秀的封包處理框架被各公司和研究機構推出並走向實際應用。然而各個高速處理框架對封包處理技術既有相同的最佳化技術，又有各自不同的特點和框架設計。它們有的性能相近，有的性能相差較大，有的使用簡單，有的靈活性強。使用恰當時可以增強系統的封包處理能力，使用不當時可能導致性能相差較遠。因此需要對這些最佳化技術框架的異同點、性能進行評估，為使用者提供參考和參考。

綜上所述，Linux 封包處理路徑、資料複製、CPU 快取的使用、多核心任務分割最佳化及其多核心可擴展性、NUMA 平臺的封包處理最佳化技術、性能評價指標、高速處理框架研究參考等方面，都是研究如何提高封包處理系統在高速網路下的表現性能的需求點和切入點。

## 1.4　八仙過海各顯神通

哪裡有問題，哪裡就有方案。人們為了提高網路性能可謂煞費苦心，從各個角度，全方位立體式地提出了各種各樣的解決方案，有從核心入手的，有從提高網路卡性能入手的，有的甚至繞過了 Linux 核心。下面簡單描述，讓讀者有一個大概的認識。

Linux 封包擷取系統及通用的 Linux 封包處理技術有越來越多的熱點研究和成果。Linux 系統原生封包處理的限制首先表現在網路卡驅動上的性能不足，其次表現在驅動更上一層的封包處理路徑上的性能不足。核心態的中斷輪詢的處理方式已經不能使 CPU 適應越來越高的 I/O 速率，使用者態的純輪方式處理高速通訊埠開始成為必然。一系列技術，例如減少封包複製次數、核心態與使用者態的切換銷耗、大記憶體分頁、多核心平臺的有效使用等都已得到廣泛研究。

對 Linux 原生封包處理機制改進的直接研究，就是 Linux 系統自身的改進和迭代。不斷升級的 Linux 系統在不斷改進封包處理的機制細節，例如將原始的純中斷封包接收升級為中斷加輪詢相結合的 NAPI（New Application Programming Interface，新式的應用程式設計介面）、提供大記憶體分頁 API 供使用者使用、依據 NUMA 平臺特點最佳化執行緒排程和資源設定、以 RPS/RFS（Receive Packet Steering/Receive Flow Steering）方式將單佇列網路卡片模擬成軟體多佇列方式平行處理等。

由於網路實際應用複雜，因此業界提出了解決各種複雜問題的網路建設方案，靈活的訂製化或自訂的封包處理應用，更能適應專門化的封包處理需求。這些應用對 Linux 系統提供的封包處理方式依賴程度更低，要求更高。

Linux 原生封包處理機制雖然可以改進，但仍然不足以滿足日益增長的性能要求。於是誕生了一批優秀的封包處理框架，如 PF_RING、DPDK、NET-MAP。它們對於 Linux 原生封包處理性能不足的問題，進行了大量的改良和改進。它們有的與 Linux 原生封包處理機制結合度高，有的則較為獨立。它們都提高了封包處理的性能，並且具有高靈活性以適應訂製化或專門化的封包處理需求，如網路流量監測中的封包資料獲取、高性能 DNS（Domain Name System）閘道、網路自定義元件等。

使用者在框架選擇和性能判斷上或多或少存在困難，因此需要對這些框架的機制、性能評估、性能特性進行對比和研究，以便提供給使用者參考。中外許多學者已經對 PF_RING、DPDK、NET-MAP 進行了多個維度的性能對比。不過現有的對比研究一是不能完全滿足實際需要，二是研究覆蓋層次也窄。舉例來說，有些研究從 CPU Frequency、負載、burst size、memory latency 等多個維度對 DPDK、PF_RING、NET-MAP 進行整體轉發能力的對比分析。首先當前研究大多僅對比了多維度上不同框架的轉發能力，但並不是所有封包處理應用都有轉發需要，而且發送和接收兩者在系統中有互相牽制性能的可能性。再次不同框架多核心平臺特別是 NUMA 平臺上的性能特性對比也不足。當前 NUMA 平臺的使用有著廣泛應用，其 CPU 架構系統重點改進的是多核心擴展問題，不同框架在 NUMA 平臺上的擴展問題未有足夠的研究和對比。

# 1.5 Linux 核心的弊端

　　1.4 節講解的高性能網路封包處理的瓶頸是從大的方面描述了提高網路處理性能的技術需求。對網路應用程式開發的我們來說或許不會全部涉及，更多時候我們會聚焦於 Linux 系統，概括地講，目前 Linux 核心在處理網路封包方面有以下 5 個弊端：

　　（1）中斷處理。當網路中大量資料封包到來時，會產生頻繁的硬體插斷要求，這些硬體中斷可以打斷之前較低優先順序的軟中斷或系統呼叫的執行過程。如果這種打斷頻繁的話，將產生較高的性能銷耗。

　　（2）記憶體複製。正常情況下，一個網路資料封包從網路卡到應用程式需要經過以下的過程：資料從網路卡透過 DMA（Direct Memory Access，直接記憶體）等方式傳輸到核心開闢的緩衝區，然後從核心空間複製到使用者態空間，在 Linux 核心協定層中，這個耗時操作甚至佔到了資料封包整個處理流程的 57.1%。

　　（3）上下文切換。頻繁到達的硬體中斷和軟中斷都可能隨時先佔系統呼叫的執行，這會產生大量的上下文切換銷耗。另外，在基於多執行緒的伺服器設計框架中，執行緒間的排程也會產生頻繁的上下文切換銷耗。同樣，鎖競爭的耗能也是一個非常嚴重的問題。

　　（4）局部性失效。如今主流的處理器都是多個核心的，這表示一個資料封包的處理可能跨多個 CPU 核心，比如一個資料封包可能中斷在 cpu0，核心態處理在 cpu1，使用者態處理在 cpu2，這樣跨多個核心容易造成 CPU 快取失效以及局部性失效。如果是 NUMA 架構，則更會造成跨 NUMA 存取記憶體，性能會受到很大影響。

　　（5）記憶體管理。傳統伺服器記憶體分頁大小為 4KB，為了提高記憶體的存取速度，避免快取未命中（Cache Miss），可以增加快取中映射表的項目，但這又會影響 CPU 的檢索效率。

　　綜合以上問題，可以看出核心本身就是一個非常大的瓶頸，那麼很明顯解決方案就是想辦法繞過核心。

　　針對以上弊端，人們分別提出以下技術點進行探討。

　　（1）控制層和資料層分離。將資料封包處理、記憶體管理、處理器排程等任務轉移到使用者空間去完成，而核心僅負責部分控制指令的處理。這樣就不存在上述所說的系統中斷、上下文切換、系統呼叫、系統排程等問題。

（2）使用多核心程式設計技術代替多執行緒技術，並設定 CPU 的親和性，將執行緒和 CPU 核心進行一對一綁定，減少彼此之間的排程切換。

（3）針對 NUMA 系統，儘量讓 CPU 核心使用所在 NUMA 節點的記憶體，避免跨記憶體存取。

（4）使用大分頁記憶體代替普通的記憶體，減少快取未命中。

（5）採用無鎖技術解決資源競爭問題。

# 1.6 什麼是 DPDK

經過很多前輩的研究，目前業內已經出現了很多優秀的整合了上述技術方案的高性能網路資料處理框架，如 Netmap、DPDK 等，其中 Intel 的 DPDK 在許多方案中脫穎而出，一騎絕塵，也是筆者認為值得使用的技術。Intel DPDK 全稱為 Intel Date Plane Development Kit，是英特爾公司開發的資料平面工具集，主要執行在 Linux 使用者空間上，在 Intel Architecture（IA）處理器架構下為使用者空間中資料封包的高效處理提供相關的驅動以及程式庫函式的支援。

不同於 Linux 系統以通用性設計為目的，DPDK 主要專注於網路應用中資料封包的高性能處理，主要表現在 DPDK 應用程式執行在使用者空間上，利用自身提供的資料平面程式庫對資料封包進行收發，從而跳過了資料封包在 Linux 核心協定層的處理過程。在核心看來，DPDK 就是一個普通的使用者態處理程序，它的編譯、連接和載入方式和普通程式沒有什麼區別。

當然其他框架也有優點，後續筆者也會進行講解。

# 1.7 高性能伺服器框架研究

目前主流的伺服器模型有 C/S（用戶端 / 伺服器）模型和 P2P（Peer to Peer，點對點）模型。

## 1.7.1 C/S 模型

TCP/IP 協定在設計和實現上並沒有用戶端和伺服器的概念，在通訊系統中所有的機器都是對等的。但由於資源（視訊、新聞、軟體）都被資料提供者壟斷，所以幾乎所有的網路應用程式都採用如圖 1-3 所示的 C/S 模型，用戶端透過存取伺服器來獲取所需的資源。

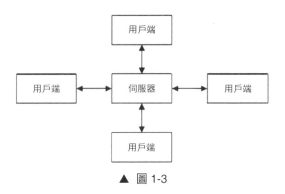

▲ 圖 1-3

C/S 模型的邏輯很簡單，TCP 伺服器和 TCP 用戶端的工作流程如圖 1-4 所示。

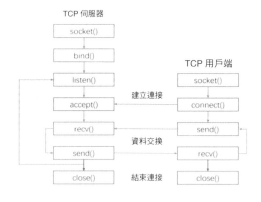

▲ 圖 1-4

伺服器啟動後，首先建立一個或多個 socket，並呼叫 bind 函式將它綁定到伺服器感興趣的通訊埠上去，然後呼叫 listen 函式等待用戶端連接。伺服器穩定執行後，用戶端就可以呼叫 connect 函式向伺服器發起連接。由於用戶端連接請求是隨機到達的非同步事件，因此伺服器需要使用某種 I/O 模型來監聽這一事件。圖 1-4 是使用的 I/O 重複使用技術是 select 系統呼叫。當監聽到連接請求後，伺服器就呼叫 accept 函式接收它，並分配一個邏輯單元為新的連接服務。邏輯單元可以是新建立的子處理程序、子執行緒或其他。圖 1-4 中，伺服器給用戶端分配的邏輯單元是由系統呼叫 fork 建立的子處理程序。邏輯單元讀取用戶端請求，並處理該請求，然後將處理結果傳回給用戶端。用戶端接收到伺服器回饋的結果之後，可以繼續向伺服器發送請求，也可以主動關閉連接。如果用戶端主動關閉連接，那麼伺服器將被動關閉連接。至此，雙方的通訊結束。需要注意的是，伺服器在處理一個用戶端請求的同時還會繼續監聽其他用戶端請求，否則就變成了效率低下的串列伺服器了（必須先處理完前一個用戶端的請求，才能繼續處理下一個用戶端的請求）。

　　C/S 模型非常適合資源相對集中的場合，並且它的實現也很簡單，但缺點也很明顯：伺服器是通訊的中心，當存取量過大時，可能所有用戶端都將得到很慢的回應。下面探討的 P2P 模型解決了這個問題。

## 1.7.2　P2P 模型

　　P2P 模型比 C/S 模型更符合網路通訊的實際情況。它擯棄了以伺服器為中心的格局，讓網路上的所有主機重新回歸對等的地位。P2P 模型如圖 1-5 所示。

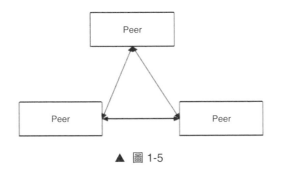

▲ 圖 1-5

　　P2P 模型使得每台機器在消耗服務的同時也給別人提供服務，這樣資源能夠充分、自由地共用，雲端運算機群可以看作 P2P 模型的典範。P2P 模型的缺點也很明顯：當使用者之間傳輸的請求過多時，網路的負載將加重。圖 1-5 所示的 P2P 模型存在一個顯著的問題，即主機之間很難互相發現，所以實際使用的 P2P 模型通常帶有一個專門的發現伺服器，如圖 1-6 所示。

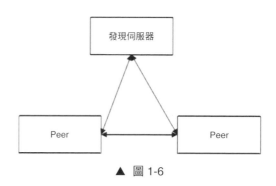

▲ 圖 1-6

這個發現伺服器通常還提供查詢服務（甚至還可以提供內容服務），使每個用戶端都能儘快地找到自己需要的資源。

### 1.7.3 伺服器的框架概述

雖然伺服器程式種類繁多，但它們的基本框架都一樣，不同之處在於邏輯處理。伺服器的基本框架如圖 1-7 所示。

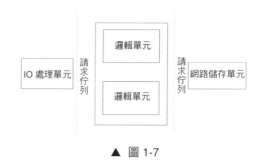

▲ 圖 1-7

圖 1-7 既能用來描述一台伺服器，也能用來描述一個伺服器機群。

I/O 處理單元是伺服器管理用戶端連接的模組。它通常要完成以下工作：等待並接收新的用戶端連接，接收用戶端資料，將伺服器回應資料傳回給用戶端。但是，資料的收發不一定在 I/O 處理單元中執行，也可能在邏輯單元中執行，具體在何處執行取決於事件處理模式。對一個伺服器機群來說，I/O 處理單元是一個專門的接收伺服器，它實現負載平衡，從所有邏輯伺服器中選取負荷最小的一台來為新用戶端服務。

一個邏輯單元通常是一個處理程序或執行緒，它分析並處理用戶端資料，然後將結果傳遞給 I/O 處理單元或直接發送給用戶端（具體使用哪種方式取決於事件處理模式）。對伺服器機群而言，一個邏輯單元本身就是一台邏輯伺服器。伺服器通常擁有多個邏輯單元，以實現對多個用戶端任務的平行處理。

網路儲存單元可以是資料庫、快取和檔案，甚至是一台獨立的伺服器，但它不是必需的，比如 SSH、Telnet 等登入服務就不需要這個單元。

請求佇列是各單元之間的通訊方式的抽象。I/O 處理單元接收到用戶端請求時，需要以某種方式通知一個邏輯單元來處理該請求。同樣，多個邏輯單元同時存取一個儲存單元時，也需要採用某種機制來協調處理競爭條件。請求佇列通常被實現為池的一部分，對於伺服器機群而言，請求佇列是各台伺服器之間預先建立的、靜態的、永久的 TCP 連接。這種 TCP 連接能提高伺服器之間交換資料的效率，因為它避免了動態建立 TCP 連接而導致的額外的系統銷耗。

## 1.7.4　高效的事件處理模式

伺服器程式通常需要處理 3 類事件：I/O 事件、訊號及定時事件。高效的事件處理模式有兩種：Reactor 和 Proactor。

### 1. Reactor 模式

Reactor 模式要求主執行緒只負責監聽檔案描述符號上是否有事件發生，如果有事件發生就立即將該事件通知給工作執行緒。除此之外，主執行緒不做任何其他實質性的工作。工作執行緒完成資料的讀寫、接收新的連接、處理使用者請求。

使用同步 I/O 模型（以 epoll_wait 為例，這是 Linux 核心的處理事件的系統函式）實現 Reactor 模式的工作流程如下：

（1）主執行緒在 epoll 核心事件表中註冊 socket 上的讀取就緒事件。

（2）主執行緒呼叫 epoll_wait 等待 socket 上有資料讀取。

（3）當 socket 上有資料讀取時，epoll_wait 通知主執行緒，主執行緒則將讀取事件放入請求佇列中。

（4）睡眠在請求佇列上的某個工作執行緒被喚醒，它從 socket 中讀取資料，並處理用戶端請求，然後在 epoll 核心事件表中註冊該 socket 上的寫入就緒事件。

（5）主執行緒呼叫 epoll_wait 等待 socket 寫入。

（6）當 socket 寫入時，epoll_wait 通知主執行緒，主執行緒則將 socket 寫入事件放入請求佇列中。

（7）請求佇列上的某個工作執行緒被喚醒，它往 socket 上寫入伺服器處理用戶端的結果。

圖 1-8 詳細描述了 Reactor 的工作流程。

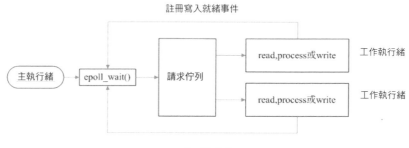

▲ 圖 1-8

從圖中可知，工作執行緒從請求佇列中取出事件後，將根據事件的類型來決定如何處理它：對於讀取事件，執行讀取資料和處理請求的操作：對於寫入事件，執行寫入資料的操作。因此，在圖 1-8 所示的 Reactor 模式中，沒必要區分所謂的「讀取工作執行緒」和「寫入工作執行緒」。

### 2. Proactor 模式

與 Reactor 模式不同，Proactor 模式將所有 I/O 操作都交給主執行緒和核心來處理，工作執行緒僅負責業務邏輯。

使用非同步 I/O 模型（以 aio-read 和 aio-write 為例）實現的 Proactor 模式的工作流程如下：

（1）主執行緒呼叫 aio_read 函式向核心註冊 socket 上的讀取完成事件，並告訴核心使用者讀取緩衝區的位置。

（2）主執行緒繼續處理其他邏輯。

（3）當 socket 上的資料被讀取使用者緩衝區後，核心將向應用程式發送一個訊號，以通知應用程式資料已經可用。

（4）應用程式預先定義好的訊號處理函式，選擇一個工作執行緒來處理用戶端請求。

（5）主執行緒繼續處理其他邏輯。

（6）當使用者緩衝區的資料被寫入 socket 之後，核心將向應用程式發送一個訊號，以通知應用程式資料已經發送完畢。

（7）應用程式預先定義好的訊號處理函式選擇一個工作執行緒做善後處理，比如決定是否關閉 socket。

## 1.7.5 高效的並發模式

並發的目的是讓程式「同時」執行多個任務。如果程式是計算密集型的，那麼並發程式設計並沒有優勢，反而由於任務的切換而使效率降低；但如果程式是 I/O 密集型的，比如經常讀寫檔案、存取資料庫等，則情況就不同了。由於 I/O 操作的速度遠沒有 CPU 的計算速度快，因此讓程式阻塞於 I/O 操作將浪費大量的 CPU 時間。如果程式有多個執行執行緒，當前被 I/O 操作所阻塞的執行執行緒可主動放棄 CPU（或由作業系統來排程），並將執行權轉移給其他執行緒。這樣一來 CPU 就可以用來做更加有意義的事情（除非所有執行緒都同時被 I/O 操作阻塞），而非等待 I/O 操作完成，因此 CPU 的使用率顯著提升。

並發程式設計主要有多處理程序和多執行緒兩種方式。伺服器主要有兩種並發程式設計模式：半同步 / 半非同步模式和領導者 / 追隨者模式（Leader/Followers）。

### 1. 半同步 / 半非同步模式

首先，半同步 / 半非同步模式中的「同步」和「非同步」與 I/O 模型中的「同步」和「非同步」是完全不同的概念。在 I/O 模型中，「同步」和「非同步」區分的是核心向應用程式通知的是何種 I/O 事件（是就緒事件還是完成事件），以及該由誰來完成 I/O 讀寫（是應用程式還是核心）。在並發程式設計模式中，「同步」指的是程式完全按照程式序列的循序執行，「非同步」指的是程式的執行需要由系統事件來驅動。常見的系統事件包括中斷、訊號等。

按照同步方式執行的執行緒稱為同步執行緒，按照非同步方式執行的執行緒稱為非同步執行緒。顯然，非同步執行緒的執行效率更高，即時性更強，這也是很多嵌入式程式採用的模型。但以非同步方式執行的程式撰寫起來相對複雜，且難於偵錯和擴展，不適用於大量的並發。而同步執行緒則相反，它雖然效率相對較低，即時性較差，但邏輯簡單。因此，對於像伺服器這種既要求較好的即時性，又要求能同時處理多個用戶端請求的應用程式，就應該同時使用同步執行緒和非同步執行緒來實現，即採用半同步 / 半非同步模式來實現。

　　一種相對高效的半同步 / 半非同步模式，如圖 1-9 所示，它的每個執行緒都同時能處理多個用戶端連接。

▲ 圖 1-9

　　在圖 1-9 中，主執行緒只負責監聽 socket，連接 socket 由工作執行緒來負責。當有新的連接到來時，主執行緒就接收它並將新傳回的連接 socket 派發給某個工作執行緒，此後該新 socket 上的任何 I/O 操作都由被選中的工作執行緒來處理，直到用戶端關閉連接。主執行緒向工作執行緒派發 socket 的最簡單的方式是往它和工作執行緒之間的管道裡寫入資料。工作執行緒檢測到管道上有資料讀取時，就分析是否到來一個新的用戶端連接請求。如果是，則把該新 socket 上的讀寫事件註冊到自己的 epoll 核心事件表中。

### 2. 領導者 / 追隨者模式

　　領導者 / 追隨者模式是多個工作執行緒輪流獲得事件來源集合，輪流監聽、分發並處理事件的一種模式。在任意時間點，程式都僅有一個領導者執行緒，它負責監聽 I/O 事件；其他執行緒則都是追隨者，它們休眠在執行緒池中等待成為新的領導者。當前的領導者如果檢測到 I/O 事件，則首先要從執行緒池中推選出新的領導者執行緒，然後處理 I/O 事件。此時，新的領導者等待新的 I/O 事件，而原來的領導者則處理 I/O 事件，二者實現了並發。

　　領導者 / 追隨者模式包含以下幾個元件：控制碼集（HandleSet）、執行緒集（ThreadSet）、事件處理器（EventHandler）和具體的事件處理器（ConcreteEventHandler）。它們的關係如圖 1-10 所示。

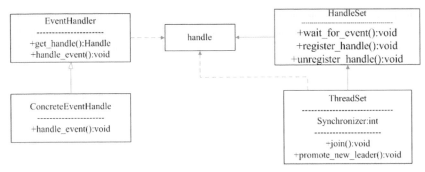

▲ 圖 1-10

## 1.7.6 提高伺服器性能的方法

　　性能對伺服器來說是至關重要的，畢竟每個用戶端都期望其請求能很快得到回應。影響伺服器性能的首要因素就是系統的硬體資源，比如 CPU 的個數、速度、記憶體的大小等。不過由於硬體技術的高速發展，現代伺服器都不缺乏硬體資源，因此在伺服器設計時需要考慮的主要問題是如何從「軟環境」來提升伺服器的性能。伺服器的「軟環境」，一方面是指系統的軟體資源，比如作業系統允許使用者打開的最大檔案描述符號數量；另一方面指的就是伺服器程式本身，即如何從程式設計的角度來確保伺服器的性能。

　　前面探討了幾種高效的事件處理模式和並發模式，它們都有助提高伺服器的整體性能。下面進一步分析高性能伺服器需要注意的其他幾個方面：池（pool）、資料複製、上下文切換和鎖。

### 1）池

　　既然伺服器的硬體資源「充裕」，那麼提高伺服器性能的很直接的方法就是以空間換時間，即「浪費」伺服器的硬體資源，以換取執行效率，這就是池的概念。池是一組資源的集合，這組資源在伺服器啟動之初就被完全建立好並初始化，這被稱為靜態資源設定。當伺服器進入正式執行階段，即開始處理用戶端請求的時候，如果它需要相關的資源，就可以直接從池中獲取，無須動態分配。很顯然，直接從池中取得所需資源的速度比動態分配資源的速度要快得多，因為分配系統資源的系統呼叫都是很耗時的。當伺服器處理完一個用戶端連接後，可以把相關的資源放回池中，無須執行系統呼叫來釋放資源。從最終的效果來看，池相當於伺服器管理系統資源的應用層設施，它避免了伺服器對核心的頻繁存取。

### 2）資料複製

高性能伺服器應該避免不必要的資料複製，尤其是當資料複製發生在使用者程式和核心之間的時候。如果核心可以直接處理從 socket 或檔案讀取的資料，那麼應用程式就沒必要將這些資料從核心緩衝區複製到應用程式緩衝區中。

### 3）上下文切換和鎖

並發程式必須考慮上下文切換的問題，即處理程序切換或執行緒切換導致的系統銷耗。即使是 I/O 密集型的伺服器，也不應該使用過多的工作執行緒，否則執行緒間的切換將佔用大量的 CPU 時間，伺服器真正用於處理業務邏輯的 CPU 時間的比重就顯得不足了。因此，為每個用戶端連接都建立一個工作執行緒的伺服器模型是不可取的。圖 1-9 所描述的半同步 / 半非同步模式是一種比較合理的解決方案，它允許一個執行緒同時處理多個用戶端連接。此外，多執行緒伺服器的優點是不同的執行緒可以同時執行在不同的 CPU 上。當執行緒的數量不大於 CPU 的數目時，上下文的切換就不是問題了。

並發程式需要考慮的另外一個問題是共用資源的加鎖保護。鎖通常被認為是導致伺服器效率低下的因素，因為由它引入的程式不僅不處理任何業務邏輯，而且需要存取核心資源。因此，伺服器如果有更好的解決方案，就應該避免使用鎖。顯然，圖 1-9 所描述的半同步 / 半非同步模式就比較高效。如果伺服器必須使用「鎖」，則可以考慮減小鎖的粒度，比如使用讀寫鎖。當所有工作執行緒都唯讀取一塊共亨記憶體的內容時，讀寫鎖並不會增加系統的額外銷耗，只有當其中某一個工作執行緒需要寫入這塊記憶體時，系統才必須去鎖住這塊區域。

# 第2章

# Linux 基礎和網路

本章主要向讀者介紹一些 Linux 常見的基礎操作。另外，由於網路安全裝置的開發對於性能、核心的網路應用越來越多，因此本章還會講解核心封包的處理機制。

## 2.1 Linux 啟動過程

Linux 啟動時我們會看到許多啟動資訊。Linux 系統的啟動過程並不是讀者想像中的那麼複雜，其過程可以分為 5 個階段：

1）核心的啟動

當電腦打開電源後，首先是 BIOS 開機自檢，按照 BIOS 中設定的啟動裝置（通常是硬碟）來啟動。作業系統接管硬體以後，首先讀取 /boot 目錄下的核心檔案。

2）執行 init

init 處理程序是系統中所有處理程序的起點，沒有這個處理程序，系統中任何其他處理程序都不會啟動。init 程式首先需要讀取設定檔 /etc/inittab。

3）系統初始化

在 init 的設定檔中有這樣一行：

```
si::sysinit:/etc/rc.d/rc.sysinit
```

它呼叫執行了 /etc/rc.d/rc.sysinit，而 rc.sysinit 是一個 bash shell 的指令稿，它主要是完成一些系統初始化的工作，rc.sysinit 是每一個執行等級都要首先執行的重要指令稿。它主要完成的工作有：啟動交換分區、檢查磁碟、載入硬體模組，以及其他一些需要優先執行的任務。例如：

```
l5:5:wait:/etc/rc.d/rc 5
```

這一行表示以 5 為參數執行 /etc/rc.d/rc。/etc/rc.d/rc 是一個 Shell 指令稿，它接收 5 作為參數，去執行 /etc/rc.d/rc5.d/ 目錄下的所有的 rc 啟動指令稿。/etc/rc.d/rc5.d/ 目錄中的這些啟動指令稿實際上都是一些連接檔案，而非真正的 rc 啟動指令稿，真正的 rc 啟動指令稿實際上都是放在 /etc/rc.d/init.d/ 目錄下。這些 rc 啟動指令稿有著類似的用法，它們一般都能接收 start、stop、restart、status 等參數。/etc/rc.d/rc5.d/ 中的 rc 啟動指令稿通常是以 K 或 S 開頭的連接檔案，對於以 S 開頭的啟動指令稿，將以 start 參數來執行。而如果發現既存在相應的指令稿，也存在以 K 開頭的連接，並且已經處於執行態了（以 /var/lock/subsys/ 下的檔案作為標識），則首先以 stop 為參數停止這些已經啟動了的守護處理程序，然後再重新執行。這樣做是為了保證當 init 改變執行等級時，所有相關的守護處理程序都將重新啟動。

至於在每個執行級中將執行哪些守護處理程序，使用者可以透過 chkconfig 或 setup 中的 "System Services" 來自行設定。

不同的場合需要啟動不同的程式，比如用作伺服器時，需要啟動 Apache，而用作桌面就不需要了。Linux 允許為不同的場合分配不同的開機啟動程式，這就叫作「執行等級」（runlevel）。也就是說，啟動時根據執行等級來確定要執行哪些程式。Linux 系統有 7 個執行等級：

- 執行等級 0：系統停機狀態，系統的預設執行等級不能設為 0，否則不能正常啟動。
- 執行等級 1：單使用者工作狀態，root 許可權用於系統維護，禁止遠端登入。
- 執行等級 2：多使用者狀態（沒有 NFS）。
- 執行等級 3：完全的多使用者狀態（有 NFS），登入後進入主控台命令列模式。
- 執行等級 4：系統未使用，保留。
- 執行等級 5：X11 主控台，登入後進入圖形 GUI 模式。
- 執行等級 6：系統正常關閉並重新啟動，預設執行等級不能設為 6，否則不能正常啟動。

4）建立終端

rc 執行完畢後，傳回 init，這時基本系統環境已經設定各種守護處理程序也已經啟動了。init 接下來會打開 6 個終端，以便使用者登入系統。在 inittab 中的以下 6 行就是定義了 6 個終端：

```
1:2345:respawn:/sbin/mingetty tty1
2:2345:respawn:/sbin/mingetty tty2
3:2345:respawn:/sbin/mingetty tty3
4:2345:respawn:/sbin/mingetty tty4
5:2345:respawn:/sbin/mingetty tty5
6:2345:respawn:/sbin/mingetty tty6
```

可以看出在2、3、4、5、6的執行等級中都將以respawn方式執行mingetty程式。mingetty 程式能打開終端、設定模式，同時它還會顯示一個文字登入介面，這個介面就是我們經常看到的登入介面，在這個登入介面中會提示使用者輸入使用者名稱，而使用者輸入的使用者名稱將作為參數傳遞給login程式來驗證使用者的身份。

5）使用者登入系統

一般來說，使用者的登入方式有3種：命令列登入、ssh 登入、圖形介面登入。對執行等級為 5 的圖形方式的使用者來說，他們是透過一個圖形化的登入介面來進行登入。登入成功後可以直接進入 KDE、Gnome 等視窗管理器。

這裡主要講的還是文字方式登入的情況：當我們看到 mingetty 的登入介面時，就可以輸入使用者名稱和密碼來登入系統了。Linux 的帳號驗證程式是 login，login 會接收 mingetty 傳遞來的使用者名稱並將它作為使用者名稱參數，然後會對使用者名稱進行分析：如果使用者名稱不是 root，且存在 /etc/nologin 檔案，則 login 將輸出 nologin 檔案的內容，然後退出。這通常用於系統維護時防止非 root 使用者登入。只有 /etc/securetty 中登記了的終端才允許 root 使用者登入，如果不存在 /etc/securetty 檔案，則 root 使用者可以在任何終端上登入。/etc/usertty 檔案用於對使用者做出附加存取限制，如果不存在這個檔案，則沒有其他限制。

我們可以用一幅圖來熟悉 Linux 的啟動過程，如圖 2-1 所示。

其中，MBR 全稱為 Master Boot Record，中文意思是主啟動記錄，它位於磁碟上的0磁柱0磁軌1磁區，整個大小是512位元組，MBR 裡存放著系統預啟動資訊、分區表資訊和分區標識等。在 512 位元組中，第一部分啟動記錄區佔 446 位元組，後面的 66 位元組為分區表。

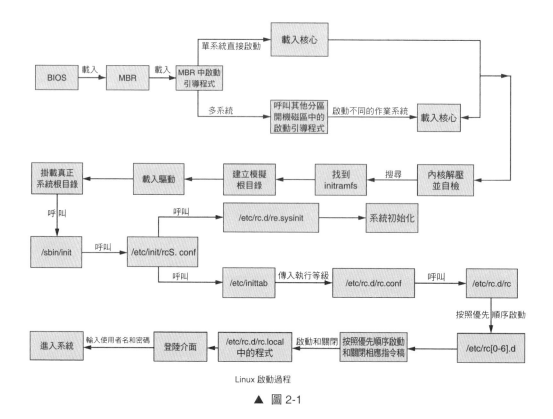

Linux 啟動過程

▲ 圖 2-1

## 2.2 圖形模式與文字模式的切換方式

　　Linux 預設提供了 6 個命令視窗終端來讓我們登入，這 6 個視窗分別為 tty1, tty2, …, tty6，預設登入的就是第一個視窗，也就是 tty1，我們可以按 Ctrl+ Alt+F1~F6 複合鍵來切換它們。

　　如果我們安裝了圖形介面，則預設情況下進入的是圖形介面，此時我們就可以按 Ctrl+Alt+F1~F6 複合鍵來進入其中一個命令視窗介面。當我們進入命令視窗介面後要再返回圖形介面，只要按 Ctrl+Alt+F7 複合鍵即可。

　　如果我們用的 VMware 虛擬機器，則命令視窗切換的複合鍵為 Alt+Space+ F1~F6。如果我們是在圖形介面下，則按 Alt+Shift+Ctrl+F1~F6 複合鍵可切換至命令視窗。

# 2.3 Linux 關機和重新啟動

說到關機和重新啟動，很多人認為重要的伺服器（比如銀行的伺服器、電信的伺服器）如果重新啟動了，則會造成大範圍的災難。筆者在這裡解釋一下。首先，就算是銀行或電信的伺服器，也是需要維護的，維護時用備份伺服器代替。其次，每個人的經驗都是和自己的技術成長環境息息相關的，比如筆者是遊戲運行維護出身，而遊戲又是資料為王，所以一切操作的目的就是保證資料的可靠和安全。這時，有計劃的重新啟動遠比意外當機造成的損失要小得多，所以定義重新啟動是遊戲運行維護的重要手段。

在早期的 Linux 系統中，應該儘量使用 shutdown 命令來進行關機和重新啟動。因為在那時的 Linux 中，只有 shutdown 命令在關機或重新啟動之前會正確地中止處理程序及服務，所以我們一直認為 shutdown 才是最安全的關機與重新啟動命令。而在現在的系統中，一些其他的命令（如 reboot）也會正確地中止處理程序及服務，但我們仍建議使用 shutdown 命令來進行關機和重新啟動。shutdown 的命令格式如下：

```
shutdown [ 選項 ] 時間 [ 警告資訊 ]
```

其中常用選項有：

- -c：取消已經執行的 shutdown 命令。
- -h：關機。
- -r：重新啟動。

比如：

```
[root@localhost ~]# shutdown -r now
```

表示重新啟動，now 是現在重新啟動的意思。

```
[root@localhost ~]# shutdown -r 05:30
```

表示指定時間重新啟動，但會佔用前臺終端。

```
[root@localhost ~]# shutdown -r 05:30 &
```

表示把定義重新啟動命令放入背景，& 是背景的意思。

```
[root@localhost ~]# shutdown -c
```

表示取消定時重新啟動。

```
[root@localhost ~]# shutdown -r +10
```

表示 10 分鐘之後重新啟動。

```
[root@localhost ~]# shutdown -h now
```

表示現在關機。

```
[root@localhost ~]# shutdown -h 05:30
```

表示指定時間關機。

在現在的系統中，reboot 命令也是安全的，而且不需要加入過多的選項。比如：

```
[root@localhost ~]# reboot
```

表示重新啟動。

另外，halt 和 poweroff 命令都是關機命令，直接執行即可。

# 2.4 開機自動啟動程式

　　開機自動啟動程式的意思就是讓程式隨著作業系統的啟動而啟動執行。這個功能經常會被用到，比如防毒軟體一般就是在作業系統啟動後自動執行，而不需要人工去開啟。下面我們以 CentOS 環境為例，說明如何讓程式開機自啟。操作步驟如下：

**步驟 01** 準備需要啟動的指令稿內容 auto_run.sh，檔案名稱可以任意取。在這個指令檔中，我們可以放置要開機執行的 shell 命令、程式或其他指令檔。為了使開機自動啟動程式有效，.sh 指令稿的前三行需以下撰寫：

```
#!/bin/bash
#chkconfig: 2345 80 90
#description: auto_run
touch /tmp/123.txt
```

　　其中，第一行表示該指令稿由 /bin/ 路徑的 bash 解譯器來解釋指令稿，所有 shell 指令稿開頭都是這樣的。第二行的 chkconfig 後面有 3 個參數 2345、80、90，這 3 個參數告訴 chkconfig 程式需要在 /etc/rc2.d~/etc/rc5.d 目錄下建立名稱為 S80auto_run.sh 的檔案連接，連接到 /etc/rc.d/init.d 目錄下的 auto_run 指令稿；S80auto_run.sh 這個檔案名稱中的第一個字元 S 表示系統在啟動的時候，執行指令稿 auto_run 並增加一個 start 參數，該參數告訴指令稿現在是啟動模式；同時在 rc0.d 和 rc6.d 目錄下建立名稱為 K90auto_run.sh 的檔案連接，檔案名稱中的第一個字元為 K，表示在關閉系統的時候會執行 auto_run，並增加一個參數 stop，該參數告訴指令稿現在是關閉模式。如果缺少上面 3 行內容，那麼在執行 **步驟 03** 中的 chkconfig --add auto_run 時會顯示出錯。第四行的意思是我們透過 touch 命令在 /tmp 下新建一個 123.txt 檔案，以此來檢驗開機啟動後這個指令檔是否執行成功，如果存在 123.txt 檔案，則說明指令檔執行成功。

**步驟 02** 給要自動啟動程式的指令稿 xxx.sh 增加可執行許可權。我們把這個指令檔儲存為 auto_run.sh，並將它移動或複製到 /etc/rc.d/init.d 目錄下。/etc/rc.d/init.d 裡面包含了一些指令稿，這些指令稿供 init 處理程序（也就是 1 號處理程序）在系統初始化的時候，按照該處理程序獲取的開機執行等級，有選擇地執行 init.d 裡的指令稿。將 auto_run.sh 複製到 /etc/rc.d/init.d 後，也會在 /etc/init.d 下發現這個檔案，這是因為 /etc/init.d 其實是 /etc/rc.d/init.d 的軟連結。為 auto_run.sh 增加許可權的命令如下：

```
chmod 755 /etc/rc.d/init.d/auto_run.sh
```

說明：
- 第一位 7：4+2+1，建立者，讀取寫入可執行。
- 第二位 5：4+1，群組使用者，讀取可執行。
- 第三位 5：4+1，其他使用者，讀取可執行。

因此 755 表示只允許建立者修改，允許其他使用者讀取和執行。

**步驟 03** 把指令稿增加到開機自動啟動項目中。命令如下：

```
cd /etc/rc.d/init.d
chkconfig --add auto_run.sh
chkconfig auto_run.sh on
```

其中 chkconfig 的功能是檢查、設定系統的各種服務，語法如下：

```
chkconfig [--add][--del][--list][系統服務] 或
chkconfig [--level <等級代號>][系統服務][on/off/reset]
--add 增加服務；--del 刪除服務；--list 查看各服務啟動狀態
```

**步驟 04** 重新啟動並驗證。我們執行重新啟動命令 init 6 或 reboot（前者更通用），然後到 /tmp 下查看，可以發現存在 123.txt 檔案：

```
[root@localhost ~]# ls /tmp/123.txt
/tmp/123.txt
```

至此，程式可以開機自動啟動程式了。在實際應用中，只需要把要執行的程式放入 auto_run.sh 中並賦予許可權即可，比如：

```
#!/bin/bash
#chkconfig: 2345 80 90
#description: auto_run
touch /tmp/123.txt
chmod 777 /myapp/install_driver.sh
/myapp/install_driver.sh

chmod 777 /myapp/mysvr
nohup /myapp/mysvr > /myapp/mysvr.out 2>&1 &
```

其中 nohup 的英文全稱為 no hang up（不暫停），用於在系統背景不掛斷地執行命令，退出終端也不會影響程式的執行，但可以透過 kill 等命令終止。nohup 命令在預設情況下（非重定向時）會輸出一個名叫 nohup.out 的檔案到目前的目錄下，如果目前的目錄的 nohup.out 檔案不寫入，則輸出重定向到 $HOME/nohup.out 檔案中。這裡我們指定輸出檔案為 mysvr.out。mysvr 中凡是有列印的地方都會輸出內容到 mysvr.out 中，從而方便我們觀察程式的執行情況。

2>&1 是用來將標準錯誤 2 重定向到標準輸出 1 中。1 前面的 & 是為了讓 bash 將 1 解釋成標準輸出而非檔案 1，而最後一個 & 是為了讓 bash 在背景執行。

## 2.5 查看 Ubuntu 的核心版本

查看 Ubuntu 的核心版本的命令如下：

```
cat /proc/version
Linux version 5.15.0-56-generic (buildd@lcy02-amd64-004) (gcc (Ubuntu
11.3.0-1ubuntu1~22.04) 11.3.0, GNU ld (GNU Binutils for Ubuntu) 2.38) #62-Ubuntu
SMP Tue Nov 22 19:54:14 UTC 2022
```

或

```
uname -r
5.15.0-56-generic
```

核心版本是 5.15.0-56-generic。

# 2.6 查看 Ubuntu 作業系統的版本

查看 Ubuntu 作業系統的版本的命令如下：

```
# lsb_release -a
No LSB modules are available.
Distributor ID: Ubuntu
Description:    Ubuntu 22.04.1 LTS
Release:        22.04
Codename:       jammy
```

# 2.7 查看 CentOS 作業系統的版本

查看 CentOS 作業系統的版本的命令如下：

```
# cat /etc/redhat-release
CentOS Linux release 8.5.2111
```

在有些 CentOS 系統中（比如 6.9 版本的 CentOS），也可以使用 lsb_release -a 命令。

```
[root@mypc ~]# lsb_release -a
LSB Version:   :base-4.0-amd64:base-4.0-noarch:core-4.0-amd64:core-4.0-noarch:graphics
-4.0-amd64:graphics-4.0-noarch:printing-4.0-amd64:printing-4.0-noarch
Distributor ID:   CentOS
Description: CentOS release 6.9 (Final)
Release: 6.9
Codename:    Final
```

# 2.8 CentOS 7 升級 glibc

CentOS 7 升級 glibc 的命令如下：

```
wget http://ftp.gnu.org/gnu/glibc/glibc-2.24.tar.gz
tar -xvf glibc-2.24.tar.gz
cd glibc-2.24
mkdir build; cd build
../configure --prefix=/usr --disable-profile --enable-add-ons --with-headers=/usr/in-
clude
--with-binutils=/usr/bin
make -j 8
make install
```

查看版本，發現已升級到 2.24 版本：

```
# ldd --version
ldd (GNU libc) 2.24
```

# 2.9 在檔案中搜尋

使用 grep-rn 命令可以在某個指定路徑的檔案中搜尋需要的內容,命令格式如下:

```
grep-rn" 內容 " 路徑
```

比如,我們在 /tmp 下新建一個 a.txt 檔案,然後輸入內容「hello world」。儲存後,再使用 grep -rn 命令搜尋,就會有結果了:

```
root@myub:/tmp# grep -rn hello /tmp/
/tmp/a.txt:1:hello world
```

搜尋時不需要指定具體的檔案名稱,這對於我們不知道要搜尋的內容在哪個檔案裡,非常有用。當然要指定檔案也可以:

```
root@myub:/tmp# grep -rn hello /tmp/a.txt
1:hello world
```

# 2.10 Linux 設定檔的區別

Linux 設定檔的區別如下:

- /etc/profile:此檔案為系統的每個使用者設定環境資訊,當使用者第一次登入時,該檔案被執行並從 /etc/profile.d 目錄的設定檔中搜集 shell 的設定。
- /etc/bashrc:為每一個執行 bash shell 的使用者執行此檔案。當 bash shell 被打開時,該檔案被讀取。
- ~/.bash_profile:每個使用者都可使用該檔案輸入專用於自己的 shell 資訊,當使用者登入時,該檔案僅執行一次。預設情況下,該檔案設定一些環境變數,執行使用者的 .bashrc 檔案。
- ~/.bashrc:該檔案包含專用於我們的 bash shell 的 bash 資訊,當登入以及每次打開新的 shell 時,該檔案都被讀取。
- ~/.bash_logout:每次退出系統(退出 bash shell)時,執行該檔案。

對於 Ubuntu,bash 的幾個初始設定檔如下:

（1）/etc/profile：全域（公有）設定，不管是哪個使用者，登入時都會讀取該檔案。

（2）/ect/bashrc：Ubuntu 沒有此檔案，與之對應的是 /ect/bash.bashrc。它也是全域（公有）的。bash 執行時，不管是何種方式，都會讀取該檔案。

（3）~/.profile：當 bash 是以 login 方式執行時，讀取 ~/.bash_profile；若它不存在，則讀取 ~/.bash_login；若前兩者都不存在，則讀取 ~/.profile。另外，若以圖形模式登入，則此檔案將被讀取，即使存在 ~/.bash_profile 和 ~/.bash_login。

（4）~/.bash_login：當 bash 是以 login 方式執行時，讀取 ~/.bash_profile；若它不存在，則讀取 ~/.bash_login；若前兩者都不存在，則讀取 ~/.profile。

（5）~/.bash_profile：Unbutu 預設沒有此檔案，可新建。只有 bash 是以 login 形式執行時，才會讀取此檔案。通常該檔案還會被設定成去讀取 ~/.bashrc。

（6）~/.bashrc：當 bash 是以 non-login 形式執行時，讀取此檔案。若是以 login 形式執行，則不會讀取此檔案。

（7）~/.bash_logout：登出時且是 login 形式，此檔案才會被讀取。也就是說，以文字模式登出時，此檔案會被讀取，以圖形模式登出時，此檔案不會被讀取。

下面是在本機上的幾個例子：

（1）圖形模式登入時，順序讀取 /etc/profile 和 ~/.profile。

（2）圖形模式登入後，打開終端時，順序讀取 /etc/bash.bashrc 和 ~/.bashrc。

（3）文字模式登入時，順序讀取 /etc/bash.bashrc、/etc/profile 和 ~/.bash_profile。

（4）使用 su 命令從其他使用者切換到當前登入的使用者，則分兩種情況：第一種情況，如果附帶 -l 參數（或附帶 - 參數、--login 參數），如 su-l username，則 bash 是 login 形式的，它將順序讀取以下設定檔：/etc/bash.bashrc、/etc/profile 和 ~/.bash_profile；第二種情況，如果沒有附帶 -l 參數，則 bash 是 non-login 形式的，它將順序讀取 /etc/bash.bashrc 和 ~/.bashrc。

（5）登出時，或退出 su 登入的使用者，如果是 login 形式，那麼 bash 會讀取 ~/.bash_logout。

（6）執行自訂的 shell 檔案時，若使用「bash-l a.sh」的方式，則 bash 會讀取 /etc/profile 和 ~/.bash_profile；若使用其他方式，如 bash a.sh、./a.sh、sh a.sh（這個不屬於 bash shell），則不會讀取上面的任何檔案。

（7）上面的例子中凡是讀取到 ~/.bash_profile 的，若該檔案不存在，則讀取 ~/.

bash_login；若前兩者都不存在，則讀取 ~/.profile。

## 2.11 讓 /etc/profile 檔案修改後立即生效

讓 /etc/profile 檔案修改後立即生效的方法有以下兩種：

方法 1：

```
# . /etc/profile
```

**注意**：. 和 /etc/profile 之間有一個空格。

方法 2：

```
# source /etc/profile
```

source 命令也稱為點命令，也就是一個點符號（.）。source 命令通常用於重新執行剛修改的初始設定檔案，使之立即生效，而不必登出並重新登入。用法如下：

```
source filename
```

或

```
. filename
```

## 2.12 Linux 性能最佳化的常用命令

Linux 性能最佳化的常用命令如下：

1）lsof

lsof 是 List Open Files 的縮寫。lsof 是 Linux 下的非常實用的系統級的監控、診斷工具，用於查看處理程序打開的檔案、打開檔案的處理程序，以及處理程序打開的通訊埠（TCP、UDP）。系統在背景都為應用程式分配了一個檔案描述符號，無論這個檔案的本質如何，該檔案描述符號為應用程式與基礎作業系統之間的互動提供了通用介面。

2）iostat

iostat 命令被用於監視系統輸入輸出設備和 CPU 的使用情況。它的特點是匯報磁碟活動統計情況，同時也會匯報出 CPU 使用情況。iostat 有一個弱點，就是它不能對某個處理程序進行深入分析，僅對系統的整體情況進行分析。

3）vmstat

vmstat 命令的含義是顯示虛擬記憶體狀態（Virtual Meomory Statistics），它還可以報告關於處理程序、記憶體、I/O 等系統的整體執行狀態。

4）ifstat

ifstat 命令與 iostat/vmstat 描述其他的系統狀況一樣，是一個統計網路介面活動狀態的工具。

5）mpstat

mpstat 命令主要用於多 CPU 環境，它顯示各個可用 CPU 的狀態資訊，這些資訊存放在 /proc/stat 檔案中。在多 CPU 系統裡，它不但能查看所有 CPU 的平均狀況資訊，而且還能夠查看特定 CPU 的資訊。

6）netstat

netstat 命令用來列印 Linux 中網路系統的狀態資訊，讓我們得知整個 Linux 系統的網路情況。

7）dstat

該命令是一個用來替換 iostat、vmstat、ifstat 和 netstat、nfsstat 這些命令的工具，是一個全能系統資訊統計工具。

8）uptime

uptime 命令能夠列印系統總共執行了多長時間和系統的平均負載。uptime 命令可以顯示的資訊依次為：現在時間，系統已經執行了多長時間，目前有多少登入使用者，系統在過去的 1 分鐘、5 分鐘和 15 分鐘內的平均負載。

9）top

top 命令可以即時動態地查看系統的整體執行情況，是一個綜合了多方資訊監測系統性能和執行資訊的工具程式。透過 top 命令提供的互動式介面，可以用熱鍵進行管理。

10）iotop

iotop 命令是一個用來監視磁碟 I/O 使用狀況的 top 類工具。iotop 具有與 top 相似的 UI，其中包括 PID、使用者、I/O、處理程序等相關資訊。Linux 下的 I/O 統計工具（如 iostat、nmon 等）大多數只能統計到 per 裝置的讀寫情況，如果我們想知道每個處理程序是如何使用 I/O 的，則可以使用 iotop 命令進行查看。

11）ltrace

ltrace 命令是用來追蹤處理程序呼叫程式庫函式的情況。

12）strace

strace 命令是一個集診斷、偵錯、統計於一體的工具，我們可以使用 strace 對應用的系統呼叫和訊號傳遞的追蹤結果進行分析，以達到解決問題或是了解應用工作過程的目的。當然 strace 與專業的偵錯工具（比如 gdb）是沒法相比的，因為它不是一個專業的偵錯器。

13）fuser

fuser 命令用於報告處理程序使用的檔案和網路通訊端。fuser 命令列出了本地處理程序的處理程序號和那些本地處理程序，使用 File 參數指定的本地或遠端檔案。對於阻塞特別裝置，此命令列出了使用了該裝置上任何檔案的處理程序。

14）free

free 命令可以顯示當前系統未使用的和已使用的記憶體數目，包括實體記憶體、交換記憶體（swap）和核心緩衝區記憶體。

15）df

df 命令用於顯示磁碟分割上的可使用的磁碟空間。預設顯示單位為 KB。可以利用該命令來獲取硬碟被佔用了多少空間、目前還剩下多少空間等資訊。

16）pstree

pstree 命令以樹狀圖的形式展現處理程序之間的衍生關係，顯示結果比較直觀。

17）pstack

pstack 命令可以顯示每個處理程序的堆疊追蹤。該命令必須由相應處理程序的屬主或 root 執行。可以使用 pstack 來確定處理程序暫停的位置。此命令允許使用的唯一選項是要檢查的處理程序的 PID。

# 2.13 測試 Web 伺服器性能

本節主要介紹如何測試 Web 伺服器性能。

## 2.13.1 架設 Web 伺服器 Apache

首先需要一個 Web 伺服器,因為我們的程式是執行在 Web 伺服器上的。Web 伺服器軟體比較多,比較著名的有 Apache 和 Nginx,這裡選用 Apache。此時我們不必再去下載安裝 Apache,因為安裝 CentOS 後,Apache 被自動安裝了,可以直接執行它。

首先可以用命令 rpm 來查看 Apache 是否安裝:

```
[root@localhost 桌面]# rpm -qa | grep httpd
httpd-2.4.6-40.el7.centos.x86_64
httpd-manual-2.4.6-40.el7.centos.noarch
httpd-tools-2.4.6-40.el7.centos.x86_64
httpd-devel-2.4.6-40.el7.centos.x86_64
```

上面結果表示 Apache 已經安裝了,版本編號是 2.4.6。也可以用 httpd-v 來查看版本編號,其中 httpd 是 Apache 伺服器的主程式的名稱。有些急性子的讀者可能看到 Apache 已經安裝了,就迫不及待地打開瀏覽器,在網址列裡輸入 http://localhost,結果提示無法找到網頁。這是因為 Apache 伺服器雖然安裝了,但程式可能還沒執行,所以我們先來看一下 httpd 有沒有在執行:

```
[root@localhost 桌面]# pgrep -l httpd
[root@localhost 桌面]#
```

結果沒有輸出任何東西,說明 httpd 沒有在執行。其中 pgrep 是透過程式的名稱來查詢處理程序的工具,一般用來判斷程式是否正在執行;選項-l 表示如果執行,就列出處理程序名稱和處理程序 ID。

既然 httpd 沒有在執行,那我們就執行它:

```
[root@localhost 桌面]# service httpd start
Redirecting to /bin/systemctl start  httpd.service
```

此時再查看 httpd 有沒有在執行:

```
[root@localhost rc.d]# pgrep -l httpd
7037 httpd
7038 httpd
7039 httpd
7040 httpd
7041 httpd
7042 httpd
7043 httpd
[root@localhost rc.d]#
```

可以看到，httpd 在執行了，第一列是處理程序 ID。這個時候如果在 CentOS 7 系統下打開瀏覽器，並在網址列裡輸入 http://localhost，就可以看到網頁了，如圖 2-2 所示。

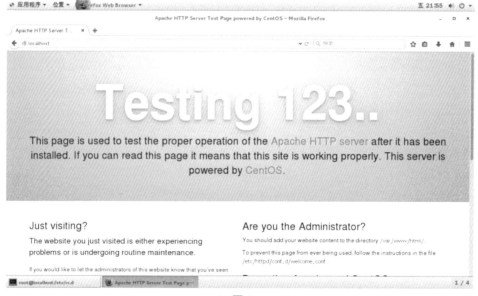

▲ 圖 2-2

這個網頁首頁檔案位於 /usr/share/httpd/noindex/ 目錄下，檔案名稱是 index.html：

```
[root@localhost noindex]#  pwd
/usr/share/httpd/noindex
[root@localhost noindex]# ls
css  images  index.html
```

如果要修改這個首頁檔案，那麼可以直接修改 index.html。另外，如果我們要自己存放檔案，則可以存放在 /var/www/html 下，比如可以把下列程式儲存為 1.html：

```
<!DOCTYPE html>
<html>
    <head>
        <meta charset="utf-8" />
        <title></title>
    </head>
    <body>
    <p>kkkkkkkkkkkkkkkk</p>
    </body>
</html>
```

然後把 1.html 存放到 /var/www/html/ 下，再在瀏覽器中存取：

```
http://192.168.31.184/1.html
```

192.168.31.184 是筆者這裡的虛擬機器 Linux 的 IP 位址。此時可以在瀏覽器中看到一行 k。如果把檔案 1.html 改為 index.html，且在瀏覽器中造訪 http://192.168.31.184，也就是存取預設頁，則打開的網頁不再是 /usr/share/httpd/noindex/ 下的 index.html，而是 /var/www/html/ 的 index.html。

至此，Apache Web 伺服器架設就成功了。如果是在宿主機上存取虛擬機器 Linux 的 Web 服務，則要輸入虛擬機器 Linux 的 IP 位址，比如 http://192.168.1.10，其中 192.168.1.10 是虛擬機器 Linux 的 IP 位址，此時通常可以看到首頁。

## 2.13.2 Windows 下測試 Web 伺服器性能

以前安裝好 Apache 但總是不知道該如何測試它的性能，現在總算有一個測試工具了，那就是 Apache 附帶的測試工具 ab（Apache Benchmark），位於 Apache 的 bin 目錄下。既然是附帶的，那麼我們首先要在宿主機的 Windows 系統下安裝一個 Apache 伺服器，然後到其 bin 目錄下找到 ab.exe，隨後就可以測試虛擬機器的 Web 性能了。

在本書書附的下載資源的原始程式目錄中的 somesofts 子目錄下找到 Apache 安裝套件 Apache For Windows.msi，直接按兩下即可安裝，非常傻瓜化。如果是預設安裝，則可以在路徑 C:\Program Files (x86)\Apache Software Foundation\Apache2.2\bin\ 下找到 ab.exe，然後在命令列視窗執行 ab。我們先做一個最簡單的測試，不附帶任何選項，命令如下：

```
C:\Program Files (x86)\Apache Software Foundation\Apache2.2\bin>ab
http://192.168.31.184/index.html
This is ApacheBench, Version 2.3 <$Revision: 655654 $>
Copyright 1996 Adam Twiss, Zeus Technology Ltd, http://www.zeustech.net/
Licensed to The Apache Software Foundation, http://www.apache.org/

Benchmarking 192.168.31.184 (be patient).....done

Server Software:        Apache/2.4.6
Server Hostname:        192.168.31.184
Server Port:            80

Document Path:          /index.html
Document Length:        208 bytes

Concurrency Level:      1
Time taken for tests:   0.003 seconds
Complete requests:      1
Failed requests:        0
Write errors:           0
Non-2xx responses:      1
Total transferred:      434 bytes
HTML transferred:       208 bytes
Requests per second:    333.00 [#/sec] (mean)
Time per request:       3.003 [ms] (mean)
Time per request:       3.003 [ms] (mean, across all concurrent requests)
Transfer rate:          141.13 [Kbytes/sec] received

Connection Times (ms)
              min  mean[+/-sd] median   max
Connect:        1    1   0.0      1       1
Processing:     1    1   0.0      1       1
Waiting:        1    1   0.0      1       1
Total:          2    2   0.0      2       2

C:\Program Files (x86)\Apache Software Foundation\Apache2.2\bin>
```

可以看出，Web 伺服器的版本編號是 Apache/2.4.6，每秒請求的並發數（Requests per second）是 333。

其他結果說明我們先不管，下面來了解一下 ab 命令。ab 命令全稱為 Apache bench，是 Apache 附帶的壓力測試工具。ab 命令非常實用，它不僅可以對 Apache 伺服器進行網站存取壓力測試，也可以對其他類型的伺服器進行壓力測試。ab 命令會建立多個並發執行緒，模擬多個存取者同時對某一個 URL 位址進行存取，實現壓力測試。ab 命令對發出負載的電腦要求很低，它既不會佔用很高 CPU，也不會佔用很多記憶體，但卻會給目標伺服器造成巨大的負載，其原理類似 CC 攻擊，可能會造成目標伺服器資源耗盡，嚴重時可能會導致當機，而且它沒有圖形化結果，不能監控，所以只能用作臨時緊急任務和簡單的測試。ab 命令用法如下：

```
# ab -h
ab [options] [http[s]://]hostname[:port]/path
```

其中，常用選項如下：

- -n requests：在測試階段中所執行的請求總個數，預設僅執行一個請求。
- -c concurrency：每次請求的並發數，相當於同時模擬多少個人存取 URL，預設是一次一個。
- -t timelimit：測試所進行的最大秒數，其內部隱含值是 -n 50000。它可以使對伺服器的測試限制在一個固定的總時間以內。
- -s timeout：等待每個響應的最大值，預設為 30 秒。
- -b windowsize：TCP 發送 / 接收緩衝區的大小，以位元組為單位。
- -B address：進行傳出連接時要綁定的位址。
- -p postfile：包含要 POST 的資料的檔案，還需要設定 -T 參數。
- -u putfile：包含要 PUT 的資料的檔案，還需要設定 -T 參數。
- -T content-type：POST/PUT 資料所使用的 Content-type 標頭資訊。
- -v verbosity：設定顯示資訊的詳細程度。
- -w：以 HTML 表的格式輸出結果。
- -i：執行 HEAD 請求，而非 GET。
- -x attributes：以 HTML 表格格式輸出結果時，給 table 標籤設定的屬性值。
- -y attributes：以 HTML 表格格式輸出結果時，給 tr 標籤設定的屬性值。
- -z attributes：以 HTML 表格格式輸出結果時，給 td 標籤設定的屬性值。
- -C attribute：對請求附加一個 Cookie: 行，形式為 name=value 的參數對。
- -H attribute：對請求附加額外的標頭資訊，典型形式是一個有效的標頭資訊行。
- -A attribute：對伺服器提供 BASIC 認證信任，使用者名稱和密碼由一個「:」隔開。
- -P attribute：對一個中轉代理提供 BASIC 認證信任，使用者名稱和密碼由一個「:」隔開。
- -X proxy:port：對請求使用代理伺服器。
- -V：顯示版本編號並退出。

- -k：啟用 HTTP KeepAlive 功能，預設不啟用 KeepAlive 功能。
- -d：不顯示「XX [ms] 表內提供的百分比」（遺留支援）。
- -S：不顯示中值和標準差值。
- -q：如果處理的請求數大於 150，ab 每處理大約 10% 或 100 個請求時，會在 stderr 輸出一個進度計數，此 -q 標記可以抑制這些資訊。
- -g filename：把所有測試結果寫入一個 'gnuplot' 或 TSV（以 Tab 分隔的）檔案。
- -e filename：產生一個以逗點分隔的（CSV）檔案。
- -r：不要在通訊端接收錯誤時退出。
- -h：顯示說明資訊。
- -Z ciphersuite：指定 SSL/TLS 密碼套件（請參閱 openssl 密碼）。
- -f protocol：指定 SSL/TLS 協定（SSL2、SSL3、TLS1 或 ALL）。

## 2.13.3 Linux 下測試 Web 伺服器性能

Linux 下測試的工具稍微多一些，比如有 ab、httperf 等。ab 依舊是 Apache 附帶的，如果 Apache 已經安裝了，那就可以直接使用它，可以透過 which 命令查看它所在的路徑：

```
[root@localhost ~]# which ab
/usr/bin/ab
```

由此可見，它在系統路徑下，那我們在任何路徑下就可以直接執行 ab 了，比如查看 ab 版本：

```
[root@localhost ~]# ab -V
This is ApacheBench, Version 2.3 <$Revision: 1430300 $>
Copyright 1996 Adam Twiss, Zeus Technology Ltd, http://www.zeustech.net/
Licensed to The Apache Software Foundation, http://www.apache.org/
```

由於 ab 這個工具已經在 Windows 下使用過了，用法是一樣的，因此 Linux 下我們就不再贅述了。

ab 是筆者所知道的 HTTP 基準測試工具中最簡單、最通用的，筆者在使用它的時候每秒大約只能生成 900 個請求。雖然筆者見過其他人使用 ab 能達到每秒 2000 個請求，但 ab 並不適合需要發起很多連接的基準測試。我們將使用 httperf，它也是個老牌 Web 伺服器性能測試工具，為生成各種 HTTP 工作負載和測量伺服器性能提供了靈活的設施。httperf 的重點不在於實施一個特定的基準，而是提供一個強大的高性能工具，有助建構微觀和巨觀層面的基準。httperf 的 3 個顯著特點是其堅固性（包括生成和維持伺服器超載）、支援 HTTP/1.1 和 SSL 協定的能力，以及對新工作負載生成器和性能測量的可擴展性。

既然要在 Linux 下執行測試工具，那就需要一個 Linux 環境，可以把已經安裝好的虛擬機器 Linux 複製一份，然後互相 ping 通，接著把 somesofts 子目錄下的 httperf-0.9.0.tar.gz 上傳到新複製的 Linux 中，然後開始編譯安裝。操作步驟如下：

**步驟 01** 解壓：

```
tar zxvf httperf-0.9.0.tar.gz
```

**步驟 02** 設定。進入 httperf-0.9.0 目錄，執行設定命令：

```
./configure --prefix=/usr/local/httperf
```

其中，選項 prefix 用來指定安裝目錄，這裡是 /usr/local/httperf。

**步驟 03** 編譯：

```
make
```

**步驟 04** 消除環境變數 DESTDIR。如果系統中已經存在環境變數 DESTDIR（它通常也標記一條路徑），那麼最終安裝後的路徑是 DESTDIR/prefix，其中 prefix 代表我們在設定時設定的路徑，因此為了不讓 DESTDIR 干擾我們，最好先刪除 DESTDIR 這個環境變數。查看和刪除 DESTDIR 的命令如下：

```
env|grep DESTDIR
unset DESTDIR
```

**步驟 05** 安裝：

```
make install
```

安裝完畢後，我們可以在 /usr/local/httperf/bin/ 下看到可執行檔 httperf。

下面我們先來小試牛刀，在 Web 伺服器（Linux 虛擬機器）上使用 httperf 來測試本機 Web 伺服器的性能。首先進入 /usr/local/httperf/bin，然後執行 httperf：

```
[root@localhost bin]# cd /usr/local/httperf/bin
[root@localhost bin]# ./httperf --server 127.0.0.1 --port 80  --num-conns 18 --rate 10
httperf --client=0/1 --server=127.0.0.1 --port=80 --uri=/ --rate=10 --send-buf
fer=4096 --recv-buffer=16384 --num-conns=18 --num-calls=1
```

```
...
Reply size [B]: header 299.0 content 4941.0 footer 0.0 (total 5240.0)
Reply status: 1xx=0 2xx=0 3xx=0 4xx=18 5xx=0
...
```

結果出現了錯誤狀態碼。我們看結果輸出中的 Reply status 這一行，4xx=18 表示出現了 18 次的 4xx 錯誤，具體是什麼錯誤我們不知道，反正是錯誤碼為 400 多的錯誤值，4xx 通常表示請求錯誤；這些狀態碼表示請求可能出錯，妨礙了伺服器的處理。錯誤原因可能是入參不匹配、請求類型錯誤、介面不存在等。出現這個錯誤的原因是當前 Web 伺服器預設的主目錄（存放網頁檔案的目錄）下沒有預設首頁檔案，即 /var/www/html 下沒有預設首頁檔案，所以當 httperf 去存取 --uri=/ 時在上述命令第二行，沒有指定 uri 選項，則 httperf 會自動去主目錄下尋找預設首頁，因找不到首頁檔案而顯示出錯了。有讀者可能會說：「那我在瀏覽器可以存取到預設主頁啊！」別忘了，那個預設主頁是 /usr/share/httpd/noindex/ 下的 index.html，而非 /var/www/html/ 的 index.html。所以我們應該在 /var/www/html/ 下放置一個 index.html 檔案，這樣才會成功。我們把 2.13.1 節那個顯示一行 k 的 1.html 檔案重新命名為 index.html，然後放置到 /var/www/html/ 下，再執行命令：

```
[root@localhost bin]# ./httperf --server 127.0.0.1 --port 80  --num-conns 18 --rate 10
httperf --client=0/1 --server=127.0.0.1 --port=80 --uri=/ --rate=10 --send-buf
fer=4096 --recv-buffer=16384 --num-conns=18 --num-calls=1
httperf: warning: open file limit > FD_SETSIZE; limiting max. # of open files to FD_SETSIZE
Maximum connect burst length: 1

Total: connections 18 requests 18 replies 18 test-duration 1.702 s

Connection rate: 10.6 conn/s (94.5 ms/conn, <=1 concurrent connections)
Connection time [ms]: min 0.8 avg 0.9 max 1.6 median 0.5 stddev 0.2
Connection time [ms]: connect 0.0
Connection length [replies/conn]: 1.000

Request rate: 10.6 req/s (94.5 ms/req)
Request size [B]: 62.0

Reply rate [replies/s]: min 0.0 avg 0.0 max 0.0 stddev 0.0 (0 samples)
Reply time [ms]: response 0.9 transfer 0.0
Reply size [B]: header 299.0 content 4941.0 footer 0.0 (total 5240.0)
Reply status: 1xx=0 2xx=0 3xx=0 4xx=18 5xx=0

CPU time [s]: user 1.66 system 0.04 (user 97.7% system 2.2% total 99.9%)
Net I/O: 54.8 KB/s (0.4*10^6 bps)
```

```
    Errors: total 0 client-timo 0 socket-timo 0 connrefused 0 connreset 0
    Errors: fd-unavail 0 addrunavail 0 ftab-full 0 other 0
    [root@localhost bin]# ./httperf --server 127.0.0.1 --port 80  --num-conns 18 --rate 10
    httperf --client=0/1 --server=127.0.0.1 --port=80 --uri=/ --rate=10 --send-buffer=4096
--recv-buffer=16384 --num-conns=18 --num-calls=1
    httperf: warning: open file limit > FD_SETSIZE; limiting max. # of open files to FD_SETSIZE
    Maximum connect burst length: 1

    Total: connections 18 requests 18 replies 18 test-duration 1.702 s

    Connection rate: 10.6 conn/s (94.5 ms/conn, <=1 concurrent connections)
    Connection time [ms]: min 0.7 avg 0.8 max 1.9 median 0.5 stddev 0.3
    Connection time [ms]: connect 0.1
    Connection length [replies/conn]: 1.000

    Request rate: 10.6 req/s (94.5 ms/req)
    Request size [B]: 62.0

    Reply rate [replies/s]: min 0.0 avg 0.0 max 0.0 stddev 0.0 (0 samples)
    Reply time [ms]: response 0.8 transfer 0.0
    Reply size [B]: header 289.0 content 159.0 footer 0.0 (total 448.0)
    Reply status: 1xx=0 2xx=18 3xx=0 4xx=0 5xx=0

    CPU time [s]: user 1.56 system 0.14 (user 91.9% system 8.0% total 99.9%)
    Net I/O: 5.3 KB/s (0.0*10^6 bps)

    Errors: total 0 client-timo 0 socket-timo 0 connrefused 0 connreset 0
    Errors: fd-unavail 0 addrunavail 0 ftab-full 0 other 0
```

結果是 4xx=0，這說明 4xx 錯誤沒有發生。結果分析如下：

```
Maximum connect burst length: 1
```
最大並發連接數：1
```
Total: connections 300 requests 300 replies 300 test-duration 12.459 s
```
一共 300 個連接，300 個請求，應答了 300 個，測試耗時 12.459s
```
Connection rate: 24.1 conn/s (41.5 ms/conn, <=52 concurrent connections)
```
連接速率：24.1 個每秒（每個連接耗時 41.5ms，小於指定的 52 個並發）
```
Connection time [ms]: min 180.9 avg 734.9 max 7725.7 median 402.5 stddev 815.7
```
連線時間（毫秒）：最小 180.9，平均 734.9，最大 7752.7，中位數 402.5，標準差 815.7
```
Connection time [ms]: connect 221.4
```
連線時間（毫秒）：連接 221.4
```
Connection length [replies/conn]: 1.000
```
連接長度（應答 / 連接）：1.000
```
Request rate: 24.1 req/s (41.5 ms/req)
```
請求速率：每秒 24.1 個請求，每個請求 41.5ms
```
Request size [B]: 64.0
```

```
請求長度（位元組）：64.0
Reply rate [replies/s]: min 26.2 avg 28.4 max 30.6 stddev 3.1 (2 samples)
回應速率（回應個數 / 秒）：最小 26.2 ，平均 28.4，最大 30.6，標準差 3.1（2 個樣例）
Reply time [ms]: response 257.6 transfer 255.8
回應時間（毫秒）：回應 257.6，傳輸 255.8 位元組
Reply size [B]: header 304.0 content 178.0 footer 0.0 (total 482.0)
回應封包長度（位元組）：回應標頭 304.0，內容：178.0，回應末端 2.0（總共 482.0）
Reply status: 1xx=0 2xx=0 3xx=300 4xx=0 5xx=0
回應封包狀態： 3xx 有 300 個，其他沒有
CPU time [s]: user 1.19 system 11.27 (user 9.6% system 90.5% total 100.0%)
CPU 時間（秒）：使用者 1.19 系統 11.27（使用者佔了 9.6% 系統佔了 90.5% 總共 100%）
Net I/O: 12.8 KB/s (0.1*10^6 bps)
網路 I/O：12.8 KB/s (0.1*10^6 bps)
Errors: total 0 client-timo 0 socket-timo 0 connrefused 0 connreset 0
錯誤：總數 0 用戶端逾時 0 通訊端逾時 0 連接拒絕 0 連接重置 0
Errors: fd-unavail 0 addrunavail 0 ftab-full 0 other 0
錯誤：fd 不正確 0 位址不正確 0 ftab 佔滿 0 其他 0
```

選項說明：

--client=I/N：指定當前用戶端 I 是 N 個用戶端中的第幾個。用於多個用戶端發送請求時，希望確保每個用戶端發送的請求不是完全一致的。一般不用指定。

--server：請求的服務名稱。

--port：請求的通訊埠編號，預設為 80，如果指定了—ssl 則為 443。

--uri：請求路徑。

--rate：指定一個固定速率來建立連接和階段。

--num-conns：建立連接數。

--num-call：每個連接發送多少請求。

--send-buffer：指定發送 HTTP 請求的最大 buffer，預設為 4KB，一般不用指定。

--recv-buffer：指定接收 HTTP 請求的最大 buffer，預設為 16KB，一般不用指定。

另外，如果 /var/www/html/ 下有 .html 檔案，則我們也可以透過 httperf 的 uri 選項來指定這個檔案，比如我們把 index.html 複製為 1.html，再執行命令：

```
./httperf --server 127.0.0.1 --port 80 --uri=/1.html --num-conns 18 --rate 10
```

可以看到依舊是成功的。

httperf 命令輸出資訊分為 6 個部分：

（1）測試整體資料：

```
Total: connections 1000 requests 1000 replies 1000 test-duration 40.037 s
```

建立的 TCP 連接總數、HTTP 請求總數，以及 HTTP 回應總數。

（2）TCP 連接資料：

```
Connection rate: 25.0 conn/s (40.0 ms/conn, <=975 concurrent connections)
```

每秒新建連接數（CPS）、期間同一時刻最大並發連接數。

```
Connection time [ms]: min 502.7 avg 29377.2 max 36690.2 median 30524.5 stddev 5620.5
```

成功的 TCP 連接的生命週期（成功建立，並且至少有 1 次請求和 1 次回應）。計算中位數用的是 histogram 方法，統計粒度為 1ms。

```
Connection time [ms]: connect 93.6
```

成功建立的 TCP 連接的平均建立時間（有可能發出 HTTP 請求但並不回應，最終失敗）。

```
Connection length [replies/conn]: 1.000
```

平均每個 TCP 連接收到的 HTTP 響應的數。

（3）HTTP 請求資料：

```
Request rate: 25.0 req/s (40.0 ms/req)
```

每秒 HTTP 請求數，若沒有 persistent connections（持久連接），則 HTTP 的請求和連接指標基本一致。

```
Request size [B]: 67.0
```

HTTP 請求本體大小。

（4）HTTP 回應資料：

```
Reply rate [replies/s]: min 1.8 avg 24.3 max 127.2 stddev 42.8 (8 samples)
```

每秒收到的 HTTP 響應數。每 5s 擷取一個樣例，則建議至少 30 個樣例，也就是執行 150s 以上。

```
Reply time [ms]: response 85.9 transfer 29197.6
```

response 代表從發送 HTTP 請求到接收到回應的間隔時間，transfer 表示接收回應消耗的時間。

```
Reply size [B]: header 219.0 content 4694205.0 footer 2.0 (total 4694426.0)
Reply status: 1xx=0 2xx=1000 3xx=0 4xx=0 5xx=0
```

回應狀態碼以及 Body Size 統計。

（5）混雜的資料：

```
CPU time [s]: user 1.10 system 38.88 (user 2.8% system 97.1% total 99.9%)
```

如果 total 值遠遠小於 100%，那麼代表其他處理程序也同時在執行，結果被「污染」了，應該重新執行。

```
Net I/O: 114505.2 KB/s (938.0*10^6 bps)
```

計算 TCP 連接中發送和接收的有效酬載。

（6）錯誤資料：

```
Errors: total 0 client-timo 0 socket-timo 0 connrefused 0 connreset 0
Errors: fd-unavail 0 addrunavail 0 ftab-full 0 other 0
```

第 1 行的錯誤很有可能是 server 端的瓶頸：client-timo 和 connrefused 錯誤說明很有可能被測 server 達到瓶頸，處理變慢或丟掉用戶端請求（也可能是自己的 time-out 參數設定太短）。第二行的 fd-unavail 說明本機 FD 不夠用了，可以查看一下 ulimit-n；addrunavail 說明用戶端用完了 TCP 通訊埠，可以檢查 net.ipv4.ip_local_port_range 以及執行 httperf 時需要 rate、timeout、num-conns 參數的配合；如果 other 不為 0，則試試在安裝 ./configurej 階段加入 --enable-debug，執行時期加入 --debug 1。

至此，本機測試 Web 伺服器性能就完成了，如果要在不同的主機上測試，那麼只需要換一下 IP 位址即可。

# 2.14　Linux 中的檔案許可權

在 Linux 中，有時候可以看到一個如下所示的檔案許可權：

```
-rw-r--r--
```

一共 10 個字元：第 1 個字元表示檔案類型，d 代表資料夾，l 代表連接檔案，- 代表普通檔案；後面的 9 個字元表示許可權。許可權分為 4 種：r 表示讀取許可權，w 表示寫入許可權，x 表示執行許可權，- 表示無此許可權。9 個字元共分為 3 組，每組 3 個字元。第 1 組表示建立這個檔案的使用者的許可權，第 2 組表示建立這個檔案的使用者所在的群組的許可權，第 3 組表示其他使用者的許可權。在每組的 3 個字元裡，第 1 個字元表示讀取許可權，第 2 個字元表示寫入許可權，第 3 個字元表示執行許可權。如果有此許可權，則對應位置為 r、w 或 x；如果沒有此許可權，則對應位置為 -。

所以說 -rw-r--r--，表示這是一個普通檔案，建立檔案的使用者的許可權為 rw-，建立檔案的使用者所在的群組的許可權為 r--，其他使用者的許可權為 r--。

在修改許可權時，用不同的數字來表示不同的許可權：4 表示讀取許可權，2 表示寫入許可權，1 表示執行許可權。設定許可權時，要給 3 類使用者分別設定許可權，例如 chmod 761 表示給建立檔案的使用者設定的許可權是 7，7=4+2+1，意思是給建立檔案的使用者賦予讀取、寫入和執行許可權；6=4+2，也就是說給建立檔案的使用者所在的群組賦予讀取和寫入許可權；最後一個 1 表示執行許可權，也就是說，給其他使用者執行許可權。

# 2.15 環境變數的獲取和設定

### 1. 環境表簡介

環境表中儲存了程式的執行環境中的所有環境變數，例如路徑 path、使用者 USER、Java 環境變數 JAVA_HOME 等。

### 2. 查看環境變數

在 Window 系統中，可以透過「高級」→「環境變數」來查看和設定環境變數。

在 Linux 系統中，可以用 env 命令來列出環境表的值，例如：

```
% env

TERM_PROGRAM=Apple_Terminal

SHELL=/bin/zsh

TERM=xterm-256color

USER=user1

......

JAVA_HOME=/Library/Java/JavaVirtualMachines/jdk1.8.0_251.jdk/Contents/Home

CLASSPATH=.:/Library/Java/JavaVirtualMachines/jdk1.8.0_251.jdk/Contents/Home/lib/
dt.jar:/Library/Java/JavaVirtualMachines/jdk1.8.0_251.jdk/Contents/Home/lib/tools.jar

LANG=zh_CN.UTF-8
```

可以看到，列出來了環境表中的所有的環境變數值，包括我們設定的 JAVA_
HOME 的值。

### 3. 環境變數的獲取和設定

在 Linux 系統中，提供全域變數 environ 來儲存所有的環境表的位址。環境表
是一個字元指標陣列，其中每個指標包含一個以 null 結束的字串位址。全域變數
environ 指向包含了該指標陣列的位址，從而可以獲得所有的環境變數。

同時，Linux 系統還提供了 getenv、putenv 函式來獲取和設定環境變數值。

### 1）getenv 和 putenv 函式

函式的宣告如下：

```
#include<stdlib.h>

//1. getenv
char * getenv(const char *name);
功能：
    getenv() 用來取得環境變數的內容。參數 name 為環境變數的名稱，如果該變數存在，則會傳回指向
該內容的指標。環境變數的格式為 name = value。
    傳回值：
    執行成功則傳回指向該內容的指標，若找不到符合的環境變數名稱則傳回 null。

//2. putenv
int putenv(const char * string);
功能：
    putenv() 用來改變或增加環境變數的內容。參數 string 的格式為 name = value，如果該環境變數
原先存在，則變數內容會根據參數 string 改變，否則此參數內容會成為新的環境變數。
    傳回值：
    執行成功則傳回 0，若有錯誤發生則傳回 -1。
    錯誤程式：
    ENOMEM 記憶體不足，無法設定新的環境變數空間。
程式舉例：獲取指定的幾個環境變數的值。
#include <stdlib.h>
#include <stdio.h>
main()
{
    char *p;
    char env_str[4][20] = {"LANG","USER","JAVA_HOME","SHELL","ABC"};
    for (int i = 0; i<4; i++) {
        p = getenv(env_str[i]);
        if (p) {
            printf("%s = %s\n",env_str[i],p);
        }else {
```

```
                printf("%s not exist!\n",env_str[i]);
            }
        }
        //put test
        putenv ("ABC=abc");
        if ( (p = getenv( "ABC" ) ) ) {
            printf( "ABC = %s\n", p );
        }
    }
```

執行結果：

```
LANG = zh_CN.UTF-8
USER = user1
JAVA_HOME = /Library/Java/JavaVirtualMachines/jdk1.8.0_251.jdk/Contents/Home
SHELL = /bin/zsh
ABC = abc
```

其中，getenv 傳回的就是指定的環境變數的值；ABC 是新設定的環境變數，是透過 putenv 設定成功的。設定後，僅在當前環境中起作用。

2）environ 全域變數的運用

程式功能：利用 environ 來獲取所有的環境變數值。

```
#include <stdlib.h>
#include <stdio.h>
main()
{
    extern char ** environ;
    for (int i =0; i<environ[i];i++){
        printf("%s\n",environ[i]);
    }
}
```

執行結果：

```
TERM_PROGRAM=Apple_Terminal
SHELL=/bin/zsh
TERM=xterm-256color
USER=user1
...
JAVA_HOME=/Library/Java/JavaVirtualMachines/jdk1.8.0_251.jdk/Contents/Home
CLASSPATH=.:/Library/Java/JavaVirtualMachines/jdk1.8.0_251.jdk/Contents/Home/lib/
dt.jar:/Library/Java/JavaVirtualMachines/jdk1.8.0_251.jdk/Contents/Home/lib/tools.jar
LANG=zh_CN.UTF-8
```

可見，和用 env 命令來得到的結果是一樣的。我們可以想像 env 命令就是用 environ 來實現的，有興趣的讀者可以去分析一下 env 的原始程式。

### 4. putenv 原始程式

這裡，我們來看一下 putenv 在 Linux 系統中的實現。
程式位置：

bionic/libc/stdlib/putenv.c

可以看到，它是在 libc 中實現的，是一個程式庫函式，而非系統呼叫。
原始程式如下：

```
#include <stdlib.h>
#include <string.h>
int putenv(const char *str)
{
    char *p, *equal;
    int rval;
    if ((p = strdup(str)) == NULL)
        return (-1);
    if ((equal = strchr(p, '=')) == NULL) {
        (void)free(p);
        return (-1);
    }
    *equal = '\0';
    rval = setenv(p, equal + 1, 1);
    (void)free(p);
    return (rval);
}
```

可見，putenv 是透過呼叫 setenv 來實現的。

## 2.16  解析命令列參數函式

getopt_long 為解析命令列參數函式，它是 Linux C 程式庫函式，使用此函式需要包含系統標頭檔 getopt.h。getopt_long 函式宣告如下：

```
int getopt_long(int argc, char * const argv[], const char *optstring, const struct
option *longopts, int *longindex);
```

getopt_long 的工作方式與 getopt 類似，但是 getopt_long 除了接收短選項外還接收長選項，長選項以「--」開頭。如果程式只接收長選項，那麼 optstring 應指定為空字串。如果縮寫是唯一的，那麼長選項名稱可以縮寫。長選項可以採用兩種形式：--arg=param 或 --arg param。longopts 是一個指標，指向結構 option 陣列。

結構 option 宣告如下：

```
struct option {
    const char *name;
    int has_arg;
    int *flag;
    int val;
};
```

參數說明：

- name：長選項的名稱。
- has_arg：0 表示不需要參數，1 表示需要參數，2 表示參數是可選的。
- flag 指定如何為長選項傳回結果，如果 flag 是 NULL，那麼 getopt_long 傳回 val（可以將 val 設定為等效的短選項字元），否則 getopt_long 傳回 0。
- val 表示要傳回的值。
- 結構 option 陣列的最後一個元素必須用零填充。

當一個短選項字元被辨識時，getopt_long 也傳回短選項字元。對於長選項，如果 flag 是 NULL，則 getopt_long 傳回 val，否則傳回 0。傳回 -1 和錯誤處理方式與 getopt 相同。

# 2.17 登入桌面到伺服器

相信讀者對命令列方式的 ssh 遠端登入已經很熟悉了，下面我們來看一下如何以遠端圖形介面的方式登入作業系統，相當於 Windows 下的遠端桌面，操作步驟如下：

**步驟 01** ssh 遠端登入系統，在命令列下安裝 xrdp，命令如下：

```
sudo apt install -y xrdp
```

安裝完成後，該服務將自動啟動。可以透過鍵入命令來驗證 xrdp 服務是否正在執行，命令如下：

```
root@test-PC:~# systemctl status xrdp
● xrdp.service - xrdp daemon
   Loaded: loaded (/lib/systemd/system/xrdp.service; enabled; vendor preset: enabled)
```

```
Active: active (running) since Fri 2022-09-09 10:03:17 CST; 12min ago
  Docs: man:xrdp(8)
        man:xrdp.ini(5)
```

如果出現 active，就說明已經在執行了。

步驟 02 在 Windows 底部的搜尋欄輸入遠端桌面連接，進行連接，如圖 2-3 所示。

▲ 圖 2-3

## 2.18 遠端桌面

可以透過 VNC 這個軟體來進行遠端圖形化的桌面登入。操作步驟如下：

步驟 01 使用 ssh 終端工具連接進去系統。

步驟 02 安裝 tigervnc-server：

```
yum -y install tigervnc-server
```

步驟 03 設定 VNP 遠端密碼：

```
vncpasswd
```

當前筆者是以 root 使用者來設定遠端密碼的，如果還有普通使用者，則建議切換到普通使用者再設定一個 VNC 遠端密碼，比如：

```
zwZW@123
```

步驟 04 在系統設定檔路徑下為我們的使用者增加一個 VNC 守護處理程序設定檔

（Daemon Configuration File）：

```
cp /lib/systemd/system/vncserver@.service  /etc/systemd/system/vncserver@:1.service
```

**步驟05** 編輯從系統路徑（/etc/systemd/system/）複製過來的 VNC 的範本設定檔，將其中的使用者名稱改為我們的使用者名稱。

```
vi /etc/systemd/system/vncserver@\:1.service
```

**步驟06** 用 vi 打開該檔案後直接把裡面的內容全部刪除，將下面的內容增加進去：

```
[Unit]
Description=Remote desktop service (VNC)
After=syslog.target network.target
[Service]
Type=simple
ExecStartPre=/bin/sh -c '/usr/bin/vncserver -kill %i > /dev/null 2>&1 || :'

#my_user 是我們想使用 VNC Server 的使用者名稱
ExecStart=/sbin/runuser -l my_user -c "/usr/bin/vncserver %i -geometry 1280x1024"

#my_user 是我們想使用 VNC Server 的使用者名稱
PIDFile=/home/my_user/.vnc/%H%i.pid

ExecStop=/bin/sh -c '/usr/bin/vncserver -kill %i > /dev/null 2>&1 || :'
[Install]
WantedBy=multi-user.target
```

增加完畢後，重新載入，執行服務，命令如下：

```
systemctl daemon-reload
systemctl start vncserver@:1
systemctl status vncserver@:1
systemctl enable vncserver@:1
```

**步驟07** 在 Windows 端安裝 VNC Viewer，然後打開 VNC Viewer，在網址列中輸入 IP 位址和通訊埠編號，如圖 2-4 所示。

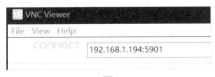

▲ 圖 2-4

將 IP 位址改為系統的 IP 位址，隨後跳出登入密碼，我們輸入「zwZW@123」

即可登入。登入後的介面如圖 2-5 所示。

▲ 圖 2-5

# 2.19 KVM 和 Qemu 的關係

首先 KVM（Kernel Virtual Machine，核心虛擬機器）是 Linux 的核心驅動模組，它能夠讓 Linux 主機成為一個 Hypervisor（虛擬機器監控器）。在支援 VMX（Virtual Machine Extension，虛擬機器擴展）功能的 x86 處理器中，Linux 在原有的使用者模式和核心模式中新增客戶模式，並且客戶模式也擁有自己的核心模式和使用者模式，虛擬機器就執行在客戶模式中。KVM 模組的職責就是打開並初始化 VMX 功能，提供相應的介面以支援虛擬機器的執行。

QEMU（Quick EMUlator）本身並不包含或依賴 KVM 模組，而是一套由 Fabrice Bellard 撰寫的模擬電腦的自由軟體。QEMU 虛擬機器是一個純軟體的實現，可以在沒有 KVM 模組的情況下獨立執行，但是性能比較低。QEMU 有整套的虛擬機器實現，包括處理器虛擬化、記憶體虛擬化以及 I/O 裝置的虛擬化。QEMU 是一個使用者空間的處理程序，需要透過特定的介面才能呼叫 KVM 模組提供的功能。從 QEMU 角度來看，虛擬機器執行期間，QEMU 透過 KVM 模組提供的系統呼叫介面進行核心設定，由 KVM 模組負責將虛擬機器置於處理器的特殊模式中執行。QEMU 使用了 KVM 模組的虛擬化功能，為自己的虛擬機器提供硬體虛擬化加速以提高虛擬機器的性能。

KVM 只模擬 CPU 和記憶體，因此一個客戶端設備作業系統可以在宿主機上執行起來，但是我們看不到它，無法和它溝通。於是，有人修改了 QEMU 程式，把它模擬 CPU、記憶體的程式換成 KVM，而保留網路卡、顯示器等，因此

QEMU+KVM 就成了一個完整的虛擬化平臺。

KVM 只是核心模組，使用者無法直接跟核心模組互動，需要借助使用者空間的管理工具，而這個工具就是 QEMU。KVM 和 QEMU 相輔相成，QEMU 透過 KVM 提高了硬體虛擬化的速度，而 KVM 則透過 QEMU 來模擬裝置。對 KVM 來說，它匹配的使用者空間工具並不僅只有 QEMU，還有其他的，比如 RedHat 開發的 Libvirt、virsh、virt-manager 等，QEMU 並不是 KVM 的唯一選擇。

總之，簡單直接的理解就是：QEMU 是一個電腦模擬器，而 KVM 為電腦的模擬提供加速功能。

下面再簡單介紹一下 Libvirt 和 virt-manager。

- Libvirt：是一組軟體的匯集，提供了管理虛擬機器和其他虛擬化功能（比如儲存和網路介面等）的便利途徑。這些軟體包括：一個長期穩定的 C 語言 API、一個守護處理程序（libvirtd）和一個命令列工具（virsh）。Libvirt 的主要目標是提供一個單一途徑以管理多種不同虛擬化方案以及虛擬化主機，包括 KVM/QEMU、Xen、LXC（Linux 容器）、OpenVZ 和 VirtualBox hypervisors。

- virt-manager：是透過 Libvirt 管理虛擬機器的桌面軟體。它主要針對 KVM 虛擬機器，但也管理 Xen 和 LXC。它提供了正在執行的域及其即時性能和資源使用率統計資訊的摘要視圖。精靈支援建立新域，以及設定和調整域的資源設定和虛擬硬體。

# 2.20 檢查系統是否支援虛擬化

打開 CentOS 系統，檢查它是否支援虛擬化。要有 vmx 或 svm 的標識才行，其中 vmx 代表 Intel，svm 代表 AMD。

命令如下：

```
cat /proc/cpuinfo |grep svm
cat /proc/cpuinfo |grep vmx
```

或合併為一筆命令：

```
egrep '(vmx|svm)' /proc/cpuinfo
```

如果有 vmx 或 svm，那麼結果中會用紅色標出。

## 2.21　在Ubuntu 22中使用KVM虛擬機器CentOS 8

本節主要介紹如何在 Ubuntu 22 中安裝和使用 KVM 虛擬機器 CentOS 8。

### 2.21.1　安裝 CentOS 8 虛擬機器

我們的實體主機上安裝的系統是 Ubuntu 22，現在來安裝一個虛擬機器 CentOS 8。操作步驟如下：

步驟 01 安裝 virt-manager：

```
apt install virt-manager
```

步驟 02 啟動 virt-manager：

```
root@mycw:~# virt-manager
```

稍等片刻，就可以出現圖形視窗了，如圖 2-6 所示。

▲ 圖 2-6

這個視窗能在 Windows 下出現就是圖形化終端工具 MobaXterm 的功勞了。

接下來準備好 CentOS 的 ISO 檔案，開始安裝。這個過程很簡單，不再贅述。

### 2.21.2　虛擬機器和宿主機網路通訊

基本步驟如下：

步驟 01 關閉虛擬機器 CentOS 8 中的防火牆：

```
systemctl stop firewalld
systemctl disable firewalld.service
```

第一筆命令是現在立即關閉（但下次開機還是會啟動），第二筆命令是下次開機時關閉，所以兩筆命令都要執行。

然後重新啟動！然後重新啟動！然後重新啟動！重要的事情說三遍！否則（有些系統上）會出現 ping 不通的情況。

步驟02 查看虛擬機器的 IP 位址，然後 ping 宿主機的 virbr0：192.168.122.1。

安裝虛擬機器後，在宿主機 Linux 中，如果用 ifconfig 查看，那麼宿主機中會多一個橋接器裝置，如圖 2-7 所示。

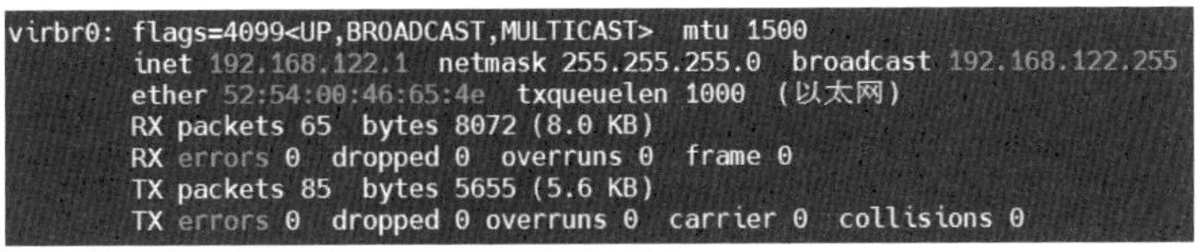

```
virbr0: flags=4099<UP,BROADCAST,MULTICAST>  mtu 1500
        inet 192.168.122.1  netmask 255.255.255.0  broadcast 192.168.122.255
        ether 52:54:00:46:65:4e  txqueuelen 1000  (以太网)
        RX packets 65  bytes 8072 (8.0 KB)
        RX errors 0  dropped 0  overruns 0  frame 0
        TX packets 85  bytes 5655 (5.6 KB)
        TX errors 0  dropped 0 overruns 0  carrier 0  collisions 0
```

▲ 圖 2-7

我們在虛擬機器中先 ping 一下 192.168.122.1，然後在宿主機中 ping 虛擬機器的 IP 位址（這裡是 192.168.122.69）：

```
root@mycw:~# ping 192.168.122.1
PING 192.168.122.1 (192.168.122.1) 56(84) bytes of data.
64 bytes from 192.168.122.1: icmp_seq=1 ttl=64 time=0.036 ms
^C
--- 192.168.122.1 ping statistics ---
1 packets transmitted, 1 received, 0% packet loss, time 0ms
rtt min/avg/max/mdev = 0.036/0.036/0.036/0.000 ms
root@mycw:~# ping 192.168.122.69
PING 192.168.122.69 (192.168.122.69) 56(84) bytes of data.
64 bytes from 192.168.122.69: icmp_seq=1 ttl=64 time=0.318 ms
64 bytes from 192.168.122.69: icmp_seq=2 ttl=64 time=0.360 ms
64 bytes from 192.168.122.69: icmp_seq=3 ttl=64 time=0.247 ms
```

步驟03 在宿主機中用 ssh 命令登入虛擬機器。

步驟04 在宿主機中用 scp 命令傳送檔案到虛擬機器。

## 2.21.3 透過 ssh 命令登入到虛擬機器

如果虛擬機器的 IP 位址是 192.168.122.69，那麼我們在宿主機命令列下可以直接使用 ssh 命令來登入：

```
ssh 192.168.122.69
root@192.168.122.69's password:
```

然後輸入虛擬機器 Linux 的 root 密碼即可。

如果要傳輸檔案到虛擬機器，可以用 scp 命令，例如：

```
scp my0file root@192.168.122.69:/root
```

## 2.21.4 透過 scp 命令向虛擬機器 Linux 傳送檔案

如果虛擬機器 Linux 是比較新的版本，比如 CentOS 7 或以上，則比較方便，例如：

```
# scp -oHostKeyAlgorithms=+ssh-dss myfile.zip root@192.168.122.140:/root/
```

如果虛擬機器 Linux 是比較低的版本，比如 CentOS 6.9，此時會提示顯示出錯：

```
root@mycw:~# scp codegit.zip root@192.168.122.140:/root/
Unable to negotiate with 192.168.122.140 port 22: no matching host key type found.
Their offer: ssh-rsa,ssh-dss
```

之所以顯示出錯是因為 OpenSSH 7.0 以後的版本不再支援 ssh-dss（DSA）演算法，解決方法是增加選項 -oHostKeyAlgorithms=+ssh-dss，例如：

```
root@mycw:~# scp -oHostKeyAlgorithms=+ssh-dss myfile.zip root@192.168.122.140:/root/
The authenticity of host '192.168.122.140 (192.168.122.140)' can't be established.
DSA key fingerprint is SHA256:UKlLjb60PsjrrLnyk6le+P9obY8l9A+Nm1VRkn4uX2s.
This key is not known by any other names
Are you sure you want to continue connecting (yes/no/[fingerprint])? yes
Warning: Permanently added '192.168.122.140' (DSA) to the list of known hosts.
root@192.168.122.140's password:
codegit.zip
100%  823MB 299.4MB/s   00:02
```

## 2.21.5 讓虛擬機器辨識到 PCI 裝置

透過管理工具 virt-manager 增加 PCI 裝置的方法：在新建的虛擬機器設定項下選擇「Add Hardware > PCI Host Device」，將 PCI 裝置增加到該虛擬機器中，啟動虛擬機器，則新建的虛擬機器中就有對應的 PCI 裝置。

預設情況下，當我們在虛擬系統管理器中增加 PCI 硬體裝置後，通常會出現「啟動域時出錯：unsupported configuration: host doesn't support passthrough of host PCI devices」的錯誤訊息，如圖 2-8 所示。

▲ 圖 2-8

解決方法是開啟 Bios 中 CPU 的虛擬化，並修改 grub 參數。顯示出錯的本質原因是沒有開啟 PCI 直通。所謂 PCI 直通（PCI PathThrough），是一種讓虛擬機器從主機上控制 PCI 裝置的機制。與使用虛擬化硬體相比，它具有一些優勢，例如更低的延遲、更高的性能或其他功能。但是，如果我們將裝置傳遞到虛擬機器，則無法再在主機或任何其他虛擬機器中使用該裝置。由於直通是一項需要硬體支援的功能，因此需要提前檢查，並做好準備以使它工作。包括 CPU 和主機板在內的硬體都需要支援 IOMMU（I/O 記憶體管理單元）中斷重映射。

一般來說，帶有 VT-d 的 Intel 系統和帶有 AMD-Vi 的 AMD 系統都支援 PCI 直通，但由於硬體的差異以及相容性不佳的驅動程式，因此不能保證所有網路卡環境都可以開箱即用。此外，伺服器級硬體通常比消費級硬體有更好的相容性，不過當前許多系統也可以支援這一點。如果我們有其他特殊設定，可諮詢硬體供應商，以檢查他們是否支援 Linux 下的 PCI 直通功能。如果已確保我們的硬體支援直通，那麼需要進行一些設定以啟用 PCI 直通。首先查看伺服器是否支援虛擬化，然後再進行設定，查看命令如下：

```
# cat /proc/cpuinfo | grep vmx
```

如果有輸出，就說明是支援 PCI 直通的，現在的伺服器一般都是支援的。接下來就可以放心地進行設定了。有兩個地方要進行設定，一個是在 BIOS 中，另外一個是在 Linux 的啟動參數中。

（1）在 BIOS 裡通常設定以下 3 個地方：

① 在 BIOS 設定中找到並打開 VT-d (Intel)，將它啟動（Enable），這個選項一般是啟動的，如圖 2-9 所示。

▲ 圖 2-9

② 打開「Intel VT for Direct I/O」，也讓它啟動，如圖 2-10 所示。

▲ 圖 2-10

VT for Direct I/O 的意思是允許 PCI 卡直通映射，該選項預設關閉，需要開啟。

**注意**：Intel VT-x 是 CPU 的虛擬化，VT-d 是 I/O 裝置的虛擬化，這兩者是不一樣的。

③ 打開「SR-IOV Support」，將它啟動，如圖 2-11 所示。

SR-IOV Support                                    [Enabled]

▲ 圖 2-11

SR-IOV 的全稱是 Single Root I/O Virtualization。SR-IOV 作為週邊 PCIe 規範，來源於 PCI Special Interest Group 組織。SR-IOV 技術現已可以把具有 SR-IOV 功能的裝置定義成為一種週邊設備實體功能模組（PF），並使之能與主機 Hypervisor 系統直接互動資訊。PF 主要用於在伺服器中告訴 hypervisor 系統關於實體 PCI 裝置執行的狀態是否可用。SR-IOV 在作業系統層，現在能夠在所有的 PF 下建立不只一個的虛擬功能裝置（VFs）。VFs 能共用週邊設備的實體資源（比如網路卡通訊埠或網路卡快取空間）並且與 SR-IOV 伺服器上的虛擬機器系統進行連結。SR-IOV 能允許一個實體 PCIe 裝置把自身虛擬為多個虛擬 PCIe 裝置。每個 PF 和 VFs 都會收到唯一的 PCIe 識別字，這樣就允許 Hypervisor 系統中的 SR-IOV 虛擬記憶體管理器來區分不同的網路流量，並且能使用 DMA 技術重新映射記憶體位址，在 SR-IOV 週邊設備和目標虛擬主機之間，進行資料移轉時進行位址轉換。這樣從根本上避免了 Hypervisor 系統所帶來的處理銷耗和延遲時間。總之，使用 SR-IOV 技術，虛擬機器系統能經過 DMA 直接與 PCIe 裝置一起工作，因此這種方式就不需在經過 Hypervisor 系統時使用虛擬傳輸介面、虛擬交換機或其他翻譯器。SR-IOV 直接互動技術在實際使用中的通訊性能已經接近非虛擬化水準。

（2）BIOS 設定完畢後，進入作業系統，設定啟動參數，為 grub 設定 iommu；如果是在 Ubuntu 中則修改 /etc/default/grub 檔案，在 GRUB_CMDLINE_LINUX 最後追加「intel_iommu=on iommu=pt」：

```
GRUB_CMDLINE_LINUX="crashkernel=auto rd.lvm.lv=centos/root rd.lvm.lv=centos/
swap rhgb quiet intel_iommu=on iommu=pt"
```

參數 iommu=pt 的意思是阻止 Linux 接觸不能透傳的裝置。

**注意**：是在字串中追加，而非在該檔案結尾。

如果是在 AMD CPU 中，則增加「amd_iommu=on」。

這裡順便解釋一下其他選項，如下所示：

```
GRUB_DEFAULT=0
# 代表 grub 啟動時指標預設停留在哪一個選項
# 比如雙系統中 windows boot manager 在第 3 行的位置
# 那麼修改 GRUB_DEFAULT=2 就可以讓系統倒計時結束後自動進入 windows

GRUB_TIMEOUT=8
# 設定倒計時秒數，-1 代表關閉倒計時

GRUB_CMDLINE_LINUX_DEFAULT="quiet splash"
GRUB_CMDLINE_LINUX=""
# GRUB_CMDLINE_LINUX_DEFAULT 把選項匯入所有啟動項，不含 recovery mode
# GRUB_CMDLINE_LINUX 把選項匯入所有啟動項，含 recovery mode（一般不改這個）
# 以下是可用選項
# 如果註釋 quiet splash，則系統啟動時螢幕上會輸出系統檢查的資訊，開啟時無檢查資訊
# quiet 意思是核心啟動時簡化提示訊息
# splash 意思是啟動時使用圖形化的進度指示器代替 init 的字元輸出過程
# quiet splash
# nomodeset 不載入顯卡驅動
# acpi_osi=Linux 告訴核心這台機器包含需要 ACPI 的 Linux 系統（沒必要加）
# net.ifnames=0 biosdevname=0 使用舊版的網路通訊埠名稱，從形如「enp2s0」變換為形如「eth0」

GRUB_GFXMODE=1920x1080
# 解析度設定，如果進系統後無法調整，可以在這裡調整

GRUB_INIT_TUNE="480 440 1"
# 打開後，GRUB 選單出現時會鳴音提醒
```

然後在 Ubuntu 中執行 update-grub 更新 grub.cfg 檔案，命令如下：

```
update-grub
```

接下來使用 reboot 命令重新啟動作業系統，然後查看 IOMMU 狀態是否開啟：

```
root@mycw:~# cat /proc/cmdline | grep intel_iommu
BOOT_IMAGE=/boot/vmlinuz-5.15.0-56-generic root=/dev/mapper/vgubuntu-root ro
intel_iommu=on iommu=pt quiet splash vt.handoff=7
```

再透過命令 dmesg | grep -i iommu 查看目標 PCI 裝置是否開啟直通：

```
[    1.143248] pci 0000:00:04.7: Adding to iommu group 8
[    1.143273] pci 0000:00:05.0: Adding to iommu group 9
```

此時再次增加主機上的 PCI 裝置就不會顯示出錯了。另外我們也可以透過 virsh 相關命令查看裝置資訊：

（1）辨識裝置：

```
virsh nodedev-list --tree |grep pci
```

（2）獲取裝置：

```
virsh nodedev-dumpxml pci_0000_65_00_0
```

（3）分離裝置：

```
virsh nodedev-dettach pci_0000_65_00_0
```

已分離出裝置 pci_0000_65_00_0。

## 2.22　在 Ubuntu 下安裝 RPM 套件

有時候，我們想要使用的軟體並沒有被包含到 Ubuntu 的倉庫中，程式本身也沒有提供可以讓 Ubuntu 使用的 DEB 套件，而我們又不願意從原始程式碼編譯，此時如果軟體提供有 RPM 套件的話，也是可以在 Ubuntu 中安裝的。只需在 Ubuntu 下安裝好 alien 軟體即可。alien 預設沒有安裝，所以首先要安裝它：

```
apt-get install alien
```

然後把 RPM 轉為 DEB 套件：

```
alien  xxx.rpm
```

這一步將 RPM 轉換位 DEB，完成後會生成一個名稱相同的 xxxx.deb，接著安裝 DEB 套件：

```
dpkg -i xxxx.deb
```

用 alien 轉換的 DEB 套件並不能保證 100% 順利安裝，因此能找到 DEB 最好直接用 DEB。

# 2.23 在 CentOS 中使用 KVM 虛擬機器 Ubuntu 22

本節主要介紹如何在 CentOS 中安裝和使用 KVM 虛擬機器 Ubuntu 22。

## 2.23.1 透過圖形化終端使用 Ubuntu 22

在命令列下執行 virt-manager 命令，打開虛擬系統管理器，就可以安裝、啟動虛擬機器，如圖 2-12 所示。

▲ 圖 2-12

工具列上的三角箭頭可以用來啟動已經安裝的虛擬機器作業系統。

## 2.23.2 透過遠端桌面方式使用 Ubuntu 22

具體操作步驟如下：

步驟 01 登入宿主機，啟動遠端桌面服務：

```
[root@localhost ~]# vncserver

Warning: localhost.localdomain:1 is taken because of /tmp/.X11-unix/X1
Remove this file if there is no X server localhost.localdomain:1

New 'localhost.localdomain:2 (root)' desktop is localhost.localdomain:2

Starting applications specified in /root/.vnc/xstartup
Log file is /root/.vnc/localhost.localdomain:2.log

[root@localhost ~]# vncserver -list

TigerVNC server sessions:

X DISPLAY #      PROCESS ID
:2               23470
```

可以看到顯示器序號是 2，用戶端登入要用到這個序號。

　　然後在用戶端使用 VNC Viewer 登入，注意登入的時候，IP 位址後面加顯示序號 2，如圖 2-13 所示。

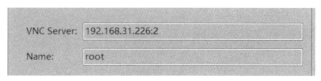

▲ 圖 2-13

步驟 02 登入到遠端桌面後，在影像終端下開啟 KVM 管理軟體：

```
virt-manager
```

在這個管理軟體中啟動 Ubuntu 22。

步驟 03 在 Windows 10 下用終端軟體登入宿主機，再在宿主機命令列下使用 ssh 登入到 Ubuntu 22 虛擬機器並切換到 root：

```
[root@localhost ~]# ssh tom@192.168.122.151
tom@192.168.122.151's password:
Welcome to Ubuntu 22.04.1 LTS (GNU/Linux 5.15.0-53-generic x86_64)

 * Documentation:  https://help.ubuntu.com
 * Management:      https://landscape.canonical.com
 * Support:         https://ubuntu.com/advantage

 System information as of Wed Nov 23 01:01:16 AM UTC 2022

 System load:  0.1982421875     Processes:              100
 Usage of /:   45.7% of 9.75GB  Users logged in:        1
 Memory usage: 20%              IPv4 address for ens3: 192.168.122.151
 Swap usage:   0%

44 updates can be applied immediately.
To see these additional updates run: apt list --upgradable

Last login: Wed Nov 23 00:34:39 2022
tom@mypc:~$ ls
tom@mypc:~$ su
Password:
root@mypc:/home/tom#
```

步驟 04 如果要在宿主機（CentOS 7）上傳輸檔案到虛擬機器 Ubuntu 22，可以使用 scp 命令。

　　宿主機 IP 位址為 192.168.31.226，虛擬機器 IP 位址為 192.168.122.151。登入宿主機後，在命令列下可以直接發送檔案到虛擬機器，例如：

```
[root@localhost ~]# scp hello.c tom@192.168.122.151:/tmp
tom@192.168.122.151's password:
hello.c                                  100%  111    14.5KB/s   00:00
[root@localhost ~]#
```

　　虛擬機器的登入帳號和密分碼別是 tom 和 123456，登入進去後可以切換為 root 使用者，root 的密碼也是 123456。

## 2.23.3　自訂路徑安裝 KVM 虛擬機器

　　有時候，在安裝 KVM 虛擬機器時預設安裝路徑會因為磁碟空間的不足而無法安裝，此時我們就要指定其他路徑來存放 KVM 虛擬機器。首先可以用 df 命令查看磁碟空間的使用情況：

```
[root@localhost vm]# df
檔案系統                     1K- 區塊      已用       可用       已用 %    掛載點
/dev/mapper/centos-root   52403200    35159404  17243796   68%    /
devtmpfs                  16160040    0         16160040   0%     /dev
tmpfs                     16210208    0         16210208   0%     /dev/shm
tmpfs                     16210208    11244     16198964   1%     /run
tmpfs                     16210208    0         16210208   0%     /sys/fs/cgroup
/dev/nvme0n1p2            1038336     168208    870128     17%    /boot
/dev/nvme0n1p1            204580      11424     193156     6%     /boot/efi
/dev/mapper/centos-home   174105540   6313984   167791556  4%     /home
tmpfs                     3242044     12        3242032    1%     /run/user/42
tmpfs                     3242044     20        3242024    1%     /run/user/0
```

　　可以看出，掛載點 /home 的磁碟空間大，而且才佔用了 4%，那麼我們就可以把虛擬機器都裝在這個掛載點的某個目錄下。

　　具體操作步驟如下：

步骤01 在 /home 下新建一個目錄 vm，然後在命令列下執行 virt-manager 命令，按一下「建立新虛擬機器」圖示，在彈出的「生成新虛擬機器 5 的步驟 1」對話方塊中按一下「本地安裝媒體」選項按鈕，如圖 2-14 所示。

步骤02 按一下「前進」按鈕，出現如圖 2-15 所示的對話方塊。

▲ 圖 2-14　　　　　　　　　　　　　　▲ 圖 2-15

步驟 03 在對話方塊中按一下「瀏覽」按鈕，彈出「定位 ISO 介質卷」對話方塊，
準備增加 ISO 檔案所在的目錄，比如這裡的 ISO 檔案存放在 /root/soft 下，按
一下「本地瀏覽」按鈕（見圖 2-16）。選擇 ISO 檔案，如圖 2-17 所示。

▲ 圖 2-16　　　　　　　　　　　　　　▲ 圖 2-17

步驟 04 按一下「前進」按鈕，保持預設，一直到「生成新虛擬機器 5 的步驟 4」
對話方塊，在對話方塊中選擇「選擇或建立自訂儲存」，然後按一下「管理」
按鈕，彈出「定位 ISO 介質卷」對話方塊。在對話方塊的左下角按一下「＋」
按鈕來增加池，如圖 2-18 所示。

▲ 圖 2-18

步驟 05 此時彈出「建立儲存池 2 的步驟 1」對話方塊，在該對話方塊中輸入池的名稱，比如 myvm，如圖 2-19 所示。

步驟 06 按一下「前進」按鈕，彈出「建立儲存池 2 的步驟 2」對話方塊，在該對話方塊中按一下「瀏覽」按鈕，選擇目標路徑為 /home/vm，如圖 2-20 所示。

▲ 圖 2-19                                   ▲ 圖 2-20

步驟 07 按一下「完成」按鈕，回到「定位 ISO 介質卷」對話方塊，在該對話方塊左側選中「myvm 檔案系統目錄」，在對話方塊右側按一下「+」按鈕，如圖 2-21 所示。

▲ 圖 2-21

**步驟 08** 此時出現「建立儲存卷冊」對話方塊,在該對話方塊中輸入名稱,名稱可以自訂,通常可以起一個要安裝的虛擬機器作業系統的名稱,比如 vol. qcow2,如圖 2-22 所示。

▲ 圖 2-22

**步驟 09** 按一下「完成」按鈕,回到「定位 ISO 介質卷」對話方塊,按一下「選擇卷冊」按鈕選擇剛建立的 ubuntu22.qcow2,如圖 2-23 所示。

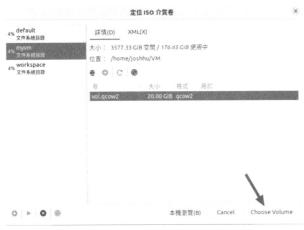

▲ 圖 2-23

步驟 10 然後一直前進,直到正式安裝,如圖 2-24 所示。

▲ 圖 2-24

相信後面的正式安裝讀者都會了,此處不再贅述。

## 2.23.4 讓虛擬機器辨識到 PCI 裝置

透過管理工具 virt-manager 增加 PCI 裝置的方法:在新建的虛擬機器設定項下選擇「Add Hardware > PCI Host Device」,將 PCI 裝置增加到 VM 中,啟動虛擬機器,新建的 VM 中就有對應的 PCI 裝置。

預設情況下,當我們在虛擬系統管理器增加 PIC 硬體裝置後,通常會出現「啟動域時出錯:unsupported configuration: host doesn't support passthrough of host PCI devices」的錯誤訊息,如圖 2-25 所示。

▲ 圖 2-25

　　原因在 2.22.5 節中已經說過了，這裡不再贅述。我們直接看設定，設定也是在兩個地方，一個是在 BIOS 中，另外一個是在 Linux 的啟動參數中。

　　（1）在 BIOS 中通常設定以下 3 個地方：

　　①在 BIOS 設定中找到並打開 VT-d (Intel)，將它啟動，這個選項一般是啟動的，如圖 2-26 所示。

▲ 圖 2-26

　　②打開「Intel VT for Direct I/O」，也讓它啟動，如圖 2-27 所示。

▲ 圖 2-27

　　③打開「SR-IOV Support」，將它啟動，如圖 2-28 所示。

▲ 圖 2-28

　　（2）BIOS 設定完畢後，進入作業系統，設定啟動參數，為 grub 設定 iommu：在 CentOS 7 中，在核心參數上增加 iommu 啟動。打開 grub 設定檔 /etc/grub2-efi. cfg，執行以下命令：

```
#vi /etc/grub2-efi.cfg
```

找到「rhgb quiet」，在「LANG=en_US.UTF-8」後面增加以下欄位：

```
intel_iommu=on pci=realloc pci=assignbusses
```

儲存檔案，使用 reboot 命令重新啟動作業系統。重新啟動後，驗證 iommu 是否生效：

```
#dmesg | grep -e DMAR -e IOMMU
```

或

```
#dmesg | grep -E "DMAR|IOMMU
```

再透過命令 dmesg | grep -i iommu 查看目標 PCI 裝置是否開啟直通，比如可以找到：

```
[    1.359121] iommu: Adding device 0000:17:00.0 to group 24
```

下面執行 virt-manager 命令打開 KVM 管理軟體，增加主機上的 PCI 裝置，如圖 2-29 所示。

▲ 圖 2-29

再次啟動虛擬機器作業系統，就不會顯示出錯了。

# 2.24 系統中使用虛擬機器

本節的目標是在系統上安裝虛擬機器軟體，然後在虛擬機器軟體中再安裝一個系統，這樣我們的虛擬系統就可以得到和實體系統同樣的硬體指令架構，比如 ARM 架構。

如果要執行虛擬機器，可以安裝 virt-manager。具體操作步驟如下：

**步驟 01** 直接安裝 virt-manager，所需的 QEMU 和 Libvirt 作為相依會自動安裝，線上安裝命令如下：

```
apt install virt-manager
```

**步驟 02** 安裝 virt-manager 後，可以在桌面上按右鍵滑鼠，在彈出的快顯功能表中選擇「在終端中打開」命令，然後在命令列中輸入 virt-manager，執行結果如圖 2-30 所示。

▲ 圖 2-30

**步驟 03** 接下來就可以新建虛擬機器了。按一下功能表列中的「檔案」→「新建虛擬機器」命令，彈出「生成新虛擬機器 5 的步驟 1」對話方塊，在該對話方塊中按一下「本地安裝媒體（ISO 映射或光碟機）（L）」選項按鈕，如圖 2-31 所示。

▲ 圖 2-31

注意：映射檔案最好已經複製到系統中。

步驟 04 按一下對話方塊右下角的「前進」按鈕，彈出如圖 2-32 所示的「生成新虛擬機器 5 的步驟 2」對話方塊。

建立虛擬機
建立新虛擬系統
請選擇 ISO 或 CDROM 安裝介質(I)：
未選擇介質
瀏覽(W)...

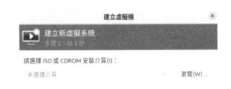

▲ 圖 2-32

步驟 05 在「生成新虛擬機器 5 的步驟 2」對話方塊中按一下「瀏覽」按鈕，彈出「定位 ISO 介質卷」對話方塊，在該對話方塊中按一下「本地瀏覽」按鈕，選擇本地的 ISO 檔案，然後回到「生成新虛擬機器 5 的步驟 2」對話方塊上，按一下「前進」按鈕，進入「生成新虛擬機器 5 的步驟 3」對話方塊，保持預設設定，如圖 2-33 所示。

建立虛擬機
建立新虛擬系統
請選擇記憶體和 CPU 設定：
記憶體(M)：
4096
主機中最多有 96305 MiB 可用
CPU 數(P)：
2
最多可用 24

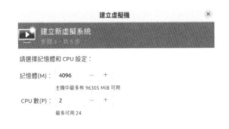

▲ 圖 2-33

步驟 06 後面一直保持預設即可，最後出現如圖 2-34 所示的介面。在倒計時幾十秒後就開始進入作業系統本身的安裝了。

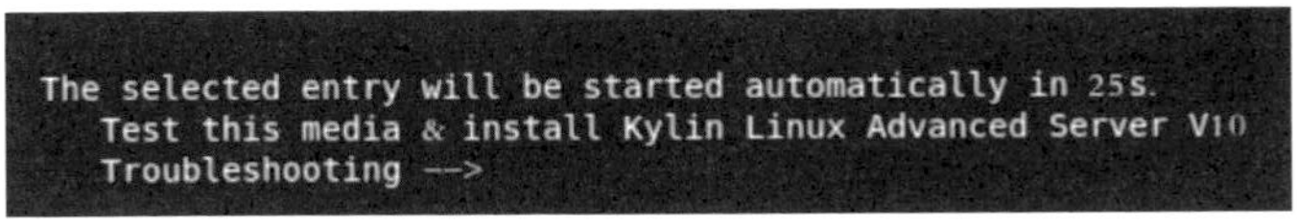
The selected entry will be started automatically in 25s.
Test this media & install Kylin Linux Advanced Server V10
Troubleshooting -->

▲ 圖 2-34

# 2.25 網路通訊與封包處理

　　網路是一些互相連接的、自治的網路裝置的集合，電腦網路是這類電腦的集合。只需要一筆鏈路連接兩台電腦即可組成最簡單的電腦網路。封包是網路中交換與傳輸的資料單元，即網站一次性要發送的資料區片。封包包含了將要發送的完整的資料資訊，在傳輸過程中會不斷地封裝成分組、封包、幀來傳輸。電腦通常使用網路卡來接收和發送封包。網路卡接收到封包後將封包交付給電腦的協定層。當電腦要發送封包時，協定層將封包向下交給轉接器。協定層的每一層對封包中的對應層進行填充和解析。

　　網路流量指的是網路上傳輸的資料量，從網路流量中可以提取衡量網路負荷和狀態的指標。網路流量並不單純指流量的大小，還包括它傳輸的資料資訊。網路資料的內容包含它涉及的網路業務，各種網路業務用到不同類型的網路通訊協定，流量特徵也各有區別。

　　網路業務多種多樣，不僅包含 HTTP（HyperText Transport Protocol）、DNS（Domain Name System）、FTP（File Transfer Protocol）、POP3（Post Office Protoco-Version3）、SMTP（Simple Mail Transfer Protocol）等基本業務，還有 P2P（Peer-to-Peer）、VolP（Voice over Internet protocol）等其他協定，並且這些業務均使用 TCP/IP 等相關協定在網路上傳輸。所以網路業務資料的擷取就是對這協定進行解析和資訊提取，即所謂的 DPI（Deep Packet Inspection，深度封包檢測）技術。

# 2.26 Linux 核心的封包處理機制

　　本節從 Linux 系統底層原理出發，探究傳統封包擷取的機制和原理，為分析影響封包擷取性能的因素提供依據。

## 2.26.1 Linux 協定層

　　TCP/IP 參考模型是當前應用最為廣泛的網路層次模型。Linux 系統也參照該模型設計核心網路子系統，如圖 2-35 所示。

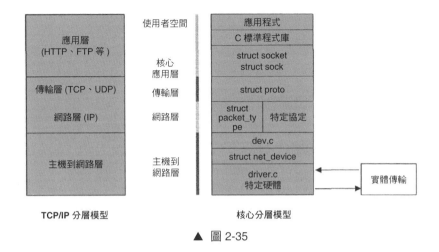

▲ 圖 2-35

核心網路子系統程式層次分明，各層次透過明確的介面與上下緊鄰的層次通訊，這樣設計的優點是方便模組化地組合使用各種裝置驅動、傳輸機制模組和協定模組。在核心中，每個網路裝置都會被表示成一個 struct net_device 的實例，對於新的網路裝置的加入，需要分配該結構的實例並且填充其內容。register_netdev 函式完成一些初始化的任務，並將裝置實例註冊到核心中的通用裝置機制內。協定管理類型 struct packet_type 將感興趣的協定類型，加入不同的核心鏈結串列中。核心處理封包時根據不同的封包協定類型，呼叫對應協定鏈結串列中每個 struct packet_type 設定的鉤子函式進行處理。

通常的封包處理方式是封包分組到達核心，觸發裝置中斷，中斷處理常式為新封包建立通訊端緩衝區，分組內容以 DMA 的方式從網路卡傳輸到緩衝區中指向的實體記憶體；然後核心分析新封包頭部，此時封包處理已由網路卡驅動程式轉換到網路層的通用介面，同時該函式將接收到的封包送入特定的 CPU 等待佇列中，觸發該 CPU 的 NET_RX_ SOFTIRO 軟中斷，並退出中斷上下文。特定 CPU 的 NET_RX_SOFTIRQ 軟中斷處理對應等待佇列中的封包的通訊端緩衝區。

正式開始協定層之旅：由 netif_receive_skb 分析封包類型，skb_buff 結構經過網路層封包分類和分別處理（解析、分片重組等）後進入傳輸層，由傳輸層進一步處理，最後使用者空間應用程式透過呼叫 socket API 來獲取封包內容，或是由自訂的核心模組獲取封包進行處理、轉發或統計。自訂核心模組可在協定層的多個點透過不同方式獲取封包，如 Netfilter 方式。

## 2.26.2 NAPI 技術

核心封包的接收主要經歷了兩代框架：一個為純中斷響應處理方式，在每個封包到達時都觸發中斷，由中斷處理函式處理封包，這種方式出現在 Linux 早期版本中，被稱為純中斷封包處理；另一個對中斷的處理進行了最佳化，採用中斷 + 輪詢的方式，被稱為 NAPI（New Application Programming Interface，新應用程式設計介面）。

對於純中斷封包處理方式，每當有封包到達時，都使用一個 IRQ（Interrupt Request，插斷要求）來向核心請求中斷處理。在低速裝置上，下一個封包到達前，上一個封包通常已被 IRQ 處理完畢。由於下一個封包也透過 IRQ 請求處理，因此若前一個封包的 IRQ 處理尚未完成則會導致「中斷風暴」。高速裝置會因這種方式而造成大量中斷突發，這樣封包會一直等待接收新的 IRQ，核心的正常執行也會受到影響，從而導致封包資料處理延遲或遺失，封包處理輸送量和正常執行都受到影響，裝置達不到高速。對此 Linux 核心開發者在 Linux 的升級版本中使用 NAPI 的技術解決方案。為了避免高速裝置上出現「中斷風暴」，NAPI 使用中斷 + 輪詢的改進方法，達到低速時以中斷為主，高速時以輪詢為主的目的。改進後的底層接收封包機制如下：

1）設立輪詢表

IRQ 處理函式將網路介面卡放置到一個 NAPI 的裝置輪詢表中。同時為了防止更多的封包導致的頻繁 IRQ，需要遮罩對應的插斷要求功能（RxIRQ）。

2）軟中斷處理

封包接收軟中斷 NET_RX_SOFTIRQ 的中斷處理函式，依據裝置輪詢表呼叫各裝置的 poll 函式去處理封包。在 poll 函式中，每一個封包最後根據封包分組類型使用 deliver_skb 函式呼叫需要該類型封包的鉤子函式。封包接收軟中斷 NET_RX_SOFTIRQ 的中斷處理函式在處理一定量封包或一定量時間之後，會重新提請軟中斷 NET_RX_SOFTIRQ 並退出本次軟中斷。核心的每一次軟中斷由系統安排，適時處理。

3）輪詢解除

每當某個裝置的封包處理完成時，就將它從輪詢表中移除，並重新使該裝置的接收封包硬中斷。這樣，當該裝置有新封包到達時，就又可以加入裝置輪詢表中。

## 2.26.3 高性能網路卡及網路卡多佇列技術

RSS（Receive Side Scaling）主要指網路卡的多佇列技術，通常每個網路卡的接收佇列可以在一個指定的 CPU 核心上，產生中斷並進行處理。目前許多主流網路卡透過該技術支援多個接收和發送佇列。接收的時候網路卡能夠發送不同的封包到不同的佇列，理想目標是使 CPU 之間的負載能夠均衡。一般來說網路卡將封包根據串流的元組資訊分配到多個接收佇列中的，相同的串流被分配到相同的接收佇列。每個佇列的中斷回應的核心透過 IRQ Affinity 參數直接設定。Linux 系統提供的 irqbalance 服務會按性能或功耗修改 IRQ Affinity 參數，需要注意的是 irqbalance 服務並不一定能按目標達到最佳。

當前高性能網路卡的功能越來越強大，靈活豐富的 RSS 方式極大地減輕了 CPU 負擔。例如 10GB 網路卡 82599 可以按 L3 和 L4 層頭部的元組資訊進行 Hash，支援對 TCP、UDP 等協定的封包分流；而 40GB 網路卡 XL710 提供比 82599 更加豐富的 RSS 功能，不但可以對 L3、L4 進行解析取 Hash 值，還可以對多種隧道方式的封包的隧道內層進行解析取 Hash 值。舉例來說，XL710 可以對 NVGRE 或 VXLAN 封包的內層 IP 解析取 Hash 值。在很多場景中，需要大量使用這些隧道方式的封包並在多個 CPU 核心之間進行分流處理。

在許多場景中，XL710 可以為 CPU 分載，提高了裝置處理性能。XL710 極大地支援 DPI 和網路虛擬化等隧道協定使用場景，同時對 DPDK 性能支援良好。

## 2.26.4 RPS/RFS 技術

RPS（Receive Packet Steering）是 Linux 在多核心平臺上的最佳化技術，從 Linux-2.6.35 核心開始可以使用。它的出現主要是為了解決以下問題：

（1）由於伺服器的 CPU 越來越強勁，可到達十幾核心、幾十核心，而一些型號網路卡硬體佇列則才 4 核心、8 核心，這種發展的不匹配造成了 CPU 負載的不均衡。

（2）在單佇列網路卡的情況下，RPS 相當於在系統層用軟體模擬了多佇列的情況，以便達到 CPU 的均衡。

RPS 主要是把軟中斷的負載平衡到各個 CPU 核心，簡單來說，就是網路卡驅動每個串流生成一個 Hash 標識，這個 Hash 值可以透過四元組來計算（來源 IP，目的 IP，來源通訊埠，目的通訊埠）。然後根據 Hash 值選擇 CPU 核心，將封包

轉移給對應 CPU 核心的封包處理佇列，並在對應 CPU 核心的軟中斷未啟動時啟動
該核心軟中斷。這樣就可以在多個核心上同時處理封包，從而提升性能。簡而言
之，RPS 即是在軟體層面模擬實現硬體的多佇列網路卡功能。即使網路卡本身支
援多佇列功能，亦可考慮關閉或開啟 RPS。

　　由於 RPS 只是單純地把封包分配到不同的 CPU，如果應用程式所在的 CPU
和軟中斷處理的 CPU 不是同一個，那麼此時對於 CPU Cache 的影響會很大，因此
RFS（Receive Flow Steering）應確保應用程式處理的 CPU 跟軟中斷處理的 CPU 是
同一個，這樣就能充分利用 CPU Cache。RPS 和 RFS 往往都是一起設定，以達到
最好的最佳化效果，這種技術主要針對單佇列網路卡多核心環境。

## 2.26.5 Linux 通訊端封包擷取

　　傳統的封包擷取方法通常採用基於 TCP/IP 協定層的通訊端方式。通訊端主要
有 3 種類型：

- 流式通訊端（SOCKET_STREAM）：提供有序的、可靠的、雙向的、連線導
  向的位元組流傳輸服務。

- 資料通訊端（SOCKET_DGRAM）：提供長度固定的、不需連線的、不可靠
  的資料傳輸服務。

- 原始通訊端（SOCKET_RAW）IP 協定的資料封包介面，允許直接存取底層協
  定，如 IP、ICMP（Internet Control Message Protocol）協定。

　　原始通訊端在 PF_PACKET 協定簇和 PF_INET 協定簇中均常用於封包擷取。
PF_PACKET 協定簇獲取的封包層次最低可至鏈路層，PF_INET 協定簇最低可至網
路層。

　　通訊端封包擷取通常使用鏈路層原始通訊端，最常見的應用是 libpcap 程式庫
使用鏈路層 PF_PACKET 協定族原始通訊端方式。這類方式的共同點是依靠核心協
定層功能將封包從核心協定層鏈路層或網路層複製而來，既涉及核心空間與使用
者空間的資料複製，又涉及協定層中多餘複雜的封包檢 。而這些過程在核心處理
中的部分主要集中在軟中斷處理中，仍然需要額外銷耗。為了提高封包處理的性
能和靈活性，很多新的高速封包處理框架被開發了出來。

　　這裡只是綜合性地闡述了幾個通訊端的理論知識，關於它們的實戰程式設計
本書不再展開講解，畢竟這些程式設計知識不是本書的重點。

# 2.27 PF_RING 高性能封包處理框架

## 2.27.1 PF_RING 簡介

PF_RING 是 Luca 研究出來的基於 Linux 核心級的高效資料封包捕捉技術。簡單來說 PF_RING 是一個高速資料封包捕捉程式庫，透過它可以實現將通用 PC 電腦變成一個有效且便宜的網路測量工具箱，進行資料封包和現網流量的分析和操作。同時支援呼叫使用者等級的 API 來建立更有效的應用程式。

我們知道，在傳統資料封包捕捉的過程中，CPU 的多數時間都被用在把網路卡接收到的資料封包，經過核心的資料結構佇列，發送到使用者空間的過程中。也就是說是從網路卡→核心，再從核心→使用者空間，這兩個步驟花去了大量 CPU 時間，從而導致沒有其他時間來進行資料封包的進一步處理。在傳輸過程中，sk_buff 結構的多次複製以及涉及使用者空間和核心空間的反覆的系統呼叫極大地限制了接收封包的效率，尤其對小封包的接收影響更為明顯。

PF_RING 提出的核心解決方案便是減少封包在傳輸過程中的複製次數。傳統封包處理方法中有一些缺點，如封包內容複製次數太多、封包處理路徑過長等。針對這些缺點，PF_RING 提供了兩個層次的程式庫供使用者使用：一個層次是對傳統封包處理方法做了部分改進，其基本封包處理仍依賴核心態的中斷，是開放原始碼的免費程式庫，該庫被稱為非零複製（Non Zero Copy）程式庫；另一個層次是透過一系列的新技術對封包處理方法進行大量改進，顯著提高了封包處理的速率，但該程式庫是收費的未開放原始碼程式庫，被稱為零複製（Zero Copy）程式庫，基本可以實現零複製。

## 2.27.2 PF_RING 非零複製程式庫

### 1. 技術特點

PF_RING 非零複製程式庫採用了以下技術：

（1）環狀接收佇列：加速的核心模組負責將底層封包複製到 PF-RING 環狀接收佇列中。

（2）功能透明化：使用者空間的 PF_RING SDK 為使用者空間應用程式提供透明的功能支援，使用者空間程式不必關心底層功能實現的具體過程。

（3）減少封包複製次數：環狀佇列空間同時在核心空間和使用者空間有記憶

體映射，使得使用者空間也可以直接存取空間中的封包，而不用如普通 socket 那般專門將封包內容由核心空間複製至使用者空間。但此舉降低了使用者空間和核心空間的隔離性，雖提高了效率，同時也增加了不安全因素。

（4）封包處理路徑最佳化：專用於 PF_RING 的網路卡驅動雖工作在核心，但提供了核心封包處理路徑最佳化的功能，以此來加速資料封包的捕捉，即繞過許多無用的核心處理，更高效快速地將封包複製到環狀接收佇列中。注意，PF_RING 可以使用任何的 NIC（Network Interface Card，網路介面卡，又稱網路介面卡，簡稱網路卡）驅動，但這項封包處理路徑最佳化功能必須使用專用驅動才能得到。同時，載入 PF_RING 核心模組時，必須設定 transparent_mode 參數才能使此項最佳化。

PF_RING 核心模組定義了一種新的 socket 協定簇—PF_RING 協定簇，這樣使用者空間的應用程式可以與 PF_RING 核心模組進行通訊。使用者不必管理每個資料封包在核心中的記憶體分配和釋放。一旦資料封包從環狀佇列中讀取出來，則環狀佇列中用來儲存資料封包的空間將分配給後續的資料封包使用。但是，使用者空間取得資料封包後需要儲存好該備份，因為 PF_RING 不會為讀取的封包保留它在核心中的空間，即需要將資料從環狀佇列中複製到應用程式。

### 2. PF_RING 的透明模式與 NAPI 加速

PF_RING 提供了最佳化和未最佳化的兩種方式，使用 PF_RING 協定族定義的鉤子函式在 NAPI 中獲得兩種網路卡驅動封包：一種按核心 NAPI 標準方式，封包從網路卡驅動逐步處理，最後 PF_RING 協定族定義的鉤子函式獲得封包；另一種稱為透明模式，透過 transparent_mode 參數設定，可以縮短這一部分的封包處理路徑。

1）按 NAPI 標準的接收路徑

2.27.2 節中說到，在封包接收軟中斷 NET_RX_SOFTIRQ 的中斷處理函式中，每一個封包最後會被 deliver_skb 函式呼叫需要該類型封包的鉤子函式進行處理。

如果在核心中註冊了 ETH_P_ALL，則鉤子函式 packet_rcv 能處理任意類型封包。packet_rcv 會呼叫 PF_RING 處理封包的主要處理函式 skb_ring_handler。註冊 ETH_P_ALL 分組類型鉤子函式是獲取封包的常用手法，例如 libpcap 註冊的原始通訊端也用該類型鉤子函式獲取封包。

### 2）透明模式的接收路徑

在 NAPI 框架接收封包時，核心將每一份封包傳遞給了包括 PF_RING 註冊的鉤子函式在內的許多鉤子函式。這一過程是非常耗時的，而且在很多應用場景下，只有 PF_RING 接收封包的需求。為此，PF_RING 推出了一種加速方案，即修改裝置驅動程式，使之成為與 PF_RING 書附的專門化驅動。該加速方法主要干預封包在核心中的接收路徑，透過修改裝置驅動的 poll 函式處理流程，讓使用者可以透過 transparent_mode 參數設定，讓驅動直接將資料傳遞給 PF_RING 核心模組的主要封包處理函式 skb_ring_handler，還可以選擇讓核心不將封包傳遞至 PF_RING 以外的處理路徑。

PF_RING 依據 transparent_mode 的值的不同，提供不同的傳輸模式。

- 當 transparent_mode=0 時（預設），封包透過標準的 Linux 介面接收後再傳遞給 PF_RING。在此模式下任何網路卡均可使用。
- 當 transparent_mode=1 時，封包既會繞開標準的 Linux 接收路徑直接傳遞給 PF_RING，也會傳遞給標準 Linux 接收路徑。此時，網路卡驅動只能使用 PF_Ring 提供的。
- 當 transparent_mode=2 時，封包只會在驅動程式中直接傳遞給 PF_RING，不會傳遞給標準的 Linux 路徑。此時，網路卡驅動也只能使用 PF_Ring 提供的。

### 3. quick_mode 與 PF_RING 功能簡化加速

PF_RING 提供了複雜的功能。每一個 pf_ring_socket 實例在 PF_RING 核心模組中都對應一個使用者態 PF_RING socket 實例。PF_RING 支援多個 pf_ring_socket 實例對封包進行共用、分配等複雜功能。使用者如果不用這些複雜功能，則可借助 quick_mode 簡化處理過程以提高效率。

skb_ring_handler 是 PF_RING 處理封包資料的主函式。核心會為每個到達的封包呼叫 skb_ring_handler 函式。非 quick_mode 模式中一個網路卡的每個 channel（通道）佇列可以對應多個 ring，而 quick_mode 模式只有一個。skb_ring_handler 在 quick_mode 和非 quick_mode 兩種模式中對封包有不同的處理流程。

在非 quick_mode 模式下，skb_ring_handler 函式首先解析封包，提取一些層的頭部資訊，然後處理 IP 重組（可選），再遍歷非 clusters 的 ring_table 中的 pf_ring_socket 和 clusters 中的 pf_ring_socket。遍歷期間，如果有符合該封包的 pf_ring_socket，則呼叫 add_skb_to_ring。add_skb_to_ring 先將 skb 進行 RSS 處理（可

選），經過 BPF filter 等使用者設定的過濾條件（可選）。skb 透過過濾後，交由使用者外掛程式處理或複製 pf_ring_socket 或該 pf_ring_socket 的 ring 的環狀接收佇列。

在 quick mode 模式下，skb_ring_handler 首先解析封包提取一些層的頭部資訊，然後將 skb 重新進行 RSS 處理（可選），接著複製到綁定在該接收裝置的 pf_ring_socket 的環狀接收佇列。

由於在 quick_mode 模式下，每一個裝置的每一個接收佇列（channel）只能有一個 pf_ring_socket 接收其資料，因此 quick_mode 在流程中省去了很多過程，從而增加了處理速度。

## 2.27.3 PF_RING 零複製程式庫

PF_RING ZC（Zero Copy，零複製）程式庫是一個可擴展的封包處理框架，是 PF_RING 可以達到 10Gbps 以上線速的程式庫。它相對於 PF_RING 非零複製的部分，以零複製方式做進一步改進。在使用者態以零複製方式接收封包，同時也在處理程序間和虛擬機器之間以零複製方式傳送封包。它提供了跨執行緒、跨處理程序、跨虛擬機器協作處理封包的 API。該程式庫的技術特點如下：

1）改進複製次數

PF_RING 的原有部分針對傳統封包處理的接收方式，進行了封包複製次數的改進，但是這仍然不足以滿足 10Gbps 及以上的線速處理要求，所以 PF_RING ZC 設計的處理方式是將封包以零複製方式進行處理。由於這部分並未開放原始碼，且 Ntop 並未舉出足夠的文件，因此其具體實現不明。

2）使用者空間封包處理

由於意識到在核心態接收封包所受到的巨大的速度限制，特別是借助軟中斷方式處理封包給系統帶來的巨大銷耗，因此 PF_RING ZC 的封包處理工作都在使用者空間完成。

3）核心空間封包注入的功能

由於仍然有核心空間需要處理封包的應用場景，因此 PF_RING ZC 在使用者空間收到封包以後，仍然可以使用 API 向核心空間注入封包。

4）大記憶體分頁的使用

大記憶體分頁（即 Huge page）的主要優點，是利用大記憶體分頁提高記憶體使用效率，透過增加分頁的尺寸來減少記憶體分頁映射表的項目，大幅減少旁路轉換緩衝器（TLB）的查詢 Miss（未命中），提高記憶體分頁的檢索效率。

5）CPU Affinity

CPU Affinity（親和性）是多核心 CPU 發展的結果，由於現代處理器核心越來越多，因此提高外接裝置以及程式工作效率的最直觀想法就是讓各個 CPU 核心各自做專門的事情。比如兩個網路卡都接收封包，可以讓兩個 CPU 核心分別專心處理對應的網路卡封包，沒有必要讓一個 CPU 核心在兩個網路卡的封包接收和處理上來回切換；網路卡多佇列的情況也類似。PF_RING ZC 提供了這個機制的可選使用，以充分利用 CPU 多核心的優勢。

6）資料批次處理

現有研究已經發現，當封包到達時，如果每讀回一個封包就交由程式處理，那將需要更多的呼叫來讀回報文，呼叫次數增加後額外銷耗就多了。為了減少對單一封包呼叫的銷耗，PF_RING ZC 將資料按區塊的方式進行批次處理，例如呼叫 API 從緩衝佇列讀回報文控制碼，或是呼叫 API 將封包控制碼傳入發送緩衝佇列時，PF_RING ZC 可以按成區塊的方式批次處理封包。

PF_RING ZC 程式庫所採用的技術已經相當先進了，但它不開放原始碼，因此筆者並不準備多費筆墨，也不進行實戰，讀者只需要了解有這項技術即可，在以後開發專案選擇技術的時候，可以多一個選擇。

下面介紹筆者推崇的大咖—DPDK。

# 2.28 DPDK 高性能封包處理框架

## 2.28.1 DPDK 及其技術優點

DPDK 是 Intel 公司發佈的一款資料封包轉發處理套件，是基於 x86 架構的快速封包處理的程式庫和驅動的集合，適合用於網路資料封包的分析、處理等操作，對於大量資料封包的轉發、多核心操作具有顯著的性能提升。與 PF_RING ZC 類似，DPDK 基於 Linux 開發，使用了一系列先進技術提升了封包處理的速率。其中包括 Huge Page（大記憶體分頁）、UIO（Userspace I/O，使用者空間輸入輸出）和 CPU Affinity 等特性。

### 1）大記憶體分頁的使用

Huge page 如前所述，主要優點是利用大記憶體分頁提高記憶體使用效率，透過增加分頁的尺寸來減少記憶體分頁映射表的項目，大幅減少緩衝器的查詢 Miss（未命中），提高記憶體分頁的檢索效率。特別是在高速大吞吐量的環境下，程式需要大量的記憶體空間來快取封包，若使用大記憶體分頁技術，則可以大幅提升處理速率。

### 2）UIO 純輪詢

UIO 的作用是在使用者空間下實現驅動程式的支撐，由於 DPDK 是執行在使用者空間的資料獲取和處理平臺，因此與此緊密相連的網路卡驅動程式（主要是 Intel 的 GBigb 與 10GBixgbe 驅動程式）都透過 UIO 機制執行在使用者態下。由於傳統的封包處理方法，是以核心態的中斷結合軟中斷輪詢的方法，因此產生了大量的軟硬中斷的切換和排程銷耗，同時還經常發生系統呼叫時的使用者態和核心態的切換銷耗，而基於 UIO 純輪詢的使用者態封包處理方式減少了這部分銷耗。

### 3）CPU Affinity

CPU Affinity 機制是多核心 CPU 發展的結果，與 PF_RING ZC 一樣，DPDK 利用 CPU Affinity 技術將封包接收執行緒，以及封包處理執行緒等，都綁定到不同的 CPU 邏輯核心上，節省了 Linux 核心在不同 CPU 核心上來回反覆排程不同類型的任務帶來的性能消耗，每個執行緒都獨立地循環執行在相應的 CPU 核心上，互不干擾。當然 DPDK 也提供必要的核心間的資料通信。

### 4）記憶體預先存取

DPDK 基本的 Linux 指令提供了手工的軟體預先存取的方法，用於將資料預先存取至 CPU Cache 中。CPU Cache 是位於 CPU 與記憶體之間的臨時記憶體，容量比記憶體小得多但交換速度卻比記憶體快得多，主要是為了解決 CPU 運算速度與記憶體讀寫速度不匹配的矛盾。因為 CPU 運算速度比記憶體讀寫速度快很多，所以 CPU 從記憶體讀取或寫入資料時常有「饑餓感」。

系統雖對資料的 Cache 的使用有預測和最佳化，但仍不夠智慧，如果提前預先存取在適當時間將用的資料到 Cache 中，提高 Cache 的命中率，則可以使處理得到加速，這便是設計記憶體預先存取的初衷。

5）Cache 對齊

Cache 對齊即是將資料起始位址以 Cache Line Size 整數倍位址對齊。記憶體資料以 Cache Line size 的大小被載入 CPU Cache，例如 Intel E5-2603 V2 的 L1 Cache 以 64byte 為 Cache Line size。當 Cache Line 中同時有多於一項資料時，若其中一項資料被修改，則該 Cache Line 中的別的資料都會在所有核心的 Cache 中失效。於是當別的核心需要使用該項資料時，就不得不從記憶體再次讀取，從而增加了額外的記憶體讀取時間。當一項資料沒有以 Cache Line Sie 開頭對齊時，就會增加這個資料的 Cache 佔用，那麼該資料的 Cache 的寫入和輸出的用時就會增加。為了減少這些問題的發生，DPDK 提供編譯指令，讓資料按 Cache Line size 的方式對齊，尤其是結構資料。

6）封包批次處理

同 PF_RING ZC 一樣，DPDK 使用批次處理的方式從網路卡佇列讀取封包控制碼、向網路卡發送批次封包、按批次方式從佇列讀取或存入封包控制碼。

7）無鎖化佇列

這裡的佇列是生產者 / 消費者佇列。不同於 PF_RING ZC 的只提供單生產者單消費者佇列，DPDK 提供的佇列的生產者和消費者可以是多個。為了避免多個生產者和消費者同時操作時產生衝突，DPDK 提供了精巧的設計。具體來說就是透過一種類似樂觀鎖的機制為生產者和消費者預定佇列上的可操作區間，這樣每一個生產者和消費者只在自己預定的區間上操作資料。這個過程避免了為生產者和消費者在操作時為整個佇列增加大粒度鎖，取而代之的是在預定可操作區間時的細粒度的 CAS（Compare and Set）操作。

## 2.28.2 DPDK 程式庫元件

DPDK 提供了豐富的程式庫元件和支援，主要元件如下：

1）EAI（Environment Abstraction Layer，環境抽象層）

這是 DPDK 基礎程式庫，將底層硬體和記憶體資源抽象成具體統一的 API 供使用者存取和管理。此抽象層與上下層的關係類似於 Linux 系統中虛擬檔案系統的上下層關係。EAL 對接底層功能實現，對上層透明。EAI 對 Linux 提供了 CPU

Affinity、大記憶體分頁等最佳化支援，該程式庫可以幫助實現這些支援所需的初始化並提供存取介面。

2）記憶體管理元件

記憶體管理元件提供了 Malloc Library（動態記憶體分配程式庫），以支援更加高效率地對大分頁的記憶體進行申請和釋放；提供了 Ring library，支援無鎖佇列，並以此支援更高效的多執行緒佇列存取、執行緒和處理程序間通訊；記憶體管理元件還提供了 Mempool Library（記憶體池程式庫），該程式庫提供基本的記憶體池功能，基於大記憶體分頁的記憶體池會因更少的 TLB Cache Miss 而更加高效；此外，記憶體管理元件還提供了 Mbuf Library（Mbuf 程式庫），該程式庫提供基本的封包封裝。

3）輪詢驅動

Poll Mode Driver 直接輪詢網路介面卡的 Rx 和 Tx 佇列來獲取和發送封包，繞過了系統協定層等各項銷耗，封包的接收和發送會更加高效。

功能元件還有很多，如 VM 的支援、精確時鐘程式庫、高性能 Hash 表、多處理程序支援、QoS（Quality of Service，服務品質）、功耗管理最佳化以及各類執行緒安全的呼叫介面。這些特性和程式庫的實現使得 DPDK 可以專用於資料封包處理，使用者可以方便地利用程式庫和介面實現高性能的封包處理常式。

## 2.28.3 PF_RING ZC 與 DPDK 最佳化技術對比

針對傳統封包處理的缺點，許多研究團隊提出了自己的改進方案，由此產生 PF_RING ZC 和 DPDK 等更高速率的封包處理框架。本章已經闡述了 PF_RING ZC 和 DPDK 對傳統封包處理方式的改進技術。我們可以對 PF_RING ZC 和 DPDK 這兩大技術進行一個簡單對比，如表 2-1 所示。

▼ 表 2-1 PF_RING ZC 和 DPDK 的簡單對比

| 技 術 點 | PF_RING ZC | DPDK |
|---|:---:|:---:|
| 使用者空間驅動 | ✓ | ✓ |
| 純輪詢驅動 | ✓ | ✓ |
| CPU Affinity | ✓ | ✓ |
| 大記憶體分頁 | ✓ | ✓ |
| 記憶體預先存取 | ✕ | ✓ |
| Cache 對齊 | ✕ | ✓ |
| 封包批次處理 | ✓ | ✓ |
| 無鎖化佇列 | ✕ | ✓ |
| NUMA 支援 | ✓ | ✓ |
| Intel DDIO | ✕ | ✓ |
| Memory Channel | ✕ | ✓ |
| 封包注入核心功能 | ✕ | ✓ |

　　從表中可以看出，DPDK 幾乎全面超過 PF_RING ZC，但 DPDK 必須用於 Intel x86 處理器上，這或許是它的致命傷。另外需要說明的是 PF_RING ZC 雖然提供了多個對 NUMA 的支援點，但對比 DPDK，還是少了很多。舉例來說，PF_RNG ZC 改造的 ixgbe 驅動的設定指令稿中對大記憶體分頁的設定並沒有充分考慮 NUMA 不同節點的情況。

# 第3章
## 架設 Linux 網路開發環境

本章開始就要慢慢進入實戰了。俗話說：「實踐出真知」。可見實踐的重要性。為了照顧初學者，筆者儘量講得細一些。出發吧！

## 3.1 準備虛擬機器環境

### 3.1.1 在 VMware 下安裝 Linux

要開發 Linux 程式，當然需要一個 Linux 作業系統。通常公司開發專案都會有一台專門的 Linux 伺服器來供員工使用，而我們自己學習則不需要這樣，可以使用虛擬機器軟體（比如 VMware）來安裝一個虛擬機器中的 Linux 作業系統。

VMware 是大名鼎鼎的虛擬機器軟體，它通常分為兩個版本：工作站版本 VMware Workstation 和伺服器客戶端設備版本 VMware vSphere。這兩大類軟體都可以安裝作業系統作為虛擬機器作業系統。但個人用得較多的是工作站版本，供單一人在本機使用。VMware vSphere 通常用於企業環境，供多個人遠端使用。一般來說，我們把自己真實 PC 上裝的作業系統叫作宿主機系統，VMware 中安裝的作業系統叫作虛擬機器系統。

讀者可到網上下載 VMware Workstation，它是 Windows 軟體，安裝非常簡單，這裡就不浪費筆墨了。筆者採用的虛擬機器軟體是 VMware Workstation 15.5，雖然 VMware Workstation 16 已經面世，但由於筆者的 Windows 作業系統是 Windows 7，因此沒有使用 VMware Workstation 16，因為 VMware Workstation 16 不支援 Windows 7，必須是 Windows 8 或以上版本。讀者可根據自己的作業系統選擇對應的 VMware Workstation 版本，它們的操作都相似。

通常開發 Linux 程式，會先在虛擬機器下安裝 Linux 作業系統，然後在虛擬機器的 Linux 系統中程式設計偵錯，或先在宿主機系統（比如 Windows）中進行編輯，然後傳到 Linux 中進行編譯。虛擬機器的 Linux 系統大大增加了開發方式的靈活性。

實際上，不少最前線開發工程師都是先在 Windows 下閱讀、編輯程式，然後放到 Linux 環境中編譯執行的，而這樣的方式的效率居然還不低。

在安裝 Linux 之前要準備 Linux 映射檔案（ISO 檔案），可以從網上直接下載 Linux 作業系統的 ISO 檔案，也可以透過 UltraISO 等軟體在 Linux 系統光碟中製作一個 ISO 檔案，製作方法是在功能表列上選擇「工具」→「製作光碟映射檔案」命令。不過，筆者建議直接從網上下載一個 ISO 檔案，因為這樣操作更簡單，筆者就是從 Ubuntu 官網上下載了一個 64 位元的 Ubuntu 20.04，下載下來的檔案名稱是 Ubuntu-20.04.1-desktop-amd64.iso。當然其他發行版本本（如 Redhat、Debian、Ubuntu、Fedora 等）作為學習開發環境也都是可以的，但建議使用較新的版本。

ISO 檔案準備好了後，就可以透過 VMware 來安裝 Linux 了，打開 Vmware Workstation，然後根據下面幾個步驟操作即可。

步驟 01 在 Vmware 的功能表列上選擇「檔案」→「新建虛擬機器」命令，彈出「新建虛擬機器精靈」對話方塊，如圖 3-1 所示。

▲ 圖 3-1

步驟 02 在對話方塊中按一下「下一步」按鈕，彈出「安裝客戶端設備作業系統」對話方塊，由於 VMware15 預設會讓 Ubuntu 簡易安裝，而簡易安裝可能會導致很多軟體安裝不全，因此為了不讓 VMware 簡易安裝 Ubuntu，選擇「稍後安裝作業系統」，如圖 3-2 所示。

▲ 圖 3-2

**步驟 03** 在對話方塊中按一下「下一步」按鈕，彈出「選擇客戶端設備作業系統」對話方塊，在該對話方塊中選擇「Linux」和「Ubuntu 64 位元」，如圖 3-3 所示。

▲ 圖 3-3

**步驟 04** 接著按一下「下一步」按鈕，彈出「命名虛擬機器」對話方塊，設定虛擬機器名稱為「Ubuntu20.04」，位置可以選擇一個磁碟空閒空間較多的磁碟路徑，這裡選擇的是「g:\vm\Ubuntu20.04」，然後按一下「下一步」按鈕。

**步驟 05** 此時彈出「指定磁碟容量」對話方塊，磁碟容量可以保持預設的 20GB，也可以再多一些，其他保持預設，繼續按一下「下一步」按鈕。

步驟 06 此時彈出「已準備好建立虛擬機器」對話方塊，在該對話方塊中顯示前面設定的設定清單，直接按一下「完成」按鈕即可。此時在 VMware 主介面上可以看到一個名為「Ubuntu20.04」的虛擬機器，如圖 3-4 所示。不過現在還啟動不了該虛擬機器，因為還未真正安裝。

▲ 圖 3-4

步驟 07 按一下「編輯虛擬機器設定」按鈕，彈出「虛擬機器設定」對話方塊，在左側的硬體清單中選中「CD/DVD（SATA）」，在右側按一下「使用 ISO 鏡像檔案」選項按鈕，再按一下「瀏覽」按鈕，選擇下載的 Ubuntu-20.04.1-desktop-amd64.ISO 檔案，如圖 3-5 所示。這裡虛擬機器 Ubuntu 使用的記憶體是 2GB。

▲ 圖 3-5

步驟 08 按一下下方的「確定」按鈕，關閉「虛擬機器設定」對話方塊，回到主介面上。現在我們可以按一下「開啟此虛擬機器」了，稍等片刻，會出現 Ubuntu20.04 的安裝介面，如圖 3-6 所示。

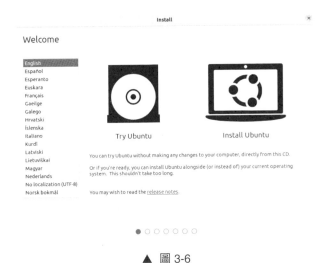

▲ 圖 3-6

步驟09 在安裝介面左邊選擇語言為「中文（繁體）」，然後在右邊按一下「安裝 Ubuntu」按鈕。安裝過程很簡單，保持預設即可，這裡不再贅述。需要注意的是，安裝時主機要保持連網，因為很多軟體需要下載。

稍等片刻，虛擬機器 Ubuntu 20.04 就安裝完畢，下面需要對它進行一些設定，讓它使用起來更加方便。

## 3.1.2 開啟登入時的 root 帳號

在安裝 Ubuntu 的時候會新建一個普通使用者，該使用者許可權有限。開發者一般需要 root 帳戶，這樣操作和設定起來才比較方便。Ubuntu 預設是不開啟 root 帳戶的，因此需要手工來打開，操作步驟如下：

步驟01 設定 root 使用者密碼。

先以普通帳戶登入 Ubuntu，在桌面上按右鍵，在彈出的快顯功能表中選擇「在終端中打開」命令，打開終端模擬器，並輸入命令：

```
sudo passwd root
```

然後輸入設定的密碼，輸入兩次，這樣就設定好 root 使用者的密碼了。為了好記，我們把密碼設定為 123456。

接著透過 su 命令切換到 root 帳戶，此時可以安裝一個 VMware 提供的 VMware

Tools：首先按一下功能表列中的「虛擬機器」→「VMware Tools」命令，然後在 Ubuntu 中打開光碟根目錄，找到檔案 VMwareTools-10.3.22-15902021.tar.gz，把它複製到 /home/bush 下，再在 /home/bush 下解壓該檔案：

```
tar zxvf VMwareTools-10.3.22-15902021.tar.gz
```

進入 vmware-tools-distrib 資料夾，執行 ./vmware-install.pl 命令即可開始傻瓜式安裝，安裝過程出現提示時採用預設選項即可。

**注意**：安裝 VMware Tools 需要 root 許可權。

安裝這個工具的主要目的一方面是為了可以在 Windows 和 Ubuntu 之間複製貼上命令，減少輸入。另一方面就是可以在 Windows 和 Ubuntu 之間傳遞檔案，只需滑鼠拖放即可。

安裝完畢後，重新啟動 Ubuntu，然後以普通帳號登入，再次打開 Ubuntu 中的終端視窗時，發現可以貼上 Windows 中複製到的內容了。

**步驟 02** 修改 50-Ubuntu.conf。

執行 sudo gedit /usr/share/lightdm/lightdm.conf.d/50-Ubuntu.conf 命令，設定修改如下：

```
[Seat:*]
user-session=Ubuntu
greeter-show-manual-login=true
all-guest=false
```

儲存後關閉編輯器。

**步驟 03** 修改 gdm-autologin 和 gdm-password。

執行 sudo gedit /etc/pam.d/gdm-autologin 命令，然後註釋起來 auth required pam_succeed_if.so user != root quiet_success 這一行（大概在第三行），其他保持不變，修改後如下所示：

```
#%PAM-1.0
auth    requisite       pam_nologin.so
#auth   required        pam_succeed_if.so user != root quiet_success
```

儲存後關閉編輯器。

再次執行 sudo gedit /etc/pam.d/gdm-password 命令，註釋起來 auth required pam_ succeed_if.so user != root quiet_success 這一行（大概在第三行），修改後如下所示：

```
#%PAM-1.0
auth      requisite      pam_nologin.so
#auth     required       pam_succeed_if.so user != root quiet_success
```

儲存後關閉編輯器。

步骤 **04** 修改 /root/.profile 檔案。

執行 sudo gedit /root/.profile 命令，將檔案末尾的 mesg n 2> /dev/null || true 這一行修改為：

```
tty -s&&mesg n || true
```

步骤 **05** 修改 /etc/gdm3/custom.conf。

如果需要每次自動登入到 root 帳戶，那麼可以執行 sudo gedit /etc/gdm3/custom.conf 命令，修改後如下所示：

```
# Enabling automatic login
AutomaticLoginEnable = true
AutomaticLogin = root
# Enabling timed login
TimedLoginEnable = true
TimedLogin = root
TimedLoginDelay = 5
```

但通常不需要每次自動登入到 root 帳戶，看個人喜好吧。

步骤 **06** 重新啟動系統使它生效。

執行命令 reboot 重新啟動 Ubuntu。如果操作了步驟 05，那麼重新啟動後會自動登入到 root 帳戶；否則可以在登入介面上選擇「未列出」，然後就可以使用 root 帳戶和密碼（123456）了。登入 root 後，最好做個快照：按一下功能表列中的「虛擬機器」→「快照」→「拍攝快照」命令，這樣如果後面設定發生錯誤，則可以恢復到現在的狀態。

### 3.1.3 解決 Ubuntu 上的 vi 方向鍵問題

在 Ubuntu 下，初始使用 vi 的時候會有點問題：在編輯模式下使用方向鍵，並不會讓游標移動，而是在命令列中出現 [A [B [C [D 之類的字母，而且編輯錯誤的話，就連倒退鍵（Backspace 鍵）都使用不了，只能用 Delete 來刪除。解決方法是在圖形介面的終端視窗中輸入命令：

```
gedit ~/.vimrc
```

增加：

```
set nocompatible
set backspace=2
```

儲存後退出視窗。再用 vi 編輯文件時，就可以用方向鍵了。

## 3.1.4 關閉防火牆

為了以後連網方便，最好一開始就關閉防火牆，輸入命令如下：

```
root@myub:~#ufw disable
防火牆在系統啟動時自動禁用
root@myub:~#ufw status
狀態：不活動
```

其中 ufw disable 表示關閉防火牆，而且系統啟動的時候就會自動關閉。ufw status 是查詢當前防火牆是否在執行，不活動表示不在執行。如果以後要開啟防火牆，使用 ufw enable 命令即可。

## 3.1.5 設定安裝來源

在 Ubuntu 中下載安裝軟體需要設定鏡像來源，否則會提示無法定位軟體套件，比如安裝 apt install net-tools 時可能會出現「E：無法定位軟體套件 net-tools」，原因就是本地沒有該功能的資源或我們更換了來源但是還沒有重新 update，所以，安裝完系統後，一定要在 sources.list 檔案中設定鏡像來源。設定鏡像來源的步驟如下：

**步驟 01** 進入終端，切換到 /etc/apt/：

```
cd /etc/apt/
```

在這個路徑下可以看到檔案 sources.list。

**步驟 02** 修改之前，先備份系統原來設定的來源：

```
cp /etc/apt/sources.list /etc/apt/sources.list.back
```

**步驟 03** 開始修改，用編輯軟體（比如 vi）打開 /etc/apt/sources.list 檔案，將原來的內容刪除，然後對上述複製的內容進行貼上和儲存。vi 命令如下：

```
vi /etc/apt/sources.list
```

這裡用的是 vi 編輯器，桌上出版的系統也可以直接用滑鼠右鍵去編輯。刪除原來的內容，並輸入或複製貼上下列內容：

```
deb http://mirrors.aliyun.com/Ubuntu/ focal main restricted universe multiverse
deb-src http://mirrors.aliyun.com/Ubuntu/ focal main restricted universe multiverse

deb http://mirrors.aliyun.com/Ubuntu/ focal-security main restricted universe
multiverse
deb-src http://mirrors.aliyun.com/Ubuntu/ focal-security main restricted universe
multiverse

deb http://mirrors.aliyun.com/Ubuntu/ focal-updates main restricted universe multiverse
deb-src http://mirrors.aliyun.com/Ubuntu/ focal-updates main restricted universe
multiverse

# deb http://mirrors.aliyun.com/Ubuntu/ focal-proposed main restricted universe
multiverse
# deb-src http://mirrors.aliyun.com/Ubuntu/ focal-proposed main restricted
universe multiverse

deb http://mirrors.aliyun.com/Ubuntu/ focal-backports main restricted universe
multiverse
deb-src http://mirrors.aliyun.com/Ubuntu/ focal-backports main restricted universe
multiverse
```

儲存後退出。

**步驟 04** 更新來源，輸入以下命令：

```
apt-get update
```

稍等片刻，更新完成。

## 3.1.6 安裝網路工具套件

Ubuntu 雖然已經安裝完成，但是連 ifconfig 都不能用，這是因為系統網路工具的相關元件還沒有安裝，所以只能自己手工線上安裝。在命令列下輸入以下命令：

```
apt install net-tools
```

稍等片刻，安裝完成。再次輸入 ifconfig，可以查詢到當前 IP 位址了：

```
root@myub:/etc/apt# ifconfig
ens33: flags=4163<UP,BROADCAST,RUNNING,MULTICAST>  mtu 1500
        inet 192.168.11.129  netmask 255.255.255.0  broadcast 192.168.11.255
        inet6 fe80::4b29:6a3e:18f4:ad4c  prefixlen 64  scopeid 0x20<link>
        ether 00:0c:29:c6:4a:d3  txqueuelen 1000   (乙太網)
        RX packets 69491  bytes 58109114 (58.1 MB)
        RX errors 0  dropped 0  overruns 0  frame 0
        TX packets 35975  bytes 2230337 (2.2 MB)
        TX errors 0  dropped 0 overruns 0  carrier 0  collisions 0
```

可以看到，網路卡 ens33 的 IP 位址是 192.168.11.129，這是系統自動分配
（DHCP 方式）的，並且當前虛擬機器和宿主機採用的網路連接模式的 NAT 方式，
這也是剛剛安裝好的系統預設的方式。只要宿主機 Windows 能上網，則虛擬機器
也是可以上網的。

注意：不同的虛擬機器可能動態設定的 IP 位址不同。

### 3.1.7 安裝基本開發工具

預設情況下，Ubuntu 不會自動安裝 gcc 或 g++，因此先要線上安裝。首先確
保虛擬機器 Ubuntu 能連網，然後在命令列下輸入以下命令進行線上安裝：

```
apt-get install build-essential
```

稍等片刻，便會把 gcc/g++/gdb 等安裝在 Ubuntu 上。

### 3.1.8 啟用 SSH

要使用虛擬機器 Linux，通常是在 Windows 下透過 Windows 的終端工具（比
如 SecureCRT 等）連接到 Linux，然後使用命令操作 Linux。這是因為 Linux 所處
的機器通常不設定顯示器，也可能位於遠端，我們只透過網路和遠端 Linux 相連接。
Windows 上終端工具一般透過 SSH（Secure Shell）協定和遠端 Linux 相連，該協定
可以保證網路上傳輸資料的機密性。

SSH 協定是用於用戶端和伺服器之間安全連接的網路通訊協定。伺服器與用
戶端之間的每次互動均被加密。啟用 SSH 後，我們可以在 Windows 上用一些終
端軟體（比如 SecureCRT）遠端命令操作 Linux，也可以用檔案傳輸工具（比如
SecureFX）在 Windows 和 Linux 之間相互傳輸檔案。

Ubuntu 預設不安裝 SSH，因此需要手動安裝並啟用。安裝和設定的步驟如下：

步骤 01 安裝 SSH 伺服器。

在 Ubutun20.04 的終端命令列下輸入以下命令：

```
apt install openssh-server
```

稍等片刻，安裝完成。

步骤 02 修改設定檔。

在命令列下輸入以下命令：

```
gedit /etc/ssh/sshd_config
```

此時將打開 SSH 伺服器設定檔 sshd_config，我們搜尋定位 PermitRootLogin，把下列 3 行：

```
#LoginGraceTime 2m
#PermitRootLogin prohibit-password
#StrictModes yes
```

改為：

```
LoginGraceTime 2m
PermitRootLogin yes
StrictModes yes
```

儲存後退出編輯器 gedit。

步骤 03 重新啟動 SSH，使設定生效。

在命令列下輸入以下命令：

```
service ssh restart
```

再用命令 systemctl status ssh 查看 SSH 伺服器是否在執行：

```
root@myub:/etc/apt# systemctl status ssh
● ssh.service - OpenBSD Secure Shell server
     Loaded: loaded (/lib/systemd/system/ssh.service; enabled; vendor preset: enabled)
     Active: active (running) since Thu 2022-09-15 10:58:07 CST; 10s ago
       Docs: man:sshd(8)
             man:sshd_config(5)
    Process: 5029 ExecStartPre=/usr/sbin/sshd -t (code=exited, status=0/SUCCESS)
   Main PID: 5038 (sshd)
      Tasks: 1 (limit: 4624)
     Memory: 1.4M
     CGroup: /system.slice/ssh.service
             └─5038 sshd: /usr/sbin/sshd -D [listener] 0 of 10-100 startups
```

可以發現現在的狀態是 active (running)，說明 SSH 伺服器在執行了，稍後就可以去視窗下用 Windows 終端工具連接虛擬機器 Ubuntu 了。下面來做個快照，儲存好前面的設定。

## 3.1.9 做個快照

VMware 快照功能可以把當前虛擬機器的狀態儲存下來，後面如果虛擬機器作業系統出錯了，則可以恢復到做快照時的系統狀態。製作快照很簡單，在 VMware 的功能表列中選擇「虛擬機器」→「快照」→「拍攝快照」，彈出「拍攝快照」對話方塊，如圖 3-7 所示。

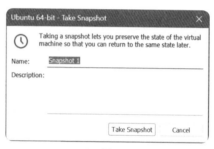

▲ 圖 3-7

在對話方塊中可以增加一些描述，比如「剛剛裝好」之類的話，然後按一下「拍攝快照」按鈕，此時正式製作快照，並在 VMware 左下角工作列上會有百分比進度顯示，在達到 100% 之前最好不要對 VMware 操作。進度指示器到達 100%，表示快照製作完畢。

## 3.1.10 連接虛擬機器 Linux

虛擬機器 Linux 已經準備本節要在實體機器上的 Windows 作業系統（簡稱宿主機）上連接 VMware 中的虛擬機器 Linux（簡稱虛擬機器），以便傳送檔案和遠端控制編譯與執行。基本上，兩個系統能相互 ping 通就算連接成功了。別小看這一步，有時候也蠻費勁的。下面簡單介紹 VMware 的 3 種網路模式，以便連接失敗的時候可以嘗試去修復。

VMware 虛擬機器網路模式的意思，就是虛擬機器作業系統和宿主機作業系統之間的網路拓撲關係，通常有 3 種模式：橋接模式、主機模式、NAT 模式。這 3 種網路模式，都透過一台虛擬交換機和主機通訊。預設情況下，橋接模式使用的虛擬交換機為 VMnet0，主機模式使用的虛擬交換機為 VMnet1，NAT 模式使用的虛擬交換機為 VMnet8。如果需要查看、修改或增加其他虛擬交換機，那麼可以打開 VMware，然後在主功能表列中選擇「編輯」→「虛擬網路編輯器」，彈出「虛擬網路編輯器」對話方塊，如圖 3-8 所示。

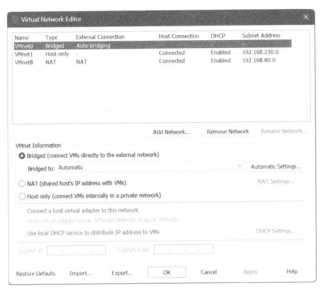

▲ 圖 3-8

　　預設情況下，VMware 也會為宿主機作業系統（筆者這裡是 Windows 7）安裝兩片虛擬網路卡，分別是 VMware Virtual Ethernet Adapter for VMnet1 和 VMware Virtual Ethernet Adapter for VMnet8，看名稱就知道，前者用來和虛擬交換機 VMnet1 相連，後者用來連接 VMnet8。我們可以在宿主機 Windows 7 系統的「主控台」→「網路和 Internet」→「網路和共用中心」→「更改轉接器設定」下看到這兩片網路卡，如圖 3-9 所示。

▲ 圖 3-9

　　有讀者可能會問：「為何宿主機系統裡沒有虛擬網路卡，去連接虛擬交換機 VMnet0 呢？」這是因為 VMnet0 這個虛擬交換機所建立的網路模式，是橋接網路（橋接模式中的虛擬機器作業系統，相當於是宿主機所在的網路中的一台獨立主機），所以主機直接用實體網路卡去連接 VMnet0。

　　值得注意的是，這 3 種虛擬交換機都是預設就有的，我們也可以增加更多的虛擬交換機（在圖 3-8 中的「增加網路」按鈕便是起這樣的功能）。如果增加的虛擬交換機的網路模式是主機模式或 NAT 模式，那麼 VMware 也會自動為主機系統增加相應的虛擬網路卡。本書在開發程式的時候一般是以橋接模式連接的，如果要在虛擬機器中上網，則可以使用 NAT 模式。接下來我們具體闡述如何在這兩種模式下相互 ping 通，主機模式了解即可，一般不會用到。

### 1. 橋接模式

　　橋接（或稱橋接器）模式是指宿主機作業系統的實體網路卡和虛擬機器作業系統的虛擬網路卡透過 VMnet0 虛擬交換機進行橋接，實體網路卡和虛擬網路卡在拓撲圖上處於同等地位。橋接模式下的網路拓撲如圖 3-10 所示。

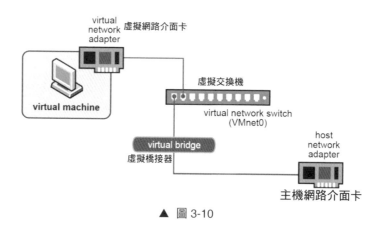

▲ 圖 3-10

　　知道原理後，下面來具體設定橋接模式，使得宿主機和虛擬機器相互 ping 通。

　　首先打開 VMware，按一下 Ubuntu20.04 的「編輯虛擬機器設定」按鈕，如圖 3-11 所示。

▲ 圖 3-11

　　注意，此時虛擬機器 Ubuntu20.04 必須處於關機狀態，即「編輯虛擬機器設定」上面的文字是「開啟此虛擬機器」，說明虛擬機器處於關機狀態。一般來說對虛擬機器進行設定最好是在虛擬機器的關機狀態下，比如更改記憶體大小等，不過如果只是設定網路卡資訊，則也可以在開啟虛擬機器後再進行設定。

　　此時彈出「虛擬機器設定」對話方片，在該對話方片左邊選中「網路介面卡」，在右邊選擇「橋接模式（B）：直接連接實體網路」，並勾選「複製實體網路連接狀態」核取方塊，然後按一下「確定」按鈕，如圖 3-12 所示。

▲ 圖 3-12

　　接著，我們開啟此虛擬機器，並以 root 身份登入 Ubuntu。

　　設定了橋接模式後，VMware 的虛擬機器作業系統就像是區域網中的一台獨立的主機，相當於實體區域網中的一台主機，它可以存取網內任何一台機器。在橋接模式下，VMware 的虛擬機器作業系統的 IP 位址、子網路遮罩可以手工設定，而且還要和宿主機處於同一網段，這樣虛擬系統才能和宿主機進行通訊，如果要連網，那麼還需要自己設定 DNS 位址。當然，更方便的方法是從 DHCP 伺服器處獲得 IP、DNS 位址（我們的家庭路由器裡面通常包含 DHCP 伺服器，所以可以從它那裡自動獲取 IP 和 DNS 等資訊）。

橋接模式的 DHCP 方式使宿主機和虛擬機器相互 ping 通的操作步驟如下：

步驟 01 在桌面上按右鍵，在快顯功能表中選擇「在終端中打開」來打開終端視窗（下面簡稱終端），然後在終端中輸入查看網路卡資訊的 ifconfig 命令，如圖 3-13 所示。

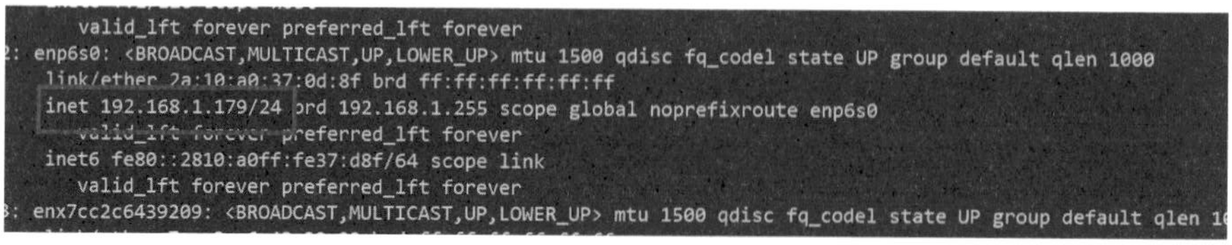

valid_lft forever preferred_lft forever
2: enp6s0: <BROADCAST,MULTICAST,UP,LOWER_UP> mtu 1500 qdisc fq_codel state UP group default qlen 1000
link/ether 2a:10:a0:37:0d:8f brd ff:ff:ff:ff:ff:ff
inet 192.168.1.179/24 brd 192.168.1.255 scope global noprefixroute enp6s0
valid_lft forever preferred_lft forever
inet6 fe80::2810:a0ff:fe37:d8f/64 scope link
valid_lft forever preferred_lft forever
3: enx7cc2c6439209: <BROADCAST,MULTICAST,UP,LOWER_UP> mtu 1500 qdisc fq_codel state UP group default qlen 1

▲ 圖 3-13

其中，enp6s0 是當前虛擬機器 Linux 中的一片網路卡的名稱，可以看到它已經有一個 IP 位址 192.168.1.179 了（注意：IP 位址是從路由器上動態分配而得到的，因此讀者系統的 IP 位址可能不是這個，完全是根據讀者的路由器而定），這個 IP 位址是由筆者宿主機 Windows 7 的一片上網網路卡所連接的路由器動態分配而來，說明該路由器分配的網段是 192.168.1，這個網段是在路由器中設定好的。

步驟 02 我們可到宿主機 Windows 7 下查看當前上網網路卡的 IP 位址，打開 Windows 7 命令列視窗，輸入 ipconfig 命令，如圖 3-14 所示。

Command Prompt
連線特定 DNS 尾碼 . . . . . . . . :
連結-本機 IPv6 位址 . . . . . . . : fe80::11dd:a56f:b5f4:a377%13
自動設定 IPv4 位址 . . . . . . . : 169.254.163.119
子網路遮罩 . . . . . . . . . . . : 255.255.0.0
預設閘道 . . . . . . . . . . . . :
乙太網路卡 區域連線:
連線特定 DNS 尾碼 . . . . . . . . :
連結-本機 IPv6 位址 . . . . . . . : fe80::5511:5403:2a1a:56fb%11
IPv4 位址 . . . . . . . . . . . . : 192.168.1.77
子網路遮罩 . . . . . . . . . . . : 255.255.255.0
預設閘道 . . . . . . . . . . . . :
通道介面卡 isatap.{910F039F-7ED0-4E95-A575-86CC8E3724D3}:
媒體狀態 . . . . . . . . . . . . : 媒體已中斷連線
連線特定 DNS 尾碼 . . . . . . . . :

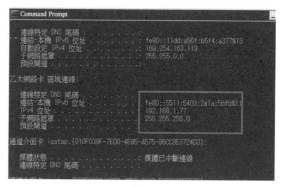

▲ 圖 3-14

可以看到，這個上網網路卡的 IP 位址是 192.168.1.77，它也是由路由器分配的，而且和虛擬機器 Linux 中的網路卡處於同一網段。

**步骤 03** 為了證明 IP 位址是動態分配的，我們可以打開 Windows 7 下該網路卡的屬性視窗，如圖 3-15 所示。

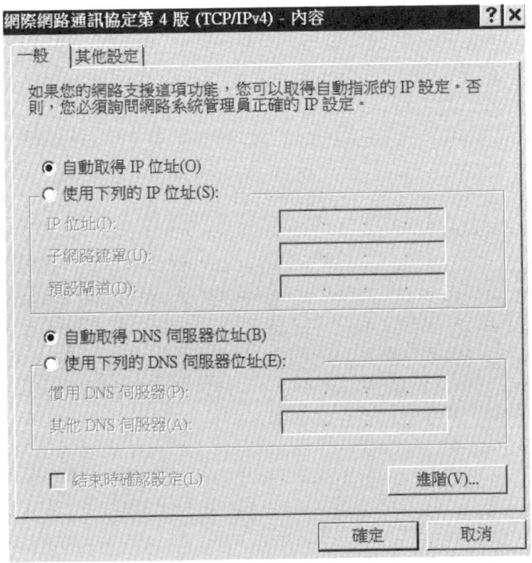

▲ 圖 3-15

從圖中可以看到，選中的是「自動獲得 IP 位址」。

**步骤 04** 那哪裡可以證明虛擬機器 Linux 網路卡的 IP 位址是動態分配的呢？我們可到 Ubutun 下去查看它的網路卡設定檔，按一下 Ubutun 桌面左下角出現的 9 個小白點的圖示，然後在桌面上就會顯示一個「設定」圖示，按一下「設定」圖示，彈出「設定」對話方塊，在對話方塊左上方選擇「網路」，在右邊按一下「有線」旁邊的設定圖示，如圖 3-16 所示。

▲ 圖 3-16

**步骤 05** 此時出現「有線」對話方塊，在對話方塊中選擇「IPv4」，就可以看到當前的「IPv4 方式」是「自動（DHCP）」，如圖 3-17 所示。

Cancel
Wired
Apply
Details
Identity
IPv4
IPv6
Security
IPv4 Method
Automatic (DHCP)
Manual
Shared to other computers
Link-Local Only
Disable
DNS
Automatic
8.8.8.8, 192.168.1.1

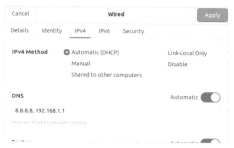

▲ 圖 3-17

如果要設定靜態 IP 位址，那麼可以選擇「手動」，並設定 IP 位址。

步驟 06 虛擬機器 Linux 和宿主機 Windows 7 都透過 DHCP 方式從路由器那裡獲得了 IP 位址，現在可以讓它們相互 ping 一下。先從虛擬機器 Linux 中 ping 宿主機 Windows 7，可以發現是能 ping 通的（注意，要先關閉 Windows 7 的防火牆），如圖 3-18 所示。

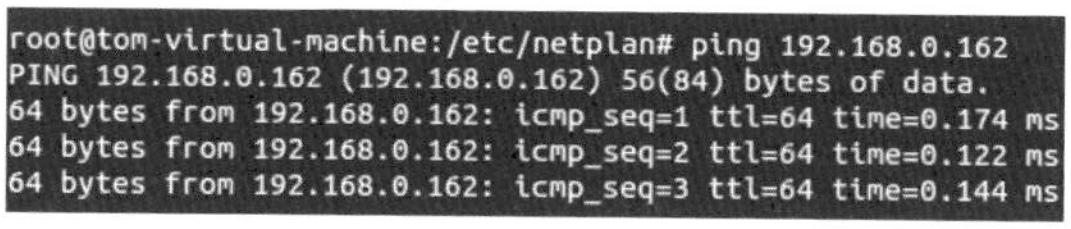
root@tom-virtual-machine:/etc/netplan# ping 192.168.0.162
PING 192.168.0.162 (192.168.0.162) 56(84) bytes of data.
64 bytes from 192.168.0.162: icmp_seq=1 ttl=64 time=0.174 ms
64 bytes from 192.168.0.162: icmp_seq=2 ttl=64 time=0.122 ms
64 bytes from 192.168.0.162: icmp_seq=3 ttl=64 time=0.144 ms

▲ 圖 3-18

再從宿主機 Windows 7 中 ping 虛擬機器 Linux，也是可以 ping 通的（注意，要先關閉 Ubuntu 的防火牆），如圖 3-19 所示。

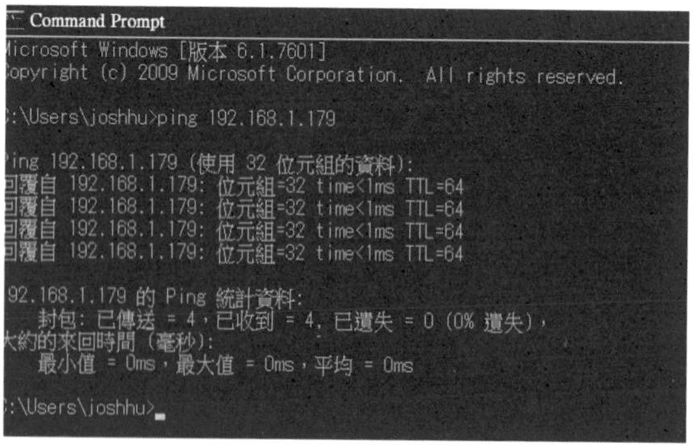
Command Prompt
icrosoft Windows [版本 6.1.7601]
opyright (c) 2009 Microsoft Corporation. All rights reserved.
:\Users\joshhu>ping 192.168.1.179
ing 192.168.1.179 (使用 32 位元組的資料):
回覆自 192.168.1.179: 位元組=32 time<1ms TTL=64
回覆自 192.168.1.179: 位元組=32 time<1ms TTL=64
回覆自 192.168.1.179: 位元組=32 time<1ms TTL=64
回覆自 192.168.1.179: 位元組=32 time<1ms TTL=64
92.168.1.179 的 Ping 統計資料:
封包: 已傳送 = 4，已收到 = 4, 已遺失 = 0 (0% 遺失)，
大約的來回時間 (毫秒):
最小值 = 0ms，最大值 = 0ms，平均 = 0ms
:\Users\joshhu>

▲ 圖 3-19

至此，橋接模式的 DHCP 方式下，宿主機和虛擬機器能相互 ping 通了，而且在虛擬機器 Ubutun 中是可以上網的（當然前提是宿主機能上網），比如在火狐瀏覽器中打開網頁，如圖 3-20 所示。

▲ 圖 3-20

下面，我們再來看一下靜態方式下的相互 ping 通。靜態方式的網路環境比較
單純，是筆者喜歡的方式，更重要的原因是靜態方式是手動設定 IP 位址，這樣可
以和讀者的 IP 位址保持完全一致，讀者學習起來比較方便。因此，本書很多網路
場景都會用到橋接模式的靜態方式。具體操作步驟如下：

**步驟 01** 設定宿主機 Windows 7 的 IP 位址為 192.168.1.168，虛擬機器 Ubuntu 的 IP
位址為 192.168.1.179, 如圖 3-21 所示。

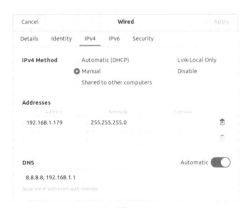

▲ 圖 3-21

**步驟 02** 按一下「有線」對話方塊右上角的「應用」按鈕，重新啟動網路服務後設定立即生效，然後宿主機和虛擬機器就能相互 ping 通了，如圖 3-22 所示。

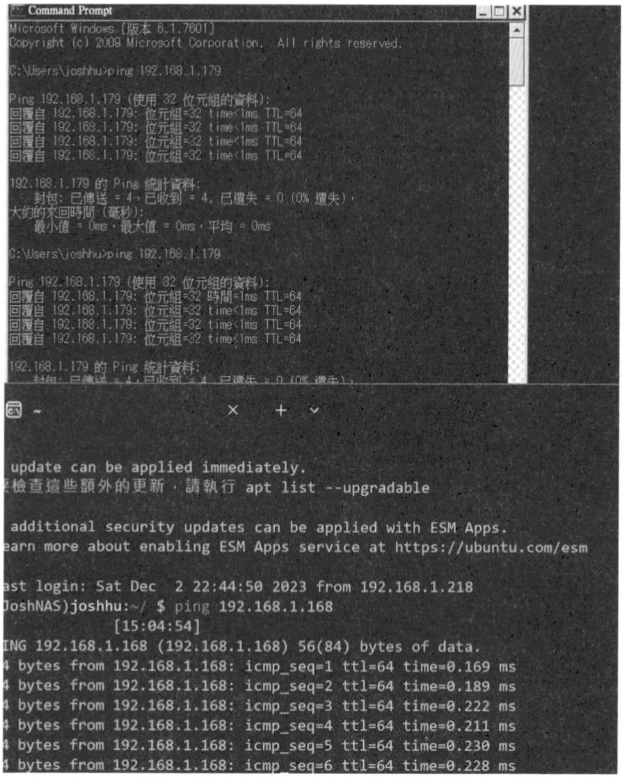

▲ 圖 3-22

　　至此，橋接模式下的靜態方式 ping 成功了。如果想要重新恢復 DHCP 動態方式，則只需在圖 3-21 中選擇「IPv4 方式」為「自動（DHCP）」，並按一下右上角的「應用」按鈕，然後在終端視窗用命令重新啟動網路服務即可，命令如下：

```
root@tom-virtual-machine:~/ 桌面 # nmcli networking off
root@tom-virtual-machine:~/ 桌面 # nmcli networking on
```

然後再查看 IP 位址，可以發現 IP 位址變了，如圖 3-23 所示。

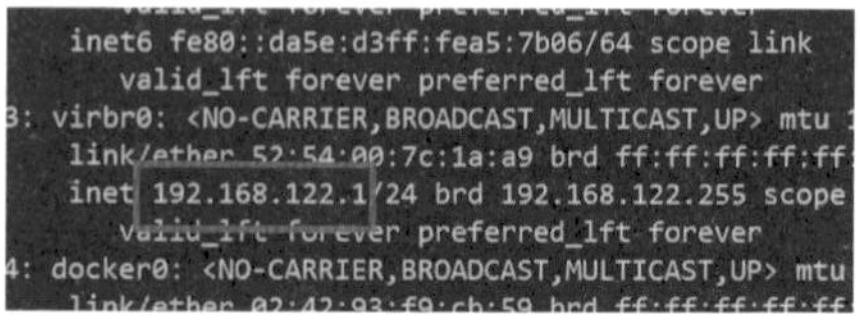

▲ 圖 3-23

筆者比較喜歡橋接模式的動態方式，因為不影響主機上網，在虛擬機器 Linux
中也可以上網。

## 2. 主機模式

VMware 的 Host-Only（僅主機模式）就是主機模式。預設情況下實體主機
和虛擬機器都連在虛擬交換機 VMnet1 上，VMware 為主機建立的虛擬網路卡是
VMware Virtual Ethernet Adapter for VMnet1，主機透過該虛擬網路卡和 VMnet1 相
連。主機模式將虛擬機器與外網隔開，使得虛擬機器成為一個獨立的系統，只與
主機相互通訊。當然主機模式下也可以讓虛擬機器連接網際網路，方法是將主機
網路卡共用給 VMware Network Adapter for VMnet1 網路卡，從而達到虛擬機器連網
的目的。但一般主機模式都是為了和實體主機的網路隔開，僅讓虛擬機器和主機
通訊。因為主機模式用得不多，所以這裡不再展開。

## 3. NAT 模式

如果虛擬機器 Linux 要連網，則這種模式最方便。NAT 是 Network Address
Translation 的縮寫，意思是網路位址轉譯。NAT 模式也是 VMware 建立虛擬機器的
預設網路連接模式。使用 NAT 模式連接網路時，VMware 會在宿主機上建立單獨
的私人網路絡，用以在主機和虛擬機器之間相互通訊。虛擬機器向外部網路發送
的請求資料將被「包裹」，交由 NAT 網路介面卡加上「特殊標記」並以主機的名
義轉發出去；外部網路傳回的回應資料將被拆「包裹」，也是先由主機接收，然
後交由 NAT 網路介面卡根據「特殊標記」進行辨識並轉發給對應的虛擬機器，因
此，虛擬機器在外部網路中不必具有自己的 IP 位址。從外部網路來看，虛擬機器
和主機共用一個 IP 位址，預設情況下，外部網路終端也無法存取到虛擬機器。

此外，在一台宿主機上只允許有一個 NAT 模式的虛擬網路，因此同一台宿主
機上採用 NAT 模式網路連接的多個虛擬機器也是可以相互存取的。

設定虛擬機器 NAT 模式的操作步驟如下：

步驟 01 編輯虛擬機器設定，使得網路卡的網路連接模式為 NAT 模式，如圖 3-24
所示。

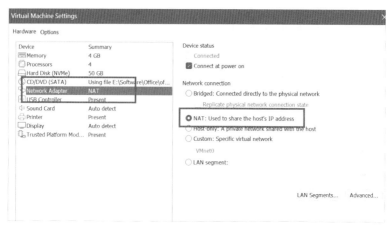

▲ 圖 3-24

**步驟 02** 編輯網路卡設定檔，設定以 DHCP 方式獲取 IP 位址，即修改 ifcfg-ens33 檔案中的欄位 BOOTPROTO 為 dhcp，命令如下：

```
[root@localhost ~]# cd /etc/sysconfig/network-scripts/
[root@localhost network-scripts]# ls
ifcfg-ens33
[root@localhost network-scripts]# gedit ifcfg-ens33
[root@localhost network-scripts]# vi ifcfg-ens33
```

然後編輯網路卡設定檔 ifcfg-ens33，內容如下：

```
TYPE=Ethernet
PROXY_METHOD=none
BROWSER_ONLY=no
BOOTPROTO=dhcp
DEFROUTE=yes
IPV4_FAILURE_FATAL=no
IPV6INIT=yes
IPV6_AUTOCONF=yes
IPV6_DEFROUTE=yes
IPV6_FAILURE_FATAL=no
IPV6_ADDR_GEN_MODE=stable-privacy
NAME=ens33
UUID=e816b1b3-1bb9-459b-a641-09d0285377f6
DEVICE=ens33
ONBOOT=yes
```

儲存後退出，接著再重新啟動網路服務，以使剛才的設定生效：

```
[root@localhost network-scripts]# nmcli c reload
```

```
[root@localhost network-scripts]# nmcli c up ens33
```
連接已成功啟動（D-Bus 活動路徑：/org/freedesktop/NetworkManager/ActiveConnection/4）

此時查看網路卡 ens 的 IP 位址，發現已經是新的 IP 位址了，如圖 3-25 所示。

▲ 圖 3-25

可以看到網路卡 ens33 的 IP 位址變為 192.168.11.128 了。注意，由於是 DHCP 動態分配 IP，因此也有可能不是這個 IP 位址。那為何是 192.168.11 的網段呢？這是因為 VMware 為 VMnet8 預設分配的網段就是 192.168.11 網段，我們可以按一下功能表列中的「編輯」→「虛擬網路編輯器」來查看，如圖 3-26 所示。

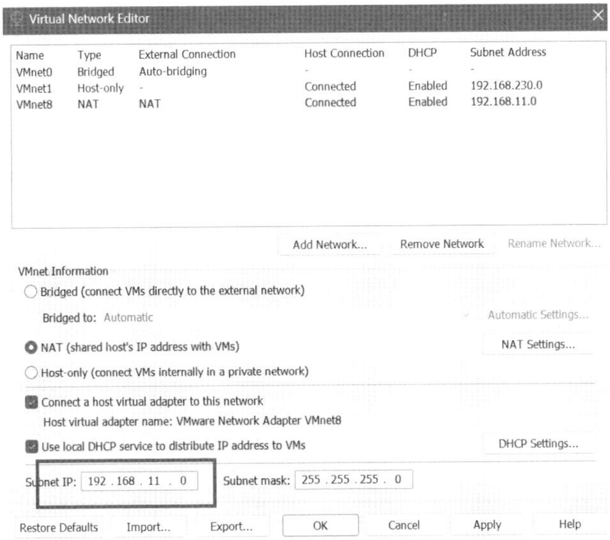

▲ 圖 3-26

當然我們也可以改成其他網段，只需對圖 3-26 中的 192.168.11.0 重新編輯即可。這裡就先不改了，保持預設。現在 IP 已經知道虛擬機器 Linux 中的 IP 位址了，那宿主機 Windows 7 的 IP 位址是多少呢？查看「主控台\網路和Internet\網路連接」下的 VMware Network Adapter VMnet8 這片虛擬網路卡的 IP 位址即可，如圖 3-27 所示，這裡的 192.168.11.1 也是 VMware 自動分配的。

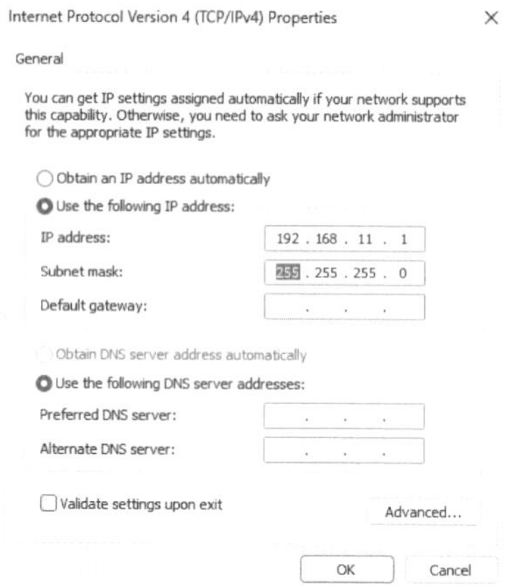


▲ 圖 3-27

此時，就可以和宿主機相互 ping 通（如果沒有 ping 通 Windows，則可能是 Windows 中的防火牆處於開啟狀態，可以把它關閉），如圖 3-28 所示。

```
PS C:\Users\joshhu> ping -4 192.168.11.128

Pinging 192.168.11.128 with 32 bytes of data:
Reply from 192.168.11.128: bytes=32 time<1ms TTL=128
Reply from 192.168.11.128: bytes=32 time<1ms TTL=128
Reply from 192.168.11.128: bytes=32 time<1ms TTL=128
Reply from 192.168.11.128: bytes=32 time<1ms TTL=128

Ping statistics for 192.168.11.128:
    Packets: Sent = 4, Received = 4, Lost = 0 (0% loss),
Approximate round trip times in milli-seconds:
    Minimum = 0ms, Maximum = 0ms, Average = 0ms
PS C:\Users\joshhu> |
```

▲ 圖 3-28

在虛擬機器 Linux 下也可以 ping 通 Windows 7，如圖 3-29 所示。

```
[root@localhost network-scripts]# ping 192.168.11.1
PING 192.168.11.1 (192.168.11.1) 56(84) bytes of data.
64 bytes from 192.168.11.1: icmp_seq=1 ttl=64 time=2.66 ms
64 bytes from 192.168.11.1: icmp_seq=2 ttl=64 time=0.238 ms
64 bytes from 192.168.11.1: icmp_seq=3 ttl=64 time=0.239 ms
64 bytes from 192.168.11.1: icmp_seq=4 ttl=64 time=0.881 ms
```

▲ 圖 3-29

最後，在確保宿主機 Windows 7 能上網的情況，虛擬機器 Linux 下也可以上網瀏覽網頁了，如圖 3-30 所示。

▲ 圖 3-30

在虛擬機器 Linux 中上網是十分重要的，因為以後很多時候都需要線上安裝軟體。

### 4. 透過終端工具連接 Linux 虛擬機器

安裝完虛擬機器的 Linux 作業系統後，就要開始使用它了。怎麼使用呢？通常都是在 Windows 下透過終端工具（比如 SecureCRT 或 smarTTY）來操作 Linux。這裡使用 SecureCRT（下面簡稱 crt）這個終端工具來連接 Linux，然後在 crt 視窗下以命令列的方式使用 Linux。crt 工具既可以透過安全加密的網路連接方式（SSH）來連接 Linux，也可以透過序列埠的方式來連接 Linux，前者需要知道 Linux 的 IP 位址，後者需要知道序列埠號。除此以外，還能透過 Telnet 等方式，讀者可以在實踐中慢慢體會。

雖然 crt 的操作介面也是命令列方式，但它比 Linux 自己的字元介面方便得多，比如 crt 可以打開多個終端視窗，可以使用滑鼠，等等。SecureCRT 軟體是 Windows 下的軟體，可以在網上免費下載。下載安裝就不再贅述了，不過強烈建議使用比較新的版本，筆者使用的版本是 64 位元的 SecureCRT 8.5 和 SecureFX 8.5，其中 SecureCRT 表示終端工具本身，SecureFX 表示書附的用於相互傳輸檔案的工具。下面透過一個例子來說明如何連接虛擬機器 Linux，網路模式採用橋接模式，假設虛擬機器 Linux 的 IP 位址為 192.168.11.129。其他模式也類似,只是要連接的虛擬機器 Linux 的 IP 位址不同而已。使用 SecureCRT 連接虛擬機器 Linux 的步驟如下:

**步驟01** 打開 SecureCRT 8.5 或以上版本,在左側的 Session Manager 工具列上選擇第三個按鈕,這個按鈕表示 New Session,即建立一個新的連接,如圖 3-31 所示。

▲ 圖 3-31

**步驟02** 此時出現「New Session Wizard」對話方塊,在該對話方塊中,設定 SecureCRT 協定為 SSH2,然後按一下「下一步」按鈕,如圖 3-32 所示。

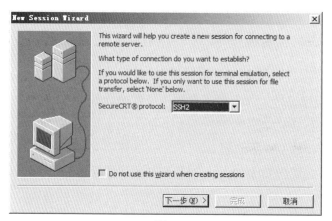

▲ 圖 3-32

**步驟03** 彈出精靈的第二個對話方塊,在該對話方塊中設定 Hostname 為 192.168.11.129,Username 為 root。這個 IP 位址就是我們前面安裝的虛擬機器 Linux 的 IP 位址,root 是 Linux 的超級使用者帳戶。輸入完畢後如圖 3-33 所示。

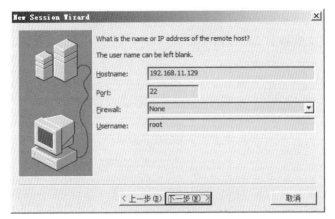

▲ 圖 3-33

步驟 04 再按一下「下一步」按鈕,彈出精靈的第三個對話方塊,在該對話方塊中
保持預設即可,即保持 SecureFX 協定為 SFTP。SecureFX 是用於宿主機和虛
擬機器之間傳輸檔案的軟體,採用的協定可以是 SFTP(安全的 FTP 傳輸協
定)、FTP、SCP 等,如圖 3-34 所示。

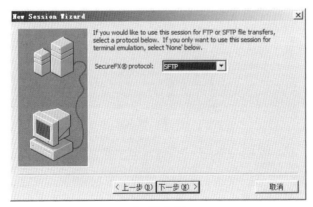

▲ 圖 3-34

步驟 05 按一下「下一步」按鈕,彈出精靈的最後一個對話方塊,在該對話方塊中
可以重新命名階段的名稱,也可以保持預設,即用 IP 位址作為階段名稱,這
裡保持預設,如圖 3-35 所示。

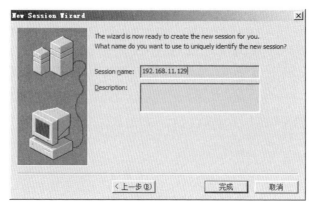

▲ 圖 3-35

步驟 06 按一下「完成」按鈕。此時可以看到左側的 Session Manager 中出現了我們
剛才建立的新的階段，如圖 3-36 所示。

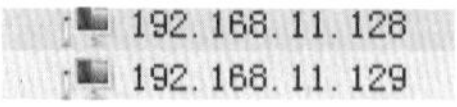

192.168.11.128
192.168.11.129

▲ 圖 3-36

步驟 07 按兩下「192.168.11.129」開始連接，但不幸顯示出錯了，如圖 3-37 所示。

192.168.11.129 (1)

Key exchange failed.
No compatible key-exchange method. The server supports these methods: curve25519
lman-group16-sha512,diffie-hellman-group18-sha512,diffie-hellman-group14-sha256

▲ 圖 3-37

SecureCRT 是安全保密的連接，需要安全演算法，而 Ubuntu20.04 的 SSH 所要
求的安全演算法 SecureCRT 預設沒有支援，所以顯示出錯了。我們可以在 SecureCRT
主介面上選擇功能表列中的「Options/Session Options...」，打開 Session Options 對話
方塊，在該對話方塊的左邊選擇 SSH2，然後在右邊的「Key exchange」選項群組
中勾選最後幾個演算法，即確保全部演算法都被勾選上，如圖 3-38 所示。

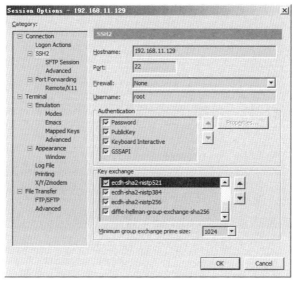

▲ 圖 3-38

步驟 08 按一下「OK」按鈕關閉該對話方塊,回到 SecureCRT 主介面,再次對左邊 Session Manager 中的 192.168.11.129 進行按兩下,這次連接成功了,出現了登入框,如圖 3-39 所示。

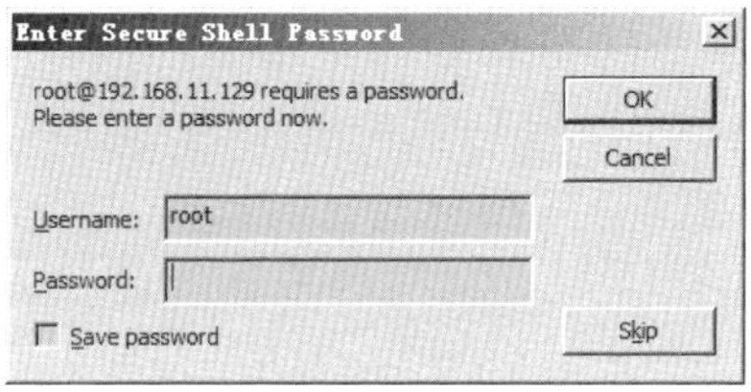

▲ 圖 3-39

步驟 09 輸入 root 的 Password 為 123456,並勾選「Save password」核取方塊,這樣不用每次登入都輸入密碼了。輸入完畢後,按一下「OK」按鈕,就到了熟悉的 Linux 命令提示符號下了,如圖 3-40 所示。

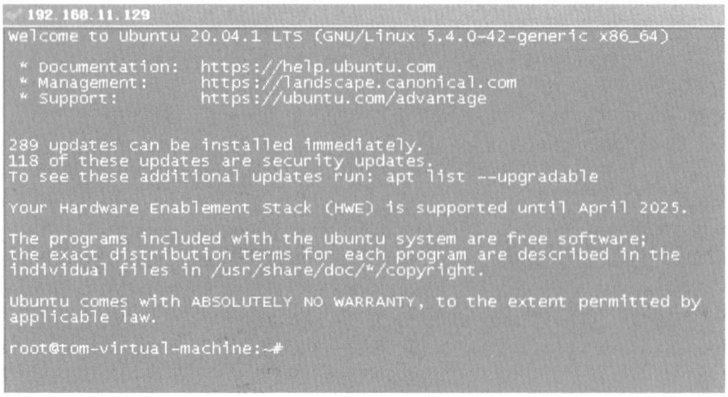
192.168.11.129
Welcome to Ubuntu 20.04.1 LTS (GNU/Linux 5.4.0-42-generic x86_64)
* Documentation:  https://help.ubuntu.com
* Management:     https://landscape.canonical.com
* Support:        https://ubuntu.com/advantage
289 updates can be installed immediately.
118 of these updates are security updates.
To see these additional updates run: apt list --upgradable
Your Hardware Enablement Stack (HWE) is supported until April 2025.
The programs included with the Ubuntu system are free software;
the exact distribution terms for each program are described in the
individual files in /usr/share/doc/*/copyright.
Ubuntu comes with ABSOLUTELY NO WARRANTY, to the extent permitted by
applicable law.
root@tom-virtual-machine:~#

▲ 圖 3-40

這樣，在 NAT 模式下 SecureCRT 連接虛擬機器 Linux 成功，以後可以透過命令來使用 Linux 了。如果是橋接模式，只需修改目的 IP 位址即可，這裡不再贅述。

## 3.1.11 和虛擬機器互傳檔案

由於大部分開發人員喜歡在 Windows 下編輯程式，然後傳輸檔案到 Linux 下去編譯執行，因此經常需要在宿主機 Windows 和虛擬機器 Linux 之間傳輸檔案。把檔案從 Windows 傳輸到 Linux 的方式很多，既有命令列的 sz/rz、也有 ftp 用戶端、SecureCRT 附帶的 SecureFX 等圖形化的工具，讀者可以根據習慣和實際情況選擇合適的工具。本書使用的是命令列工具 SecureFX。

首先我們用 SecureCRT 連接到 Linux，然後按一下工具列中的「SecureFX」圖示（見圖 3-41），就會啟動 SecureFX 程式，並自動打開 Windows 和 Linux 的檔案瀏覽視窗，介面如圖 3-42 所示。

打开 SecureCRT

▲ 圖 3-41

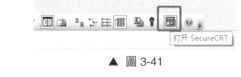

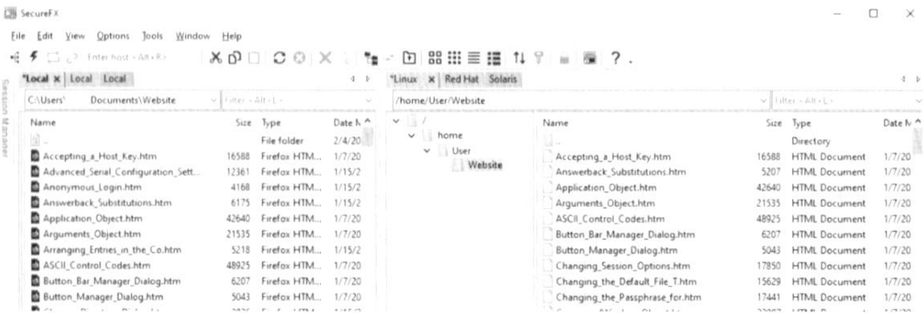
SecureFX
File Edit View Options Tools Window Help

▲ 圖 3-42

圖 3-42 的左邊是本地 Windows 的檔案瀏覽視窗，右邊是 IP 位址為 120.4.2.80 的虛擬機器 Linux 的檔案瀏覽視窗，如果需要把 Windows 中的某個檔案上傳到 Linux，那麼只需要在左邊的 Windows 視窗中選中該檔案，然後拖放到右邊的 Linux 視窗中。從 Linux 下載檔案到 Windows 也是這樣的操作，非常簡單，讀者多實踐幾次即可上手。

## 3.2 架設 Linux 下的 C/C++ 開發環境

由於安裝 Ubuntu 的時候附帶了圖形介面，因此可以直接在 Ubuntu 下用其附帶的編輯器（比如 gedit）來編輯原始程式碼檔案，然後在命令列下進行編譯，這種方式應對小規模程式十分方便。本節的內容比較簡單，主要目的是測試各種編譯工具是否能正確工作，因此希望讀者能認真做一遍下面的例子。在開始第一個範例之前，先檢查編譯工具是否準備好，命令如下：

```
gcc -v
```

如果有版本顯示，就說明已經安裝了編譯工具。注意：預設情況下，Ubuntu 不會自動安裝 gcc 或 g++，因此先要線上安裝。確保虛擬機器 Ubuntu 能連網，然後在命令列下輸入以下命令進行線上安裝：

```
apt-get install build-essential
```

下面就開始第一個 C 程式，程式碼很簡單，主要目的是測試我們的環境是否支援編譯 C 語言。

### 【例 3.1】第一個 C 程式

（1）在 Ubuntu 下打開終端視窗，然後在命令列下輸入命令 gedit 來打開文字編輯器，接著在編輯器中輸入以下程式：

```
#include <stdio.h>
void main()
{
    printf("Hello world\n");
}
```

然後儲存檔案到某個路徑（比如 /root/ex，ex 是自己建立的資料夾），檔案名稱是 test.c，儲存完後關閉 gedit 編輯器。

（2）在終端視窗的命令列下進入 test.c 所在的路徑，並輸入編譯命令：

```
gcc test.c -o test
```

其中選項 -o 表示生成目的檔案，也就是可執行程式，這裡是 test。此時會在同一路徑下生成一個 test 程式，我們可以執行它：

```
./test
Hello world
```

至此，第一個 C 程式編譯執行成功，說明 C 語言開發環境架設起來了。如果要偵錯，可以使用 gdb 命令筆者喜歡在 Windows 下進行開發，既然喜歡在 Windows 下工作，為何還要介紹 C/C++ 環境，不直接進入 Windows？這是因為本節的小程式的目的是驗證我們的編譯環境是否正常，如果這個小程式能執行起來，就說明 Linux 下的編譯環境已經沒有問題，以後到 Windows 下開發如果發現問題，則至少可以排除掉 Linux 本身的原因。

# 3.3 架設 Windows 下的 Linux C/C++ 開發環境

## 3.3.1 Windows 下非整合式的 Linux C/C++ 開發環境

由於很多程式設計師習慣使用 Windows，因此這裡採取在 Windows 下開發 Linux 程式的方式。基本步驟就是先在 Windows 用自己熟悉的編輯器寫原始程式碼，然後透過網路連接到 Linux，把原始程式碼檔案（c 或 cpp 檔案）上傳到遠端 Linux 主機，在 Linux 主機上對原始程式碼進行編譯、偵錯和執行，當然編譯和偵錯所輸入的命令也可以在終端工具（比如 SecureCRT）裡完成，這樣從編輯到編譯、偵錯、執行就都可以在 Windows 下操作了，注意是操作（命令），真正的編譯、偵錯、執行工作實際都是在 Linux 主機上完成的。

那我們在 Windows 下選擇什麼編輯器呢？Windows 下的編輯器多如牛毛，讀者可以根據自己的習慣來選擇。常用的編輯器有 VSCode、Source Insight、Ultraedit（簡稱 ue），它們小巧且功能豐富，具有語法突顯、函式清單顯示等撰寫程式所需的常用功能，應對普通的小程式開發綽綽有餘。但筆者推薦使用 VSCode，因為它免費且功能更強大，而後兩者是要收費的。

用編輯器撰寫完原始程式碼後，就可以透過網路上傳到 Linux 主機或虛擬機器 Linux。如果用 VSCode 的話，可以自動上傳到 Linux 主機，更加方便。筆者後面對於非整合式的開發，用的編輯器都是 VSCode。

　　把原始程式碼檔案上傳到 Linux 後，就可以進行編譯了，編譯的工具可以使用 gcc 或 g++，兩者都可以編譯 C/C++ 檔案。編譯過程中如果需要偵錯，則可以使用命令列的偵錯工具 gdb。下面用一個範例講解在 Windows 下開發 Linux 程式的過程。關於 gcc、g++ 和 gdb 的詳細用法本節不進行講解了，讀者可以參考《Linux C 與 C++ 最前線開發實踐》一書。

### 【例 3.2】第一個 VSCode 開發的 Linux C++ 程式

1）安裝 VSCode

　　到官網 https://code.visualstudio.com/ 上下載 VSCode，然後安裝，這個過程很簡單。

　　如果是第一次使用 VSCode，就先安裝兩個和 C/C++ 程式設計有關的外掛程式，在 VSCode 視窗左側按一下豎條工具列上的「Extensions」圖示或直接按 Ctrl+Shift+X 複合鍵來切換到「Extensions」頁，該頁主要用來搜尋和安裝（擴展）外掛程式，在左上方的搜尋框中搜尋「C++」，如圖 3-43 所示。

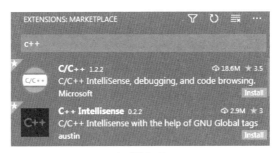

▲ 圖 3-43

　　選中兩個 C/C++ 外掛程式，分別按一下「Install」按鈕開始安裝，安裝完畢後，就具有程式的語法突顯、函式定義跳躍功能了。接著再安裝一個能實現在 VSCode 中上傳檔案到遠端 Linux 主機的外掛程式，這樣避免來回切換軟體視窗。搜尋「sftp」，安裝結果中的第一個即可，如圖 3-44 所示。

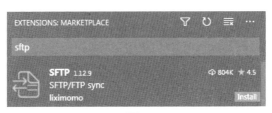

▲ 圖 3-44

安裝完後重新啟動 VSCode。

2）新建資料夾

在 Windows 本地新建一個存放原始程式碼檔案的資料夾，比如 E:\ex\test\。打開 VSCode，按一下功能表列中的「File」→「New Folder」命令，此時將在 VSCode 視窗左邊顯示「Explorer」視圖，在視圖的右上方按一下「New File」圖示，如圖 3-45 所示。

▲ 圖 3-45

此時會在下方出現一行編輯方塊，用於輸入新建檔案的檔案名稱，這裡輸入「test.cpp」，然後按 Enter 鍵，在 VSCode 中間出現一個編輯方塊，這就是輸入程式的地方，輸入程式如下：

```cpp
#include <iostream>
using namespace std;
int main(int argc, char *argv[])
{
    char sz[] = "Hello, World!";
    cout << sz << endl;
    return 0;
}
```

程式很簡單，無須多言。如果前面兩個 C/C++ 外掛程式安裝正確的話，就可以看到程式的顏色是豐富多彩的，這就是語法突顯。如果把滑鼠游標停留在某個變數、函式或物件上（比如 cout），還會出現更加完整的定義說明。

另外，如果不準備新建檔案，而是要增加已經存在的檔案，則可以把檔案存放到目前的目錄下，這樣馬上就能在 VSCode 中的 Explorer 視圖中看到了。

3）上傳原始檔案到虛擬機器 Linux

我們用 SecureCRT 附帶的檔案傳輸工具 SecureFX 把 test.cpp 上傳到虛擬機器 Linux 的某個目錄下。SecureFX 的用法前面已經介紹過了，這裡不再贅述。它是手工上傳的方式，有點煩瑣。在 VSCode 中，我們可以下載外掛程式 sftp，實現在 VSCode 中同步本地檔案和伺服器端檔案。使用 sftp 外掛程式前，需要進行一些簡單設定，告訴 sftp 遠端 Linux 主機的 IP 位址、使用者名稱和密碼等資訊。我們按複合鍵 Ctrl+Shift+P 後，會進入 VSCode 的命令列輸入模式，然後在上方的「Search settings」框中輸入 sftp:config 命令，這樣就會在當前資料夾（這裡是 E:\ex\test\）中生成一個 .vscode 資料夾，裡面有一個 sftp.json 檔案，我們需要在這個檔案中設定遠端伺服器位址，VSCode 會自動打開這個檔案，輸入以下內容：

```json
{
    "name": "My Server",
    "host": "192.168.11.129",
    "protocol": "sftp",
    "port": 22,
    "username": "root",
    "password": "123456",
    "remotePath": "/root/ex/3.2/",
    "uploadOnSave": true
}
```

輸入完畢，按複合鍵 Alt+F+S 儲存。其中，/root/ex/3.2/ 是虛擬機器 Ubuntu 上的路徑（可以不必預先建立，VSCode 會自動幫我們建立），我們上傳的檔案將存放到該路徑下；host 表示遠端 Linux 主機的 IP 位址或域名，注意這個 IP 位址必須和 Windows 主機的 IP 位址相互 ping 通；protocol 表示使用的傳輸協定，用 SFTP，即安全的 FTP 協定；username 表示遠端 Linux 主機的使用者名稱；password 表示遠端 Linux 主機的使用者名稱對應的密碼；remotePath 表示遠端資料夾位址，預設是根目錄 /；uploadOnSave 表示本地更新檔案儲存會自動同步到遠端檔案（不會同步重新命名檔案和刪除檔案）。另外，如果原始程式碼存放在本地其他路徑，也可以透過 context 設定本地資料夾位址，預設為 VSCode 工作區根目錄。

在「Explorer」空白處按右鍵，在快顯功能表中選擇「Sync Local」→「Remote」命令，如果沒有問題，就可以在 Output 視圖上看到如圖 3-46 所示的提示。

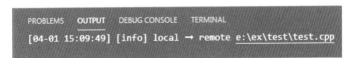

▲ 圖 3-46

這說明上傳成功了。另外，如果 Output 視圖沒有出現，則可以按一下左下方狀態列上的「SFTP」圖示，如圖 3-47 所示。

▲ 圖 3-47

此時如果到虛擬機器 Ubuntu 上去看，就可以發現 /root/ex/3.2/ 下有一個 test.
cpp：

```
root@tom-virtual-machine:~/ex/3.2# ls
test.cpp
```

是不是感覺 VSCode 很強大？其實編譯工作也可以在 VSCode 中完成，但本書
主要介紹 Linux，因此還是留點工作在 Linux 下做吧！

4）編譯原始檔案

現在原始檔案已經在 Linux 的某個目錄下（本例是 /root/ex/3.2/）了，我們
可以在命令列下對它進行編譯。Linux 下編譯 C++ 來源程式通常有兩種命令，一
種是 g++ 命令，另外一種是 gcc 命令，它們都是根據原始檔案的副檔名來判斷是
C 程式還是 C++ 程式。編譯也是在 SecureCRT 的視窗下用命令進行，我們打開
SecureCRT，連接遠端 Linux，然後定位到原始檔案所在的資料夾，並輸入 g++ 編
譯命令：

```
root@tom-virtual-machine:~/ex/3.2# g++ test.cpp -o test
root@tom-virtual-machine:~/ex/3.2# ls
test   test.cpp
root@tom-virtual-machine:~/ex/3.2# ./test
Hello, World!
```

-o 表示輸出，它後面的 test 表示最終輸出的可執行程式名稱是 test。

其中 gcc 是編譯 C 語言的，預設情況下，如果直接用 gcc 來編譯 C++ 程式，
則會顯示出錯，此時我們可以透過增加參數 -lstdc++ 來編譯，命令如下：

```
root@tom-virtual-machine:~/ex/3.2# gcc -o test test.cpp -lstdc++
root@tom-virtual-machine:~/ex/3.2# ls
test   test.cpp
root@tom-virtual-machine:~/ex/3.2# ./test
Hello, World!
```

其中 -o 表示輸出，它後面的 test 表示最終輸出的可執行程式名稱是 test；-l 表
示要連接到某個程式庫，stdc++ 表示 C++ 標準程式庫，因此 -lstdc++ 表示連接到
標準 C++ 程式庫。

這個例子到這裡就完了嗎？非也！下面見證 VSCode 奇蹟的時刻到了，前
面上傳檔案是透過快顯功能表來實現的，還是有點煩瑣，現在我們在 VSCode

中打開 test.cpp，稍微修改點程式，比如將 sz 的定義改成 char sz[] = "Hello, World!--------";，然後儲存（按複合鍵 Alt+F+S）test.cpp，此時 VSCode 會自動將檔案上傳到遠端 Linux 上，Output 視圖裡也會有如圖 3-48 所示的新提示。

```
[04-01 15:34:38] [info] [file-save] e:\ex\test\test.cpp
[04-01 15:34:38] [info] local → remote e:\ex\test\test.cpp
```

▲ 圖 3-48

其中，file-save 表示檔案儲存，local → remote 表示上傳到遠端主機。是不是很方便、很快捷！只要儲存原始程式碼檔案，VSCode 就自動幫我們上傳。此時再去編譯，可以發現結果變了：

```
root@tom-virtual-machine:~/ex/3.2# gcc -o test test.cpp -lstdc++
root@tom-virtual-machine:~/ex/3.2# ./test
Hello, World!--------
```

順便提一句，程式後退的複合鍵是 Alt+ 向左箭頭。

## 3.3.2 Windows 下整合式的 Linux C/C++ 開發環境

所謂整合式，簡單講就是程式編輯、編譯、偵錯都在一個軟體（視窗）中完成，不需要在不同的視窗之間來回切換，更不需要自己手動將檔案從一個系統（Windows）傳輸到另外一個系統（Linux）中，傳檔案也可以讓同一個軟體來完成。這樣的開發軟體（環境）稱為整合式開發環境（Integrated Development Environment，IDE）。

那麼，Windows 下有這樣能支援 Linux 開發的 IDE 嗎？答案當然是肯定的，微軟在 Visual C++ 2017 上全面支援 Linux 的開發。Visual C++ 2017 簡稱 VC2017，是當前 Windows 平臺上最主流的整合化視覺化開發軟體，功能異常強大，幾乎無所不能。

在 VC2017 中，可以編譯、偵錯和執行 Linux 可執行程式，可以生成 Linux 靜態程式庫（即 .a 程式庫）和動態程式庫（也稱共用程式庫，即 .so 程式庫），但前提是在安裝 VC2017 的時候要把支援 Linux 開發的元件勾選上，預設是不勾選的。打開 VC2017 的安裝程式，在「工作負載」頁面的右下角處把「使用 C++ 的 Linux 開發」勾選上，如圖 3-49 所示。

▲ 圖 3-49

然後再繼續安裝 VC2017。安裝完畢後，在新建專案的時候就可以看到一個 Linux 專案選項了。下面透過一個範例來生成可執行程式。

## 【例 3.3】第一個 VC++ 開發的 Linux 可執行程式

1）新建專案

打開 VC2017，按一下功能表列中的「檔案→新建→專案」命令或直接按複合鍵 Ctrl+Shift+N 來打開「新建專案」對話方塊，在「新建專案」對話方塊左邊展開「Visual C++/ 跨平臺」選項，並選中「Linux」節點，此時右邊出現專案類型，選中「主控台應用程式（Linux）」，並在對話方塊下方輸入專案名稱（比如 test）和專案路徑（比如 e:\ex\），如圖 3-50 所示。

▲ 圖 3-50

按一下「確定」按鈕，這樣一個 Linux 專案就建可以看到一個 main.cpp 檔案，內容如下：

```
#include <cstdio>

int main()
{
    printf("hello from test!\n");
    return 0;
}
```

## 2）ping 通虛擬機器和宿主機

打開虛擬機器 Ubuntu20.04，並使用橋接模式的靜態 IP 方式，確定虛擬機器 Ubuntu 的 IP 位址和宿主機 Windows 7 的 IP 位址，保持虛擬機器和宿主機相互 ping 通。

## 3）設定連接

在 VC2017 的功能表列中按一下「工具→選項」命令來打開選項對話方塊，在該對話方塊的左下方展開「跨平臺」選項，並選中「連線管理員」節點，在右邊按一下「增加」按鈕，然後在彈出的「連接到遠端系統」對話方塊中輸入虛擬機器 Ubuntu20.04 的 IP 位址、root 密碼等資訊，如圖 3-51 所示。

▲ 圖 3-51

按一下「連接」按鈕，此時將下載一些開發所需的檔案，如圖 3-52 所示。

▲ 圖 3-52

稍等片刻，列表方塊內出現另一個主機的 SSH 連接，如圖 3-53 所示。

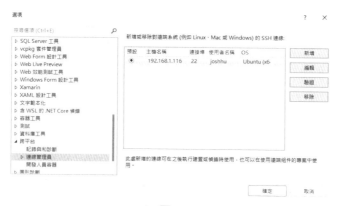

▲ 圖 3-53

說明增加連接成功，按一下「確定」按鈕。

4）編譯執行

按 F7 鍵生成程式，如果沒有錯誤，則將在「輸出」視窗中輸出編譯結果，如圖 3-54 所示。

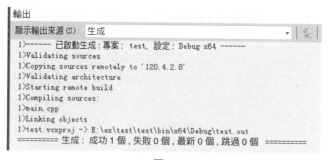

▲ 圖 3-54

此時可以在 VC2017 工具列上按一下綠色三角形箭頭圖示，準備執行，如圖 3-55 所示。

此時將開始進行偵錯執行，稍等片刻執行完畢後，按一下功能表列中的「偵錯」→「Linux 主控台」命令來打開「Linux 主控台視窗」，在視窗中可以看到執行結果，如圖 3-56 所示。

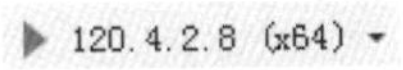

▶ 120.4.2.8 (x64) ▾

▲ 圖 3-55

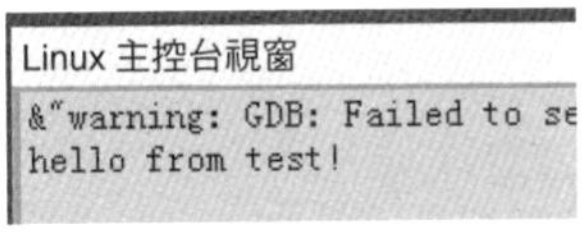

Linux 主控台視窗

&"warning: GDB: Failed to se
hello from test!

▲ 圖 3-56

這就說明 Linux 程式執行成功了。因為是第一個 VC2017 開發的 Linux 應用程式，所以講解得比較詳細，後面不會這樣詳述了。

到目前為止，Linux 開發環境已經建立起來了。由於 Windows 下整合開發 Linux C/C++ 最方便，因此筆者採用該方式的開發環境。

# 第4章
## 網路服務器設計

伺服器設計技術有很多，按使用的協定來分有 TCP 伺服器和 UDP 伺服器，按處理方式來分有循環伺服器和並發伺服器。

在網路通訊中，伺服器通常需要處理多個用戶端。由於用戶端的請求會同時到來，因此伺服器端可能會採用不同的方法來處理。整體來說，伺服器端可採用兩種模型來實現：循環伺服器模型和並發伺服器模型。循環伺服器在同一時刻只能響應一個用戶端的請求，並發伺服器在同一時刻可以回應多個用戶端的請求。

循環伺服器模型是指伺服器端依次處理每個用戶端，直到當前用戶端的所有請求處理完畢，再處理下一個用戶端。這類模型的優點是簡單，缺點顯而易見，會導致其他用戶端等待時間過長。

為了提高伺服器的並發處理能力，引入了並發伺服器模型。其基本思想是在伺服器端採用多工機制（比如多處理程序或多執行緒），分別為每一個用戶端建立一個任務來處理，極大地提高了伺服器的並發處理能力。

不同於用戶端程式，伺服器端程式需要同時為多個用戶端提供服務，及時回應。比如 Web 伺服器，就要能同時處理不同 IP 位址的電腦發來的瀏覽請求，並把網頁及時反應給電腦上的瀏覽器。因此，開發伺服器程式，必須能實現並發服務能力。這是網路服務器之所以成為伺服器的最本質的原因。

這裡要注意，有些並發並不需要精確到同一時間點。在某些應用場合，比如每次處理用戶端資料量較少的情況下，也可以簡化伺服器的設計，因為伺服器的性能通常較高，所以分時輪流服務用戶端，用戶端也會感覺到伺服器是同時在服務它們。

通常來講，網路服務器的設計模型有以下幾種：（分時）循環伺服器、多處理程序並發伺服器、多執行緒並發伺服器、I/O 重複使用並發伺服器等。小規模場合用循環伺服器即可勝任，若是大規模應用場合，則要用到並發伺服器。

在具體設計伺服器之前，有必要了解 Linux 下的 I/O 模型，這對於我們以後設計和最佳化伺服器模型十分有幫助。

**注意**：伺服器模型是伺服器模型，I/O 模型是 I/O 模型，不能混淆，模型在這裡的意思可以視為描述系統的行為和特徵的意思。

# 4.1 I/O 模型

本節向讀者介紹 I/O 模型的相關內容。

## 4.1.1 基本概念

I/O（Input/Output，輸入 / 輸出）即資料的讀取（接收）或寫入（發送）操作，通常使用者處理程序中的完整 I/O 分為兩個階段：使用者處理程序空間 <--> 核心空間、核心空間 <--> 裝置空間（磁碟、網路卡等）。I/O 分記憶體 I/O、網路 I/O 和磁碟 I/O 三種，現在講的是網路 I/O。

Linux 中處理程序無法直接操作 I/O 裝置，它必須透過系統呼叫請求核心來協助完成 I/O 操作。核心會為每個 I/O 裝置維護一個緩衝區。對一個輸入操作來說，處理程序 I/O 系統呼叫後，核心會先看緩衝區中有沒有相應的快取資料，如果沒有的話就到裝置（比如網路卡裝置）中讀取（因為一般裝置 I/O 的速度較慢，需要等待）；如果核心緩衝區有資料，則直接複製資料到使用者處理程序空間。所以，一個網路輸入操作通常包括兩個不同階段：

（1）等待網路資料到達網路卡，把資料從網路卡讀取到核心緩衝區，準備好資料。

（2）從核心緩衝區複製資料到使用者處理程序空間。

網路 I/O 的本質是對 socket 的讀取，socket 在 Linux 系統中被抽象為串流，I/O 可以視為對流的操作。對於一次 I/O 存取，資料會先被複製到作業系統核心的緩衝區中，然後才會從作業系統核心的緩衝區複製到應用程式的位址空間。

網路應用需要處理的無非就是兩大類問題：網路 I/O 和資料計算。網路 I/O 是設計高性能伺服器的基礎，相對於資料計算，網路 I/O 的延遲給應用帶來的性能瓶頸更大。網路 I/O 的模型可分為兩種：非同步 I/O（asynchronous I/O）和同步 I/O（synchronous I/O），同步 I/O 又包括阻塞 I/O（blocking I/O）、非阻塞 I/O（non-blocking I/O）、多工 I/O（multiplexing I/O）和訊號驅動式 I/O（signal-driven I/O）。

由於訊號驅動式 I/O 在實際中並不常用，因此不做具體闡述。

每個 I/O 模型都有自己的使用模式，它們對於特定的應用程式都有自己的優點。在具體闡述各個 IO 模型前，我們有必要對一些術語有基本的了解。

## 4.1.2 同步和非同步

### 1. 同步

對於一個執行緒的請求呼叫來講，同步和非同步的差別在於是否要等這個請求出最終結果，注意不是請求的回應，而是提交的請求最終得到的結果。如果要等最終結果，那就是同步；如果不等，去做其他無關事情了，就是非同步。其實這兩個概念與訊息的通知機制有關。所謂同步，就是在發出一個功能呼叫後，在沒有得到結果之前，該呼叫不傳回。比如，進行 readfrom 系統呼叫時，必須等待 I/O 操作完成才傳回。非同步的概念和同步相對，當一個非同步程序呼叫發出後，呼叫者不能立刻得到結果，實際處理這個呼叫的部件在完成後透過狀態、通知和回呼來通知呼叫者。比如，aio_read 系統呼叫時，不必等 I/O 操作完成就直接返回，呼叫結果透過訊號來通知呼叫者。

對於多個執行緒而言，同步與非同步的差別就是執行緒間的步調是否要一致，是否要協調。要協調執行緒之間的執行時機，那就是執行緒同步，否則就是非同步。

根據現代漢語詞典，同步是指兩個或兩個以上隨時間變化的量在變化過程中保持一定的相對關係，或說對一個系統中所發生的事件（event）進行協調，在時間上出現一致性與統一化的現象。比如，兩個執行緒要同步，即它們的步調要一致，要相互協調來完成一個或幾個事件。

同步也經常用在一個執行緒內先後兩個函式的呼叫上，後面一個函式需要前面一個函式的結果，那麼前面一個函式必須完成且有結果才能執行後面的函式。這兩個函式之間的呼叫關係就是一種同步（呼叫）。同步呼叫一旦開始，呼叫者必須等到呼叫方法傳回且結果出來（注意一定要在傳回的同時出結果，不出結果就傳回那是非同步呼叫）後，才能繼續後續的行為。同步一詞用在這裡也是恰當的，相當於一個呼叫者對兩件事情（比如兩次方法呼叫）進行協調（必須做完一件再做另外一件），在時間上保持一致性（先後關係）。

這麼看來，電腦中的「同步」一詞所使用的場合符合了漢語詞典中的同步的含義。

　　對於執行緒而言，要想實現同步操作，則必須獲得執行緒的物件鎖。獲得物件鎖可以保證在同一時刻只有一個執行緒能夠進入臨界區，並且在這個鎖被釋放之前，其他的執行緒都不能進入這個臨界區。如果其他執行緒想要獲得這個物件的鎖，那就只能進入等待佇列等待。只有當擁有該物件鎖的執行緒退出臨界區時，鎖才會被釋放，等待佇列中優先順序最高的執行緒才能獲得該鎖。

　　同步呼叫相對簡單些，只需某個耗時的大數運算函式及其後面的程式就可以組成一個同步呼叫，相應地，這個大數運算函式也可以稱為同步函式，因為必須執行完了這個函式才能執行後面的程式。比如：

```
long long  num = bigNum();
printf("%ld",num);
```

　　可以說 bigNum 是同步函式，因為它傳回的時候，大數結果也就出來了，然後再執行後面的 printf 函式。

### 2. 非同步

　　非同步就是一個請求傳回時一定不知道結果（如果傳回時知道結果就是同步），還得透過其他機制來獲知結果，如主動輪詢或被動通知。同步和非同步的差別就在於是否等待請求執行的結果。這裡的請求可以是一個 I/O 請求或一個函式呼叫等。

　　為了加深理解，我們舉個生活中的例子，比如你去肯德基點餐，你說「來份薯條。」服務員告訴你：「對不起，薯條要現做，需要等 5 分鐘。」於是你站在收銀台前面等了 5 分鐘，拿到薯條再去逛商場，這是同步。你對服務員說的「來份薯條」就是一個請求，薯條好了就是請求的結果出來了。

　　再看非同步，你說「來份薯條」服務員告訴你：「薯條需要等 5 分鐘，你可以先去逛商場，不必在這裡等，薯條做你再來拿。」這樣你可以立刻去幹別的事情（比如逛商場），這就是非同步。「來份薯條」是個請求，服務員告訴你的話就是請求傳回了，但請求的真正結果（拿到薯條）沒有立即實現。非同步一個重要的好處是你不必在那裡等著，而同步是肯定要等的。

　　很明顯，使用非同步方式撰寫程式的性能和友善度會遠遠高於同步方式，但是非同步方式的缺點是程式設計模型複雜。想想看，上面的場景中，要想吃到薯條，你得知道「什麼時候薯條好了」，有兩種知道方式：一種是每隔一小段時間你就主動跑到櫃檯上去看薯條有沒有好（定時主動關注一下狀態），這種方式通常稱為主動輪詢；另一種是服務員透過手機通知你，這種方式稱為（被動）通知。顯然，第二種方式來得更高效。因此，非同步還可以分為兩種：附帶通知的非同步和不附帶通知的非同步。

在上面場景中，「你」可以比作一個執行緒。

## 4.1.3 阻塞和非阻塞

阻塞和非阻塞這兩個概念與程式（執行緒）請求的事情出最終結果前（無所謂同步或非同步）的狀態有關。也就是說阻塞與非阻塞主要是從程式（執行緒）請求的事情出最終結果前的狀態角度來說的，即阻塞與非阻塞和等待訊息通知時的狀態（呼叫執行緒）有關。阻塞呼叫是指呼叫結果傳回之前，當前執行緒會被暫停。函式只有在得到結果之後才會傳回。

阻塞和同步是完全不同的概念。首先，同步是針對訊息的通知機制來說的，阻塞是針對等待訊息通知時的狀態來說的。而且對同步呼叫來說，很多時候當前執行緒還是啟動的，只是從邏輯上當前函式沒有傳回而已。

非阻塞和阻塞的概念相對應，指在不能立刻得到結果之前，該函式不會阻塞當前執行緒，而會立刻傳回，並設定相應的 errno。雖然表面上看非阻塞的方式可以明顯提高 CPU 的使用率，但是也帶來了另外一種後果，就是系統的執行緒切換增加。增加的 CPU 執行時間能不能補償系統的切換成本需要好好評估。

學作業系統課程的時候一定知道，執行緒從建立、執行到結束總是處於下面五個狀態之一：新建狀態、就緒狀態、執行狀態、阻塞狀態及死亡狀態。阻塞狀態的執行緒的特點是該執行緒放棄 CPU 的使用，暫停執行，只有等到導致阻塞的原因消除之後才恢復執行；或是被其他的執行緒中斷，該執行緒也會退出阻塞狀態，同時拋出 InterruptedException。

執行緒執行過程中，可能由於以下原因進入阻塞狀態：

（1）執行緒透過呼叫 sleep 方法進入睡眠狀態。

（2）執行緒呼叫一個在 I/O 上被阻塞的操作，即該操作在輸入輸出操作完成之前不會傳回給它的呼叫者。

（3）執行緒試圖得到一個鎖，而該鎖正被其他執行緒持有，於是只能進入阻塞狀態，等到獲取了同步鎖，才能恢復執行。

（4）執行緒在等待某個觸發條件。

（5）執行緒執行了一個物件的 wait() 方法，直接進入阻塞狀態，等待其他執行緒執行 notify() 或 notifyAll() 方法。

這裡要關注一下第二項，很多網路 I/O 操作都會引起執行緒阻塞，比如 recv 函式，資料還沒過來或還沒接收完畢，執行緒就只能阻塞等待這個 I/O 操作完成。這些能引起執行緒阻塞的函式通常稱為阻塞函式。

阻塞函式其實就是一個同步呼叫，因為要等阻塞函式傳回，才能繼續執行其後的程式。有阻塞函式參與的同步呼叫一定會引起執行緒阻塞，但同步呼叫並不一定會阻塞，比如同步呼叫關係中沒有阻塞函式或引起其他阻塞的原因存在。舉個例子，一個非常消耗 CPU 時間的大數運算函式及其後面的程式，這個執行過程也是一個同步呼叫，但並不會引起執行緒阻塞。

這裡可以區分一下阻塞函式和同步函式，同步函式被呼叫時不會立即傳回，直到該函式所要做的事情全都做完了才傳回。阻塞函式被呼叫時也不會立即傳回，直到該函式所要做的事情全都做完了才傳回，而且還會引起執行緒阻塞。這麼看來，阻塞函式一定是同步函式，但同步函式不僅是阻塞函式。強調一下，阻塞一定是引起執行緒進入阻塞狀態。

下面也用一個生活場景來加深理解，你去買薯條，服務員告訴你 5 分鐘後才能好，那你就在等的同時睡了一會了。這就是阻塞，而且是同步阻塞，在等並且睡著了。

非阻塞指在不能立刻得到結果之前，請求不會阻塞當前執行緒，而會立刻傳回（比如傳回一個錯誤碼）。具體到 Linux 下，通訊端有兩種模式：阻塞模式和非阻塞模式。預設建立的通訊端屬於阻塞模式的通訊端。在阻塞模式下，在 I/O 操作完成前，執行的操作函式一直等待而不會立即傳回，該函式所在的執行緒會阻塞在這裡（執行緒進入阻塞狀態）。相反，在非阻塞模式下，通訊端函式會立即傳回，而不管 I/O 是否完成，該函式所在的執行緒會繼續執行。

在阻塞模式的通訊端上，呼叫大多數 Linux Sockets API 函式都會引起執行緒阻塞，但並不是所有 Linux Sockets API 以阻塞通訊端為參數呼叫時都會發生阻塞。舉例來說，以阻塞模式的通訊端為參數呼叫 bind()、listen() 函式時，函式會立即傳回。這裡，將可能阻塞通訊端的 Linux Sockets API 呼叫分為以下 4 種：

1）輸入操作

recv、recvfrom 函式。以阻塞通訊端為參數呼叫該函式接收資料。如果此時通訊端緩衝區內沒有資料讀取，則呼叫執行緒在資料到來前一直阻塞。

2）輸出操作

send、sendto 函式。以阻塞通訊端為參數呼叫該函式發送資料。如果通訊端緩衝區內沒有可用空間，則執行緒會一直睡眠，直到有空間。

3）接收連接

accept 函式。以阻塞通訊端為參數呼叫該函式，等待接收對方的連接請求。如果此時沒有連接請求，則執行緒就會進入阻塞狀態。

4）外出連接

connect 函式。對於 TCP 連接，用戶端以阻塞通訊端為參數，呼叫該函式向伺服器發起連接。該函式在收到伺服器的應答前不會傳回，這表示 TCP 連接總會等待至少到伺服器的一次往返時間。

使用阻塞模式的通訊端開發網路程式比較簡單，容易實現。當希望能夠立即發送和接收資料，且處理的通訊端數量比較少時，使用阻塞模式來開發網路程式比較合適。

阻塞模式通訊端的不足之處，表現為在大量建立好的通訊端執行緒之間，進行通訊比較困難。當使用「生產者 - 消費者」模型開發網路程式時，為每個通訊端都分別分配一個讀取執行緒、一個處理資料執行緒和一個用於同步的事件，這樣無疑加大了系統的銷耗。其最大的缺點是當希望同時處理大量通訊端時，將無從下手，可擴展性很差。

對於處於非阻塞模式下的通訊端，會馬上傳回而不去等待 I/O 操作的完成。針對不同的模式，Winsock 提供的函式也有阻塞函式和非阻塞函式。相對而言，阻塞模式比較容易實現，在阻塞模式下，執行 I/O 的 Linsock 呼叫（如 send 和 recv），直到操作完成才傳回。

我們再來看一下發送和接收在阻塞和非阻塞條件下的情況：

- 發送時：在發送緩衝區的空間大於待發送資料的長度的情況下，阻塞通訊端一直等到有足夠的空間存放待發送的資料時，將資料複製到發送緩衝區中才傳回；非阻塞通訊端在沒有足夠空間時，會複製部分資料，並傳回已複製的位元組數，設定 errno 為 EWOULDBLOCK。

- 接收時：如果通訊端 sockfd 的接收緩衝區中無數據，或協定正在接收資料，那麼阻塞通訊端都將等待，直到有資料可以複製到使用者程式中；非阻塞通訊端會傳回 -1，並設定 errno 為 EWOULDBLOCK，表示「沒有資料，回頭來看」。

## 4.1.4 同步非同步和阻塞非阻塞的關係

用一個生活場景來加深理解：你去買薯條，服務員告訴你 5 分鐘後才能好，那你就站在櫃檯旁開始等，但人沒有睡過去，或許還在玩手機，這就是非阻塞，而且是同步非阻塞，在等但人沒睡過去，還可以玩手機。

如果你沒有等，只是告訴服務員薯條好了後告訴你或你過段時間來看看狀態（薯條做好了沒的狀態），就跑去逛街了，那這屬於非同步非阻塞。事實上，非同步肯定是非阻塞的，因為非同步肯定是要做其他事情，做其他事情是不可能睡過去的，所以切記，非同步只能是非阻塞的。

需要注意，同步非阻塞形式實際上是效率低下的，想像一下你一邊打著電話一邊還需要抬頭看到底隊伍排到你了沒有。如果把打電話和觀察排隊的位置看作程式的兩個操作的話，那麼這個程式需要在這兩種不同的行為之間來回切換，可想而知效率是低下的；而非同步非阻塞形式卻沒有這樣的問題，因為打電話是你（等待者）的事情，而通知你則是服務員（訊息觸發機制）的事情，程式沒有在兩種不同的操作中來回切換。

同步非阻塞雖然效率不高，但比同步阻塞已經高了很多，同步阻塞除了等，其他任何事情都做不了，因為已經睡過去了。

以小明下載檔案為例，對上述概念進行整理：

（1）同步阻塞：小明一直盯著下載進度指示器，進度指示器到 100% 的時候就下載完成。同步：等待下載完成。阻塞：等待下載完成過程中，不能做其他任務處理。

（2）同步非阻塞：小明提交下載任務後就去做別的任務，每過一段時間就去看一下進度指示器，進度指示器到 100% 就下載完成。同步：等待下載完成。非阻塞：等待下載完成過程中去做別的任務了，只是時不時會看一下進度指示器；小明必須在兩個任務之間切換，關注下載進度。

（3）非同步阻塞：小明換了個有下載完成通知功能的軟體，下載完成就「叮」

一聲，不過小明仍然一直等待「叮」的聲音。非同步：下載完成就「叮」一聲通知。阻塞：等待下載完成「叮」一聲通知過程中，不能做其他任務處理。

（4）非同步非阻塞：仍然是那個會「叮」一聲的下載軟體，小明提交下載任務後就去做別的任務，聽到「叮」的一聲就知道下載完成了。非同步：下載完成就「叮」一聲通知。非阻塞：等待下載完成「叮」一聲通知過程中，去做別的任務了，只需要接收「叮」聲通知。

## 4.1.5　為什麼要採用 socket I/O 模型

為什麼要採用 socket I/O 模型，而不直接使用 socket？原因在於 recv() 方法是阻塞式的，當多個用戶端連接伺服器時，其中一個 socket 的 recv 被呼叫時，會產生堵塞，使其他連接不能繼續。對此我們想到用多執行緒來實現，每個 socket 連接使用一個執行緒，但這樣做效率十分低下，根本不可能應對負荷較大的情況。於是便有了各種模型的解決方法，目的都是為了在實現多個執行緒同時存取時不產生堵塞。

如果使用「同步」的方式（即所有的操作都在一個執行緒內循序執行完成）來通訊，這麼做缺點是很明顯的：因為同步的通訊操作會阻塞來自同一個執行緒的任何其他操作，只有這個操作完成了之後，後續的操作才可以完成。一個最明顯的例子就是在有介面的程式中，直接使用阻塞 socket 呼叫的程式，整個介面都會因此而阻塞住沒有回應，因此我們不得不為每一個通訊的 socket 都建立一個執行緒，十分麻煩，所以要寫高性能的伺服器程式，要求通訊一定是非同步的。

各位讀者肯定知道，可以使用「同步通訊（阻塞通訊）+ 多執行緒」的方式來改善同步阻塞執行緒的情況，那麼想像一下：我們好不容易實現了讓伺服器端在每一個用戶端連入之後，都要啟動一個新的執行緒和用戶端進行通訊，有多少個用戶端，就需要啟動多少個執行緒，但是由於這些執行緒都處於執行狀態，所以系統不得不在所有可執行的執行緒之間進行上下文的切換，我們自己是沒什麼感覺，但是 CPU 卻痛苦不堪了，因為執行緒切換是相當浪費 CPU 時間的，如果用戶端的連入執行緒過多，就會使得 CPU 都忙著去切換執行緒了，根本沒有多少時間去執行執行緒本體了，所以效率非常低下。

在阻塞 I/O 模式下，如果暫時不能接收資料，則接收函式（比如 recv）不會立即傳回，而是等到有資料可以接收時才傳回，如果一直沒有資料，則該函式就會一直等待下去，應用程式也就暫停了，這對使用者來說通常是不可接受的。顯然，非同步的接收方式更好一些，因為無法保證每次的接收呼叫總能適時地接收到資料。但非同步的接收方式也有其複雜之處，比如立即傳回的結果並不總是成功收發資料，實際上很可能會失敗，最多的失敗原因是 EWOULDBLOCK（可以使用整數 erron 得到發送和接收失敗的原因）。這個失敗原因較為特殊，也常出現，它的意思是說要進行的操作暫時不能完成，如果在以後的某個時間再次執行該操作也許就會成功。如果發送緩衝區已滿，這時呼叫 send 函式就會出現這個錯誤；同理，如果接收緩衝區內沒有內容，這時呼叫 recv 函式也會得到同樣的錯誤。這並不表示發送和接收呼叫會永遠地失敗下去，而是在以後某個適當的時間，比如發送緩衝區有空間了或接收緩衝區有資料了，這時再執行發送和接收操作就會成功。那麼什麼時間是恰當的呢？這就是 I/O 多工模型產生的原因了，它的作用就是通知應用程式發送或接收資料的時間點到了，可以開始收發了。

## 4.1.6 （同步）阻塞 I/O 模型

在 Linux 中，對於一次讀取 I/O 的操作，資料並不會直接複製到程式的程式緩衝區，通常包括兩個不同階段：

（1）等待資料準備好，到達核心緩衝區。

（2）從核心向處理程序複製資料。

對於一個通訊端上的輸入操作，第一個階段通常涉及等待資料從網路中到達。當所有等待分組到達時，它被複製到核心中的某個緩衝區。第二個階段就是把資料從核心緩衝區複製到應用程式緩衝區。

同步阻塞 I/O 模型是最常用、最簡單的模型。在 Linux 中，預設情況下，所有通訊端都是阻塞的。下面我們以阻塞通訊端的 recvfrom 呼叫來說明阻塞，如圖 4-1 所示。

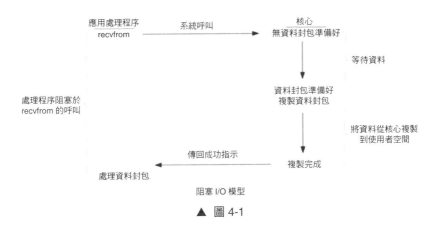

▲ 圖 4-1

　　應用處理程序呼叫一個 recvfrom 請求，但是它不能立刻收到回覆，直到資料傳回，然後將資料從核心空間複製到程式空間。在 I/O 執行的兩個階段中，處理程序都處於 blocked（阻塞）狀態，在等待資料傳回的過程中不能做其他的工作，只能阻塞地等在那裡。

　　該模型的優點是簡單，即時性高，回應及時無延遲時間；缺點也很明顯，需要阻塞等待，性能差。

## 4.1.7　（同步）非阻塞式 I/O 模型

　　與阻塞式 I/O 不同的是，進門非阻塞的 recvform 系統呼叫之後，處理程序並沒有被阻塞，核心馬上傳回給處理程序，如果資料還沒準備好，此時會傳回一個 errno（EAGAIN 或 EWOULDBLOCK）。處理程序在傳回之後，可以處理其他的業務邏輯，過會兒再發起 recvform 系統呼叫。採用輪詢的方式檢查核心資料，直到資料準備好，再複製資料到處理程序，進行資料處理。在 Linux 下，可以透過設定通訊端選項使通訊端變為非阻塞。非阻塞的通訊端的 recvfrom 操作如圖 4-2 所示。

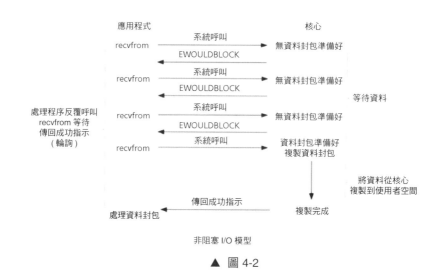

▲ 圖 4-2

圖 4-2 中，前三次呼叫 recvfrom 請求，但是並沒有資料傳回，所以核心傳回 errno（EWOULDBLOCK），並不會阻塞處理程序。當第四次呼叫 recvfrom 時，資料已經準備就將它從核心空間複製到程式空間，處理資料。在非阻塞狀態下，I/O 執行的等待階段並不是完全阻塞的，但是第二個階段依然處於一個阻塞狀態（呼叫者將資料從核心複製到使用者空間，這個階段阻塞）。該模型的優點是能夠在等待任務完成的時間裡做其他任務（包括提交其他任務，也就是「背景」可以同時執行多個任務）。缺點是任務完成的回應延遲增大了，因為每過一段時間才去輪詢一次 read 函式，而任務可能在兩次輪詢之間的任意時間完成，這會導致整體資料輸送量的降低。

## 4.1.8 （同步）I/O 多工模型

I/O 多工的好處是單一處理程序就可以同時處理多個網路連接的 I/O。它的基本原理就是不再由應用程式自己監視連接，而是由核心監視檔案描述符號。

以 select 函式為例，當使用者處理程序呼叫 select 時，整個處理程序會被阻塞，而同時，kernel 會「監視」所有 select 負責的 socket，當任何一個 socket 中的資料準備 select 就會傳回。這個時候使用者處理程序再執行 read 操作，將資料從核心複製到使用者處理程序，如圖 4-3 所示。

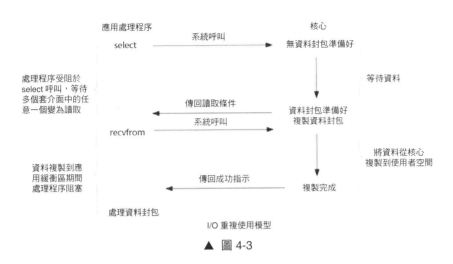

▲ 圖 4-3

　　這裡需要使用兩個 system call（select 和 recvfrom），而阻塞 I/O 只呼叫了一個 system call（recvfrom），因此，如果處理的連接數不是很高的話，那麼使用 I/O 重複使用的伺服器並不一定比使用多執行緒 + 非阻塞阻塞 I/O 的性能更好，可能延遲還更大。I/O 重複使用的優勢並不是對單一連接能處理得更快，而是單一處理程序就可以同時處理多個網路連接的 I/O。

　　實際使用時，對於每一個 socket，都可以設定為非阻塞，但是，如圖 4-3 所示，整個使用者的處理程序其實是一直被阻塞的，只不過處理程序是被 select 這個函式阻塞，而非被 I/O 操作給阻塞。所以 I/O 多工是阻塞在 select、epoll 這樣的系統呼叫之上，而沒有阻塞在真正的 I/O 系統呼叫（如 recvfrom）上。

　　由於其他模型通常需要搭配多執行緒或多處理程序進行聯合作戰，因此與其他模型相比，I/O 多工的最大優勢是系統銷耗小，系統不需要建立新的額外處理程序或執行緒，也不需要維護這些處理程序或執行緒的執行，降底了系統維護的工作量，節省了系統資源。其主要應用場景如下：

　　（1）伺服器需要同時處理多個處於監聽狀態或連接狀態的通訊端。

　　（2）伺服器需要同時處理多種網路通訊協定的通訊端，如同時處理 TCP 和 UDP 請求。

　　（3）伺服器需要監聽多個通訊埠或處理多種服務。

　　（4）伺服器需要同時處理使用者輸入和網路連接。

## 4.1.9 （同步）訊號驅動式 I/O 模型

該模型允許 socket 進行訊號驅動 I/O，並註冊一個訊號處理函式，處理程序繼續執行並不阻塞。當資料準備好時，處理程序會收到一個 SIGIO 訊號，可以在訊號處理函式中呼叫 I/O 操作函式處理資料，如圖 4-4 所示。

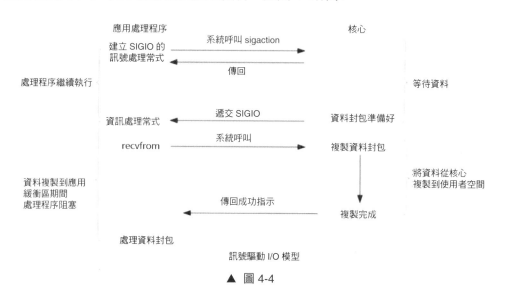

▲ 圖 4-4

## 4.1.10 非同步 I/O 模型

相對於同步 I/O，非同步 I/O 不是循序執行的。使用者處理程序進行 aio_read 系統呼叫之後，就可以去處理其他的邏輯了，無論核心資料是否準備好，都會直接傳回給使用者處理程序，不會對處理程序造成阻塞。等到資料準備核心直接複製資料到處理程序空間，然後由核心向處理程序發送通知，此時資料已經在使用者空間了，可以對資料進行處理。

在 Linux 中，通知的方式是「訊號」，分為以下 3 種情況：

（1）如果這個處理程序正在使用者態處理其他邏輯，那就強行打斷，呼叫事先註冊的訊號處理函式，該函式可以決定何時以及如何處理這個非同步任務。由於訊號處理函式是突然闖進來的，因此跟中斷處理常式一樣，有很多事情是不能做的，保險起見，一般是把事件「登記」一下放進佇列，然後傳回該處理程序原來在做的事。

（2）如果這個處理程序正在核心態處理，例如以同步阻塞方式讀寫磁碟，那就把這個通知暫停來，等到核心態的事情做完了，快要回到使用者態的時候，再觸發訊號通知。

（3）如果這個處理程序現在被暫停了，例如陷入睡眠，那就把這個處理程序喚醒，等待 CPU 排程，觸發訊號通知。

非同步 I/O 模型如圖 4-5 所示。

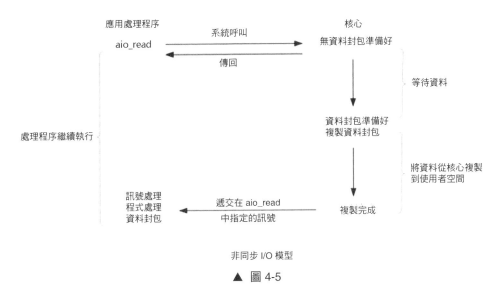

非同步 I/O 模型

▲ 圖 4-5

從圖中可以看到，I/O 兩個階段的處理程序都是非阻塞的。

## 4.1.11 五種 I/O 模型的比較

現在對五種 I/O 模型進行一個比較，如圖 4-6 所示。

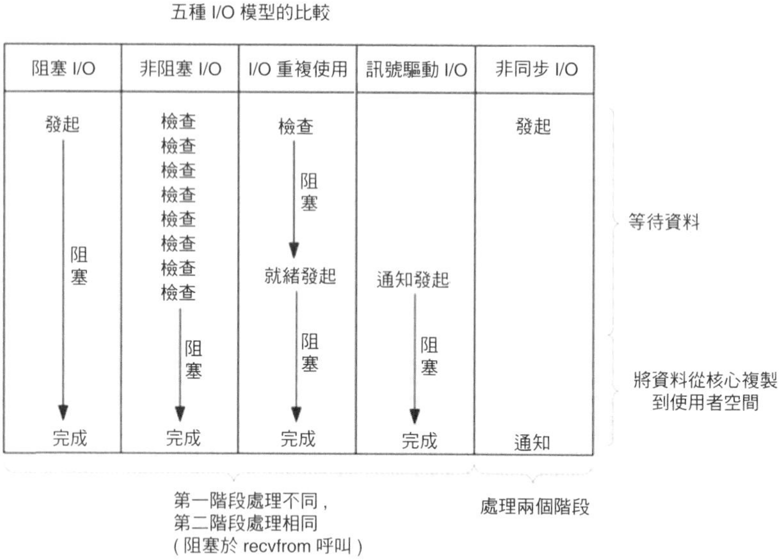

五種 I/O 模型的比較

| 阻塞 I/O | 非阻塞 I/O | I/O 重複使用 | 訊號驅動 I/O | 非同步 I/O |
|---|---|---|---|---|
| 發起 | 檢查<br>檢查<br>檢查<br>檢查<br>檢查<br>檢查<br>檢查<br>檢查 | 檢查<br><br>阻塞 | | 發起 |
| 阻塞 | | 就緒發起 | 通知發起 | |
| | 阻塞 | 阻塞 | 阻塞 | |
| 完成 | 完成 | 完成 | 完成 | 通知 |

等待資料

將資料從核心複製
到使用者空間

第一階段處理不同，
第二階段處理相同
（阻塞於 recvfrom 呼叫）

處理兩個階段

▲ 圖 4-6

　　其實前四種 I/O 模型都是和步 I/O 操作，它們的差別在於第一階段，而它們的
第二階段是一樣的：在資料從核心複製到應用緩衝區（使用者空間）期間，處理
程序阻塞於 recvfrom 呼叫。相反，非同步 I/O 模型在等待資料和接收資料的這兩個
階段裡面都是非阻塞的，可以處理其他的邏輯，使用者處理程序將整個 I/O 操作交
由核心完成，核心完成後會發送通知。在此期間，使用者處理程序不需要去檢查 I/
O 操作的狀態，也不需要主動複製資料。

　　在了解了 Linux 的 I/O 模型之後，就可以進行伺服器設計了。當然，按照循序
漸進的原則，我們從最簡單的伺服器講起。

## 4.2　單處理程序循環伺服器

　　單處理程序循環伺服器也稱分時循環伺服器，它在同一時間點隻可以響應一
個用戶端的請求，處理完一個用戶端的工作才能處理下一個用戶端的工作，就好
像分時工作一樣。循壞伺服器指的是對於用戶端的請求和連接，伺服器在處理完
畢一個之後再處理另一個，即連續處理用戶端的請求。這種類型的伺服器一般適
用於伺服器與用戶端一次傳輸的資料量較小、每次互動的時間較短的場合。根據
使用的網路通訊協定的不同（UDP 或 TCP），循環伺服器又可分為不需連線的循

環伺服器和連線導向的循環伺服器。其中，不需連線的循環伺服器也稱 UDP 循環伺服器，它一般用在網路情況較好的場合，比如區域網中；連線導向的循環伺服器使用了 TCP 協定，大大增強了可靠性，所以可以用在網際網路上，但銷耗相對於不需連線的伺服器而言也較大。

單處理程序循環伺服器是各種伺服器結構的基礎，它通常是基於阻塞式 I/O 模型的。這種伺服器並不實用，因為它總是在完成一個使用者的服務後才開始服務下一個使用者，平均響應時間將很長；另外它對 CPU 的使用率很低，當對某個使用者的服務阻塞在 I/O 操作上時，伺服器必須停下來等待，因而伺服器的輸送量也很低。

可以修改單處理程序循環伺服器使它基於非阻塞 I/O，這樣可以在某個使用者服務阻塞時避免 CPU 空閒，而為其他使用者服務。但是由於應用程式不知道什麼時候請求 I/O 操作不會被阻塞，因此不得不採取輪詢的辦法，而這同樣會導致 CPU 時間的極大浪費。

## 4.2.1 UDP 循環伺服器

UDP 循環伺服器的實現方法：UDP 伺服器每次都從通訊端上讀取一個用戶端的請求，然後進行處理，再將處理結果傳回給用戶端。演算法流程如下：

```
socket(...);
bind(...);
while(1)
{
recvfrom(...);
process(...);
sendto(...);
}
```

因為 UDP 是非連線導向的，沒有一個用戶端可以一直佔用服務端，所以伺服器對於每一個用戶端的請求總是能夠滿足。

### 【例 4.1】一個簡單的 UDP 循環伺服器

（1）首先打開 VC2017，新建一個 Linux 主控台專案，專案名稱是 udpserver，該專案作為伺服器端。然後在專案中打開 main.cpp，並輸入以下程式：

```
#include <sys/types.h>
#include <sys/socket.h>
#include <netinet/in.h>
```

```c
#include <arpa/inet.h>
#include <string.h>
#include <unistd.h>
#include <errno.h>
#include <stdio.h>
char rbuf[50], sbuf[100];
int main()
{
    int sockfd, size, ret;
    char on = 1;
    struct sockaddr_in saddr;
    struct sockaddr_in raddr;

    // 設定位址資訊，IP 資訊
    size = sizeof(struct sockaddr_in);
    memset(&saddr, 0, size);
    saddr.sin_family = AF_INET;
    saddr.sin_port = htons(8888);
    saddr.sin_addr.s_addr = htonl(INADDR_ANY);

    // 建立 UDP 的通訊端
    sockfd = socket(AF_INET, SOCK_DGRAM, 0);
    if (sockfd < 0)
    {
        puts("socket failed");
        return -1;
    }
    // 設定通訊埠重複使用
    setsockopt(sockfd, SOL_SOCKET, SO_REUSEADDR, &on, sizeof(on));
    // 綁定位址資訊，IP 資訊
    ret = bind(sockfd, (struct sockaddr*)&saddr, sizeof(struct sockaddr));
    if (ret < 0)
    {
        puts("sbind failed");
        return -1;
    }
    int  val = sizeof(struct sockaddr);

    while (1)   // 迴圈接收用戶端發來的訊息
    {
        puts("waiting data");
        ret = recvfrom(sockfd, rbuf, 50, 0, (struct sockaddr*)&raddr,
(socklen_t*)&val);
        if (ret < 0) perror("recvfrom failed");
        printf("recv data :%s\n", rbuf);
        sprintf(sbuf,"server has received your data(%s)\n", rbuf);
        ret = sendto(sockfd, sbuf, strlen(sbuf), 0, (struct sockaddr*)&raddr,
```

```
sizeof(struct sockaddr));
        memset(rbuf, 0, 50);
    }
    close(sockfd); // 關閉 UDP 通訊端
    getchar();
    return 0;
}
```

程式很簡單，建立一個 UDP 通訊端，設定通訊埠重複使用，綁定 socket 位址後就透過一個 while 迴圈來等待用戶端發來的訊息。若沒有資料過來就在 recvfrom 函式上阻塞著，若有訊息就列印出來，並組成一個新的訊息（存於 sbuf）後用 sento 發送給用戶端。

（2）下面設計用戶端程式。為了更貼近最前線企業級實戰環境，我們準備把用戶端程式放到 Windows 系統上去，這是因為很多網路系統的伺服器端都是執行在 Linux 上，而用戶端大多執行在 Windows 上。我們有必要在學習階段就貼近最前線實戰環境。把用戶端放到 Windows 上的另外一個好處是我們可以充分利用宿主機了，這樣網路程式就執行在兩台主機上，伺服器端執行在虛擬機器 Ubuntu 上，用戶端執行在宿主機 Windows 7 上，可以更進一步地模擬網路環境。

再打開另外一個 VC2017，新建一個 Windows 主控台應用程式，專案名稱是 client，作為用戶端程式。打開 sbuf.cpp，輸入以下程式：

```cpp
#include "pch.h"
#include <stdio.h>
#include <winsock.h>
#pragma comment(lib,"wsock32")   // 宣告引用程式庫
#define  BUF_SIZE  200
#define PORT 8888
char wbuf[50], rbuf[100];
int main()
{
    SOCKET  s;
    int     len;
    WSADATA  wsadata;
    struct hostent *phe;      /*host information    */
    struct servent *pse;      /* server information */
    struct protoent *ppe;     /*protocol information */
    struct sockaddr_in saddr,raddr;   /*endpoint IP address  */
    int fromlen,ret,type;
    if (WSAStartup(MAKEWORD(2, 0), &wsadata) != 0)
    {
        printf("WSAStartup failed\n");
```

```
        WSACleanup();
        return -1;
    }
    memset(&saddr, 0, sizeof(saddr));
    saddr.sin_family = AF_INET;
    saddr.sin_port = htons(PORT);
    saddr.sin_addr.s_addr = inet_addr("192.168.0.153");

    /**** get protocol number  from protocol name  ****/
    if ((ppe = getprotobyname("UDP")) == 0)
    {
        printf("get protocol information error \n");
        WSACleanup();
        return -1;
    }
    s = socket(PF_INET, SOCK_DGRAM, ppe->p_proto);
    if (s == INVALID_SOCKET)
    {
        printf(" creat socket error \n");
        WSACleanup();
        return -1;
    }
    fromlen = sizeof(struct sockaddr);   // 注意 fromlen 必須是 sockaddr 結構的大小
    printf("please enter data:");
    scanf_s("%s", wbuf, sizeof(wbuf));
    ret = sendto(s, wbuf, sizeof(wbuf), 0, (struct sockaddr*)&saddr,sizeof(struct
sockaddr));
    if (ret < 0) perror("sendto failed");
    len = recvfrom(s, rbuf, sizeof(rbuf), 0, (struct sockaddr*)&raddr,&fromlen);
    if(len < 0) perror("recvfrom failed");
    printf("server reply:%s\n", rbuf);

    closesocket(s);
    WSACleanup();
    return 0;
}
```

　　程式中首先用程式庫函式 WSAStartup 初始化 Windows socket 程式庫，然後設定伺服器端的 socket 位址 saddr，包括 IP 位址和通訊埠編號。再呼叫 socket 函式建立一個 UDP 通訊端，如果成功就進入 while 迴圈，開始執行發送、接收操作，當使用者輸入字元 q 時即可退出迴圈。

　　（3）儲存專案並執行。先執行伺服器端程式，然後在 VC2017 中按複合鍵 Ctrl+F5 執行用戶端程式，用戶端執行結果如圖 4-7 所示。

▲ 圖 4-7

伺服器端程式執行結果如下：

```
waiting data
recv data :abc
waiting data
```

如果開啟多個用戶端程式，則伺服器端也可以為多個用戶端程式進行服務，因為現在的伺服器端工作邏輯很簡單，只需組織一下字串然後發給用戶端，接著就可以繼續為下一個用戶端服務了。這也是分時循環伺服器的特點，只能處理耗時較少的工作。

## 4.2.2 TCP 循環伺服器

TCP 循環伺服器接收一個用戶端的連接，然後進行處理，完成了這個用戶端的所有請求後，斷開連接。

TCP 循環伺服器工作流程如下：

**步驟 01** 建立通訊端並將它綁定到指定通訊埠，然後開始監聽。

**步驟 02** 當用戶端連接到來時，accept 函式傳回新的連接通訊端。

**步驟 03** 伺服器在該通訊端上進行資料的接收和發送。

**步驟 04** 在完成與該用戶端的互動後關閉連接，傳回執行步驟 02。

寫成演算法虛擬程式碼就是：

```
socket(...);
bind(...);
listen(...);
while(1)
{
accept(...);
process(...);
close(...);
}
```

TCP 循環伺服器一次只能處理一個用戶端的請求，只有在這個用戶端的所有請求都被滿足後，伺服器才可以繼續後面的請求。如果有一個用戶端佔住伺服器不放，那麼其他的用戶端就都不能工作了，因此 TCP 伺服器一般很少用循環伺服器模型。

## 【例 4.2】一個簡單的 TCP 循環伺服器

（1）首先打開 VC2017，新建一個 Linux 主控台專案，專案名稱是 tcpServer，作為伺服器端。然後在 main.cpp 中輸入以下程式：

```cpp
#include <sys/types.h>
#include <sys/socket.h>
#include <netinet/in.h>
#include <arpa/inet.h>
#include <string.h>
#include <unistd.h>
#include <errno.h>
#include <stdio.h>
#define  BUF_SIZE  200
#define PORT 8888
int main()
{
    struct   sockaddr_in fsin;
    int      clisock,alen, connum = 0, len, s;
    char     buf[BUF_SIZE] = "hi,client", rbuf[BUF_SIZE];
    struct  servent *pse;    /* server information   */
    struct  protoent *ppe;   /* proto information    */
    struct sockaddr_in sin;   /* endpoint IP address   */

    memset(&sin, 0, sizeof(sin));
    sin.sin_family = AF_INET;
    sin.sin_addr.s_addr = INADDR_ANY;
    sin.sin_port = htons(PORT);

    s = socket(PF_INET, SOCK_STREAM, 0);
    if (s == -1)
    {
        printf("creat socket error \n");
        getchar();
        return -1;
    }
    if (bind(s, (struct sockaddr *)&sin, sizeof(sin)) == -1)
    {
        printf("socket bind error \n");
        getchar();
```

```
            return -1;
        }
        if (listen(s, 10) == -1)
        {
            printf("  socket listen error \n");
            getchar();
            return -1;
        }
        while (1)
        {
            alen = sizeof(struct sockaddr);
            puts("waiting client...");
            clisock = accept(s, (struct sockaddr *)&fsin,(socklen_t*)&alen);
            if (clisock == -1)
            {
                printf("accept failed\n");
                getchar();
                return -1;
            }
            connum++;
            printf("%d  client  comes\n", connum);
            len = recv(clisock, rbuf, sizeof(rbuf), 0);
            if (len < 0) perror("recv failed");
            sprintf(buf,"Server has received your data(%s).", rbuf);
            send(clisock, buf, strlen(buf), 0);
            close(clisock);
        }
        return 0;
}
```

　　程式中，每次接收一個用戶端連接，就發送一段資料，然後關閉用戶端連接。這就算完成一次服務，然後再次監聽下一個用戶端的連接請求。

　　（2）再次打開一個 VC2017，新建一個 Windows 主控台應用程式，專案名稱是 client，作為用戶端程式，在 client.cpp 中輸入以下程式：

```
#include "pch.h"
#include <stdio.h>
#include <winsock.h>
#pragma comment(lib,"wsock32")
#define  BUF_SIZE   200
#define PORT 8888
char wbuf[50], rbuf[100];
int main()
{
    char   buff[BUF_SIZE];
```

```
    SOCKET  s;
    int    len;
    WSADATA  wsadata;
    struct hostent *phe;      /*host information      */
    struct servent *pse;      /* server information   */
    struct protoent *ppe;     /*protocol information */
    struct sockaddr_in saddr;   /*endpoint IP address  */
    int    type;
    if (WSAStartup(MAKEWORD(2, 0), &wsadata) != 0)
    {
        printf("WSAStartup failed\n");
        WSACleanup();
        return -1;
    }
    memset(&saddr, 0, sizeof(saddr));
    saddr.sin_family = AF_INET;
    saddr.sin_port = htons(PORT);
    saddr.sin_addr.s_addr = inet_addr("192.168.0.153");
    s = socket(PF_INET, SOCK_STREAM, 0);
    if (s == INVALID_SOCKET)
    {
        printf(" creat socket error \n");
        WSACleanup();
        return -1;
    }
    if (connect(s, (struct sockaddr *)&saddr, sizeof(saddr)) == SOCKET_ERROR)
    {
        printf("connect socket  error \n");
        WSACleanup();
        return -1;
    }
    printf("please enter data:");
    scanf_s("%s", wbuf, sizeof(wbuf));
    len = send(s, wbuf, sizeof(wbuf), 0);
    if (len < 0) perror("send failed");
    len = recv(s, rbuf, sizeof(rbuf), 0);
    if (len < 0) perror("recv failed");
    printf("server reply:%s\n", rbuf);
    closesocket(s); // 關閉通訊端
    WSACleanup(); // 釋放 winsock 程式庫
    return 0;
}
```

　　用戶端連接伺服器成功後，就透過使用者輸入發送一段的資料，再接收伺服器端的資料，接收成功後列印輸出，然後關閉通訊端，並釋放 Winsock 程式庫，結束程式。

（3）儲存專案並執行。先執行伺服器端，再執行用戶端，用戶端執行結果如圖 4-8 所示。

▲ 圖 4-8

伺服器端執行結果如下：

```
waiting client...
1  client  comes
waiting client...
```

# 4.3 多處理程序並發伺服器

在 Linux 環境下多處理程序的應用很多，其中最主要的就是用戶端 / 伺服器應用。多處理程序伺服器是當用戶端有請求時，伺服器就用一個子處理程序來處理用戶端的請求，父處理程序繼續等待其他用戶端的請求。這種方法的優點是當用戶端有請求時，伺服器能及時處理，特別是在用戶端 / 伺服器互動系統中。對一個 TCP 伺服器，用戶端與伺服器的連接可能並不馬上關閉，會等到用戶端提交某些資料後再關閉，這段時間伺服器端的處理程序會被阻塞，因此作業系統可能會排程其他用戶端服務處理程序，這比起循環伺服器來說大大提高了服務性能。

## 4.3.1 多處理程序並發伺服器的分類

並發伺服器可以同時向所有發起請求的伺服器提供服務，大大降低了用戶端整體等待伺服器傳輸資訊的時間，同時，由於網路程式中，資料通信時間比 CPU 運算時間長，因此採用並發伺服器可以大大提高 CPU 的使用率。多處理程序伺服器就是透過建立多個處理程序提供服務。

多處理程序並發伺服器可以分為兩類，一類是來一個用戶端就建立一個服務處理程序為它服務，另一類是預建立處理程序的多處理程序伺服器。

多處理程序伺服器比較適合 Linux 系統，要想實現多處理程序，我們可以使用 fork() 函式來建立處理程序。

## 4.3.2 fork 函式的使用

多處理程序伺服器的關鍵在於多處理程序，對此有必要介紹一下 fork 函式。理解好 fork 函式是設計多處理程序並發伺服器的關鍵。在 Linux 系統中，建立子處理程序的方法是使用系統呼叫 fork 函式。fork 函式是 Linux 系統中一個非常重要的函式，它與我們之前學過的函式有一個顯著的區別：fork 函式呼叫一次卻會得到兩個傳回值。該函式宣告如下：

```
#include<sys/types.h>
#include<unistd.h>
pid_t fork();
```

若成功呼叫一次 fork 函式則傳回兩個值，子處理程序傳回 0，父處理程序傳回子處理程序 ID（大於 0）；否則失敗傳回 -1。

fork 函式用於從一個已經存在的處理程序內建立一個新的處理程序，新的處理程序稱為「子處理程序」，相應地稱建立子處理程序的處理程序為「父處理程序」。使用 fork 函式得到的子處理程序是父處理程序的複製品，子處理程序完全複製了父處理程序的資源，包括處理程序上下文、程式區、資料區、堆積區域、堆疊區域、記憶體資訊、打開檔案的檔案描述符號、訊號處理函式、處理程序優先順序、處理程序組號、當前工作目錄、根目錄、資源限制和控制終端等資訊，而子處理程序與父處理程序的區別在於處理程序號、資源使用情況和計時器等。

**注意**：子處理程序持有的是上述儲存空間的「副本」，這表示父、子處理程序間不共用這些儲存空間。

由於複製父處理程序的資源需要大量的操作，十分浪費時間與系統資源，因此 Linux 核心採取了寫入時複製技術（copy on write）來提高效率。由於子處理程序對父處理程序幾乎是完全複製，父、子處理程序會同時執行同一個程式，因此需要某種方式來區分父、子處理程序。區分父、子處理程序常見的方法為查看 fork() 函式的傳回值或區分父、子處理程序的 PID。

比以下列程式用 fork() 函式建立子處理程序，父、子處理程序分別輸出不同的資訊：

```
#include<stdio.h>
#include<sys/types.h>
#include<unistd.h>
```

```
int main()
{
    pid_t pid;
    pid = fork();// 獲得 fork() 的傳回值，根據傳回值判斷父處理程序 / 子處理程序
    if(pid==-1)// 若傳回值為 -1，則表示建立子處理程序失敗
    {
        perror("cannot fork");
        return -1;
    }
    else if(pid==0)// 若傳回值為 0，表示該部分程式為子處理程序程式
    {
        printf("This is child process\n");
        printf("pid is %d, My PID is %d\n",pid,getpid());
    }
    else// 若傳回值 >0，則表示該部分為父處理程序程式，傳回值是子處理程序的 PID
    {
        printf("This is parent process\n");
        printf("pid is %d, My PID is %d\n",pid,getpid());//getpid() 獲得的是自己的處理程序號
    }
    return 0;
}
```

第一次使用 fork() 函式的讀者可能會有一個疑問：fork 函式怎麼會得到兩個傳回值，而且兩個傳回值都使用變數 pid 儲存，這樣不會衝突嗎？

在使用 fork() 函式建立子處理程序的時候，我們的頭腦內始終要有一個概念：在呼叫 fork 函式前是一個處理程序在執行這段程式，而呼叫 fork 函式後就變成了兩個處理程序在執行這段程式，兩個處理程序所執行的程式完全相同，都會執行接下來的 if-else 判斷敘述區塊。

當子處理程序從父處理程序內複製後，父處理程序與子處理程序內就都有一個 pid 變數：在父處理程序中，fork 函式會將子處理程序的 PID 傳回給父處理程序，即父處理程序的 pid 變數內儲存的是一個大於 0 的整數；而在子處理程序中，fork 函式會傳回 0，即子處理程序的 pid 變數內儲存的是 0；如果建立處理程序出現錯誤，則會傳回 -1，不會建立子處理程序。fork 函式一般不會傳回錯誤，若 fork 函式傳回錯誤，則可能是當前系統內處理程序已經達到上限，或記憶體不足。

注意，父、子處理程序的執行順序是完全隨機的（取決於系統的排程），也就是說在使用 fork 函式的預設情況下，無法控制父處理程序在子處理程序前進行還是子處理程序在父處理程序前進行。另外，子處理程序完全複製了父處理程序的資源，如果是核心物件的話，那麼就是引用計數 +1，比如檔案描述符號等；如

果是非核心物件,比如 int i=1;,那麼子處理程序中的 i 也是 1,如果為子處理程序賦值 i=2,不會影響父處理程序的值。

TCP 多處理程序並發伺服器的思想是每一個用戶端的請求並不由伺服器直接處理,而是由伺服器建立一個子處理程序來進行處理,其程式設計模型如圖 4-9 所示。

```
1   #include <標頭檔案>
2   int main(int argc, char *argv[])
3   {
4       建立通訊端 sockfd
5       綁定 (bind) 通訊端 sockfd
6       監聽 (listen) 通訊端 sockfd
7
8       while(1)
9       {
10          int connfd = accept();
11
12          if(fork() == 0)      //子處理程序
13          {
14              close(sockfd);  //關閉監聽通訊端 sockfd
15
16              fun();           //服務用戶端的具體事件在 fun 裏實現
17
18              close(connfd);  //關閉已連接通訊端 connfd
19              exit(0);         //結束子處理程序
20          }
21          close(connfd);       //關閉已連接通訊端 connfd
22      }
23      close(sockfd);
24      return 0;
25  }
```

▲ 圖 4-9

其中 fork 函式用於建立子處理程序。如果 fork 傳回 0,則後面是子處理程序要執行的程式,比如圖 4-9 中 if(fork()==0) 敘述中的程式是子處理程序執行的程式。子處理程序程式中,先要關閉一次監聽通訊端,因為監聽通訊端屬於核心物件,當建立子處理程序的時候,會導致作業系統底層對該核心物件的引用計數加 1,也就表示現在該描述符號對應的底層結構的引用計數會是 2,而只有當它的引用計數是 0 的時候,這個監聽描述符號才算真正關閉,所以子處理程序中需要關閉一次監聽通訊端,讓引用計數變為 1,然後父處理程序中再關閉時,就會變為 0 了。在子處理程序中關閉監聽通訊端後,主處理程序的監聽功能不受影響(因為沒有真正關閉,底層該核心的物件的引用計數為 1,還不是 0),然後執行 fun 函式(fun 函式是處理子處理程序工作的功能函式),執行結束後,就關閉子處理程序連接通訊端 connfd(子處理程序任務處理結束了,可以準備和用戶端斷開)。到此子處理程序全部執行完畢。而父處理程序執行 if 外面的程式,由於 connfd 也被子處理程序複製了一次，導致底層核心物件的引用計數為 2 了，因此父處理程序程式中也要將它關閉一次，其實就是讓核心物件引用計數減 1，這樣在子處理程序中呼叫 close(connfd); 的時候就可以真正關閉了（核心物件引用計數變為了 0）。父處理程序執行完 close(connfd); 後，就繼續下一輪迴圈，執行 accept 函式，阻塞等待新的用戶端連接。下面我們上機實戰。

### 【例 4.3】一個簡單的多處理程序 TCP 伺服器

（1）首先打開 VC2017，新建一個 Linux 主控台專案，專案名稱是 tcpForkServer，作為伺服器端。然後在 main.cpp 中輸入以下程式：

```cpp
#include <cstdio>
#include <stdio.h>
#include <stdlib.h>
#include <string.h>
#include <unistd.h>
#include <sys/socket.h>
#include <netinet/in.h>
#include <arpa/inet.h>

int main(int argc, char *argv[])
{
    unsigned short port = 8888;                        // 伺服器通訊埠
    char on = 1;
    int sockfd = socket(AF_INET, SOCK_STREAM, 0);//1. 建立 TCP 通訊端
    if (sockfd < 0)
    {
        perror("socket");
        exit(-1);
    }
    // 設定本地網路資訊
    struct sockaddr_in my_addr;
    bzero(&my_addr, sizeof(my_addr));                  // 清空
    my_addr.sin_family = AF_INET;                      //IPv4
    my_addr.sin_port = htons(port);                    // 通訊埠
    my_addr.sin_addr.s_addr = htonl(INADDR_ANY);       //ip
    setsockopt(sockfd, SOL_SOCKET, SO_REUSEADDR, &on, sizeof(on));  // 通訊埠重複使用
    int err_log = bind(sockfd, (struct sockaddr*)&my_addr, sizeof(my_addr));//2. 綁定
    if (err_log != 0)
    {
        perror("binding");
        close(sockfd);
        getchar();
        exit(-1);
```

```
    }
    err_log = listen(sockfd, 10);// 監聽 將主動通訊端變為被動通訊端
    if (err_log != 0)
    {
        perror("listen");
        close(sockfd);
        exit(-1);
    }
    while (1) // 主處理程序 迴圈等待用戶端的連接
    {
        char cli_ip[INET_ADDRSTRLEN] = { 0 };
        struct sockaddr_in client_addr;
        socklen_t cliaddr_len = sizeof(client_addr);
        puts("Father process is waitting client...");
        // 等待用戶端連接，如果有連接過來則取出用戶端已完成的連接
        int connfd = accept(sockfd, (struct sockaddr*)&client_addr, &cliaddr_len);
        if (connfd < 0)
        {
            perror("accept");
            close(sockfd);
            exit(-1);
        }
        pid_t pid = fork();
        if (pid < 0) {
            perror("fork");
            _exit(-1);
        }
        else if (0 == pid) {           // 子處理程序 接收用戶端的資訊，並傳回給用戶端
            close(sockfd);             // 關閉監聽通訊端，這個通訊端是從父處理程序繼承過來的
            char recv_buf[1024] = { 0 };
            int recv_len = 0;
            // 列印用戶端的 IP 位址和通訊埠編號
            memset(cli_ip, 0, sizeof(cli_ip)); // 清空
            inet_ntop(AF_INET, &client_addr.sin_addr, cli_ip, INET_ADDRSTRLEN);
            printf("---------------------------------------------\n");
            printf("client ip=%s,port=%d\n", cli_ip, ntohs(client_addr.sin_port));
            // 迴圈接收資料
            while ((recv_len = recv(connfd, recv_buf, sizeof(recv_buf), 0)) > 0)
            {
                printf("recv_buf: %s\n", recv_buf);    // 列印資料
                send(connfd, recv_buf, recv_len, 0);  // 給用戶端傳回資料
            }
            printf("client_port %d closed!\n", ntohs(client_addr.sin_port));
            close(connfd);             // 關閉已連接通訊端
            exit(0);                   // 子處理程序結束
        }
```

```
        else if (pid > 0)              // 父處理程序
            close(connfd);             // 關閉已連接通訊端
    }
    close(sockfd);
    return 0;
}
```

　　程式中首先建立 TCP 通訊端，然後綁定通訊端，接著開始監聽。隨後開啟 while 迴圈等待用戶端連接，如果有連接過來則取出用戶端已完成的連接，此時呼叫 fork 函式建立子處理程序，對該用戶端進行處理。這裡的處理邏輯很簡單，先是列印用戶端的 IP 位址和通訊埠編號，然後把用戶端發送過來的資料再原樣送還回去，如果用戶端關閉連接，則迴圈接收資料結束，最後子處理程序結束。而父處理程序更輕鬆，呼叫 fork 後就關閉連接通訊端（實質是讓核心計數器減 1），然後繼續等待下一個用戶端連接。

　　（2）下面設計用戶端。為了貼近最前線開發實際情況，我們依舊把用戶端放在 Windows 上，實現 Windows 和 Linux 的聯合作戰，也是為了更進一步地利用機器資源，即透過虛擬機器和宿主機就可以建構出一個最簡單的網路環境。此處為了節省篇幅，而且用戶端程式也比較簡單（和例 4.2 類似），就不再演示用戶端程式了。

　　（3）儲存專案並執行。先執行伺服器端程式，再執行 3 個用戶端程式，第一個用戶端程式可以直接在 VC 中按複合鍵 Ctrl+F5 執行，之後兩個用戶端程式可以在 VC2017 的「方案總管」中，按右鍵 client，然後在快顯功能表上選擇「偵錯」→「啟動新實例」來執行。當 3 個用戶端程式都執行起來後，伺服器端就顯示收到了 3 個連接，如下所示：

```
Father process is waiting client...
Father process is waiting client...
-------------------------------------------
client ip=192.168.0.177,port=2646
Father process is waiting client...
-------------------------------------------
client ip=192.168.0.177,port=2650
Father process is waiting client...
-------------------------------------------
client ip=192.168.0.177,port=2651
```

　　可以看到，用戶端 IP 位址都一樣，但通訊埠編號不同，說明是 3 個不同的用戶端處理程序發來的請求。「Father process is waitting client...」這句話可能在子處

理程序列印的「client ip=...」敘述之前，也可能在之後，說明父處理程序程式和子
處理程序程式具體誰先執行是不可預知的，是作業系統排程的。

　　此時 3 個用戶端都在等待輸入訊息，如圖 4-10 所示。

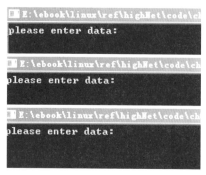

▲ 圖 4-10

　　我們分別為 3 個用戶端輸入訊息，比如 "aaa"、"bbb" 和 "ccc"，然後就可以發
現伺服器端能收到訊息了，如下所示：

```
Father process is waitting client...
Father process is waitting client...
-------------------------------------------
client ip=192.168.0.177,port=2646
Father process is waitting client...
-------------------------------------------
client ip=192.168.0.177,port=2650
Father process is waitting client...
-------------------------------------------
client ip=192.168.0.177,port=2651
recv_buf: aaa
client_port 2646 closed!
recv_buf: bbb
client_port 2650 closed!
recv_buf: ccc
client_port 2651 closed!
```

## 4.4 多執行緒並發伺服器

　　多執行緒伺服器是對多處理程序的伺服器的改進，由於多處理程序伺服器在
建立處理程序時要消耗較大的系統資源，因此用執行緒來取代處理程序，這樣服
務處理常式可以較快建立。據統計，建立執行緒比建立處理程序要快 10100 倍，因

此又把執行緒稱為「輕量級」處理程序。執行緒與處理程序不同的是：一個處理程序內的所有執行緒共用相同的全域記憶體、全域變數等資訊。這種機制又帶來了同步問題。

前面我們設計的伺服器只有一個主執行緒，沒有用到多執行緒，現在開始要用多執行緒了。並發伺服器在同一個時刻可以回應多個用戶端的請求，尤其是針對處理一個用戶端的工作需要較長時間的場合。並發伺服器更多的是用在 TCP 伺服器上，因為 TCP 伺服器通常用來處理和單一用戶端互動較長的情況。

多執行緒並發 TCP 伺服器可以同時處理多個用戶端請求，並發伺服器常見的設計是「一個請求一個執行緒」：針對每個用戶端請求，主執行緒都會單獨建立一個工作者執行緒，由工作者執行緒負責和用戶端進行通訊。多執行緒並發伺服器的程式設計模型如圖 4-11 所示。

```
1    #include<標頭檔案>
2    int main(int argc, char *argv[])
3    {
4        建立網路插頭 sockfd
5        綁定 (bind) 網路插頭 sockfd
6        監聽 (listen) 網路插頭 sockfd
7
8        while(1)
9        {
10           int connfd = accept();
11           pthread_t tid;
12           pthread_create(&tid, NULL, (void *)client_fun, (void *)connfd);
13           pthread_detach(tid);
14       }
15       close(sockfd);//關閉監聽網路插頭
16       return 0;
17   }
18   void *client_fun(void *arg)
19   {
20       int connfd = (int)arg;
21       fun();//服務於用戶端的具體程式
22       close(connfd);
23   }
```

▲ 圖 4-11

在圖 4-11 的程式中，首先進行通訊端的建立、綁定和監聽 3 部曲，然後開啟 while 迴圈，阻塞等待用戶端的連接。如果有連接過來，就用非阻塞程式庫函式 pthread_create 建立一個執行緒，執行緒函式是 client_fun，在這個執行緒函式中具體處理和用戶端打交道的工作，而主執行緒的 pthread_create 後面的程式會繼續執行下去（不會等到 client_fun 結束傳回）。然後呼叫 pthread_detach 函式將該子執行緒的狀態設定為 detach 狀態，這樣該子執行緒執行結束後會自動釋放所有資源（自己清理掉 PCB 的殘留資源）。pthread_detach 函式也是非阻塞函式，執行完畢後就回到迴圈本體開頭繼續執行 accept，等待新的用戶端連接。

　　注意，Linux 執行緒的執行和 Windows 不同，pthread_create 建立的執行緒有兩種狀，joinable 狀態和 unjoinable 狀態（也就是 detach 狀態），如果執行緒是 joinable 狀態，當執行緒函式自己傳回退出時或 pthread_exit 時都不會釋放執行緒所佔用的堆疊和執行緒描述符號（總計 8K 多）；只有呼叫了 pthread_join 之後這些資源才會被釋放。若是 unjoinable 狀態的執行緒，則這些資源在執行緒函式退出時或 pthread_exit 時會被自動釋放。一般情況下，執行緒終止後，其終止狀態一直保留到其他執行緒呼叫 pthread_join 獲取它的狀態為止（或處理程序終止被回收了）。但是執行緒也可以被置為 detach 狀態，這樣的執行緒一旦終止就立刻回收它佔用的所有資源，而不保留終止狀態。不能對一個已經處於 detach 狀態的執行緒呼叫 pthread_join，這樣的呼叫將傳回 EINVAL 錯誤（22 號錯誤），也就是說，如果已經對一個執行緒呼叫了 pthread_detac，就不能再呼叫 pthread_join。

　　看起來，多執行緒並發伺服器模型比多處理程序並發伺服器模型更加簡單些。下面我們小試牛刀，來實現一個簡單的多執行緒並發伺服器。

### 【例 4.4】一個簡單的多執行緒並發伺服器

　　（1）首先打開 VC2017，新建一個 Linux 主控台專案，專案名稱是 tcpForkServer，作為伺服器端。然後在 main.cpp 中輸入以下程式：

```cpp
#include <cstdio>
#include <stdio.h>
#include <stdlib.h>
#include <string.h>
#include <unistd.h>
#include <sys/socket.h>
#include <netinet/in.h>
#include <arpa/inet.h>
#include <pthread.h>
void *client_process(void *arg) // 執行緒函式，處理用戶端資訊，函式參數是已連接通訊端
{
    int recv_len = 0;
    char recv_buf[1024] = "";            // 接收緩衝區
    long tmp = (long)arg;                // 在 64 位元的 Ubuntu 上，long 也是 64 位元
    int connfd = (int)tmp;               // 傳過來的已連接通訊端
    // 接收資料
    while ((recv_len = recv(connfd, recv_buf, sizeof(recv_buf), 0)) > 0)
    {
        printf("recv_buf: %s\n", recv_buf);   // 列印資料
        send(connfd, recv_buf, recv_len, 0);  // 給用戶端傳回資料
```

```
    }
    printf("client closed!\n");
    close(connfd);    // 關閉已連接通訊端
    return    NULL;
}
int main()  // 主函式，建立一個 TCP 並發伺服器
{
    int sockfd = 0, connfd = 0,err_log = 0;
    char on = 1;
    struct sockaddr_in my_addr;                          // 伺服器位址結構
    unsigned short port = 8888;                          // 監聽通訊埠
    pthread_t thread_id;
    sockfd = socket(AF_INET, SOCK_STREAM, 0);            // 建立 TCP 通訊端
    if (sockfd < 0)
    {
        perror("socket error");
        exit(-1);
    }
    bzero(&my_addr, sizeof(my_addr));                    // 初始化伺服器位址
    my_addr.sin_family = AF_INET;
    my_addr.sin_port = htons(port);
    my_addr.sin_addr.s_addr = htonl(INADDR_ANY);
    printf("Binding server to port %d\n", port);
    setsockopt(sockfd, SOL_SOCKET, SO_REUSEADDR, &on, sizeof(on));    // 通訊埠重複使用
    err_log = bind(sockfd, (struct sockaddr*)&my_addr, sizeof(my_addr));// 綁定
    if (err_log != 0)
    {
        perror("bind");
        close(sockfd);
        getchar();
        exit(-1);
    }
    err_log = listen(sockfd, 10);      // 監聽，將主動通訊端變為被動通訊端
    if (err_log != 0)
    {
        perror("listen");
        close(sockfd);
        exit(-1);
    }
    while (1)
    {
        char cli_ip[INET_ADDRSTRLEN] = "";               // 用於儲存戶端 IP 位址
        struct sockaddr_in client_addr;                  // 用於儲存戶端位址
        socklen_t cliaddr_len = sizeof(client_addr);     // 必須初始化 !!!
        printf("Waiting client...\n");
        // 獲得一個已經建立的連接
        connfd = accept(sockfd, (struct sockaddr*)&client_addr, &cliaddr_len);
```

```
        if (connfd < 0)
        {
            perror("accept this time");
            continue;
        }
        // 列印用戶端的 IP 位址和通訊埠編號
        inet_ntop(AF_INET, &client_addr.sin_addr, cli_ip, INET_ADDRSTRLEN);
        printf("----------------------------------------------\n");
        printf("client ip=%s,port=%d\n", cli_ip, ntohs(client_addr.sin_port));
        if (connfd > 0)
        {
            // 建立執行緒，與同一個處理程序內的所有執行緒共用記憶體和變數，因此在傳遞參數時需
進行特殊處理，值傳遞
            pthread_create(&thread_id, NULL, client_process, (void *)connfd);
            hread_detach(thread_id); // 執行緒分離，讓子執行緒結束時自動回收資源
        }
    }
    close(sockfd);
    return 0;
}
```

　　程式中，先是建立通訊端、綁定通訊端和監聽通訊端，然後開啟 while 迴圈阻塞等待用戶端的連接。如果有連接過來，則透過 pthread_create 函式建立執行緒，並把連接通訊端（connfd）作為參數傳遞給執行緒函式 client_process。值得注意的是，在 64 位元的 Ubuntu 上，void 的指標類型是 64 位元的，因此，在 client_process 中，先要把 arg 賦值給一個 long 型的變數（因為 64 位元的 Ubuntu 上 long 型也是 64 位元），然後透過 long 變數 tmp 賦值給 connfd。如果直接把 arg 強制類型轉為 connfd，則會顯示出錯。

　　（2）下面設計用戶端。用戶端就比較簡單了，想法就是連接伺服器，然後發送資料並等待接收資料。程式可以直接使用例 4.3 的程式。

　　（3）儲存專案並執行。先執行伺服器，再執行用戶端，此時可以發現伺服器端收到連接了，然後在用戶端上輸入一些訊息，比如 abc，此時可以發現伺服器端能收到訊息了，用戶端也能收到伺服器發來的回饋訊息。用戶端執行結果如圖 4-12 所示。

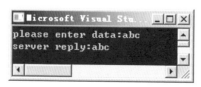

▲ 圖 4-12

伺服器端的執行結果如下：

```
Binding server to port 8888
Waiting client...
--------------------------------------------
client ip=192.168.0.177,port=10955
Waiting client...
recv_buf: abc
client closed!
```

另外，我們也可以多啟動幾個用戶端，過程和例 4.2 一樣，這裡就不再贅述。

# 4.5 I/O 多工的伺服器

前面的方案，當用戶端連接變多時，會新建立與連接個數相同的處理程序或執行緒，當此數值比較大時，如上千個連接，則執行緒 / 處理程序資料儲存佔用以及 CPU 在上千個處理程序 / 執行緒之間的時間切片排程成本凸顯，造成性能下降。因此需要一種新的模型來解決這種問題，基於 I/O 多工模型的伺服器即是一種解決方案。

I/O 多工就是透過一種機制，一個處理程序可以監視多個描述符號，一旦某個描述符號就緒（一般是讀取就緒或寫入就緒），就能夠通知程式進行相應的讀寫操作。目前支援 I/O 多工的系統呼叫有 select、pselect、poll、epoll，但 select、pselect、poll、epoll 本質上都是同步 I/O，因為它們都需要在讀寫事件就緒後自己負責進行讀寫，也就是說這個讀寫過程是阻塞的。而非同步 I/O 則無須自己負責進行讀寫，非同步 I/O 的實現會負責把資料從核心複製到使用者空間。

與多處理程序和多執行緒技術相比，I/O 多工技術的最大優勢是系統不必建立處理程序 / 執行緒，也不必維護這些處理程序 / 執行緒，從而大大減小了系統的銷耗。

值得注意的是，epoll 是 Linux 所特有的，而 select 則是 POSIX 所規定的，一般作業系統均有實現。

## 4.5.1 使用場景

I/O 多工是指核心一旦發現處理程序指定的或多個 I/O 條件準備就緒，就通知該處理程序。基於 I/O 多工的伺服器適用以下場合：

（1）當用戶端處理多個描述符號時（一般是互動式輸入和網路 Socket 埠），必須使用 I/O 多工。

（2）當一個用戶端同時處理多個 Socket 埠時，這種情況是可能的，但很少出現。

（3）如果一個 TCP 伺服器既要處理監聽 Socket 埠，又要處理已連接 Socket 埠，則一般也要用到 I/O 多工。

（4）如果一個伺服器既要處理 TCP，又要處理 UDP，則一般要使用 I/O 多工。

（5）如果一個伺服器要處理多個服務或多個協定，則一般要使用 I/O 多工。

## 4.5.2 基於 select 的伺服器

選擇（select）伺服器是一種比較常用的伺服器模型。利用 select 這個系統呼叫可以使 Linux socket 應用程式同時管理多個通訊端。使用 select，可以讓執行操作的通訊端在滿足讀取寫入條件時，給應用程式發送通知。收到這個通知後，應用程式再去呼叫相應的收發函式進行資料的接收或發送。

如果使用者處理程序呼叫了 select，那麼整個處理程序會被阻塞，而同時，核心會「監視」所有 select 負責的 socket，當任何一個 socket 中的資料準備時，select 就會傳回。這個時候使用者處理程序再執行 read 操作，將資料從核心複製到使用者處理程序，如圖 4-13 所示。

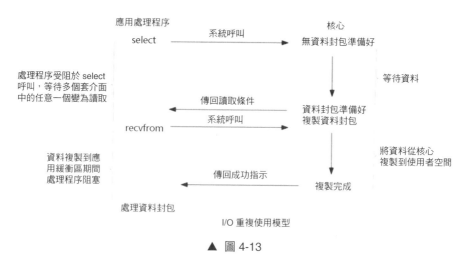

▲ 圖 4-13

透過對 select 函式的呼叫，應用程式可以判斷通訊端是否存在資料、能否向該通訊端寫入資料。比如，在呼叫 recv 函式之前，先呼叫 select 函式，如果系統沒有讀取取資料，那麼 select 函式就會阻塞在這裡；當系統存在讀取或寫入資料時，select 函式傳回，就可以呼叫 recv 函式接收資料了。可以看出，使用 select 模型需要呼叫兩次函式：第一次呼叫 select 函式，第二次呼叫收發函式。使用該模型的好處是可以等待多個通訊端。但 select 也有以下 3 個缺點：

（1）I/O 執行緒需要不斷地輪詢通訊端集合狀態，浪費了大量 CPU 資源。

（2）不適合管理大量用戶端連接。

（3）性能比較低下，要進行大量的查詢和複製。

在 Linux 中，我們可以使用 select 函式實現 I/O 通訊埠的重複使用，傳遞給 select 函式的參數會告訴核心：

（1）我們所關心的檔案描述符號（select 函式監視的檔案描述符號分 3 類，分別是 writefds、readfds、和 exceptfds）。

（2）對每個描述符號，我們所關心的狀態（是想從一個檔案描述符號中讀或寫，還是關注一個描述符號中是否出現異常 ( 或稱例外，本書使用異常，下同 )）。

（3）我們要等待多長時間（可以等待無限長的時間，等待固定的一段時間，或根本就不等待）。

從 select 函式傳回後，核心會告訴我們這些資訊：

（1）對我們的要求已經做好準備的描述符號的個數。

（2）對於三種狀態（讀，寫，異常）哪些描述符號已經做好準備。

（3）有了這些傳回資訊，我們可以呼叫合適的 I/O 函式（通常是 read 或 write），並且這些函式不會再阻塞。select 函式宣告如下：

```
#include <sys/select.h>
int select(int maxfd, fd_set *readfds, fd_set *writefds,fd_set *exceptfds,
struct timeval *timeout);
```

參數說明：

- maxfd：是一個整數值，是指集合中所有檔案描述符號的範圍，即所有檔案描述符號的最大值加 1。在 Linux 系統中，select 的預設最大值為 1024。設定這個值是為了不用每次都去輪詢這 1024 個 fd，假設只需要幾個通訊端，就可以用最大的那個通訊端的值加上 1 作為這個參數的值，當我們在等待是否有通訊端準備就緒時，只需要監測 maxfd+1 個通訊端就可以了，這樣可以減少輪詢時間以及系統的銷耗。

- readfds：指向 fd_set 結構的指標，類型 fd_set 是一個集合，因此 readfs 也是一個集合，這個集合中應該包括檔案描述符號。我們要監視這些檔案描述符號的讀取變化，即我們關心是否可以從這些檔案中讀取資料。如果這個集合中有一個檔案讀取，則 select 傳回一個大於 0 的值，表示有檔案讀取。如果沒有讀取的檔案，則根據 timeout 參數再判斷是否逾時，若超出 timeout 的時間，則 select 傳回 0；若發生錯誤則傳回負值，可以傳入 NULL 值，表示不關心任何檔案的讀取變化。

- writefds：指向 fd_set 結構的指標，這個集合中應該包括檔案描述符號，我們要監視這些檔案描述符號的寫入變化，即我們關心是否可以向這些檔案中寫入資料。如果這個集合中有一個檔案寫入，則 select 傳回一個大於 0 的值，表示有檔案寫入。如果沒有寫入的檔案，則根據 timeout 參數再判斷是否逾時，若超出 timeout 的時間，則 select 傳回 0；若發生錯誤則傳回負值。可以傳入 NULL 值，表示不關心任何檔案的寫入變化。

- exceptfds：用來監視檔案錯誤異常檔案。

- timeout：表示 select 的等待時間。當將 timeout 置為 NULL 時，表明此時 select 是阻塞的；當將 tineout 設定為 timeout->tv_sec=0，timeout->tv_usec=0 時，表明這個函式為非阻塞；當將 timeout 設定為非 0 的時間，表明 select 有逾時時間，當這個時間用完時，select 函式就會傳回。從這個角度看，筆者覺得可以用 select 來進行逾時處理，因為如果使用 recv 函式的話，還需要去設定 recv 的模式，十分麻煩。

- 在 select 函式傳回時，會在 fd_set 結構中填入相應的通訊端。其中，readfds 陣列將包括滿足以下條件的通訊端：
  - ➢ 有資料讀取。此時在此通訊端上呼叫 recv 函式，立即收到對方的資料。
  - ➢ 連接已經關閉、重設或終止。
  - ➢ 正在請求建立連接的通訊端。此時呼叫 accept 函式會成功。

- writefds 陣列包含滿足下列條件的通訊端：
  - ➢ 有資料可以發出。此時在此通訊端上呼叫 send，可以向對方發送資料。
  - ➢ 呼叫 connect 函式並連接成功的通訊端。

- exceptfds 陣列將包括滿足下列條件的通訊端：
  - ➢ 呼叫 connection 函式但連接失敗的通訊端。

> ➤ 有頻外（out of band）資料讀取。

- timeval 的定義如下：

```
structure timeval
{
    long tv_sec;// 秒
    long tv_usec;// 毫秒
};
```

> ➤ 當 timeval 為空指標時，select 會一直等待，直到有符合條件的通訊端時才傳回。

> ➤ 當 tv_sec 和 tv_usec 之和為 0 時，無論是否有符合條件的通訊端，select 都會立即傳回。

> ➤ 當 tv_sec 和 tv_usec 之和非 0 時，如果在等待的時間內有通訊端滿足條件，則該函式將傳回符合條件的通訊端的數量；如果在等待的時間內沒有通訊端滿足設定的條件，則 select 會在時間用完時傳回，並且傳回值為 0。

- fd_set 類型是一個結構，宣告如下：

```
typedef struct fd_set
{
    u_int fd_count;
    socket fd_array[FD_SETSIZE];
}fd_set;
```

其中，fd_count 表示該集合通訊端數量，最大為 64；fd_array 為通訊端陣列。

當 select 函式傳回時，它透過移除沒有未決 I/O 操作的通訊端控制碼來修改每個 fd_set 集合，使用 select 的好處是程式能夠在單一執行緒內，同時處理多個通訊端連接，這避免了阻塞模式下的執行緒膨脹問題。但是，增加到 fd_set 結構的通訊端數量是有限制的，預設情況下，最大值是 FD_SETSIZE，它在 Ubuntu 上的 /usr/inlclude/linux/posix_types.h 中定義為 1024。我們希望把 FD_SETSIZE 定義為某個更大的值以增加 select 所用描述符號集的大小。不幸的是，這樣做通常行不通。因為 select 是在核心中實現的，並把核心的 FD_SETSIZE 定義為上限使用，所以，增大 FD_SETSIZE 還要重新編譯核心。值得注意的是，有些應用程式開始使用 poll 代替 select，這樣可以避開描述符號有限問題。另外，select 的典型實現在描述符號數增大時可能存在擴展性問題。

在呼叫 select 函式對通訊端進行監視之前，必須先將要監視的通訊端分配給上述三個陣列中的，然後呼叫 select 函式。當 select 函式傳回時，透過判斷需要監視的通訊端是否還在原來的集合中，就可以知道該集合是否正在發生 I/O 操作。比如，應用程式想要判斷某個通訊端是否存在讀取的資料，需要進行以下步驟：

**步驟 01** 將該通訊端加入 readfds 集合。

**步驟 02** 以 readfds 作為第二個參數呼叫 select 函式。

**步驟 03** 當 select 函式傳回時，應用程式判斷該通訊端是否仍然存在於 readfds 集合中。

**步驟 04** 如果該通訊端存在於 readfds 集合中，則表明該通訊端讀取，此時就可以呼叫 recv 函式接收資料；不然該通訊端不讀取。

在呼叫 select 函式時，readfds、writefds 和 exceptfds 這三個參數至少有一個為不可為空，並且在該不可為空的參數中，必須包含至少一個通訊端，否則 select 函式將沒有任何通訊端可以等待。

為了方便使用，Linux 提供了下列巨集來對 fd_set 進行一系列操作。使用以下巨集可以簡化程式設計工作。

```
void FD_ZERO(fd_set *set);          // 將 set 集合初始化為空集合
void FD_SET(int fd, fd_set *set);    // 將通訊端加入 set 集合中
void FD_CLR(int fd, fd_set *set);    // 從 set 集合中刪除 s 通訊端
int  FD_ISSET(int fd, fd_set *set);  // 檢查 s 是否為 set 集合的成員
```

巨集 FD_SET 設定檔案描述符號集 fdset 中對應於檔案描述符號 fd 的位（設定為 1），巨集 FD_CLR 清除檔案描述符號集 fdset 中對應於檔案描述符號 fd 的位（設定為 0），巨集 FD_ZERO 清除檔案描述符號集 fdset 中的所有位（即把所有位都設定為 0）。在呼叫 select 前使用這 3 個巨集設定描述符號遮罩位元，因為這 3 個描述符號集參數是值結果參數，在呼叫 select 後，結果指示哪些描述符號已就緒。使用 FD_ISSET 來檢測檔案描述符號集 fdset 中對應於檔案描述符號 fd 的位是否被設定。描述符號集內任何與未就緒描述符號對應的位傳回時均置為 0，為此，每次重新呼叫 select 函式時，必須再次把所有描述符號集內所關心的位置為 1。其實可以將 fd_set 中的集合看作二進位 bit 位元，一位代表著一個檔案描述符號：0 代表檔案描述符號處於睡眠狀態，沒有資料到來；1 代表檔案描述符號處於準備狀態，可以被應用層處理。

在開發 select 伺服器應用程式時，透過下面的步驟可以完成對通訊端的讀寫判斷：

**步驟 01** 使用 FD_ZERO 初始化通訊端集合，如 FD_ZERO(&readfds);。

**步驟 02** 使用 FD_SET 將某通訊端放到 readfds 內，如 FD_SET(s，&readfds);。

**步驟 03** 以 readfds 為第二個參數呼叫 select 函式，select 在傳回時會傳回所有 fd_set 集合中通訊端的總個數，並對每個集合進行相應的更新。將滿足條件的通訊端放在相應的集合中。

**步驟 04** 使用 FD_ISSET 判斷 s 是否還在某個集合中，如 FD_ISSET(s，&readfds);。

**步驟 05** 呼叫相應的 Windows Socket API 函式對某個通訊端操作。

select 傳回後會修改每個 fd_set 結構。刪除不存在的或沒有完成 I/O 操作的通訊端。這也正是在步驟 04 中可以使用 FD_ISSET 來判斷一個通訊端是否仍在集合中的原因。

下面範例演示一個伺服器程式如何使用 select 函式管理通訊端。

## 【例 4.5】實現 select 伺服器

（1）首先打開 VC2017，首先新建一個 Linux 主控台專案，專案名稱是 test，作為服務端程式。然後打開 main.cpp，輸入以下程式：

```cpp
#include <stdio.h>
#include <stdlib.h>
#include <unistd.h>
#include <errno.h>
#include <string.h>
#include <sys/types.h>
#include <sys/socket.h>
#include <sys/time.h>
#include <netinet/in.h>
#include <arpa/inet.h>

#define MYPORT 8888          // 連接時使用的通訊埠
#define MAXCLINE 5           // 連接佇列中的個數，也就是最多支援 5 個用戶端同時連接
#define BUF_SIZE 200
int fd[MAXCLINE];            // 連接的 fd
int conn_amount;            // 當前的連接數
void showclient()
{
    int i;
    printf("client amount:%d\n", conn_amount);
    for (i = 0; i < MAXCLINE; i++)
        printf("[%d]:%d ", i, fd[i]);
```

```c
    printf("\n\n");
}
int main(void)
{
    int sock_fd, new_fd;                                      // 監聽通訊端 連接通訊端
    struct sockaddr_in server_addr;    // 伺服器的位址資訊
    struct sockaddr_in client_addr;    // 用戶端的位址資訊
    socklen_t sin_size;
    int yes = 1;
    char buf[BUF_SIZE];
    int ret;
    int i;
    // 建立 sock_fd 通訊端
    if ((sock_fd = socket(AF_INET, SOCK_STREAM, 0)) == -1)
    {
        perror("setsockopt");
        exit(1);
    }
    // 設定 Socket 埠的選項 SO_REUSEADDR 允許在同一個通訊埠啟動伺服器的多個實例
    //setsockopt 的第二個參數 SOL_SOCKET 指定系統中解釋選項的等級為普通通訊端
    if (setsockopt(sock_fd, SOL_SOCKET, SO_REUSEADDR, &yes, sizeof(int)) == -1)
    {
        perror("setsockopt error \n");
        exit(1);
    }

    server_addr.sin_family = AF_INET;                              // 主機位元組序
    server_addr.sin_port = htons(MYPORT);
    server_addr.sin_addr.s_addr = INADDR_ANY;  // 通配 IP
    memset(server_addr.sin_zero, '\0', sizeof(server_addr.sin_zero));
    if (bind(sock_fd, (struct sockaddr *)&server_addr, sizeof(server_addr)) == -1)
    {
        perror("bind error!\n");
        getchar();
        exit(1);
    }
    if (listen(sock_fd, MAXCLINE) == -1)
    {
        perror("listen error!\n");
        exit(1);
    }
    printf("listen port %d\n", MYPORT);
    fd_set fdsr; // 檔案描述符號集的定義
    int maxsock;
    struct timeval tv;
    conn_amount = 0;
    sin_size = sizeof(client_addr);
```

```
maxsock = sock_fd;
while (1)
{
    // 初始設定檔案描述符號集
    FD_ZERO(&fdsr);                          // 清除描述符號集
    FD_SET(sock_fd, &fdsr);                  // 把 sock_fd 加入描述符號集
    // 逾時的設定
    tv.tv_sec = 30;
    tv.tv_usec = 0;
    // 增加活動的連接
    for (i = 0; i < MAXCLINE; i++)
    {
        if (fd[i] != 0)
        {
            FD_SET(fd[i], &fdsr);
        }
    }
    // 如果檔案描述符號中有連接請求，就做相應的處理，實現 I/O 的重複使用，多使用者的連接通訊
    ret = select(maxsock + 1, &fdsr, NULL, NULL, &tv);
    if (ret < 0) // 沒有找到有效的連接失敗
    {
        perror("select error!\n");
        break;
    }
    else if (ret == 0)// 指定的時間到了
    {
        printf("timeout \n");
        continue;
    }
    // 迴圈判斷有效的連接是否有資料到達
    for (i = 0; i < conn_amount; i++)
    {
        if (FD_ISSET(fd[i], &fdsr))
        {
            ret = recv(fd[i], buf, sizeof(buf), 0);
            if (ret <= 0) // 用戶端連接關閉，清除檔案描述符號集中的相應的位
            {
                printf("client[%d] close\n", i);
                close(fd[i]);
                FD_CLR(fd[i], &fdsr);
                fd[i] = 0;
                conn_amount--;
            }
            // 否則有相應的資料發送過來，進行相應的處理
            else
            {
                if (ret < BUF_SIZE)
```

```
                                  memset(&buf[ret], '\0', 1);
                          printf("client[%d] send:%s\n", i, buf);
                          send(fd[i], buf, sizeof(buf), 0);// 反射回去
                     }
               }
          }
          if (FD_ISSET(sock_fd, &fdsr)) // 如果是 sock-fd，表明有新連接加入
          {
               new_fd = accept(sock_fd, (struct sockaddr *)&client_addr, &sin_size);
               if (new_fd <= 0)
               {
                    perror("accept error\n");
                    continue;
               }
               // 增加新的 fd 到陣列中，判斷有效的連接數是否小於最大的連接數，如果小於的話，就把新的
連接通訊端加入集合
               if (conn_amount < MAXCLINE)
               {
                    for (i = 0; i < MAXCLINE; i++)
                    {
                         if (fd[i] == 0)
                         {
                               fd[i] = new_fd;
                               break;
                         }
                    }
                    conn_amount++;
                    printf("new connection client[%d]%s:%d\n", conn_amount,
inet_ntoa(client_addr.sin_addr), ntohs(client_addr.sin_port));
                    if (new_fd > maxsock)
                         maxsock = new_fd;
               }
               else
               {
                    printf("max connections arrive ,exit\n");
                    send(new_fd, "bye", 4, 0);
                    close(new_fd);
                    continue;
               }
          }
          showclient();
     }

     for (i = 0; i < MAXCLINE; i++)
     {
          if (fd[i] != 0)
          {
```

```
            close(fd[i]);
        }
    }
    return 0;
}
```

　　程式中，使用 select 函式可以與多個 socket 通訊，select 本質上都是同步 I/O，因為它們都需要在讀寫事件就緒後自己負責進行讀寫，也就是說這個讀寫過程是阻塞的。程式只是演示了 select 函式的使用，即使某個連接關閉以後也不會修改當前連接數，連接數達到最大值後會終止程式。程式使用了一個陣列 fd，通訊開始後把需要通訊的多個 socket 描述符號都放入此陣列。首先生成一個叫作 sock_fd 的 socket 描述符號，用於監聽通訊埠，將 sock_fd 和陣列 fd 中不為 0 的描述符號放入 select 將要檢查的集合 fdsr 中，處理 fdsr 中可以接收資料的連接。如果是 sock_fd（見程式 if(FD-ISSET(sock-fd,&fdsr))），表明有新連接加入，將新加入連接的 socket 描述符號放置到 fd 中。以後 select 再次傳回的時候，可能是有資料要接收了，如果資料讀取，則呼叫 recv 接收資料，並列印出來，然後反射給用戶端。

　　（2）下面新建一個 Windows 桌面主控台應用程式作為用戶端程式，專案名稱是 client。其程式很簡單，就是接收使用者輸入，然後發送給伺服器，再等待伺服器端資料，如果收到就列印出來。程式和例 4.3 一樣，這裡不再贅述。

　　（3）儲存專案並執行，先執行伺服器，再執行用戶端，可以發現伺服器與用戶端能相互通訊了。用戶端執行結果如圖 4-14 所示。

▲ 圖 4-14

伺服器端顯示資訊如下：

```
listen port 8888
new connection client[1]192.168.0.167:5761
client amount:1
[0]:4 [1]:0 [2]:0 [3]:0 [4]:0

client[0] send:abc
client amount:1
[0]:4 [1]:0 [2]:0 [3]:0 [4]:0
```

```
client[0] close
client amount:0
[0]:0 [1]:0 [2]:0 [3]:0 [4]:0
```

## 4.5.3 基於 poll 的伺服器

上一小節我們實現了基於 select 函式的 I/O 多工伺服器。select 有個優點,就是目前幾乎支援所有的平臺,有著良好的跨平臺性。但缺點也很明顯,每次呼叫 select 函式時,都需要把 fd 集合從使用者態複製到核心態,這個銷耗在 fd 很多時會很大,同時每次呼叫 select 都需要在核心遍歷傳遞進來的所有 fd,這個銷耗在 fd 很多時也很大。另外,單一處理程序能夠監視的檔案描述符號的數量存在最大限制,在 Linux 上一般為 1024,可以透過修改巨集定義並重新編譯核心的方式提升這一限制,但是這樣也會造成效率的降低。為了突破這個限制,人們提出了透過 poll 系統呼叫來實現伺服器。

poll 和 select 這兩個系統呼叫函式的本質是一樣的,poll 的機制與 select 在本質上沒有多大差別,管理多個描述符號也是透過輪詢的方式,根據描述符號的狀態進行處理,但是 poll 沒有最大檔案描述符號數量的限制(但是數量過大後性能也會下降)。poll 和 select 同樣存在一個缺點:包含大量檔案描述符號的陣列被整體複製於使用者態和核心的位址空間之間,而不論這些檔案描述符號是否就緒,它的銷耗隨著檔案描述符號數量的增加而線性增大。

poll 函式用來在指定時間內輪詢一定數量的檔案描述符號,來測試其中是否有就緒者,它監測多個等待事件,若事件未發生,則處理程序睡眠,放棄CPU控制權;若監測的任何一個事件發生,則 poll 將喚醒睡眠的處理程序,並判斷是什麼等待事件發生,執行相應的操作。poll 函式退出後,structpollfd 變數的所有值被清零,需要重新設定。poll 函式宣告如下:

```
#include <poll.h>
int poll(struct pollfd *fds, nfds_t nfds, int timeout);
```

其中參數 fds 指向一個結構陣列的第 0 個元素的指標,每個陣列元素都是一個 struct pollfd 結構,用於指定測試某個給定的 fd 的條件;參數 nfds 用來指定第一個參數陣列的元素個數;timeout 用於指定等待的毫秒數,無論 I/O 是否準備好,poll 都會傳回,如果 timeout 賦值為 -1,則表示永遠等待,直到事件發生,如果賦值為 0,則表示立即傳回,如果賦值為大於 0 的數,則表示等待指定數目的毫秒數。

如果 poll 函式成功，則傳回結構中 revents 域不為 0 的檔案描述符號個數；如果在逾時前沒有任何事件發生，則函式傳回 0；如果函式失敗，則傳回 -1，並設定 errno 為下列值之一：

- EBADF：一個或多個結構中指定的檔案描述符號無效。
- EFAULT：fds 指標指向的位址超出處理程序的位址空間。
- EINTR：請求的事件之前產生一個訊號，呼叫可以重新發起。
- EINVAL：nfds 參數超出 PLIMIT_NOFILE 值。
- ENOMEM：可用記憶體不足，無法完成請求。

結構 pollfd 定義如下：

```
struct pollfd{
int fd;                // 檔案描述符號
short events;          // 等待的事件
short revents;         // 實際發生的事件
};
```

其中欄位 fd 表示每一個 pollfd 結構指定了一個被監視的檔案描述符號，可以傳遞多個結構，指示 poll 監視多個檔案描述符號；events 指定監測 fd 的事件（輸入、輸出、錯誤），每一個事件有多個設定值，如圖 4-15 所示。

| 事件 | 常數 | 作為 events 值 | 作為 events 值 | 說明 |
|------|------|:---:|:---:|------|
| 讀取事件 | POLLIN | ✔ | ✔ | 普通或優先附帶資料讀取 |
| | POLLRDNORM | ✔ | ✔ | 普通資料讀取 |
| | POLLRDBAND | ✔ | ✔ | 優先順序帶資料讀取 |
| | POLLPRI | ✔ | ✔ | 高優先級資料讀取 |
| 寫入事件 | POLLOUT | ✔ | ✔ | 普通或優先帶資料寫入 |
| | POLLWRNORM | ✔ | ✔ | 普通資料寫入 |
| | POLLRDBAND | ✔ | ✔ | 優先順序帶資料寫入 |
| 錯誤事件 | POLLERR | | ✔ | 發生錯誤 |
| | POLLHUP | | ✔ | 發生暫停 |
| | POLLNVAL | | ✔ | 描述不是打開的檔案 |

▲ 圖 4-15

欄位 revents 是檔案描述符號的操作結果事件，核心在呼叫傳回時設定這個域。events 域中請求的任何事件都可能在 revents 域中傳回。

**注意：**每個結構的 events 域由使用者來設定，告訴核心我們關注的是什麼；revents 域是 poll 函式傳回時核心設定的，以說明對該描述符號發生了什麼事件。

可以看出，和 select 不一樣，poll 沒有使用低效的三個基於位元的檔案描述符號集合，而是採用了一個單獨的結構 pollfd 陣列，由 fds 指標指向這個陣列。

對 TCP 伺服器來說，首先是 bind+listen+accept，然後處理用戶端的連接是必不可少的，不過在使用 poll 的時候，accept 與用戶端的讀寫資料都可以在事件觸發後執行，用戶端連接需要設定為非阻塞的，避免 read 和 write 的阻塞，基本流程如下：

**步驟 01** 利用程式庫函式 socket、bind 和 listen 建立通訊端 sd，並綁定和監聽用戶端的連接。

**步驟 02** 將 sd 加入 poll 的描述符號集 fds 中，並且監聽上面的 POLLIN 事件（讀取事件）。

**步驟 03** 呼叫 poll 等待描述符號集中的事件，此時分為三種情況。第一種情況，若 fds[0].revents & POLLIN，則表示用戶端請求建立連接，此時呼叫 accept 接收請求得到新連接 childSd，設定新連接時非阻塞的 fcntl(childSd, F_SETFL, O_NONBLOCK)，再將 childSd 加入 poll 的描述符號集中，監聽其上的 POLLIN 事件：fds[i].events = POLLIN。第二種情況，若其他通訊端 tmpSd 上有 POLLIN 事件，則表示用戶端發送請求資料，此時讀取資料，若讀取完則監聽 tmpSd 上的讀和寫事件：fds[j].events = POLLIN | POLLOUT。讀取時如果遇到 EAGAIN | EWOULDBLOCK，就表示會阻塞，需要停止讀取並等待下一次讀取事件。若 read 傳回 0(EOF)，則表示連接已斷開；不然記錄這次讀取的資料，下一個讀取事件時繼續執行讀取操作。第三種情況，若其他通訊端 tmpSd 上有 POLLOUT 事件，則表示用戶端寫入，此時寫入資料，若寫入完，則清除 tmpSd 上的寫入事件。同樣，寫入時如果遇到 EAGAIN | EWOULDBLOCK，就表示會阻塞，需要停止寫入並等待下一次寫入事件；不然下次寫入事件繼續執行寫入操作。

由於通訊端上寫入事件一般都是可行的，因此初始不監聽 POLLOUT 事件，否則 poll 會不停報告通訊端上寫入。

下面我們基於 poll 函式實現一個 TCP 伺服器。本例中的發送和接收資料並沒有用 send 和 recv 函式（C 語言標準程式庫提供的函式），而是用了 write 和 read 這兩個系統呼叫函式（其實就是 Linux 系統提供的函式）。其中 write 函式用來發送資料，會把參數 buf 所指的記憶體寫入 count 個位元組到參數 fd 所指的檔案內。write 函式宣告如下：

```
ssize_t write (int fd, const void * buf, size_t count);
```

其中 fd 是個控制碼，指向要寫入資料的目標，比如通訊端或磁碟檔案等；buf 指向要寫入的資料存放的緩衝區；count 是要寫入的資料個數。如果寫入順利，則 write 會傳回實際寫入的位元組數（len）。當有錯誤發生時則傳回 -1，錯誤程式存入 errno 中。

write 函式傳回值一般不為 0，只有當以下情況發生時才會傳回 0：write(fp, p1+len, (strlen(p1)-len)) 中第三參數為 0，此時 write 什麼也不做，只傳回 0。write 函式從 buf 寫入資料到 fd 中時，若 buf 中的資料無法一次性讀取完，那麼第二次讀取 buf 中的資料時，其讀取位置指標（也就是第二個參數 buf）不會自動移動，需要程式設計師來控制，而非簡單地將 buf 啟始位址填入第二參數。可按以下格式實現讀取位置移動：write(fp, p1+len, (strlen(p1)-len))。這樣 write 在第二次迴圈時便會從 p1+len 處寫入資料到 fp，依此類推，直至 (strlen(p1)-len) 變為 0。

在 write 一次可以寫入的最巨量資料範圍內（核心定義了 BUFSIZ，8192），第三個參數 count 的大小最好為 buf 中資料的大小，以免出現錯誤。（經過筆者多次試驗，write 一次能夠寫入的並不只有 8192 這麼多，筆者嘗試一次寫入 81920000，結果也是可以的，看來它一次最大寫入資料並不是 8192，但核心中確實有 BUFSIZ 這個參數。）

write 比 send 的用途更加廣泛，它可以向通訊端寫入資料（此時相當於發送資料），也可以向普通磁碟檔案寫入資料，比如：

```
#include <string.h>
#include <stdio.h>
#include <fcntl.h>
int main()
{
  char *p1 = "This is a c test code";  //"This is a c test code" 有 21 個字元
  volatile int len = 0;
  int fp = open("/home/test.txt", O_RDWR|O_CREAT);  // 打開檔案
```

```
for(;;)
{
    int n;
    if((n=write(fp, p1+len, (strlen(p1)-len)))== 0) //if((n=write(fp, p1+len, 3)) == 0)
    {                                              //strlen(p1) = 21
        printf("n = %d \n", n);
        break;
    }
    len+=n;
}
return 0;
}
```

下面看一下 read 函式，read 會把參數 fd 所指的檔案傳送 count 個位元組到 buf 指標所指的記憶體中，宣告如下：

```
ssize_t read(int fd, void * buf, size_t count);
```

其中參數 fd 是個控制碼，指向要讀取資料的目標，比如磁碟檔案或通訊端等；buf 存放讀到的資料；count 表示想要讀取的資料長度。函式傳回值為實際讀取到的位元組數，如果傳回 0，表示已到達檔案結尾或是無讀取取的資料。若參數 count 為 0，則 read 不會有作用並傳回 0。另外，以下情況傳回值小於 count：

（1）讀取一般檔案時，在讀到 count 個位元組之前已到達檔案末尾。舉例來說，距檔案末尾還有 50 個位元組而請求讀取 100 個位元組，則 read 傳回 50，下次 read 將傳回 0。

（2）對於網路通訊端介面，傳回值可能小於 count，但這不是錯誤。

注意，執行 read 操作時 fd 中的資料如果小於要讀取的資料，就會引起阻塞。以下情況執行 read 操作不會引起阻塞：

（1）一般檔案不會阻塞，不管讀到多少資料都會傳回。

（2）從終端讀取不一定阻塞：如果從終端輸入的資料沒有分行符號，則呼叫 read 讀取終端設備會阻塞，其他情況下不阻塞。

（3）從網路裝置讀取不一定阻塞：如果網路上沒有接收到資料封包，則呼叫 read 會阻塞，除此之外讀取的數值小於 count 也可能不阻塞。

## 【例 4.6】實現 poll 伺服器

（1）首先打開 VC2017，首先新建一個 Linux 主控台專案，專案名稱是 srv，作為服務端。然後打開 main.cpp，輸入以下程式：

```cpp
#include <unistd.h>
#include <fcntl.h>
#include <poll.h>
#include <time.h>
#include <sys/socket.h>
#include <arpa/inet.h>
#include <cstdio>
#include <cstdlib>
#include <errno.h>
#include <cstring>
#include <initializer_list>
using std::initializer_list;
#include <vector> // 每個 stl 都需要對應的標頭檔
using std::vector;
void errExit()   // 出錯處理函式
{
    getchar();
    exit(-1);
}
// 定義發送給用戶端的字串
const char resp[] = "HTTP/1.1 200\r\n\
Content-Type: application/json\r\n\
Content-Length: 13\r\n\
Date: Thu, 2 Aug 2021 04:02:00 GMT\r\n\
Keep-Alive: timeout=60\r\n\
Connection: keep-alive\r\n\r\n\
[HELLO WORLD]\r\n\r\n";

int main () {
    // 建立通訊端
    const int port = 8888;
    int sd, ret;
    sd = socket(AF_INET, SOCK_STREAM, 0);
    fprintf(stderr, "created socket\n");
    if (sd == -1)
        errExit();
    int opt = 1;
    // 重用位址
    if (setsockopt(sd, SOL_SOCKET, SO_REUSEADDR, &opt, sizeof(int)) == -1)
        errExit();
    fprintf(stderr, "socket opt set\n");
    sockaddr_in addr;
    addr.sin_family = AF_INET, addr.sin_port = htons(port);
    addr.sin_addr.s_addr = INADDR_ANY;
    socklen_t addrLen = sizeof(addr);
    if (bind(sd, (sockaddr *)&addr, sizeof(addr)) == -1)
```

```
        errExit();
    fprintf(stderr, "socket binded\n");
    if (listen(sd, 1024) == -1)
        errExit();
    fprintf(stderr, "socket listen start\n");
    // 通訊端建立完畢
    // 初始化監聽列表
    //number of poll fds
    int currentFdNum = 1;
    pollfd *fds = static_cast<pollfd *>(calloc(100, sizeof(pollfd)));
    fds[0].fd = sd, fds[0].events = POLLIN;
    nfds_t nfds = 1;
    int timeout = -1;

    fprintf(stderr, "polling\n");
    while (1) {
        // 執行 poll 操作
        ret = poll(fds, nfds, timeout);
        fprintf(stderr, "poll returned with ret value: %d\n", ret);
        if (ret == -1)
            errExit();
        else if (ret == 0) {
            fprintf(stderr, "return no data\n");
        }
        else { //ret > 0
         //got accept
            fprintf(stderr, "checking fds\n");
            // 檢查是否有新用戶端建立連接
            if (fds[0].revents & POLLIN) {
                sockaddr_in childAddr;
                socklen_t childAddrLen;
                int childSd = accept(sd, (sockaddr *)&childAddr, &(childAddrLen));
                if (childSd == -1)
                    errExit();
                fprintf(stderr, "child got\n");
                //set non_block
                int flags = fcntl(childSd, F_GETFL);
                // 接收並設定為非阻塞
                if (fcntl(childSd, F_SETFL, flags | O_NONBLOCK) == -1)
                    errExit();
                fprintf(stderr, "child set nonblock\n");
                // 增加子處理程序到列表
                // 假如到 poll 的描述符號集關心 POLLIN 事件
                fds[currentFdNum].fd = childSd, fds[currentFdNum].events = (POLLIN |
POLLRDHUP);
                nfds++, currentFdNum++;
```

```
                      fprintf(stderr, "child: %d pushed to poll list\n", currentFdNum - 1);
                }
                //child read & write
                // 檢查其他描述符號的事件
                for (int i = 1; i < currentFdNum; i++) {
                    if (fds[i].revents & (POLLHUP | POLLRDHUP | POLLNVAL)) {
                        // 用戶端描述符號關閉
                        // 設定 events=0, fd=-1，不再關心
                        //set not interested
                        fprintf(stderr, "child: %d shutdown\n", i);
                        close(fds[i].fd);
                        fds[i].events = 0;
                        fds[i].fd = -1;
                        continue;
                    }
                    // read
                    if (fds[i].revents & POLLIN) {
                        char buffer[1024] = {};
                        while (1) {
                            // 讀取請求資料
                            ret = read(fds[i].fd, buffer, 1024);
                            fprintf(stderr, "read on: %d returned with value: %d\n", i,
ret);
                            if (ret == 0) {
                            fprintf(stderr, "read returned 0(EOF) on: %d,
breaking\n", i);
                                break;
                            }
                            if (ret == -1) {
                                const int tmpErrno = errno;
                                // 會阻塞，這裡認為讀取完畢
                                // 實際需要檢查讀取資料是否完畢
                        if (tmpErrno == EWOULDBLOCK || tmpErrno == EAGAIN) {
                                    fprintf(stderr, "read would block,
stop reading\n");
                                    //read is over
                                    //http pipe line? need to put resp
into a queue
                                    // 可以監聽寫入事件了 POLLOUT
                                    fds[i].events |= POLLOUT;
                                    break;
                                }
                                else {
                                    errExit();
                                }
                            }
```

```
                    }
                }
                //write
                if (fds[i].revents & POLLOUT) {
                    // 寫入事件，傳回請求
                    ret = write(fds[i].fd, resp, sizeof(resp));   // 寫入操作，即發送資料
                    fprintf(stderr, "write on: %d returned with value: %d\n", i,
ret);
                    // 這裡需要處理 EAGAIN EWOULDBLOCK
                    if (ret == -1) {
                        errExit();
                    }
                    fds[i].events &= !(POLLOUT);
                }
            }
        }
    }
    return 0;
}
```

程式中，首先建立伺服器端通訊端，然後綁定監聽，static_cast 是 C++ 中的標準運算子，相當於傳統的 C 語言裡的強制轉換。然後在 while 迴圈中呼叫 poll 函式執行 poll 操作，接著根據 fds[0].revents 來判斷發生了何種事件，並進行相應處理，比如有用戶端連接過來、收到資料、發送資料等。對於剛接收（accept）進來的用戶端，則只接收讀取事件（POLLIN）。讀取到一個讀取事件後，可以設為讀和寫（POLLIN | POLLOUT），然後就可以接收寫入事件了。

（2）再次打開另外一個 VC2017，新建一個 Windows 主控台專案，專案名稱是 client，該專案作為用戶端。程式這裡就不演示了，和例 4.3 相同。

（3）儲存專案並執行。先執行服務端專案，然後執行用戶端，並在用戶端程式中輸入一些字串，比如「abc」，然後就可以收到伺服器端的資料了。用戶端執行結果如下：

```
please enter data:abc
server reply:HTTP/1.1 200
Content-Type: application/json
Content-Length: 13
Date: Thu, 2 Aug 2021 04:02:00 GMT
```

伺服器端執行結果如下：

```
created socket
socket opt set
```

```
socket binded
socket listen start
polling
poll returned with ret value: 1
checking fds
child got
child set nonblock
child: 1 pushed to poll list
poll returned with ret value: 1
checking fds
read on: 1 returned with value: 50
read on: 1 returned with value: -1
read would block, stop reading
poll returned with ret value: 1
checking fds
write on: 1 returned with value: 170
poll returned with ret value: 1
checking fds
child: 1 shutdown
```

這裡幾乎把伺服器端的每一步過程都列印出來了。

## 4.5.4 基於 epoll 的伺服器

I/O 多工有很多種實現。在 Linux 上，2.4 核心前主要是 select 和 poll（目前在小規模伺服器上還有用武之地，並且在維護老系統程式的時候，經常會碰到這兩個函式，所以必須掌握），自 Linux 2.6 核心正式引入 epoll 以來，epoll 已經成為目前實現高性能網路服務器的必備技術。儘管它們的使用方法不盡相同，但是本質上卻沒有什麼區別。epoll 是 Linux 下多工 I/O 介面 select/poll 的增強版本，epoll 能顯著提高程式在大量並發連接中只有少量活躍的情況下的系統 CPU 使用率。select 使用輪詢來處理，並隨著監聽 fd 數目的增加而降低效率；而 epoll 只需要監聽那些已經準備好的佇列集合中的檔案描述符號，效率較高。

epoll 是 Linux 核心中的一種可擴展的 I/O 事件處理機制，最早在 Linux 2.5.44 核心中引入，用於代替 POSIX select 和 poll 系統呼叫，並且在具有大量應用程式請求時能夠獲得較好的性能（此時被監視的檔案描述符號數目非常大，與舊的 select 和 poll 系統呼叫完成操作所需 O(n) 不同，epoll 能在 O(1) 時間內完成操作，所以性能相當高）。epoll 與 FreeBSD 的 kqueue 類似，都向使用者空間提供自己的檔案描述符號來操作。透過 epoll 實現的伺服器可以達到 Windows 下的完成通訊埠伺服器的效果。

在 Linux 沒有實現 epoll 事件驅動機制之前，我們一般選擇用 select 或 poll 等 I/O 多工的方法來實現並發服務程式。但在巨量資料、高並發、叢集等應用越來越廣泛的年代，select 和 poll 的用武之地越來越有限，風頭已經被 epoll 佔盡。

高並發的核心解決方案是 1 個執行緒所有連接的「等待訊息準備好」，在這一點上 epoll 和 select 是無爭議的，但 select 預估錯誤了一件事：當數十萬個並發連接存在時，可能每一毫秒只有數百個活躍的連接，其餘數十萬個連接在這一毫秒是非活躍的，select 的使用方法是傳回的活躍連接 ==select（全部待監控的連接）。

什麼時候會呼叫 select 方法呢？在我們認為需要找出有封包到達的活躍連接時，就應該呼叫。所以，select 在高並發時是會被頻繁呼叫的。如此，這個頻繁呼叫的方法就很有必要看看它是否有效率，因為它的輕微效率損失都會被「頻繁」二字放大。它有效率損失嗎？顯而易見，全部待監控的連接是數以十萬計的，傳回的只是數百個活躍連接，這本身就是無效率的表現。被放大後就會發現，處理並發上萬個連接時，select 就完全力不從心了。

此外，在 Linux 核心中，select 所用到的 FD_SET 是有限的，即核心中的參數 __FD_SETSIZE 定義了每個 FD_SET 的控制碼個數。

具體來講，基於 select 函式的伺服器主要有以下 4 個缺點：

（1）單一處理程序能夠監視的檔案描述符號的數量存在最大限制，通常是 1024，當然這個數量可以更改數量，但由於 select 採用輪詢的方式掃描檔案描述符號，因此檔案描述符號數量越多，性能越差（在 Linux 核心標頭檔中，有這樣的定義：#define __FD_SETSIZE 1024）。

（2）核心 / 使用者空間記憶體複製問題，select 需要複製大量的控制碼資料結構，產生巨大的銷耗。

（3）select 傳回的是含有整個控制碼的陣列，應用程式需要遍歷整個陣列才能發現哪些控制碼發生了事件。

（4）select 的觸發方式是水準觸發，應用程式如果沒有完成對一個已經就緒的檔案描述符號的 I/O 操作，那麼之後每次 select 呼叫時還是會將這些檔案描述符號通知處理程序。

另外，核心中用輪詢方法實現 select，即每次檢測都會遍歷所有 FD_SET 中的控制碼，顯然，select 函式執行時間與 FD_SET 中的控制碼個數有一個比例關係，select 要檢測的控制碼數越多就會越費時。看到這裡，讀者可能要問：「你為什麼不提 poll ？」筆者認為 select 與 poll 在內部機制方面並沒有太大的差異。

　　相比 select 機制，poll 使用鏈結串列儲存檔案描述符號，因此沒有了監視檔案數量的限制，但其他三個缺點依然存在，即 poll 只是取消了最大監控檔案描述符號數量的限制，並沒有從根本上解決 select 存在的問題。以 select 模型為例，假設我們的伺服器需要支援 100 萬的並發連接，在 __FD_SETSIZE 為 1024 的情況下，我們至少需要開闢 1000 個處理程序才能實現 100 萬的並發連接。除了處理程序間上下文切換的時間消耗外，核心 / 使用者空間大量的記憶體複製、陣列輪詢等也都是系統難以承受的。因此，基於 select 模型的伺服器程式，要達到 100 萬等級的並發存取，是一個很難完成的任務。對此，epoll 上場了。

　　我們先來看一幅圖，如圖 4-16 所示。

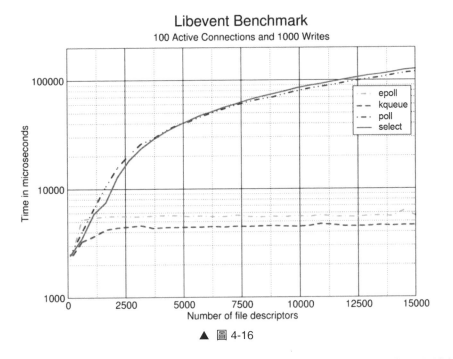

▲ 圖 4-16

　　當並發連接數較小時，select 與 epoll 似乎並無多少差距。可是當並發連接數變大以後，select 就顯得力不從心了。

　　epoll 高效的原因是使用了 3 個方法來實現 select 方法要做的事：

　　（1）透過函式 epoll_create 建立 epoll 描述符號。

（2）透過函式 epoll_ctrl 增加或刪除所有待監控的連接。

（3）透過函式 epoll_wait 傳回活躍連接。

與 select 相比，epoll 分清了頻繁呼叫和不頻繁呼叫的操作，舉例來說，epoll_ctrl 是不太頻繁呼叫的，而 epoll_wait 是非常頻繁呼叫的。這時，epoll_wait 卻幾乎沒有入參，這比 select 的效率高出一大截，而且，它也不會隨著並發連接數的增加使得入參越發多起來，導致核心執行效率下降。

要深刻理解 epoll，首先得了解 epoll 的三大關鍵要素：mmap、紅黑樹、鏈結串列。epoll 是透過核心與使用者空間 mmap 同一片記憶體實現的。mmap 將使用者空間的一片位址和核心空間的一塊位址同時映射到相同的一塊實體記憶體位址（不管是使用者空間還是核心空間都是虛擬位址，最終要透過位址映射來映射到實體位址上），使得這塊實體記憶體對核心和使用者均可見，減少使用者態和核心態之間的資料交換。核心可以直接看到 epoll 監聽的控制碼，效率很高。紅黑樹將儲存 epoll 所監聽的通訊端。mmap 出來的記憶體要儲存 epoll 所監聽的通訊端，必然也得有一套資料結構，epoll 在實現上採用紅黑樹去儲存所有通訊端，當增加或刪除一個通訊端時（epoll_ctl），都在紅黑樹上去處理，紅黑樹本身插入和刪除性能比較好。透過 epoll_ctl 函式增加進來的事件都會被放在紅黑樹的某個節點內，所以，重複增加是沒有用的。當把事件增加進來的時候時候會完成關鍵的一步，那就是該事件會與相應的裝置（網路卡）驅動程式建立回呼關係，當相應的事件發生後，就會呼叫這個回呼函式（該回呼函式在核心中被稱為 ep_poll_callback），將該事件增加到 rdlist 雙向鏈結串列中。那麼當我們呼叫 epoll_wait 時，epoll_wait 只需要檢查 rdlist 雙向鏈結串列中是否存在註冊的事件，十分高效。這裡只需將發生了的事件複製到使用者態記憶體中即可。

紅黑樹和雙鏈結串列資料結構，並結合回呼機制，造就了 epoll 的高效。了解了 epoll 背後原理，我們再站在使用者角度對比 select、poll 和 epoll 這三種 I/O 重複使用模式，如表 4-1 所示。

▼ 表 4-1 對比 select、poll 和 epoll 這三種 I/O 重複使用模式

| 系統呼叫 | select | poll | epoll |
|---|---|---|---|
| 事件集合 | 使用者透過 3 個參數分別傳入感興趣的讀取、寫入及異常等事件；核心透過對這些參數的線上修改來回饋其中的就緒事件，這使得使用者每次呼叫 select 都要重置這 3 個參數 | 統一處理所有事件類型，因此只需要一個事件集參數。使用者透過 pollfd.events 傳入感興趣的事件，核心透過修改 pollfd.revents 回饋其中就緒的事件 | 核心透過一個事件表直接管理使用者感興趣的所有事件，因此每次呼叫 epoll_wait 時，無須反覆傳入使用者感興趣的事件。epoll_wait 系統呼叫的參數 events 僅用來回饋就緒的事件 |
| 應用程式索引就緒檔案描述符號的時間複雜度 | O(n) | O(n) | O(1) |
| 最大支援檔案描述符號數 | 一般有最大值限制 | 65535 | 65535 |
| 工作模式 | LT（水準觸發） | LT | 支援 ET（邊緣觸發）高效模式 |
| 核心實現和工作效率 | 採用輪詢方式檢測就緒事件，時間複雜度為 O(n) | 採用輪詢方式檢測就緒事件，時間複雜度為 O(n) | 採用回呼方式檢測就緒事件，時間複雜度為 O(1) |

epoll 有兩種工作方式：水準觸發（LT）和邊緣觸發（ET）。

- 水準觸發（LT）：預設的工作方式，如果一個描述符號就緒，那麼核心就會通知處理，如果不進行處理，則下一次核心還是會通知。

- 邊緣觸發（ET）：只支援非阻塞描述符號。需要程式保證快取區的資料全部被讀取或全部寫出（因為 ET 模式下，描述符號的就緒不會再次通知），因此需要發送非阻塞的描述符號。對於讀取操作，如果 read 一次沒有讀取盡 buffer 中的資料，那麼下次將得不到讀取就緒的通知，造成 buffer 中已有的資料無機會讀出，除非有新的資料再次到達。對於寫入操作，因為 ET 模式下的 fd 通常為非阻塞的，所以需要解決的問題就是如何保證將使用者要求寫入的資料寫完。

行文至此，想必各位讀者都應該明了為什麼 epoll 會成為 Linux 平臺下實現高性能網路服務器的首選 I/O 重複使用呼叫。值得注意的是，epoll 並不是在所有的應用場景下都會比 select 和 poll 高效很多，尤其是當活動連接比較多、回呼函式被觸發得過於頻繁的時候，epoll 的效率也會受到顯著影響。因此，epoll 特別適用於連接數量多，但活動連接較少的情況。而 select 和 poll 伺服器也是有用武之地的，關鍵是弄清楚應用場景，選擇合適的方法。

講解完了 epoll 的機制，我們便能很容易地掌握 epoll 的用法了。一句話描述就是：三步曲。

第一步是建立一個 epoll 控制碼。透過函式 epoll_create 建立一個 epoll 的控制碼，函式宣告如下：

```
int epoll_create(int size);
```

其中參數 size 用來告訴核心需要監聽的檔案描述符號的數目，在 epoll 早期的實現中，監控檔案描述符號的組織並不是紅黑樹，而是 hash 表。這裡的 size 實際上已經沒有意義了。函式傳回一個 epoll 控制碼（底層由紅黑樹組成）。

當建立好 epoll 控制碼後，它就是會佔用一個控制碼值，在 Linux 下如果查看 /proc/ 處理程序 id/fd/，是能夠看到這個 fd 的，因此在使用完 epoll 後，必須呼叫 close()，否則可能導致 fd 被耗盡。

第二步是透過函式 epoll_ctl 來控制 epoll 監控的檔案描述符號上的事件（註冊、修改、刪除），函式宣告如下：

```
int epoll_ctl(int epfd, int op, int fd, struct epoll_event *event);
```

參數說明：參數 epfd 表示要操作的檔案描述符號，它是 epoll_create 的傳回值。

- 第二個參數 op 表示動作，使用以下 3 個巨集來表示：
  - ➤ EPOLL_CTL_ADD：註冊新的 fd 到 epfd 中。
  - ➤ EPOLL_CTL_MOD：修改已經註冊的 fd 的監聽事件。
  - ➤ EPOLL_CTL_DEL：從 epfd 中刪除一個 fd。
- 第三個參數 fd 是 op 實施的物件，即需要操作的檔案描述符號。
- 第四個參數 event 是告訴核心需要監聽什麼事件，events 可以是以下幾個巨集的集合：
  - ➤ EPOLLIN：表示對應的檔案描述符號可以讀取（包括對端 SOCKET 正常關閉）。
  - ➤ EPOLLOUT：表示對應的檔案描述符號可以寫入。
  - ➤ EPOLLPRI：表示對應的檔案描述符號有緊急的資料讀取（這裡應該表示有頻外資料到來）。
  - ➤ EPOLLERR：表示對應的檔案描述符號發生錯誤。
  - ➤ EPOLLHUP：表示對應的檔案描述符號被掛斷。

> EPOLLET：將 EPOLL 設為邊緣觸發（Edge Triggered）模式，這是相對水準觸發（Level Triggered）來說的。

> EPOLLONESHOT：只監聽一次事件，當監聽完這次事件之後，如果還需要繼續監聽這個 socket 的話，需要再次把這個 socket 加入 EPOLL 佇列裡。

struct epoll_event 結構定義如下：

```
typedef union epoll_data {
    void *ptr;
    int fd;
    __uint32_t u32;
    __uint64_t u64;
} epoll_data_t;
 // 感興趣的事件和被觸發的事件
struct epoll_event {
    __uint32_t events; /* epoll events */
    epoll_data_t data; /* User data variable */
};
```

第三步調用 epoll_wait 函式，透過此呼叫收集在 epoll 監控中已經發生的事件，函式宣告如下：

```
#include <sys/epoll.h>
int epoll_wait ( int epfd, struct epoll_event* events, int maxevents, int timeout );
```

其中參數 epfd 表示要操作的檔案描述符號，它是 epoll_create 的傳回值；events 指向檢測到的事件集合，將所有就緒的事件從核心事件表中複製到它的第二個參數 events 指向的陣列中；maxevents 指定最多監聽多少個事件；timeout 指定 epoll 的逾時時間，單位是毫秒。當 timeout 設定為 -1 時，epoll_wait 呼叫將永遠阻塞，直到某個事件發生、當 timeout 設定為 0 時，epoll_wait 呼叫將立即傳回；當 timeout 設定為大於 0 的數時，表示指定的毫秒數。函式呼叫成功時傳回就緒的檔案描述符號的個數，失敗時傳回 -1 並設定 errno。

總之，epoll 在 select 和 poll（poll 和 select 基本一樣，有少量改進）的基礎上引入 eventpoll 作為中間層，使用了先進的資料結構，是一種高效的多工技術。

## 【例 4.7】實現 epoll 伺服器

（1）首先打開 VC2017，新建一個 Linux 主控台專案，專案名稱是 srv，作為服務端。然後打開 main.cpp，輸入以下程式：

```c
#include <ctype.h>
#include <stdio.h>
#include <stdlib.h>
#include <string.h>
#include <netinet/in.h>
#include <arpa/inet.h>
#include <sys/epoll.h>
#include <errno.h>
#include <unistd.h> //for close

#define MAXLINE 80
#define SERV_PORT 8888
#define OPEN_MAX 1024

int main(int argc, char *argv[])
{
    int i, j, maxi, listenfd, connfd, sockfd;
    int nready, efd, res;
    ssize_t n;
    char buf[MAXLINE], str[INET_ADDRSTRLEN];
    socklen_t clilen;
    int client[OPEN_MAX];
    struct sockaddr_in cliaddr, servaddr;
    struct epoll_event tep, ep[OPEN_MAX];// 存放接收的資料

    // 網路 socket 初始化
    listenfd = socket(AF_INET, SOCK_STREAM, 0);
    bzero(&servaddr, sizeof(servaddr));
    servaddr.sin_family = AF_INET;
    servaddr.sin_addr.s_addr = htonl(INADDR_ANY);
    servaddr.sin_port = htons(SERV_PORT);
    if(-1==bind(listenfd, (struct sockaddr *) &servaddr, sizeof(servaddr)))
        perror("bind");
    if(-1==listen(listenfd, 20))
        perror("listen");
    puts("listen ok");

    for (i = 0; i < OPEN_MAX; i++)
        client[i] = -1;
    maxi = -1;// 後面資料初始化賦值時，資料初始化為 -1
    efd = epoll_create(OPEN_MAX); // 建立 epoll 控制碼，底層其實是建立了一個紅黑樹
    if (efd == -1)
        perror("epoll_create");

    // 增加監聽通訊端
    tep.events = EPOLLIN;
    tep.data.fd = listenfd;
```

```
    res = epoll_ctl(efd, EPOLL_CTL_ADD, listenfd, &tep);// 增加監聽通訊端，即註冊
    if (res == -1) perror("epoll_ctl");
    for (; ; )
    {
        nready = epoll_wait(efd, ep, OPEN_MAX, -1);// 阻塞監聽
        if (nready == -1)    perror("epoll_wait");

        // 如果有事件發生，就開始資料處理
        for (i = 0; i < nready; i++)
        {
            // 是否是讀取事件
            if (!(ep[i].events & EPOLLIN))
                continue;

            // 若處理的事件和檔案描述符號相等，則進行資料處理
            if (ep[i].data.fd == listenfd) // 判斷發生的事件是不是來自監聽通訊端
            {
                // 接收用戶端
                clilen = sizeof(cliaddr);
                connfd = accept(listenfd, (struct sockaddr *)&cliaddr, &clilen);
                printf("received from %s at PORT %d\n",
                    inet_ntop(AF_INET, &cliaddr.sin_addr, str, sizeof(str)),
ntohs(cliaddr.sin_port));
                for (j = 0; j < OPEN_MAX; j++)
                    if (client[j] < 0)
                    {
                        // 將通訊通訊端存放到 client
                        client[j] = connfd;
                        break;
                    }

                // 是否到達最大值，保護判斷
                if (j == OPEN_MAX)
                    perror("too many clients");

                // 更新 client 下標
                if (j > maxi)
                    maxi = j;

                // 增加通訊通訊端到樹（底層是紅黑樹）上
                tep.events = EPOLLIN;
                tep.data.fd = connfd;
                res = epoll_ctl(efd, EPOLL_CTL_ADD, connfd, &tep);
                if (res == -1)
                    perror("epoll_ctl");
            }
            else
```

```
                {
                        sockfd = ep[i].data.fd;                    // 將 connfd 賦值給 socket
                        n = read(sockfd, buf, MAXLINE);            // 讀取資料
                        if (n == 0)                                 // 無數據則刪除該節點
                        {
                                // 將 client 中對應的 fd 資料值恢復為 -1
                                for (j = 0; j <= maxi; j++)
                                {
                                        if (client[j] == sockfd)
                                        {
                                                client[j] = -1;
                                                break;
                                        }
                                }
                        res = epoll_ctl(efd, EPOLL_CTL_DEL, sockfd, NULL);// 刪除樹節點
                        if (res == -1)
                                perror("epoll_ctl");
                        close(sockfd);
                        printf("client[%d] closed connection\n", j);
                        }
                        else // 有資料則寫回資料
                        {
                                printf("recive client's data:%s\n",buf);
                                // 這裡可以根據實際情況擴展，模擬對資料進行處理
                                for (j = 0; j < n; j++)
                                        buf[j] = toupper(buf[j]); // 簡單地轉為大寫
                                write(sockfd, buf, n);                        // 發送給戶端
                        }
                }
            }
        }
        close(listenfd);
        close(efd);
        return 0;
}
```

程式中，首先建立監聽通訊端 listenfd，然後綁定、監聽。再建立 epoll 控制碼，並透過函式 epoll_ctl 把監聽通訊端 listenfd 增加到 epoll 中，呼叫函式 epoll_wait 阻塞監聽用戶端的連接，一旦有用戶端連接過來了，就判斷發生的事件是不是來自監聽通訊端（ep[i].data.fd==listenfd），如果是的話，就呼叫 accept 接收用戶端連接，並把與用戶端連接的通訊通訊端 connfd 增加到 epoll 中，這樣下一次用戶端發資料過來時，就可以知道並用 read 讀取了。最後把收到的資料轉為大寫後再發送給用戶端。

（2）再次打開另外一個 VC2017，新建一個 Windows 主控台專案，專案名稱是 client，該專案作為用戶端。程式就不演示了，和例 4.3 相同。

（3）儲存專案並執行。先執行服務端專案，然後執行用戶端專案，並在用戶端程式中輸入一些字串，比如「abc」，隨後就可以收到伺服器端的資料了。用戶端執行結果如下：

```
please enter data:abc
server reply:ABC
```

伺服器端執行結果如下：

```
listen ok
received from 192.168.0.149 at PORT 10814
recive client's data:abc
client[0] closed connection
```

# 第5章
# 基於 libevent 的 FTP 伺服器

libevent 是一個用 C 語言撰寫的、輕量級的開放原始碼高性能事件通知程式庫，主要有以下幾個亮點：

- 事件驅動（event-driven），高性能。
- 輕量級，專注於網路，不如 ACE 框架那麼臃腫龐大。
- 原始程式碼相當精煉、易讀。
- 跨平臺，支援 Windows、Linux、*BSD 和 macOS。
- 支援多種 I/O 多工技術，如 epoll、poll、dev/poll、select 和 kqueue 等。
- 支援 I/O、計時器和訊號等事件。
- 註冊事件優先順序。

libevent 是一個事件通知程式庫，內部使用 select、epoll、kqueue、IOCP 等系統呼叫管理事件機制。libevent 是用 C 語言撰寫的，而且幾乎是無處不用函式指標。libevent 支援多執行緒程式設計。libevent 已經被廣泛應用，作為不少知名軟體的底層網路程式庫，比如 memcached、Vomit、Nylon、Netchat 等。

事實上 libevent 本身就是一個典型的 Reactor 模型，理解 Reactor 模式是理解 libevent 的基石。下面先來簡單介紹一下典型的事件驅動設計模式─Reactor 模式。

## 5.1 Reactor 模式

整個 libevent 本身就是一個 Reactor，因此本節將專門對 Reactor 模式進行必要的介紹，並列出 libevnet 中的幾個重要元件和 Reactor 的對應關係。

首先來回想一下普通函式呼叫的機制：（1）程式呼叫某函式；（2）函式執行；（3）程式等待；（4）函式將結果和控制權傳回給程式；（5）程式繼續處理。

　　Reactor 中文翻譯為「反應堆」，在電腦中表示一種事件驅動機制，它和普通函式呼叫的不同之處在於：應用程式不是主動地呼叫某個 API 函式完成處理，恰恰相反，Reactor 逆置了事件處理流程，應用程式需要提供相應的介面並註冊到 Reactor 上，如果相應的事件發生，則 Reactor 將主動呼叫應用程式註冊的介面，這些介面又稱為「回呼函式」。使用 libevent 也是向 libevent 框架註冊相應的事件和回呼函式，當這些事件發生時，libevent 會呼叫回呼函式處理相應的事件（I/O 讀寫、定時和訊號）。

　　用「好萊塢原則」來形容 Reactor 再合適不過了：不要打電話給我們，我們會打電話通知你。舉個例子：你去應聘 xx 公司，「普通函式呼叫機制」公司的 HR 不會記你的聯繫方式，面試結束後，你只能自己打電話去問結果；而「Reactor」公司的 HR 就會先記下了你的聯繫方式，結果出來後會主動打電話通知你，你不用自己打電話去問結果，事實上你也不能打電話，因為你沒有 HR 的聯繫方式。

## 5.1.1　Reactor 模式的優點

　　Reactor 模式是撰寫高性能網路服務器的必備技術之一，它具有以下的優點：

　　（1）回應快，不必為單一同步時間所阻塞，雖然 Reactor 本身依然是同步的。

　　（2）程式設計相對簡單，可以大幅地避免複雜的多執行緒及同步問題，並且避免了多執行緒 / 處理程序的切換銷耗。

　　（3）可擴展性，可以方便地透過增加 Reactor 實例個數來充分利用 CPU 資源。

　　（4）可重複使用性，Reactor 框架本身與具體事件處理邏輯無關，具有很高的重複使用性。

## 5.1.2　Reactor 模式框架

　　使用 Reactor 模型，必備的元件有事件來源、事件多路分發機制、反應器和事件處理常式。Reactor 模型的整體框架圖如圖 5-1 所示。

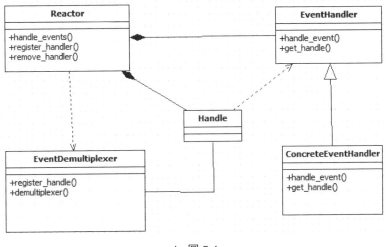

▲ 圖 5-1

1）事件來源

事件來源在 Linux 上是檔案描述符號，在 Windows 上就是 Socket 或 Handle，這裡統一稱為「控制碼集」。程式在指定的控制碼上註冊關心的事件，比如 I/O 事件。

2）EventDemultiplexer（事件多路分發機制）

EventDemultiplexer 是由作業系統提供的 I/O 多工機制，比如 select 和 epoll。程式首先將它關心的控制碼（事件來源）及其事件註冊到 EventDemultiplexer 上；當有事件到達時，EventDemultiplexer 會發出通知「在已經註冊的控制碼集中，一個或多個控制碼的事件已經就緒」；程式收到通知後，就可以在非阻塞的情況下對事件進行處理了。

對應到 libevent 中，EventDemultiplexer 依然是 select、poll、epoll 等，但是 libevent 使用結構 eventop 進行了封裝，以統一的介面來支援這些 I/O 多工機制，達到了對外隱藏底層系統機制的目的。

3）Reactor（反應器）

Reactor 是事件管理的介面，內部使用 EventDemultiplexer 來註冊、登出事件，並執行事件迴圈，當有事件進入「就緒」狀態時，呼叫註冊事件的回呼函式處理事件。對應到 libevent 中，就是 event_base 結構。一個典型的 Reactor 宣告方式如下：

```
class Reactor
{
public:
    int register_handler(Event_Handler *pHandler, int event);
    int remove_handler(Event_Handler *pHandler, int event);
    void handle_events(timeval *ptv);
    //...
};
```

4）EventHandler（事件處理常式）

事件處理常式提供了一組介面，每個介面對應了一種類型的事件，供 Reactor 在相應的事件發生時呼叫，執行相應的事件處理。通常它會綁定一個有效的控制碼。對應到 libevent 中，就是 event 結構。下面是兩種典型的 EventHandler 類別的宣告方式，二者各有優缺點。

```
class Event_Handler
{
public:
    virtual void handle_read() = 0;
    virtual void handle_write() = 0;
    virtual void handle_timeout() = 0;
    virtual void handle_close() = 0;
    virtual HANDLE get_handle() = 0;
    //...
};
class Event_Handler
{
public:
    //events maybe read/write/timeout/close .etc
    virtual void handle_events(int events) = 0;
    virtual HANDLE get_handle() = 0;
    //...
};
```

## 5.1.3 Reactor 事件處理流程

前面說過 Reactor 將事件流「逆置」了，那麼使用 Reactor 模式後，事件控制流是什麼樣子的呢？可以參見如圖 5-2 所示的序列圖。

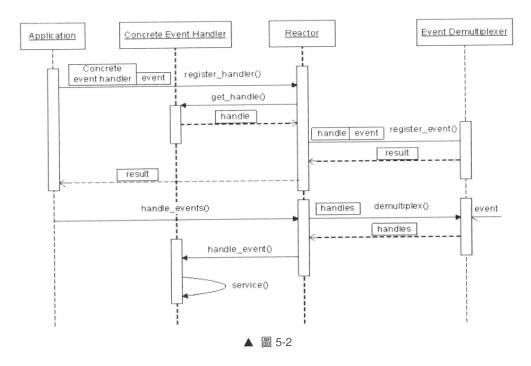

▲ 圖 5-2

由於篇幅原因，本節只講解 Reactor 的基本概念、框架和處理流程，對 Reactor 有了基本清晰的了解後，再來對比看 libevent 就更容易理解了。

## 5.2 使用 libevent 的基本流程

libevent 是一個優秀的事件驅動程式庫，我們的目標是要學會它的基本使用方法。使用流程一般都是根據場景而變化的。一開始，我們可以在一個簡單的場景中學習 libevent 的使用。下面來考慮一個最簡單的場景─使用 libevent 設定計時器，應用程式只需要執行下面幾個簡單的步驟即可。

步驟 01 首先初始化 libevent 程式庫，並儲存傳回的指標：

```
struct event_base * base = event_init();
```

實際上這一步相當於初始化一個 Reactor 實例，在初始化 libevent 後，就可以註冊事件了。

**步驟 02** 初始化事件 event，設定回呼函式和關注的事件：

```
evtimer_set(&ev, timer_cb, NULL);
```

事實上這等價於呼叫 event_set(&ev, -1, 0, timer_cb, NULL);。

event_set 的函式原型是：

```
void event_set(struct event *ev, int fd, short event, void (*cb)(int, short, void *),
void *arg)
```

參數說明：

- ev：執行要初始化的 event 物件。
- fd：該 event 綁定的「控制碼」，對於訊號事件，它就是關注的訊號。
- event：在 fd 上關注的事件類型，它可以是 EV_READ、EV_WRITE、EV_
  SIGNAL。
- cb：這是一個函式指標，當 fd 上的事件發生時，呼叫該函式進行處理，它有
  3 個參數，呼叫時由 event_base 負責傳入，按順序實際上就是 event_set 時的
  fd、event 和 arg。
- arg：傳遞給 cb 函式指標的參數。

由於定時事件不需要 fd，並且定時事件是根據增加時（event_add）的逾時值
設定的，因此這裡 event 也不需要設定。

這一步相當於初始化一個 EventHandler，在 libevent 中事件類型儲存在 event
結構中。

**注意**：libevent 並不會管理 event 事件集合，這需要應用程式自行管理。

**步驟 03** 設定 event 從屬的 event_base：

```
event_base_set(base, &ev);
```

這一步相當於指明 event 要註冊到哪個 event_base 實例上。

**步驟 04** 正式增加事件：

```
event_add(&ev, timeout);
```

基本資訊都已設定完成，只要簡單地呼叫 event_add() 函式即可完成事件的增
加，其中 timeout 是定時值。這一步相當於呼叫 Reactor::register_handler() 函式註冊
事件。

**步驟 05** 程式進入無限迴圈，等待就緒事件並執行事件處理：

```
event_base_dispatch(base);
```

上面例子的程式碼可以描述如下：

```
struct event ev;
struct timeval tv;
void time_cb(int fd, short event, void *argc)
{
    printf("timer wakeup/n");
    event_add(&ev, &tv); //reschedule timer
}
int main()
{
    struct event_base *base = event_init();
    tv.tv_sec = 10; //10s period
    tv.tv_usec = 0;
    evtimer_set(&ev, time_cb, NULL);
    event_add(&ev, &tv);
    event_base_dispatch(base);
}
```

當應用程式向 libevent 註冊一個事件後，libevent 內部是怎樣進行處理的呢？

（1）首先應用程式準備並初始化 event，設定好事件類型和回呼函式；這對應於上述步驟 2 和步驟 3。

（2）向 libevent 增加該事件。對於定時事件，libevent 使用一個小根堆積管理，key 為逾時時間；對於 Signal 和 I/O 事件，libevent 將放入等待鏈結串列（wait list）中，這是一個雙向鏈結串列結構。

（3）程式呼叫 event_base_dispatch() 系列函式進入無限迴圈，等待事件。以 select() 函式為例，每次迴圈前 libevent 會檢查定時事件的最小逾時時間 tv，根據 tv 設定 select() 的最大等待時間，以便於後面及時處理逾時事件；當 select() 傳回後，首先檢查逾時事件，然後檢查 I/O 事件；libevent 將所有的就緒事件放入啟動鏈結串列中，然後對啟動鏈結串列中的事件呼叫事件的回呼函式進行事件的處理。

本小節介紹了 libevent 的簡單實用場景，並簡單介紹了 libevent 的事件處理流程，讀者應該對 libevent 有了基本的印象。

# 5.3 下載和編譯 libevent

到官方網站 https://libevent.org/ 去下載 libevent 的原始程式碼，然後放到 Linux 下進行編譯，生成動態程式庫 SO 檔案，這樣就可以在自己的程式中使用動態程式庫提供的函式介面了。如果不想去官方網站下載，也可以在本節書附程式中的原始程式根目錄下找到。

從官方網站下載下來的檔案是 libevent-2.1.12-stable.tar.gz，我們把它上傳到 Ubuntu20 下，然後解壓：

```
tar zxvf libevent-2.1.12-stable.tar.gz
```

進入目錄，並生成 Makefile 檔案，命令如下：

```
cd libevent-2.1.12-stable/
./configure --prefix=/opt/libevent
```

這一步是用來生成編譯時需要用的 Makefile 檔案，其中，--prefix 用來指定 libevent 的安裝目錄。輸入 make 進行編譯，成功後再輸入 make install，然後就可以看到 /opt/libevent 下面已經有檔案生成了：

```
root@tom-virtual-machine:~/soft/libevent-2.1.12-stable# cd /opt/libevent/
root@tom-virtual-machine:/opt/libevent# ls
bin  include  lib
```

其中 include 是存放標頭檔的目錄，lib 是存放動態程式庫和靜態程式庫的目錄。下面寫一個小程式來測試 libevent 是否工作正常。

## 【例 5.1】第一個 libevent 程式

（1）在 Windows 打開自己喜愛的編輯器，輸入以下程式：

```c
#include <sys/types.h>
#include <event2/event-config.h>
#include <stdio.h>
#include <event.h>
struct event ev;
struct timeval tv;

void time_cb(int fd, short event, void *argc)
{
    printf("timer wakeup!\n");
```

```
        event_add(&ev, &tv);
    }

    int main()
    {
        struct event_base *base = event_init();
        tv.tv_sec = 10;
        tv.tv_usec = 0;
        evtimer_set(&ev, time_cb, NULL);
        event_base_set(base, &ev);
        event_add(&ev, &tv);
        event_base_dispatch(base);
    }
```

程式的功能是設定一個計時器，每隔 10 秒就列印一次「timer wakeup!」。

（2）儲存檔案為 test.c，然後上傳到 Linux，並在命令列下編譯：

```
gcc test.c -o testEvent -I /opt/libevent/include/ -L /opt/libevent/lib/ -levent
```

**注意**：-I 是大寫的 i，不是小寫的 L，用來指定標頭檔路徑；-L 則是用來指定引用程式庫的位置的。

（3）執行 testEvent：

```
root@tom-virtual-machine:/ex/mylibevent# ./testEvent
timer wakeup!
timer wakeup!
timer wakeup!
timer wakeup!
...
```

如果某些 Linux 上提示沒找到程式庫，則需要連結到系統目錄，比如：

```
ln  -s /opt/libevent/lib/libevent.so /usr/lib64/libevent.so
```

至此，下載和編譯 libevent 的工作就成功了。下面可以開始 FTP 伺服器的開發了。

# 5.4 FTP 概述

1971 年，第一個 FTP 的 RFC（Request For Comments，是一系列以編號排定的檔案，包含了關於 Internet 的幾乎所有的重要的文字資料）由 A.K.Bhushan 提出，同一時期由 MIT 和 Havard 實現，即 RFC114。在隨後的十幾年中，FTP 協定的官方文件歷經了數次修訂，直到 1985 年，一個作用至今的 FTP 官方文件 RFC959 問世。如今所有關於 FTP 的研究與應用都是基於該文件的。FTP 服務有一個重要的特點就是其實現並不侷限於某個平臺，在 Windows、DOS、UNIX 平臺下均可架設 FTP 用戶端及伺服器，並實現互聯互通。

## 5.4.1 FTP 的工作原理

檔案傳送協定（File Transfer Protocol，簡稱 FTP）是一個用於從一台主機傳送檔案到另外一台主機的協定，基於用戶端 / 伺服器（C/S）架構，使用者透過一個支援 FTP 協定的用戶端程式連接遠端主機上的 FTP 伺服器程式。使用者透過用戶端程式向伺服器程式發出命令，伺服器程式執行使用者所發出的命令，並將執行的結果傳回給用戶端。比如說，使用者發出一筆命令，要求伺服器向使用者傳送某一個檔案的一份副本，伺服器會響應這筆命令，將指定檔案傳送至使用者的機器上。用戶端程式代表使用者接收到這個檔案，並將它存放在使用者目錄中。

FTP 系統和其他 C/S 系統的不同之處，在於它在用戶端和伺服器之間，同時建立兩條連接來實現檔案的傳輸，分別是控制連接和資料連接。當使用者啟動與遠端主機間的 FTP 階段時，FTP 用戶端首先發起建立一個與 FTP 伺服器通訊埠編號 21 之間的控制連接，然後經由該控制連接把使用者名稱和密碼發送給伺服器。用戶端還經由該控制連接，把本地臨時分配的資料通訊埠告知伺服器，以便伺服器發起建立一個從伺服器通訊埠編號 20 到用戶端指定通訊埠之間的資料連接；使用者執行的一些命令也由用戶端透過控制連接發送給伺服器，例如改變遠端目錄的命令。當使用者每次請求傳送檔案時（不論哪個方向），FTP 都將在伺服器通訊埠編號 20 上打開一個資料連接（其發起端既可能是伺服器，也可能是用戶端）。在資料連接上傳送完本次請求需傳送的檔案之後，有可能關閉資料連接，到有檔案傳送請求時再重新打開。因此在 FTP 中，控制連接在整個使用者階段期間一直打開著，而資料連接則有可能每次都為檔案傳送請求重新打開一次（即資料連接是非持久的）。

在整個階段期間，FTP 伺服器必須維護關於使用者的狀態。具體地說，伺服器必須把控制連接與特定的使用者連結起來，必須隨使用者在遠端目錄樹中的遊動來追蹤其目前的目錄。為每個活躍的使用者階段保持這些狀態資訊，極大地限制了 FTP 能夠同時維護的階段數。

## 5.4.2 FTP 的傳輸方式

FTP 的傳輸有兩種方式：ASCII 傳輸方式和二進位傳輸方式。

1）ASCII 傳輸方式

假定使用者正在複製的檔案包含簡單的 ASCII 碼文字，如果在遠端機器上執行的不是 Linux 式 UNIX，當檔案傳輸時 FTP 通常會自動地調整檔案的內容，以便於把檔案解釋成另外那台電腦儲存文字檔的格式。

但是常常有這樣的情況，使用者正在傳輸的檔案包含的不是文字檔，它們可能是程式、資料庫、字處理檔案或壓縮檔。因此在複製任何非文字檔之前，用 binary 命令告訴 FTP 逐字複製。

2）二進位傳輸方式

在二進位傳輸中，儲存檔案的位序，以便原始檔案和複製的檔案是逐位一一對應的，即使目的地機器上包含位序列的檔案是沒意義的。舉例來說，macintosh 以二進位方式傳送可執行檔到 Windows 系統，在對方系統上，此檔案不能執行。

在 ASCII 方式下傳輸二進位檔案，即使不需要也仍會轉譯，這樣做會損壞資料。（ASCII 方式一般假設每一字元的第一有效位元無意義，因為 ASCII 字元組合不使用它。如果傳輸二進位檔案，那麼所有的位都是重要的。）

## 5.4.3 FTP 的工作方式

FTP 有兩種不同的工作方式：PORT（主動）方式和 PASV（被動）方式。

在主動方式下，用戶端先開啟一個大於 1024 的隨機通訊埠，用來與伺服器的 21 號通訊埠建立控制連接，當使用者需要傳輸資料時，在控制通道中透過 PORT 命令向伺服器發送本地 IP 位址以及通訊埠編號，伺服器會主動去連接用戶端發送過來的指定通訊埠，實現資料傳輸，然後在這條連接上面進行檔案的上傳或下載。

在被動方式下，建立控制連接的過程與主動方式基本一致，但在建立資料連接的時候，用戶端透過控制連接發送 PASV 命令，隨後伺服器開啟一個大於 1024 的隨機通訊埠，將 IP 位址和此通訊埠編號發送給用戶端，然後用戶端去連接伺服器的該通訊埠，從而建立資料傳輸鏈路。

整體來說，主動和被動是相對於伺服器而言的，在建立資料連接的過程中，在主動方式下，伺服器會主動請求連接到用戶端的指定通訊埠；在被動方式下，伺服器在發送通訊埠編號給用戶端後會被動地等待用戶端連接到該通訊埠。

當需要傳送資料時，用戶端開始監聽通訊埠 N+1，並在命令鏈路上用 PORT 命令發送 N+1 通訊埠編號到 FTP 伺服器，於是伺服器會從自己的資料通訊埠（20）向用戶端指定的資料通訊埠（N+1）發送連接請求，建立一筆資料連結來傳送資料。

FTP 用戶端與伺服器之間僅使用 3 個命令就發起資料連接的建立：STOR（上傳檔案）、RETR（下載檔案）和 LIST（接收一個擴展的檔案目錄）。用戶端在發送這 3 個命令後會發送 PORT 或 PASV 命令來選擇傳輸方式。當資料連接建立之後，FTP 用戶端可以和伺服器互相傳送檔案。當資料傳送完畢，發送資料方發起資料連接的關閉，舉例來說，處理完 STOR 命令後，用戶端發起關閉，處理完 RETR 命令後，伺服器發起關閉。

FTP 主動傳輸方式的具體步驟如下：

步驟01 用戶端與伺服器的 21 號通訊埠建立 TCP 連接，即控制連接。

步驟02 當使用者需要獲取目錄清單或傳輸檔案的時候，用戶端透過 PORT 命令向伺服器發送本地 IP 位址以及通訊埠編號，期望伺服器與該通訊埠建立資料連接。

步驟03 伺服器與用戶端該通訊埠建立第二條 TCP 連接，即資料連接。

步驟04 用戶端和伺服器透過該資料連接進行檔案的發送和接收。

FTP 被動傳輸方式的具體步驟如下：

步驟01 用戶端與伺服器的 21 號通訊埠建立 TCP 連接，即控制連接。

步驟02 當使用者需要獲取目錄清單或傳輸檔案的時候，用戶端透過控制連接向伺服器發送 PASV 命令，通知伺服器採用被動傳輸方式。伺服器收到 PASV 命令後隨即開啟一個大於 1024 的通訊埠，然後將該通訊埠編號和 IP 位址透過控制連接發送給用戶端。

步驟03 用戶端與伺服器該通訊埠建立第二條 TCP 連接，即資料連接。

步驟04 用戶端和伺服器透過該資料連接進行檔案的發送和接收。

總之，FTP 主動傳輸方式和被動傳輸方式各有特點，使用主動方式可以避免伺服器端防火牆的干擾，而使用被動方式可以避免用戶端防火牆的干擾。

## 5.4.4 FTP 命令

FTP 命令主要用於控制連接，根據命令功能的不同可分為存取控制命令、傳輸參數命令、FTP 服務命令。所有 FTP 命令都以網路虛擬終端（NVT）ASCII 文字的形式發送，都以 ASCII 確認或分行符號結束。

限於篇幅，完整的標準 FTP 的命令不可能一一實現，本節只實現了一些基本的命令，並對這些命令做出詳細說明。

常用的 FTP 存取控制命令如表 5-1 所示。

▼ 表 5-1 常用的 FTP 存取控制命令

| 命令名稱 | 功　能 |
|---|---|
| USER username | 登入使用者的名稱，參數 username 是登入使用者名稱。USER 命令的參數是用來指定使用者的 Telnet 字串。它用來進行使用者鑑定、伺服器對賦予檔案的系統存取權限。該命令通常是建立資料連接後（有些伺服器需要）使用者發出的第一個命令。有些伺服器還需要透過 password 或 account 命令獲取額外的鑑定資訊。伺服器允許使用者為了改變存取控制和 / 或帳戶資訊而發送新的 USER 命令。這會導致已經提供的使用者，密碼，帳戶資訊被清空，重新開始登入。所有的傳輸參數均不改變，任何正在執行的傳輸處理程序在舊的存取控制參數下完成 |
| PASS password | 發出登入密碼，參數 password 是登入該使用者所需的密碼。PASS 命令的參數是用來指定使用者密碼的 Telnet 字串。此命令緊接使用者名稱命令，在某些網站它是完成存取控制不可缺少的一步。因為密碼資訊非常敏感，所以它的表示通常被「掩蓋」起來或什麼也不顯示。伺服器沒有十分安全的方法達到這樣的顯示效果，因此，FTP 用戶端處理程序有責任去隱藏敏感的密碼資訊 |
| CWD pathname | 改變工作路徑，參數 pathname 是指定目錄的路徑名稱。該命令允許使用者在不改變它的登入和帳戶資訊的狀態下，為儲存或下載檔案而改變工作目錄或資料集。傳輸參數不會改變。它的參數是指定目錄的路徑名稱或其他系統的檔案集標識符 |
| CDUP | 回到上一層目錄 |
| REIN | 恢復到初始登入狀態 |
| QUIT | 退出登入，終止連接。該命令終止一個使用者的登入狀態，如果沒有正在執行的檔案傳輸，則伺服器將關閉控制連接。如果有資料傳輸，則在得到傳輸回應後伺服器關閉控制連接。如果使用者處理程序正在向不同的使用者傳輸資料，不希望對每個使用者關閉然後再打開，則可以使用 REIN 命令代替 QUIT。對控制連接的意外關閉，可以導致伺服器執行中止（ABOR）和退出登入（QUIT） |

　　所有的資料傳輸參數都有預設值，僅當要改變預設的參數值時才使用傳輸參數命令指定資料傳輸的參數。預設值是最後一次指定的值，如果沒有指定任何值，那麼就使用標準的預設值，這表示伺服器必須「記住」合適的預設值。在 FTP 服務請求之後，命令的次序可以任意。常用的 FTP 傳輸參數命令如表 5-2 所示。

▼ 表 5-2 常用的 FTP 傳輸參數命令

| 命令名稱 | 功　能 |
|---|---|
| PORT<br>h1,h2,h3,h4,p1,p2 | 主動傳輸方式參數為 IP 位址（h1,h2,h3,h4）和通訊埠編號（p1*256+p2）。用戶端和伺服器均有預設的資料通訊埠，並且一般情況下，此命令和它的回應不是必需的。如果使用該命令，則參數由 32 位元的 Internet 主機位址和 16 位元的 TCP 通訊埠位址串聯組成。位址資訊被分隔成 8 位一組，各組的值以十進位數字（用字串表示）來傳輸。各組之間用逗點分隔。一個通訊埠命令：<br>PORT h1,h2,h3,h4,p1,p2<br>這裡 h1 是 Internet 主機位址的高 8 位元 |
| PASV | 被動傳輸方式。該命令要求伺服器在一個資料通訊埠（不是預設的資料通訊埠）監聽以等待連接，而非在接收到一個傳輸命令後就初始化。該命令的回應包含伺服器正監聽的主機位址和通訊埠位址 |
| TYPE type | 確定傳輸資料型態（A=ASCII，I=Image，E=EBCDIC）。資料表示類型由使用者指定，類型可以隱含地（比如 ASCII 或 EBCDIC）或明確地（比如本地位元組）定義一個位元組的長度，提供像「邏輯位元組長度」這樣的表示。注意，在資料連接上傳輸時使用的位元組長度稱為「傳輸位元組長度」，和上面說的「邏輯位元組長度」不要弄混，舉例來說，NVT-ASCII 的邏輯位元組長度是 8 位元。如果資料型態是本地類型，那麼 TYPE 命令必須在第二個參數中指定邏輯位元組長度。傳輸位元組長度通常是 8 位元的。<br>● ASCII 類型<br>這是所有 FTP 在執行時必須承認的預設類型。它主要用於傳輸文字檔。<br>發送方把用內部字元表示的資料轉換成標準的 8 位 NVT-ASCII 表示，接收方把資料從標準的格式轉換成自己內部的表示形式。<br>與 NVT 標準保持一致，要在行結束處使用 <CRLF> 序列。使用標準的 NVT-ASCII 表示的意思是資料必須轉為 8 位元的位元組。<br>● IMAGE 類型<br>資料以連續的位傳輸，並打包成 8 位元的傳輸位元組。接收站點必須以連續的位儲存資料。<br>儲存系統的檔案結構（或對於記錄結構檔案的每個記錄）必須填充適當的分隔符號，分隔符號必須全部為零，填充在檔案末尾（或每個記錄的末尾），而且必須有辨識出填充位的辦法，以便接收方把它們分離出去。<br>填充的傳輸方法應該被充分地宣傳，使得使用者可以在儲存網站處理檔案。IMAGE 格式用於有效地傳送和儲存檔案，以及傳送二進位資料。推薦所有的 FTP 在執行時支援此類型。<br>● EBCDIC 是 IBM 提出的字元編碼方式 |

　　FTP 服務命令表示使用者要求的檔案傳輸或檔案系統功能。FTP 服務命令的參數通常是一個路徑名稱，路徑名稱的語法必須符合伺服器網站的規定和控制連接的語言規定。隱含的預設值是最後一次指定的裝置、目錄或檔案名稱，或本地使用者自訂的標準預設值。命令順序通常沒有限制，只有「rename from」命令後面必須是「rename to」，重新啟動命令後面必須是中斷服務命令（比如，STOR 或 RETR）。除確定的報告回應外，FTP 服務命令的回應總是在資料連接上傳輸。常用的 FTP 服務命令如表 5-3 所示。

▼ 表 5-3 常用的 FTP 服務命令

| 命令名稱 | 功　　能 |
| --- | --- |
| LIST pathname | 請求伺服器發送列表資訊。如果路徑名稱指定了一個路徑或其他的檔案集，那麼伺服器會傳送指定目錄的檔案清單。如果路徑名稱指定了一個檔案，那麼伺服器將傳送檔案的當前資訊。不使用參數表示使用使用者當前的工作目錄或預設目錄。資料傳輸在資料連接上進行，使用 ASCII 類型或 EBCDIC 類型（使用者必須保證表示類型是 ASCII 或 EBCDIC）。因為一個檔案的資訊從一個系統到一個系統差別很大，所以此資訊很難被程式自動辨識，但對人類使用者卻很有用 |
| RETR pathname | 請求伺服器向用戶端發送指定檔案。該命令讓 server-DTP 用指定的路徑名稱傳送一個檔案的副本到資料連接另一端的 server-DTP 或 user-DTP。該伺服器網站上的檔案狀態和內容不受影響 |
| STOR pathname | 用戶端向伺服器上傳指定檔案。該命令讓 server-DTP 透過資料連接接收資料傳輸，並且把資料儲存為伺服器網站上的檔案。如果指定的路徑名稱的檔案在伺服器網站上已經存在，那麼它的內容將被傳輸的資料替換。如果指定的路徑名稱的檔案不存在，那麼將在伺服器網站上新建一個檔案 |
| ABOR | 終止上一次 FTP 服務命令以及所有相關的資料傳輸 |
| APPE pathname | 用戶端向伺服器上傳指定檔案，若該檔案已存在於伺服器的指定路徑下，則資料將以追加的方式寫入該檔案；若不存在，則在該位置新建一個名稱相同檔案 |
| DELE pathname | 刪除伺服器上的指定檔案。此命令從伺服器網站上刪除指定路徑名稱的檔案 |
| REST marker | 移動檔案指標到指定的資料核心對點。該命令的參數 marker 代表檔案傳送重新開機的伺服器標記。此命令並不傳送檔案，而是跳到檔案的指定資料檢查點。此命令後應該緊接合適的使資料重傳的 FTP 服務命令 |
| RMD pathname | 此命令刪除路徑名稱中指定的目錄（若是絕對路徑），或刪除目前的目錄的子目錄（若是相對路徑） |
| SIZE remote-file | 顯示遠端檔案的大小 |
| MKD pathname | 此命令建立指定路徑名稱的目錄（如果是絕對路徑），或在當前工作目錄中建立子目錄（如果是相對路徑） |
| PWD | 此命令在回應中傳回當前工作目錄名稱 |
| CDUP | 將目前的目錄改為伺服器端根目錄，不需要更改帳號資訊以及傳輸參數 |
| RNFR filename | 指定要重新命名的檔案的舊路徑和檔案名稱 |
| RNTO filename | 指定要重新命名的檔案的新路徑和檔案名稱 |

## 5.4.5 FTP 應答碼

　　FTP 命令的回應是為了確保資料傳輸請求和過程同步，也是為了保證使用者處理程序總能知道伺服器的狀態。每行指令最少產生一個回應，如果產生多個回應，則多個回應必須容易分辨。另外，有些指令是連續產生的，比如 USER、PASS 和 ACCT，或 RNFR 和 RNTO。如果此前指令已經成功，那麼回應顯示一個中間的狀態。其中任何一個命令的失敗會導致全部命令序列重新開始。

　　FTP 應答資訊指的是伺服器在執行完相關命令後，傳回給用戶端的執行結果資訊，用戶端透過應答碼能夠及時了解伺服器當前的工作狀態。FTP 應答碼是由三個數字外加一些文字組成的，不同數字組合代表不同的含義，用戶端不用分析文字內容就可以知曉命令的執行情況。文字內容取決於伺服器，不同情況下用戶端會獲得不一樣的文字內容。

　　三個數字的每一位都有一定的含義：第一位表示伺服器的回應是成功的、失敗的還是不完全的；第二位表示該回應是針對哪一部分的，使用者可以據此了解哪一部分出了問題；第三位表示在第二位的基礎上增加的一些附加資訊。舉例來說，發送的第一個命令是 USER 加使用者名稱，隨後用戶端收到應答碼 331：應答碼的第一位的 3 表示需要提供更多資訊，第二位的 3 表示該應答是與認證相關的，與第三位的 1 一起，該應答碼的含義是使用者名稱正常，但是需要一個密碼。若使用 x、y、z 來表示三位數字的 FTP 應答碼，則根據前兩位區分的不同應答碼及其含義如表 5-4 所示。

▼ 表 5-4　根據前兩位區分的不同應答碼及其含義

| 應答碼 | 含義說明 |
| --- | --- |
| 1yz | 確定預備應答。目前為止操作正常，但尚未完成 |
| 2yz | 確定完成應答。操作完成並成功 |
| 3yz | 確定中間應答。目前為止操作正常，但仍需後續操作 |
| 4yz | 暫時拒絕完成應答。未接收命令，操作執行失敗，但錯誤是暫時的，可以稍後繼續發送命令 |
| 5yz | 永久拒絕完成應答。命令不被接收，並且不再重試 |
| x0z | 格式錯誤 |
| x1z | 請求資訊 |
| x2z | 控制或資料連接 |
| x3z | 認證和帳戶登入過程 |
| x4z | 未使用 |
| x5z | 檔案系統狀態 |

　　根據表 5-4 對應答碼含義的規定，表 5-5 按照功能劃分列舉了常用的 FTP 應答碼，並介紹了其具體含義。

▼ 表 5-5 常用的 FTP 應答碼及其含義

| 具體應答碼 | 含義說明 |
|---|---|
| 200 | 指令成功 |
| 500 | 語法錯誤，未被承認的指令 |
| 501 | 因參數或變數導致的語法錯誤 |
| 502 | 指令未執行 |
| 110 | 重新開始標記應答 |
| 220 | 服務為新使用者準備好 |
| 221 | 服務關閉控制連接，適當時退出 |
| 421 | 服務無效，關閉控制連接 |
| 125 | 資料連接已打開，開始傳送資料 |
| 225 | 資料連接已打開，無傳輸正在進行 |
| 425 | 不能建立資料連接 |
| 226 | 關閉資料連接，請求檔案操作成功 |
| 426 | 連接關閉，傳輸終止 |
| 227 | 進入被動模式（h1,h2,h3,h4,p1,p2） |
| 331 | 使用者名稱正確，需要密碼 |
| 150 | 檔案狀態良好，打開資料連接 |
| 350 | 請求的檔案操作需要進一步的指令 |
| 451 | 終止請求的操作，出現本地錯誤 |
| 452 | 未執行請求的操作，系統儲存空間不足 |
| 552 | 請求的檔案操作終止，儲存分配溢位 |
| 553 | 請求的操作沒有執行 |

## 5.5 開發 FTP 伺服器

　　為了支援多個用戶端同時相連，本例開發的 FTP 伺服器使用了並發模型。並發模型可分為多處理程序模型、多執行緒模型和事件驅動模型三大類。

　　（1）多處理程序模型每接收一個連接就複刻一個子處理程序，在該子處理程序中處理連接的請求。該模型的特點是多處理程序佔用系統資源多，處理程序切換的系統銷耗大，Linux 下最大處理程序數有限制，不利於處理大並發。

　　（2）多執行緒模型每接收一個連接就生成一個子執行緒，利用該子執行緒連接的請求。Linux 下有最大執行緒數限制（處理程序虛擬位址空間有限），處理程序的頻繁建立和銷毀造成系統銷耗大，同樣不利於處理大並發。

（3）事件驅動模型在 Linux 下基於 select、poll 或 epoll 實現，程式的基本結構是一個事件迴圈結合非阻塞 I/O，以事件驅動和事件回呼的方式實現業務邏輯，目前在高性能的網路程式中，使用得最廣泛的就是這種並發模型，結合執行緒池，可避免執行緒的頻繁建立和銷毀的銷耗，能極佳地處理高並發。執行緒池旨在減少建立和銷毀執行緒的頻率，維持一定合理數量的執行緒，並讓空閒的執行緒重新承擔新的執行任務。現今常見的高吞吐高並發系統往往是基於事件驅動的 I/O 多工模式設計的。事件驅動 I/O 也稱作 I/O 多工，I/O 多工使得程式能同時監聽多個檔案描述符號，在一個或更多檔案描述符號就緒前始終處於睡眠狀態。Linux 下的 I/O 多工方案有 select、poll 和 epoll。如果處理的連接數不是很高的話，使用 select/poll/epoll 的伺服器不一定比使用多執行緒阻塞 I/O 的伺服器性能更好，select/poll/epoll 的優勢並不是對單一連接能處理得更快，而是能處理更多的連接。

本伺服器選用了事件驅動模型，並且基於 libevent 程式庫。libevent 中，基於 event 和 event_base 已經可以寫一個 CS 模型了，但是對伺服器端來說，仍然需要使用者自行呼叫 socket、bind、listen、accept 等。這個過程有點繁瑣，並且一些細節可能考慮不全，為此 libevent 推出了對應的封裝函式，簡化了整個監聽的流程，使用者只需在對應的回呼函式裡處理已完成連接的通訊端即可。這些封裝函式的主要優點如下：

（1）省去了使用者手動註冊事件的過程。

（2）省去了使用者驗證系統函式傳回是否成功的過程。

（3）幫助使用者省去了處理非阻塞通訊端 accpet 的麻煩。

（4）整個過程一氣呵成，使用者只需關注業務邏輯即可，其他細節都由 libevent 來搞定。

## 【例 5.2】基於執行緒池的 FTP 伺服器開發

（1）在 Windows 下打開自己喜愛的編輯器，新建檔案 main.cpp。這個檔案實現了 main 函式功能，首先初始化執行緒池，程式如下：

```
XThreadPoolGet->Init(10);
event_base *base = event_base_new();
if (!base)
    errmsg("main thread event_base_new error");
```

然後建立監聽事件，程式如下：

```
sockaddr_in sin;
memset(&sin, 0, sizeof(sin));
sin.sin_family = AF_INET;
sin.sin_port = htons(SPORT);   //PORT 是要監聽的伺服器通訊埠
// 建立監聽事件
evconnlistener *ev = evconnlistener_new_bind(
    base,                                       //libevent 的上下文
    listen_cb,                                  // 接收到連接的回呼函式
    base,                                       // 回呼函式獲取的參數 arg
    LEV_OPT_REUSEABLE|LEV_OPT_CLOSE_ON_FREE,     // 位址重用
    10,                                         // 連接佇列大小，對應 listen 函式
    (sockaddr*)&sin,                            // 綁定的位址和通訊埠
    sizeof(sin));

if (base) {
    cout << "begin to listen..." << endl;
    event_base_dispatch(base);
}
if (ev)
    evconnlistener_free(ev);
if (base)
    event_base_free(base);
testout("server end");
```

這樣 main 函式基本實現完畢，其中最重要的是把監聽函式 listen_cb 作為回呼函式註冊給 libevent。使用者只需要透過程式庫函式 evconnlistener_new_bind 傳遞回呼函式，在 aceept 成功後，在回呼函式（這裡是 listen_cb）裡面處理已連接的通訊端即可，省去了使用者需要處理的一些列麻煩問題。函式 listen_cb 也在 main.cpp 中實現，程式如下：

```
// 等待連接的回呼函式，一旦連接成功，就執行這個函式
void listen_cb(struct evconnlistener *ev, evutil_socket_t s, struct sockaddr *addr,
int socklen, void *arg) {
    testout("main thread At listen_cb");
    sockaddr_in *sin = (sockaddr_in*)addr;
    XTask *task = XFtpFactory::Get()->CreateTask();// 建立任務
    task->sock = s;   // 此時的 s 就是已連接的通訊端
    XThreadPoolGet->Dispatch(task);   // 分配任務
}
```

我們把等待連接的工作放到執行緒池中，因此需要先建立任務，再分配任務。類別 XFtpFactory 是任務類別 XTask 的子類別，該類別的主要功能就是提供一個建

立任務的函式 CreateTask，該函式每次接到一個新的連接時都新建一個任務流程。
函式 Dispatch 用於在執行緒池中分配任務，其中 task 的成員變數 sock 儲存已連接
的通訊端，以後處理任務的時候，就可以透過這個通訊端和用戶端進行互動了。

（2）新建檔案 XFtpFactory.cpp 和 XFtpFactory.h，定義類 XFtpFactory。類別
XFtpFactory 主要實現建立任務函式 CreateTask，該函式程式如下：

```
XTask *XFtpFactory::CreateTask() {
    testout("At XFtpFactory::CreateTask");
    XFtpServerCMD *x = new XFtpServerCMD();

    x->Reg("USER", new XFtpUSER());

    x->Reg("PORT", new XFtpPORT());

    XFtpTask *list = new XFtpLIST();
    x->Reg("PWD", list);
    x->Reg("LIST", list);
    x->Reg("CWD", list);
    x->Reg("CDUP", list);

    x->Reg("RETR", new XFtpRETR());

    x->Reg("STOR", new XFtpSTOR());

    return x;
}
```

該函式中，實例化了命令處理器（XFtpServerCMD 物件），並向命令處理
器中增加要處理的 FTP 命令，比如 USER、PORT 等。其中，XFtpUSER 用於實
現 USER 命令，目前該類別只提供了一個虛函式 Parse，我們可以根據需要實現具
體的登入認證，如果不實現也可以，那就預設都可以登入，並且直接傳回「230
Login successsful.」；XFtpPORT 用於實現 PORT 命令，在其成員函式 Parse 中解析
IP 位址和通訊埠編號；FTP 命令 USER 和 PORT 是互動剛開始必須用到的命令，
我們單獨實現；一旦登入成功，後續命令就透過一個列表類別 XFtpLIST 來實現，
以方便管理；最後把和檔案操作有關的命令（比如 PWD、LIST 等）進行註冊。

（3）新建檔案 XFtpUSER.h 和 XFtpUSER.cpp，並定義類 XFtpUSER，該類別
實現 FTP 的 USER 命令，成員函式就一個虛函式 Parse，程式如下：

```
void XFtpUSER::Parse(std::string, std::string) {
    testout("AT XFtpUSER::Parse");
```

```
        ResCMD("230 Login successsful.\r\n");
    }
```

這裡我們簡單處理，不進行複雜的認證，如果需要認證，也可以多載虛函式。

（4）新建檔案 XFtpPORT.h 和 XFtpPORT.cpp，並定義類 XFtpPORT，該類別實現 FTP 的 PORT 命令，成員函式就一個虛函式 Parse，程式如下：

```cpp
void XFtpPORT::Parse(string type, string msg) {
    testout("XFtpPORT::Parse");
    //PORT 127,0,0,1,70,96\r\n
    //PORT n1,n2,n3,n4,n5,n6\r\n
    //port = n5 * 256 + n6

    vector<string>vals;
    string tmp = "";
    for (int i = 5; i < msg.size(); i++) {
        if (msg[i] == ',' || msg[i] == '\r') {
            vals.push_back(tmp);
            tmp = "";
            continue;
        }
        tmp += msg[i];
    }
    if (vals.size() != 6) {
        ResCMD("501 Syntax error in parameters or arguments.");
        return;
    }
    // 解析出 IP 位址和通訊埠編號，並設定在主要流程 cmdTask 下
    ip = vals[0] + "." + vals[1] + "." + vals[2] + "." + vals[3];
    port = atoi(vals[4].c_str()) * 256 + atoi(vals[5].c_str());
    cmdTask->ip = ip;
    cmdTask->port = port;
    testout("ip: " << ip);
    testout("port: " << port);
    ResCMD("200 PORT command success.");
}
```

該函式的主要功能是解析出 IP 位址和通訊埠編號，並設定在主要流程 cmdTask 下。最後向用戶端傳回資訊「200 PORT command success.」。

（5）新建檔案 XFtpLIST.h 和 XFtpLIST.cpp，並定義類 XFtpLIST，該類別實現 FTP 的 LIST 命令，最重要的成員函式是 Parse，用於解析檔案操作的相關命令，程式如下：

```cpp
void XFtpLIST::Parse(std::string type, std::string msg) {
```

```cpp
        testout("At XFtpLIST::Parse");
        string resmsg = "";
        if (type == "PWD") {
            //257 "/" is current directory.
            resmsg = "257 \"";
            resmsg += cmdTask->curDir;
            resmsg += "\" is current dir.";
            ResCMD(resmsg);
        }
        else if (type == "LIST") {
            //1 發送 150 命令回覆
            //2 連接資料通道並透過資料通道發送資料
            //3 發送 226 命令回覆完成
            //4 關閉連接
            // 使用命令通道回覆訊息，使用資料通道發送目錄
            // "-rwxrwxrwx 1 root root      418 Mar 21 16:10 XFtpFactory.cpp";
            string path = cmdTask->rootDir + cmdTask->curDir;
            testout("listpath: " << path);
            string listdata = GetListData(path);
            ConnectoPORT();
            ResCMD("150 Here coms the directory listing.");
            Send(listdata);
        }
        else if (type == "CWD") // 切換目錄
        {
            // 取出命令中的路徑
            //CWD test\r\n
            int pos = msg.rfind(" ") + 1;
            // 去掉結尾的 \r\n
            string path = msg.substr(pos, msg.size() - pos - 2);
            if (path[0] == '/') // 絕對路徑
            {
                cmdTask->curDir = path;
            }
            else
            {
                if (cmdTask->curDir[cmdTask->curDir.size() - 1] != '/')
                    cmdTask->curDir += "/";
                cmdTask->curDir += path + "/";
            }
            if (cmdTask->curDir[cmdTask->curDir.size() - 1] != '/')
                cmdTask->curDir += "/";
            // /test/
            ResCMD("250 Directory succes chanaged.\r\n");

            //cmdTask->curDir +=
        }
```

```
        else if (type == "CDUP") // 回到上層目錄
        {
            if (msg[4] == '\r') {
                cmdTask->curDir = "/";
            }
            else {
                string path = cmdTask->curDir;
                // 統一去掉結尾的 /
                if (path[path.size() - 1] == '/')
                {
                    path = path.substr(0, path.size() - 1);
                }
                int pos = path.rfind("/");
                path = path.substr(0, pos);
                cmdTask->curDir = path;
                if (cmdTask->curDir[cmdTask->curDir.size() - 1] != '/')
                    cmdTask->curDir += "/";
            }
            ResCMD("250 Directory succes chanaged.\r\n");
        }
    }
```

　　至此，FTP 的主要功能就已實現完畢，限於篇幅，其他一些協助工具函式就不一一列出，具體可以參見本書書附提供的原始程式目錄。另外，關於執行緒池的函式實現，我們前面章節也已實現過了，這裡不再列出，詳見原始程式。

　　（6）所有原始程式檔案上傳到 Linux 下進行編譯和執行。因為檔案許多，所以筆者用了一個 Makefile 檔案，以後只需要一個 make 命令即可完成編譯和連結。Makefile 檔案內容如下：

```
GCC ?= g++
CCMODE = PROGRAM
INCLUDES =  -I/opt/libevent/include/
CFLAGS =  -Wall $(MACRO)
TARGET = ftpSrv
SRCS := $(wildcard *.cpp)
LIBS = -L /opt/libevent/lib/  -levent -lpthread

ifeq ($(CCMODE),PROGRAM)
$(TARGET): $(LINKS) $(SRCS)
    $(GCC) $(CFLAGS) $(INCLUDES) -o $(TARGET)  $(SRCS) $(LIBS)
    @chmod +x $(TARGET)
    @echo make $(TARGET) ok.
clean:
    rm -rf $(TARGET)
```

```
    endif

    clean:
        rm -f $(TARGET)

    .PHONY:install
    .PHONY:clean
```

這個 Makefile 檔案的內容很簡單，主要是編譯器的設定（g++）、標頭檔和程式庫的路徑設定等，相信 Linux 初學者都可以看懂。

把所有原始檔案、標頭檔和 Makefile 檔案上傳到 Linux 的某個檔案下，然後在原始程式根目錄下執行 make 命令，此時會在同目錄下生成可執行檔 ftpSrv，執行 ftpSrv：

```
root@tom-virtual-machine:~/ex/ftpSrv# ./ftpSrv
Create thread0
0 thread::Main() begin
Create thread1
1 thread::Main() begin
Create thread2
2 thread::Main() begin
Create thread3
3 thread::Main() begin
Create thread4
4 thread::Main() begin
Create thread5
5 thread::Main() begin
Create thread6
6 thread::Main() begin
Create thread7
7 thread::Main() begin
Create thread8
8 thread::Main() begin
Create thread9
9 thread::Main() begin
begin to listen...
```

可以看到，執行緒池中的 10 個執行緒都已經啟動，並且伺服器端已經在監聽用戶端的到來。下面實現用戶端。

# 5.6 開發 FTP 用戶端

本節主要介紹 FTP 用戶端的設計過程和具體實現方法。首先進行需求分析，確定用戶端的介面設計方案和工作流程設計方案。然後描述用戶端程式框架，分為介面控制模組、命令處理模組和執行緒模組三個部分。最後介紹用戶端主要功能的詳細實現方法。

由於用戶端通常是使用者導向的，需要比較友善的使用者介面，而且通常是執行在 Windows 作業系統上的，因此這裡使用 VC++ 開發工具來開發用戶端。這也是最前線企業開發中常見的場景，即伺服器端執行在 Linux 上，而用戶端執行在 Windows 上。透過 Windows 用戶端程式和 Linux 伺服器端程式進行互動，也可以驗證我們的 FTP 伺服器程式是支援和 Windows 上的程式進行互動的。當然，這裡不會使用很複雜的 VC 開發知識，只用到常見且比較簡單的圖形介面開發知識。希望每一個 Linux 伺服器程式開發者都能學習一下簡單的非 Linux 平臺的用戶端開發知識，這對自測我們的 Linux 伺服器程式來說是很有必要的，因為用戶端的使用場景基本都是非 Linux 平臺，比如 Windows、安卓等。本書主要介紹 Linux 網路程式設計的內容，限於篇幅，對於 Windows 開發只能簡述。

## 5.6.1 用戶端需求分析

一款優秀的 FTP 用戶端應該具備以下特點：

（1）易於操作的圖形介面，方便使用者進行登入、上傳和下載等各項操作。

（2）完整的功能，應該包括登入、退出、列出伺服器端目錄、檔案的下載和上傳、目錄的下載和上傳、檔案或目錄的刪除、中斷點續傳以及檔案傳輸狀態即時回饋等。

（3）穩定性高，保證檔案的可靠傳輸，遇到突發情況程式不至於崩潰。

## 5.6.2 概要設計

在 FTP 用戶端設計中主要使用 WinInet API 程式設計，無須考慮基本的通訊協定和底層的資料傳輸工作，MFC 提供的 WinInet 類別是對 WinInet API 函式的封裝，它提供給使用者了更加方便的程式設計介面。在該設計中，使用的類別包括 CInternetSession 類別、CFtpConnection 類別和 CFtpFileFind 類別，其中，CInternetSession 用於建立一個 Internet 階段，CftpConnection 完成檔案操作，

CftpFileFind 負責檢索某一個目錄下的所有檔案和子目錄。程式基本功能如下：

（1）登入到 FTP 伺服器。

（2）檢索 FTP 伺服器上的目錄和檔案。

（3）根據 FTP 伺服器給的許可權相應地提供檔案的上傳、下載、重新命名、刪除等功能。

## 5.6.3 用戶端工作流程設計

FTP 用戶端的工作流程設計如下：

（1）使用者輸入使用者名稱和密碼進行登入操作。

（2）連接 FTP 伺服器成功後發送 PORT 或 PASV 命令選擇傳輸模式。

（3）發送 LIST 命令通知伺服器將目錄清單發送給用戶端。

（4）伺服器透過資料通道將遠端目錄資訊發送給用戶端，用戶端對它進行解析並顯示到對應的伺服器目錄列表方塊中。

（5）透過控制連接發送相應的命令進行檔案的下載和上傳、目錄的下載和上傳，以及目錄的新建或刪除等操作。

（6）啟動下載或上傳執行緒執行檔案的下載和上傳任務。

（7）在檔案開始傳輸的時候開啟計時器執行緒和狀態統計執行緒。

（8）使用結束，斷開與 FTP 伺服器的連接。

如果是商用軟體，那麼這些功能通常都要實現，但這裡主要是教學，因此抓住主要功能即可。

## 5.6.4 實現主介面

具體操作步驟如下：

**步驟 01** 打開 VC2017，新建一個單檔案專案，專案名稱是 MyFtp。

**步驟 02** 為 CMyFtpView 類別的視圖視窗增加一個點陣圖背景顯示。把專案中 res 目錄下的 background.bmp 匯入資源視圖，並設定其 ID 為 IDB_BITMAP2。為 CmyFtpView 增加 WM_ERASEBKGND 訊息回應函式 OnEraseBkgnd，增加程式如下：

```
BOOL CMyFtpView::OnEraseBkgnd(CDC* pDC)      // 用於增加背景圖
{
    //TODO: Add your message handler code here and/or call default
```

```
    CBitmap bitmap;
    bitmap.LoadBitmap(IDB_BITMAP2);

    CDC dcCompatible;
    dcCompatible.CreateCompatibleDC(pDC);

    // 建立與當前 DC(pDC) 相容的 DC，先用 dcCompatible 準備影像，再將資料複製到實際 DC 中
    dcCompatible.SelectObject(&bitmap);

    CRect rect;
    GetClientRect(&rect);// 得到目的 DC 客戶區大小，GetClientRect(&rect);
    // 得到目的 DC 客戶區大小，
    //pDC->BitBlt(0,0,rect.Width(),rect.Height(),&dcCompatible,0,0,SRCCOPY);// 實現 1:1
的複製

    BITMAP bmp;// 結構
    bitmap.GetBitmap(&bmp);
    pDC->StretchBlt(0,0,rect.Width(),rect.Height(),&dcCompatible,0,0,
        bmp.bmWidth,bmp.bmHeight,SRCCOPY);
    return true;
}
```

**步驟 03** 在主框架狀態列的右下角增加時間顯示功能。首先為 CMainFrame 類別（注意是 CMainFrame 類別）設定一個計時器，然後為該類別響應 WM_TIMER 訊息，在 CMainFrame::OnTimer 函式中增加以下程式：

```
void CMainFrame::OnTimer(UINT nIDEvent)
{
    //TODO: Add your message handler code here and/or call default

    // 用於在狀態列顯示當前時間
    CTime t=CTime::GetCurrentTime();   // 獲取當前時間
    CString str=t.Format("%H:%M:%S");

    CClientDC dc(this);
CSize sz=dc.GetTextExtent(str);

m_wndStatusBar.SetPaneInfo(1,IDS_TIMER,SBPS_NORMAL,sz.cx);
    m_wndStatusBar.SetPaneText(1,str); // 設定到狀態列的面板上

    CFrameWnd::OnTimer(nIDEvent);
}
```

其中 IDS_TIMER 是增加的字串資源的 ID。此時執行程式，會發現狀態列的右下角有時間顯示了，如圖 5-3 所示。

▲ 圖 5-3

步驟 04 增加主選單項「連接」，ID 為 IDM_CONNECT。為標頭檔 MyFtpView.h 中的類別 CmyFtpView 增加以下成員變數：

```
CConnectDlg m_ConDlg;
CFtpDlg     m_FtpDlg;
CString m_FtpWebSite;
CString m_UserName;                    // 使用者名稱
CString m_UserPwd;                     // 密碼

CInternetSession* m_pSession;          // 指向 Internet 階段
CFtpConnection* m_pConnection;         // 指向與 FTP 伺服器的連接
CFtpFileFind* m_pFileFind;             // 用於對 FTP 伺服器上的檔案進行查詢
```

其中，類別 CConnectDlg 是登入對話方塊的類別；類別 CFtpDlg 是登入伺服器成功後，進行檔案操作介面的對話方塊類別；m_FtpWebSite 是 FTP 伺服器的位址，比如 127.0.0.1；m_pSession 是 CInternetSession 物件的指標，指向 Internet 階段。

為選單「連接」增加視圖類別 CmyFtpView 的訊息回應，程式如下：

```
void CMyFtpView::OnConnect()
{
    //TODO: Add your command handler code here
    // 生成一個模態對話方塊
    if (IDOK==m_ConDlg.DoModal())
    {
        m_pConnection = NULL;
        m_pSession = NULL;

    m_FtpWebSite = m_ConDlg.m_FtpWebSite;
        m_UserName = m_ConDlg.m_UserName;
        m_UserPwd = m_ConDlg.m_UserPwd;

        m_pSession=new CInternetSession(AfxGetAppName(),
            1,
            PRE_CONFIG_INTERNET_ACCESS);
        try
        {
            // 試圖建立 FTP 連接
            SetTimer(1,1000,NULL);   // 設定計時器，一秒發一次 WM_TIMER
            CString  str=" 正在連接中 ...";
            // 向主對話方塊狀態列設定資訊
```

```
            ((CMainFrame*)GetParent())->SetMessageText(str);
            // 連接 FTP 伺服器
            m_pConnection=m_pSession->GetFtpConnection(m_FtpWebSite,
    m_UserName,m_UserPwd);
        }
        catch (CInternetException* e) // 錯誤處理
        {
            e->Delete();
            m_pConnection=NULL;
        }
    }
}
```

其中，m_ConDlg 是登入對話方塊物件，後面會增加登入對話方塊。另外，可以看到上面程式中啟動了一個計時器，這個計時器每隔一秒發送一次 WM_TIMER 訊息。我們為視圖類別增加 WM_TIMER 訊息響應，程式如下：

```
void CMyFtpView::OnTimer(UINT nIDEvent)
{
    // 在這裡增加訊息處理常式程式和（或）呼叫 default
    static int time_out=1;
    time_out++;
    if (m_pConnection == NULL)
    {
        CString  str=" 正在連接中 ...";
        ((CMainFrame*)GetParent())->SetMessageText(str);
        if (time_out>=60)
        {
            ((CMainFrame*)GetParent())->SetMessageText(" 連接逾時 !");
            KillTimer(1);
            MessageBox(" 連接逾時 !"," 逾時 ",MB_OK);
        }
    }
    else
    {
        CString str=" 連接成功 !";
        ((CMainFrame*)GetParent())->SetMessageText(str);
        KillTimer(1);
        // 連接成功之後，不用計時器來監視連接情況
        // 同時跳出操作對話方塊
        m_FtpDlg.m_pConnection = m_pConnection;
        // 非模態對話方塊
        m_FtpDlg.Create(IDD_DIALOG2,this);
```

```
        m_FtpDlg.ShowWindow(SW_SHOW);
    }
    CView::OnTimer(nIDEvent);
}
```

程式一目了然，就是在狀態列上顯示連接是否成功的資訊。

**步驟 05** 增加主選單項「退出用戶端」，選單 ID 為 IDM_EXIT，增加類別 CMainFrame 的選單訊息處理函式：

```
void CMainFrame::OnExit()
{
    // 在這裡增加命令處理常式程式
    // 退出程式的回應函式
    if(IDYES==MessageBox(" 確定要退出用戶端嗎 ?"," 警告 ",MB_YESNO|MB_ICONWARNING))
        CFrameWnd::OnClose();
}
```

為主框架右上角的退出按鈕增加訊息處理函式：

```
void CMainFrame::OnClose()
{
    // 在這裡增加訊息處理常式程式和 ( 或 ) 呼叫 default
    //WM_CLOSE 的回應函式
    OnExit();
}
```

至此，主框架介面開發完畢。下面實現登入介面的開發。

## 5.6.5 實現登入介面

**步驟 01** 在專案 MyFtp 中增加一個對話方塊資源，介面設計如圖 5-4 所示。

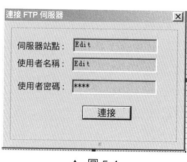

▲ 圖 5-4

在圖 5-4 中控制項的 ID 具體可見專案原始程式（在本書書附下載資源中），這裡不再贅述。

步驟 02 為「連接」按鈕增加訊息處理函式：

```
void CConnectDlg::OnConnect()
{
    //TODO: Add your control notification handler code here
    UpdateData();
    CDialog::OnOK();
}
```

這個函式沒有真正去連接 FTP 伺服器，主要造成關閉本對話方塊的作用。真正連接伺服器的地方是在函式中 CMyFtpView::OnConnect() 中。

## 5.6.6 實現登入後的操作介面

登入伺服器成功後，將顯示一個對話方塊，在這個對話方塊上可以進行 FTP 的常見操作，比如查詢、下載檔案、上傳檔案、刪除檔案和重新命名檔案等操作。這個對話方塊的設計步驟如下：

步驟 01 在專案 MyFtp 中新建一個對話方塊，對話方塊 ID 是 IDD_DIALOG2，然後拖拉控制項設定對話方塊，如圖 5-5 所示。

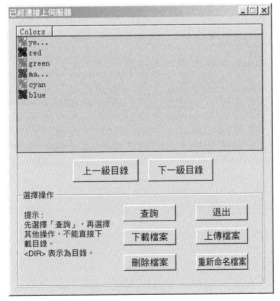

▲ 圖 5-5

為這個對話方塊資源增加一個對話方塊類別 CFtpDlg。下面為各個控制項增加訊息處理函式。

步驟 02 按兩下「上一級目錄」按鈕，增加訊息處理函式：

```cpp
// 傳回上一級目錄
void CFtpDlg::OnLastdirectory()
{
    static CString  strCurrentDirectory;
    m_pConnection->GetCurrentDirectory(strCurrentDirectory); // 得到目前的目錄
    if (strCurrentDirectory == "/")
        AfxMessageBox("已經是根目錄了！",MB_OK | MB_ICONSTOP);
    else
    {
        GetLastDiretory(strCurrentDirectory);
        m_pConnection->SetCurrentDirectory(strCurrentDirectory); // 設定目前的目錄
            ListContent("*");   // 對目前的目錄進行查詢
    }
}
```

步驟 03 按兩下「下一級目錄」按鈕，增加訊息處理函式：

```cpp
void CFtpDlg::OnNextdirectory()
{
    static CString  strCurrentDirectory, strSub;

m_pConnection->GetCurrentDirectory(strCurrentDirectory);
    strCurrentDirectory+="/";

    // 得到所選擇的文字
    int i=m_FtpFile.GetNextItem(-1,LVNI_SELECTED);
    strSub = m_FtpFile.GetItemText(i,0);
    if (i==-1) AfxMessageBox("沒有選擇目錄！",MB_OK | MB_ICONQUESTION);
    else
    {
        if ("<DIR>"!=m_FtpFile.GetItemText(i,2))   // 判斷是不是目錄
            AfxMessageBox("不是子目錄！",MB_OK | MB_ICONSTOP);
        else
        {
            m_pConnection->SetCurrentDirectory(strCurrentDirectory+strSub);
// 設定目前的目錄
            // 對目前的目錄進行查詢
            ListContent("*");
        }
    }
}
```

**步驟 04** 按兩下「查詢」按鈕，增加訊息處理函式：

```cpp
void CFtpDlg::OnQuary()   // 得到伺服器目前的目錄的檔案列表
{
    ListContent("*");
}
```

其中函式 ListContent 定義如下：

```cpp
// 用於顯示目前的目錄下所有的子目錄與檔案
void CFtpDlg::ListContent(LPCTSTR DirName)
{
    m_FtpFile.DeleteAllItems();
    BOOL bContinue;
    bContinue=m_pFileFind->FindFile(DirName);
    if (!bContinue)
    {
        // 查詢完畢，失敗
        m_pFileFind->Close();
        m_pFileFind=NULL;
    }

    CString strFileName;
    CString strFileTime;
    CString strFileLength;

    while (bContinue)
    {
        bContinue = m_pFileFind->FindNextFile();

        strFileName = m_pFileFind->GetFileName(); // 得到檔案名稱
        // 得到檔案最後一次修改的時間
        FILETIME ft;
        m_pFileFind->GetLastWriteTime(&ft);
        CTime FileTime(ft);
        strFileTime = FileTime.Format("%y/%m/%d");

        if (m_pFileFind->IsDirectory())
        {
            // 如果是目錄，則不求大小，用 <DIR> 代替
            strFileLength = "<DIR>";
        }
        else
        {
            // 得到檔案大小
            if (m_pFileFind->GetLength() <1024)
            {
```

```
                    strFileLength.Format("%d B",m_pFileFind->GetLength());
                }
                else
                {
                    if (m_pFileFind->GetLength() < (1024*1024))
                        strFileLength.Format("%3.3f KB",
                        (LONGLONG)m_pFileFind->GetLength()/1024.0);
                    else
                    {
                        if   (m_pFileFind->GetLength()<(1024*1024*1024))
                            strFileLength.Format("%3.3f MB",
                            (LONGLONG)m_pFileFind->GetLength()/(1024*1024.0));
                        else
                            strFileLength.Format("%1.3f GB",
                            (LONGLONG)m_pFileFind->GetLength()/(1024.0*1024*1024));
                    }
                }
            }
            int i=0;
        m_FtpFile.InsertItem(i,strFileName,0);
         m_FtpFile.SetItemText(i,1,strFileTime);
         m_FtpFile.SetItemText(i,2,strFileLength);
         i++;
        }
    }
```

步骤 05 按兩下「下載檔案」按鈕，增加訊息處理函式：

```
void CFtpDlg::OnDownload()
{
    //TODO: Add your control notification handler code here
    int i=m_FtpFile.GetNextItem(-1,LVNI_SELECTED); // 得到當前選擇項
    if (i==-1)
        AfxMessageBox(" 沒有選擇檔案 !",MB_OK | MB_ICONQUESTION);
    else
    {
    CString strType=m_FtpFile.GetItemText(i,2);   // 得到選擇項的類型
        if (strType!="<DIR>")    // 選擇的是檔案
        {
            CString strDestName;
            CString strSourceName;
            strSourceName = m_FtpFile.GetItemText(i,0);// 得到所要下載的檔案名稱

            CFileDialog dlg(FALSE,"",strSourceName);
            if (dlg.DoModal()==IDOK)
            {
```

```
                    // 獲得下載檔案在本地主機上儲存的路徑和名稱
                    strDestName=dlg.GetPathName();

                    // 呼叫 CFtpConnect 類別中的 GetFile 函式下載檔案
                    if (m_pConnection->GetFile(strSourceName,strDestName))
                        AfxMessageBox(" 下載成功！ ",MB_OK|MB_ICONINFORMATION);
                    else
                        AfxMessageBox(" 下載失敗！ ",MB_OK|MB_ICONSTOP);
                }
            }
            else // 選擇的是目錄
                AfxMessageBox(" 不能下載目錄 !\n 請重選 !",MB_OK|MB_ICONSTOP);
        }
    }
```

**步骤 06** 按兩下「刪除檔案」按鈕，增加訊息處理函式：

```
void CFtpDlg::OnDelete()// 刪除選擇的檔案
{
    //TODO: Add your control notification handler code here
    int i=m_FtpFile.GetNextItem(-1,LVNI_SELECTED);
    if (i==-1)
AfxMessageBox(" 沒有選擇檔案 !",MB_OK | MB_ICONQUESTION);
    else
    {
        CString  strFileName;
        strFileName = m_FtpFile.GetItemText(i,0);
        if ("<DIR>"==m_FtpFile.GetItemText(i,2))
            AfxMessageBox(" 不能刪除目錄 !",MB_OK | MB_ICONSTOP);
        else
        {
            if (m_pConnection->Remove(strFileName))
                AfxMessageBox(" 刪除成功！ ",MB_OK|MB_ICONINFORMATION);
            else
                AfxMessageBox(" 無法刪除！ ",MB_OK|MB_ICONSTOP);
        }
    }
    OnQuary();
}
```

## 其中函式 OnQuary 定義如下：

```
// 得到伺服器目前的目錄的檔案列表
void CFtpDlg::OnQuary()
{
    ListContent("*");
}
```

**步骤 07** 按兩下「退出」按鈕，增加訊息處理函式：

```
void CFtpDlg::OnExit()   // 退出對話方塊響應函式
{
    //TODO: Add your control notification handler code here
    m_pConnection = NULL;
    m_pFileFind = NULL;
    DestroyWindow();
}
```

退出時呼叫銷毀對話方塊的函式 DestroyWindow。

**步骤 08** 按兩下「上傳檔案」按鈕，增加訊息處理函式：

```
void CFtpDlg::OnUpload()
{
    CString strSourceName;
    CString strDestName;
    CFileDialog dlg(TRUE,"","*.*");
    if (dlg.DoModal()==IDOK)
    {
        // 獲得待上傳的本地主機檔案路徑和檔案名稱
        strSourceName = dlg.GetPathName();
        strDestName = dlg.GetFileName();

        // 呼叫 CFtpConnect 類別中的 PutFile 函式上傳檔案
        if (m_pConnection->PutFile(strSourceName,strDestName))
            AfxMessageBox("上傳成功！",MB_OK|MB_ICONINFORMATION);
        else
            AfxMessageBox("上傳失敗！",MB_OK|MB_ICONSTOP);
    }
    OnQuary();
}
```

**步骤 09** 按兩下「重新命名檔案」按鈕，增加訊息處理函式：

```
void CFtpDlg::OnRename()
{
    //TODO: Add your control notification handler code here
    CString strNewName;
    CString strOldName;

    int i=m_FtpFile.GetNextItem(-1,LVNI_SELECTED); // 得到 CListCtrl 被選中的項
    if (i==-1)
        AfxMessageBox("沒有選擇檔案!",MB_OK | MB_ICONQUESTION);
    else
    {
```

```
    strOldName = m_FtpFile.GetItemText(i,0);// 得到所選擇的檔案名稱
        CNewNameDlg dlg;
        if (dlg.DoModal()==IDOK)
        {
            strNewName=dlg.m_NewFileName;
            if (m_pConnection->Rename(strOldName,strNewName))
                AfxMessageBox(" 重新命名成功！ ",MB_OK|MB_ICONINFORMATION);
            else
                AfxMessageBox(" 無法重新命名！ ",MB_OK|MB_ICONSTOP);
        }
    }
    OnQuary();
}
```

其中，CnewNameDlg 是讓使用者輸入新的檔案名稱的對話方塊，它對應的對話方塊 ID 為 IDD_DIALOG3。

步驟 10 為對話方塊 CFtpDlg 增加初始化函式 OnInitDialog，程式如下：

```
BOOL CFtpDlg::OnInitDialog()
{
    CDialog::OnInitDialog();

    // 設定 CListCtrl 物件的屬性
    m_FtpFile.SetExtendedStyle(LVS_EX_FULLROWSELECT | LVS_EX_GRIDLINES);
    m_FtpFile.InsertColumn(0," 檔案名稱 ",LVCFMT_CENTER,200);
    m_FtpFile.InsertColumn(1," 日期 ",LVCFMT_CENTER,100);
    m_FtpFile.InsertColumn(2," 位元組數 ",LVCFMT_CENTER,100);
    m_pFileFind = new CFtpFileFind(m_pConnection);
    OnQuary();
    return TRUE;
}
```

至此，我們的 FTP 用戶端開發完畢。

## 5.6.7 執行結果

首先確保 FTP 伺服器端程式已經執行，然後在 VC 下執行用戶端，執行結果如圖 5-6 所示。

▲ 圖 5-6

按一下功能表列中的「連接」命令，出現如圖 5-7 所示的登入對話方塊。

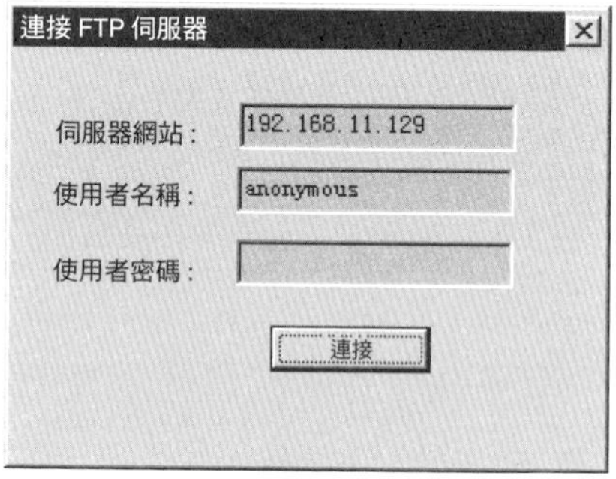

▲ 圖 5-7

我們的 FTP 伺服器是在 IP 位址為 192.168.11.129 的 Linux 上執行的，讀者可以根據實際情況修改伺服器網站 IP，然後按一下「連接」按鈕，如果出現如圖 5-8 所示的對話方塊，就說明連接成功了。

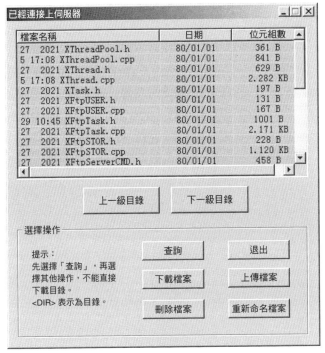

▲ 圖 5-8

　　圖 5-8 的清單控制項中所顯示的內容就是伺服器上目前的目錄的資料夾和檔案。選中某個檔案，然後按一下「下載檔案」按鈕，再選擇要存放的路徑，就可以將它下載到 Windows 下了，下載完成後出現如圖 5-9 所示的提示。

▲ 圖 5-9

　　以上這個過程，在伺服器端也進行相應的列印輸出，比如列印目前的目錄下的內容，如圖 5-10 所示。

```
Recv CMD(16):USER anonymous
type is [USER]
ResCMD: 230 Login successsful.


Recv CMD(8):TYPE A
type is [TYPE]
parse object not found
ResCMD: 200 OK


Recv CMD(25):PORT 192,168,11,1,14,14
type is [PORT]
ResCMD: 200 PORT command success.

Recv CMD(6):LIST
type is [LIST]
ResCMD: 150 Here coms the directory listing.
總用量 264
-rwxr-xr-x 1 root root 169608 11月 23 08:46 ftpSrv
-rw-r--r-- 1 root root   2217 11月  5 12:39 main.cpp
-rw-r--r-- 1 root root    438 11月 23 08:40 makefile
-rw-r--r-- 1 root root    154 4月   27  2021 testutil.h
-rw-r--r-- 1 root root    610 11月 19 17:09 XFtpFactory.cpp
-rw-r--r-- 1 root root    181 4月   27  2021 XFtpFactory.h
-rw-r--r-- 1 root root   2812 10月 28 12:39 XFtpLIST.cpp
-rw-r--r-- 1 root root    292 4月   27  2021 XFtpLIST.h
-rw-r--r-- 1 root root    865 4月   27  2021 XFtpPORT.cpp
-rw-r--r-- 1 root root    160 4月   27  2021 XFtpPORT.h
-rw-r--r-- 1 root root   1146 4月   27  2021 XFtpRETR.cpp
-rw-r--r-- 1 root root    272 4月   27  2021 XFtpRETR.h
-rw-r--r-- 1 root root   2352 4月   27  2021 XFtpServerCMD.cpp
-rw-r--r-- 1 root root    458 4月   27  2021 XFtpServerCMD.h
-rw-r--r-- 1 root root   1147 4月   27  2021 XFtpSTOR.cpp
-rw-r--r-- 1 root root    228 4月   27  2021 XFtpSTOR.h
-rw-r--r-- 1 root root   2223 4月   27  2021 XFtpTask.cpp
-rw-r--r-- 1 root root   1001 10月 29 10:45 XFtpTask.h
-rw-r--r-- 1 root root    167 4月   27  2021 XFtpUSER.cpp
-rw-r--r-- 1 root root    131 4月   27  2021 XFtpUSER.h
-rw-r--r-- 1 root root    197 4月   27  2021 XTask.h
-rw-r--r-- 1 root root   2337 11月  5 17:08 XThread.cpp
-rw-r--r-- 1 root root    629 4月   27  2021 XThread.h
-rw-r--r-- 1 root root    841 11月  5 17:08 XThreadPool.cpp
-rw-r--r-- 1 root root    361 4月   27  2021 XThreadPool.h
XFtpLIST BEV_EVENT_CONNECTED
ResCMD: 226 Transfer comlete

Recv CMD(5):PWD
type is [PWD]
ResCMD: 257 "/" is current dir.
```

▲ 圖 5-10

　　另外，下載檔案時，伺服器端也會列印出該檔案的內容。至此，FTP 伺服器
和用戶端程式執行成功！

# 第6章
## 基於 epoll 的高並發聊天伺服器

即時通訊（Instant Message，IM）軟體即所謂的聊天工具，即時通訊軟體主要用於文字資訊的傳遞與檔案傳輸，分為聊天伺服器和聊天用戶端兩部分。使用 socket 建立通訊通路，使用多執行緒實現多台電腦同時進行資訊的傳遞。透過一些輕鬆的註冊和登入後，即可成功在區域網中即時聊天。

即時通訊是一種可以讓使用者在網路上建立某種私人聊天室（chatroom）的即時通訊服務，大部分的即時通訊服務提供了狀態資訊的特性：顯示聯絡人名單、聯絡人是否線上和能否與聯絡人交談。

目前，在網際網路上受歡迎的即時通訊軟體包括 QQ、MSN Messenger、AOL Instant Messenger、Yahoo! Messenger、NET Messenger Service、Jabber、ICQ 等。通常 IM 服務會在使用者的通話清單（類似電話簿）上的某人連上 IM 時發出資訊通知使用者，使用者可據此與此人透過網際網路開始進行即時的文字通訊。除了文字外，在頻寬充足的前提下，大部分 IM 服務事實上也提供視訊通訊的能力。即時通訊與電子郵件最大的不同在於不用等候，不需要每隔兩分鐘就按一下一次「傳送或接收」，只要兩個人都線上，就能像多媒體電話一樣傳送文字、檔案、聲音、影像給對方，只要有網路，無論相距多遠都能即時通訊。

高並發程式設計的目的是讓程式同時執行多個任務。如果程式是計算密集型的，則並發程式設計並沒有什麼優勢，反而由於任務的切換而使效率降低。但如果程式是 I/O 密集型的，那就不同了。顯然，聊天伺服器的計算工作不是很密集，而和多使用者打交道的輸入與輸出則是密集的。

# 6.1 系統平臺的選擇

## 6.1.1 應用系統平臺模式的選擇

所謂平臺模式或計算結構是指應用系統的系統結構，簡單地說就是系統的層次、模組結構。平臺模式就是要描述清楚它不僅與軟體有關，而且與硬體也有關係。按其發展過程將平臺模式劃分為 4 種：（1）主機—終端模式；（2）單機模式；（3）用戶端 / 伺服器模式（C/S 模式）；（4）瀏覽器 /N 層伺服器模式（B/nS 模式）。考慮到要在公司或某單位內部建立伺服器，而且還要在每台電腦裡安裝相關的通訊系統（用戶端），因此這裡選擇研究的系統模式為上面所列的第三種，也就是目前常用的 C/S 模式。

## 6.1.2 C/S 模式介紹

用戶端 / 伺服器模式為 20 世紀 90 年代出現並迅速佔據主導地位的一種計算模式，簡稱為 C/S 模式。它實際上就是把主機 / 終端模式中原來全部集中在主機部分的任務一分為二，保留在主機上的部分負責集中處理和整理運算，成為伺服器而下放到終端的部分負責提供給使用者友善的互動介面，稱為用戶端。相對於以前的模式，C/S 模式最大的改進是不再把所有軟體都裝進一台電腦，而是把應用系統分成兩個不同的角色和兩個不同的地位：在運算能力較強的電腦上安裝伺服器端程式，在一般的 PC 上安裝用戶端程式。正是由於個人 PC 個人電腦的出現使得用戶端 / 伺服器模式成為可能，因為 PC 個人電腦具有一定的運算能力，用它代替主機—終端模式的啞終端後，就可以把主機端的一部分工作放在用戶端完成，從而減輕了主機的負擔，也增加了系統對使用者的回應速度和回應能力。

用戶端和伺服器之間透過相應的網路通訊協定進行通訊：用戶端向伺服器發出資料請求，伺服器將資料傳送給用戶端進行計算，計算完畢，計算結果可傳回給伺服器。這種模式的優點是充分利用了用戶端的性能，使運算能力大大提高；另外，由於用戶端和伺服器之間的通訊是透過網路通訊協定進行的，是一種邏輯的聯繫，因此實體上在用戶端和伺服器兩端是易於擴充的。

C/S 模式是目前佔主流的網路計算模式，該模式的建立基於以下兩點：

- 非對等作用。
- 通訊完全是非同步的。

該模式在操作過程中採取的是主動請示方式：伺服器方要先啟動，並根據請示提供相應服務。具體步驟如下：

**步驟 01** 打開一個通訊通道，同時通知本地主機，伺服器願意在某一個公認位址上接收用戶端請求。

**步驟 02** 等待某個用戶端請求到達該通訊埠。

**步驟 03** 接收到重複服務請求，處理該請求並發送應答訊號。

**步驟 04** 傳回 **步驟 02**，等待另一用戶端請求。

**步驟 05** 關閉該伺服器。

用戶端要根據請求提供相應服務，具體步驟如下：

**步驟 01** 打開一個通訊通道，並連接到伺服器所在主機的特定通訊埠。

**步驟 02** 向伺服器發送服務請求封包，等待並接收應答，繼續提出請求。

**步驟 03** 請求結束後關閉通訊通道並終止。

分佈運算和分佈管理是用戶端 / 伺服器模式的特點，其優點除了上面介紹的外，還有一個就是用戶端能夠提供豐富且友善的圖形介面。缺點是分佈管理較為煩瑣；由於每個用戶端上都要安裝軟體，因此當需要軟體升級或維護時，工作量增大，作為獨立的電腦用戶端容易傳染上電腦病毒。儘管有這些缺點，但是綜合考慮，最後還是選擇了 C/S 模式。

## 6.1.3 資料庫系統的選擇

資料庫就是一個儲存資料的倉庫。為了方便資料的儲存和管理，它將資料按照特定的規律儲存在磁碟上。透過資料庫管理系統，可以有效地組織和管理儲存在資料庫中的資料。現在可以使用的資料庫有很多種，包括 MySQL、DB2、Informix、Oracle 和 SQL Server 等。基於滿足需要、價格和技術三方面的考慮，本系統在分析開發過程中使用 MySQL 作為資料庫系統。理由如下：

（1）MySQL 是一款免費軟體，開放原始程式碼無版本限制，自主性及使用成本低；性能卓越，服務穩定，很少出現異常當機；軟體體積小，安裝使用簡單且易於維護，維護成本低。

（2）使用 C 和 C++ 撰寫，並使用多種編譯器進行測試，保證了原始程式碼的可攜性。

（3）支援 AIX、FreeBSD、HP-UX、Linux、macOS、NovellNetware、OpenBSD、OS/2 Wrap、Solaris、Windows 等多種作業系統。

（4）為多種程式語言提供了 API。這些程式語言包括 C、C++、Python、Java、Perl、PHP、Eiffel、Ruby 和 TCL 等。

（5）支援多執行緒，充分利用 CPU 資源。

（6）最佳化的 SQL 查詢演算法，有效地提高查詢速度。

（7）既能作為一個單獨的應用程式應用在用戶端伺服器網路環境中，也能作為一個程式庫嵌入其他的軟體中。

（8）提供多語言支援，常見的編碼如中文的 GB2312、BIG5，日文的 Shift_JIS 等都可以用作資料表名稱和資料列名稱。

（9）提供 TCP/IP、ODBC 和 JDBC 等多種資料庫連接途徑。

（10）提供用於管理、檢查、最佳化資料庫操作的管理工具。

（11）可以處理擁有上千萬筆記錄的大型態資料庫。

（12）支援多種儲存引擎。

（13）歷史悠久，社區和使用者非常活躍，遇到問題可以及時尋求幫助。品牌口碑效應好。

# 6.2 系統需求分析

本節對即時通訊系統的需求進行分析。

## 1. 即時訊息的一般需求

即時訊息的一般需求包括格式需求、可靠性需求和性能需求。

1）格式需求

格式需求如下：

（1）所有實體必須至少使用一種訊息格式。

（2）一般即時訊息格式必須定義發信者和即時收件箱的標識。

（3）一般即時訊息格式必須包含一個讓接收者可以回訊息的位址。

（4）一般即時訊息格式應該包含其他通訊方法和聯絡地址，例如電話號碼、郵寄位址等。

（5）一般即時資訊格式必須允許對資訊有效負載的編碼和鑑別（非 ASCII 內容）。

（6）一般即時資訊格式必須反映當前最好的國際化實踐。

（7）一般即時資訊格式必須反映當前最好的可用性實踐。

（8）必須存在方法，在擴展一般即時訊息格式時不影響原有的域。

（9）必須提供擴展和註冊即時訊息格式的模式的機制。

### 2）可靠性需求

協定必須存在機制，保證即時訊息成功投遞，或投遞失敗時發信者能獲得足夠的資訊。

### 3）性能需求

性能需求如下：

（1）即時訊息的傳輸必須足夠迅速。

（2）即時訊息的內容必須足夠豐富。

（3）即時訊息的長度儘量足夠長。

## 2. 即時訊息的協定需求

協定是一系列的步驟，它包括雙方或多方，設計它的目的是要完成一項任務。即時通訊協定參與的雙方或多方是即時通訊的實體。協定必須是雙方或多方參與的，一方單獨完成的就不算協定。在協定動作的過程中，雙方必須交換資訊，包括控制資訊、狀態資訊等。這些資訊的格式必須是協定參與方同意並且遵循的。好的協定要求清楚、完整，每一步都必須有明確的定義，並且不會引起誤解；對每種可能的情況必須規定具體的動作。

## 3. 即時訊息的安全需求

A 發送即時訊息 M 給 B，有以下幾種情況和相關需求：

（1）如果無法發送 M，那麼 A 必須接到確認。

（2）如果 M 被投遞了，那麼 B 只能接收 M 一次。

（3）協定必須為 B 提供方法檢查 A 是否發送了這筆資訊。

（4）協定必須允許 B 使用另一筆即時資訊回覆資訊。

（5）協定不能暴露 A 的 IP 位址。

（6）協定必須為 A 提供方法保證沒有其他個體 C 可以看到 M 的內容。

（7）協定必須為 A 提供方法保證沒有其他個體 C 可以篡改 M。

（8）協定必須為 B 提供方法鑑別 M 是否發生了篡改。

（9）B 必須能夠閱讀 M，B 可以防止 A 發送資訊給他。

（10）協定必須允許 A 使用現在的數位簽章標準對資訊進行簽名。

### 4. 即時資訊的加密和鑑別

（1）協定必須提供方法保證通知和即時訊息的置信度未被監聽或破壞。

（2）協定必須提供方法保證通知和即時訊息的置信度未被重排序或重播。

（3）協定必須提供方法保證通知和即時訊息被正確的實體閱讀。

（4）協定必須允許用戶端自己使用方法確保資訊不被截獲、不被重放和解密。

### 5. 註冊需求

（1）即時通訊系統擁有多個帳戶，允許多個使用者註冊。

（2）一個使用者可以註冊多個 ID。

（3）註冊所使用的帳號類型為字母 ID。

### 6. 通訊需求

（1）使用者可以傳輸文字訊息。

（2）使用者可以傳輸 RTF 格式訊息。

（3）使用者可以傳輸多個檔案 / 資料夾。

（4）使用者可以加密 / 解密訊息等。

# 6.3 系統整體設計

在這裡我們將即時通訊系統命名為 MyICQ，現在對該系統進行整體設計，是一個 3 層的 C/S 結構：資料庫伺服器→應用程式伺服器→應用程式用戶端，其分層結構如圖 6-1 所示。

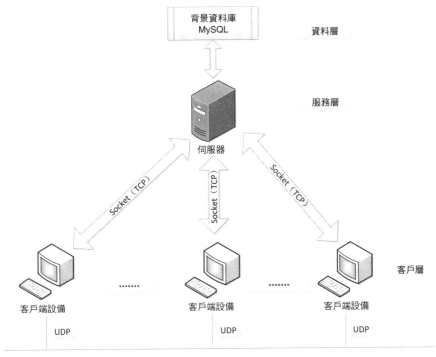

▲ 圖 6-1

　　客戶層也叫作應用展現層，也就是我們說的用戶端，它是應用程式的使用者介面部分。給即時通訊工具設計一個客戶層具有很多優點，是因為客戶層承擔著使用者與應用之間的對話功能。它用於檢查使用者的輸入資料，顯示應用的輸出資料。為了讓使用者能直接操作，客戶層需要使用圖形使用者介面。如果通訊使用者變更，那麼系統只需要改寫顯示控制和資料檢查程式就可以了，而不會影響其他兩層。資料檢查的內容限於資料的形式和值的範圍，不包括業務本身相關的處理邏輯。

　　服務層又叫作功能層，相當於應用的本體，它將具體的業務處理邏輯編入程式中。舉例來說，使用者需要檢查資料，系統設法將檢索要求的相關資訊一次性地傳送給功能層；使用者登入後，聊天登入資訊是由功能層處理過的檢索結果資料，它也是一次性傳送給展現層的。在應用設計中，必須避免在展現層和功能層之間進行多次的資料交換，這就需要盡可能地進行一次性的業務處理，達到最佳化整體設計的目的。

　　資料層就是 DBMS，本系統使用甲骨文公司的 MySQL 資料庫伺服器來管理資料。MySQL 能迅速執行大量資料的更新和檢索，因此，從功能層傳送到資料層的「要求」一般都使用 SQL 語言。

# 6.4 即時通訊系統的實施原理

　　即時通訊是一種使人們能在網上辨識線上使用者，並與他們即時交換訊息的技術，是自電子郵件發明以來迅速崛起的線上通訊方式。IM 的出現和網際網路有著密不可分的關係，IM 完全基於 TCP/IP 網路通訊協定族實現，而 TCP/IP 協定族則是整個網際網路得以實現的技術基礎。最早出現的即時通訊協定是 IRC（Internet Relay Chat），但是可惜的是它僅能單純地使用文字、符號的方式透過網際網路進行交談和溝通。隨著網際網路的高度發展，即時通訊也變得遠不止聊天這麼簡單，自 1996 年第一個 IM 產品 ICQ 發明後，IM 的技術和功能也開始基本成型，語音、視訊、檔案共用、簡訊發送等高級資訊交換功能都可以在 IM 工具上實現，於是功能強大的 IM 軟體便足以架設一個完整的通訊交流平臺。目前最具代表性的幾款的 IM 通訊軟體有騰訊 QQ、MSN、Google Talk、Yahoo Messenger 等。

## 6.4.1 IM 的工作方式

　　IM 工作方式如下：登入 IM 通訊伺服器，獲取一個自建立的歷史的交流物件列表（類似 QQ 的好友列表），然後自身標識為線上狀態，當好友清單中的某人在任何時候登入上線並試圖透過電腦聯繫你時，IM 系統會發一個訊息提醒你，然後你就能與他／她建立一個聊天階段通道，進行各種訊息（如文字、語音等）的交流。

## 6.4.2 IM 的基本技術原理

　　IM 的基本技術原理如下：

　　（1）使用者 A 輸入自己的使用者名稱和密碼登入 IM 伺服器，伺服器透過讀取使用者資料庫來驗證使用者身份。如果驗證透過，則登記使用者 A 的 IP 位址、IM 用戶端軟體的版本編號及使用的 TCP/UDP 通訊埠編號，然後傳回使用者 A 登入成功的標識，此時使用者 A 在 IM 系統中的狀態為線上（Online Presence）。

（2）根據使用者 A 儲存在 IM 伺服器上的好友列表（Buddy List），伺服器將使用者 A 線上的相關資訊發送到同時線上的 IM 好友的 PC 個人電腦，這些資訊包括線上狀態、IP 位址、IM 用戶端使用的 TCP 通訊埠編號等，IM 好友的用戶端收到這些資訊後，將在用戶端軟體的介面上顯示這些資訊。

（3）IM 伺服器把使用者 A 儲存在伺服器上的好友列表及相關資訊回送到他的用戶端，這些資訊也包括線上狀態、IP 位址、IM 用戶端使用的 TCP 通訊埠編號等，使用者 A 的 IM 用戶端收到後將顯示這些好友清單及其線上狀態。

## 6.4.3 IM 的通訊方式

### 1. 線上直接通訊

如果使用者 A 想與他的線上好友使用者 B 聊天，那麼他可以透過伺服器發送過來的使用者 B 的 IP 位址、TCP 通訊埠編號等資訊，直接向使用者 B 的 PC 個人電腦發出聊天資訊，使用者 B 的 IM 用戶端軟體收到資訊後顯示在螢幕上，然後使用者 B 再直接回覆資訊到使用者 A 的 PC 個人電腦，這樣雙方的即時文字訊息就不在 IM 伺服器中轉，而是直接透過網路進行點對點的通訊，即對等通訊方式（Peer To peer）。

### 2. 線上代理通訊

使用者 A 與使用者 B 的點對點通訊由於防火牆、網路速度等原因難以建立或速度很慢，IM 伺服器將主動提供訊息中轉服務，即使用者 A 和使用者 B 的即時訊息全部先發送到 IM 伺服器，再由 IM 伺服器轉發給對方。

### 3. 離線代理通訊

使用者 A 與使用者 B 由於各種原因不能同時線上，此時如果使用者 A 向使用者 B 發送訊息，那麼 IM 伺服器可以主動暫存使用者 A 的訊息，到下一次使用者 B 登入的時候，自動將訊息轉發給使用者 B。

### 4. 擴展方式通訊

使用者 A 可以透過 IM 伺服器將資訊以擴展的方式傳遞給使用者 B，如用簡訊發送的方式將資訊發送到使用者 B 的手機，用傳真發送方式將資訊傳遞給使用者 B 的電話機，以 Email 的方式將資訊傳遞給使用者 B 的電子電子郵件等。

　　早期的 IM 系統，在 IM 用戶端和 IM 伺服器之間採用 UDP 協定通訊，UDP 協定是不可靠的傳輸協定；而在 IM 用戶端之間的直接通訊中採用具備可靠傳輸能力的 TCP 協定。隨著使用者需求和技術環境的發展，目前主流的 IM 系統傾向於在 IM 用戶端之間採用 UDP 協定，在 IM 用戶端和 IM 伺服器之間採用 TCP 協定。

　　即時通訊方式相對於其他通訊方式（如電話、傳真、Email 等）的最大優勢就是訊息傳達的即時性和精確性，只要訊息傳遞雙方均在網路上並且可以互通，則使用即時通訊軟體傳遞訊息的傳遞延遲時間僅為 1 秒。

# 6.5　功能模組劃分

## 6.5.1　模組劃分

　　即時通訊工具也就是伺服器端和用戶端程式，只要分析清楚這兩方面所要完成的任務，對設計來說，工作就等於完成了一半。即時通訊系統的功能模組如圖 6-2 所示。

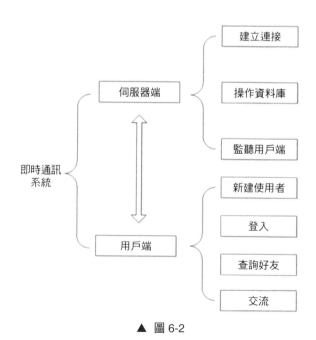

▲ 圖 6-2

## 6.5.2 伺服器端功能

由圖 6-2 可知伺服器端至少要有三大基本功能：建立連接、操作資料庫和監聽用戶端。這三大功能的具體含義如下：

（1）建立一個 Serversocket 連接，不斷監聽是否有用戶端連接或斷開連接。

（2）伺服器端是一個資訊發送中心，所有用戶端的資訊都傳送到伺服器端，再由伺服器根據要求分發出去。

（3）資料庫資料操作包括輸入使用者資訊、修改使用者資訊、查詢通訊人員（好友）資料庫的資料以及增加好友資料到資料庫等。

## 6.5.3 用戶端功能

用戶端要完成四大功能：新建使用者、使用者登入、查詢（增加）好友、通訊交流。這些功能的含義如下：

（1）新建使用者：用戶端與伺服器端建立通訊通道，向伺服器端發送新建使用者的資訊，接收來自伺服器的資訊進行註冊。

（2）使用者登入：用戶端與伺服器端建立通訊通道，向伺服器端發送資訊，完成使用者登入。

（3）查詢好友：當然也包括了增加好友功能，這是用戶端必須實現的功能。此外，使用者透過用戶端可以查詢自己和好友的資訊。

（4）通訊交流：用戶端可完成資訊的編輯、發送和接收等功能。

上面的功能劃分比較基本，我們還可以進一步細化，如圖 6-3 所示。

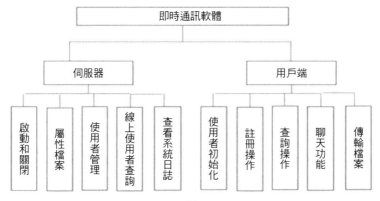

▲ 圖 6-3

其實其他軟體的設計也是這樣，都是由粗到細，逐步細化和最佳化。

## 6.5.4 伺服器端多執行緒

伺服器端需要和多個用戶端同時進行通訊，簡單地說這就是伺服器端的多執行緒。如果伺服器發現一個新的用戶端與之建立了連接，就立即新建一個執行緒與該用戶端進行通訊。使用多執行緒的好處在於可以同時處理多個通訊連接，不會因為資料排隊等待而發生通訊延遲或遺失，可以極佳地利用系統的性能。

伺服器為每一個連接著的用戶端建立一個執行緒。為了同時回應多個用戶端，需要設計一個主執行緒來啟動伺服器端的多執行緒。主執行緒與處理程序結構類似，它在獲得新連接時生成一個執行緒來處理這個連接。執行緒排程的速度快，佔用資源少，可共用處理程序空間中的資料，因此伺服器的回應速度較快，且 I/O 輸送量較大。至於多執行緒程式設計的具體細節在 4.4 節已經闡述過了，這裡不再贅述。

## 6.5.5 用戶端的循環等待

用戶端能夠完成資訊的接收和發送操作，這與伺服器端的多執行緒概念不同，採用循環等待的方法來實現用戶端。利用循環等待的方式，用戶端首先接收使用者輸入的內容並將它們發送到伺服器端，然後接收來自伺服器端的資訊，將它傳回給用戶端的使用者。

# 6.6 資料庫設計

完成了系統的整體設計後，現在介紹一下實現該即時通訊系統的資料庫—MySQL。MySQL 資料庫是目前執行速度最快的 SQL 語言資料庫之一。

MySQL 是一款免費軟體，任何人都可以從 MySQL 的官方網站下載該軟體。MySQL 是一個真正的多使用者、多執行緒的 SQL 資料庫伺服器。它是以用戶端 / 伺服器結構實現的，由一個伺服器守護程式 mysqld 以及很多不同的客戶程式和程式庫組成。它能夠快捷、有效和安全地處理大量的資料。相對 Oracle 等資料庫來說，MySQL 的使用非常簡單。MySQL 的主要目標是快速、便捷和好用。

## 6.6.1 準備 MySQL 環境

準備 MySQL 環境的操作步驟如下：

**步驟 01** 到 MySQL 官方網站 https://dev.mysql.com/downloads/mysql/ 上去載最新版的 MySQL 安裝套件。打開網頁後，首先選擇作業系統，這裡選擇 Ubunt20.04，如圖 6-4 所示。

**MySQL Community Server 8.0.31**

Select Operating System:

Ubuntu Linux　　　　　　　　　　　　　　　　▾

Select OS Version:

Ubuntu Linux 20.04 (x86, 64-bit)　　　　　　　▾

▲ 圖 6-4

**步驟 02** 按一下下方「DEB Bundle」右邊的「Download」按鈕，進入下一個網頁。在該網頁上會提示使用者註冊或登入，我們不用去註冊或登入，可以直接按一下下方的「No thanks, just start my download.」文字連結進行下載，如圖 6-5 所示。

**No thanks, just start my download.**

▲ 圖 6-5

下載下來的檔案名稱是 mysql-server_8.0.31-1ubuntu20.04_amd64.deb-bundle.tar。當然，可能讀者下載 MySQL 的時候其版本已經更新，這沒關係，不影響使用。如果不想下載，也可以在本書書附的下載資源中的原始程式目錄下「somesofts」子目錄下找到該檔案。

**步驟 03** 把這個檔案上傳到 Linux 系統中的某個空目錄中去，由於解壓後會出現很多檔案，因此可以在 Linux 某路徑下新建一個空資料夾，比如 mysql，然後把該檔案上傳到這個空資料夾中。進入該空資料夾並解壓，命令如下：

```
cd mysql
tar -xvf mysql-server_8.0.31-1ubuntu20.04_amd64.deb-bundle.tar
```

解壓之後將得到一系列的 .deb 套件。

**步骤 04** 開始安裝這些 .deb 套件：

```
dpkg -i *.deb
```

**步骤 05** 保持連網，繼續使用下列命令：

```
apt-get -f install
```

稍等片刻，安裝完成，提示輸入 MySQL 的 root 帳戶的密碼，如圖 6-6 所示。

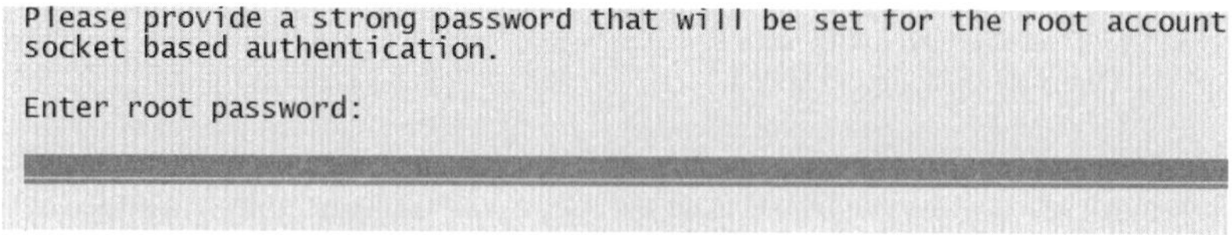

```
Please provide a strong password that will be set for the root account
socket based authentication.

Enter root password:
```

▲ 圖 6-6

**步骤 06** 輸入 123456，然後按 Enter 鍵；再次輸入 123456，按 Enter 鍵後提示密碼是否要加密，按 Enter 鍵保持預設。安裝處理程序繼續，稍等片刻，安裝完成：

```
...
reading /usr/share/mecab/dic/ipadic/Noun.csv ... 60477
emitting double-array: 100% |#########################################|
reading /usr/share/mecab/dic/ipadic/matrix.def ... 1316x1316
emitting matrix     : 100% |#########################################|

done!
```

**步骤 07** 安裝完畢後，MySQL 服務就自動開啟了，我們可以透過命令查看其服務通訊埠編號：

```
root@tom-virtual-machine:~# netstat -tap | grep mysql
tcp6       0      0 [::]:33060              [::]:*                  LISTEN
20832/mysqld
tcp6       0      0 [::]:mysql             [::]:*                  LISTEN
20832/mysqld
```

此外，我們也要了解一下 MySQL 的一些檔案預設位置：

```
用戶端程式和指令稿：/usr/bin
服務程式 mysqld 所在路徑：/usr/sbin/
記錄檔：/var/lib/mysql/
文件：/usr/share/doc/packages
標頭檔路徑：/usr/include/mysql
```

```
程式庫檔案路徑：/usr/lib/x86_64-linux-gnu/
錯誤訊息和字元集檔案：/usr/share/mysql
基準程式：/usr/share/sql-bench
```

在 x86_64 架構下，在 /usr/lib/x86_64-linux-gnu 資料夾下預設存放的是 Gnu C/C++ 編譯器的系統程式庫，開發時，會自動搜尋 /usr/lib/x86_64-linux-gnu/ 目錄，不必手動指定。開發所用的共用程式庫是 libmysqlclient.so，我們用 ls 命令查看一下，可以發現它已經在 /usr/lib/x86_64-linux-gnu/ 目錄下了：

```
root@myub:~# ls /usr/lib/x86_64-linux-gnu/libmysqlclient.so
/usr/lib/x86_64-linux-gnu/libmysqlclient.so
```

標頭檔路徑和程式庫檔案路徑是程式設計時需要知道的，標頭檔路徑是 /usr/include/mysql。另外，如果要重新啟動 MySQL 服務，則可以使用以下命令（基本不會使用）：

```
/etc/init.d/apparmor restart
/etc/init.d/mysql restart
```

至此，MySQL 環境就準備好了。

## 6.6.2 登入 MySQL

下面我們準備直接登入 MySQL，具體操作步驟如下：

**步骤 01** 輸入以下命令：

```
mysql -uroot -p123456
```

其中 123456 是 root 帳戶的密碼，此時將出現 MySQL 命令提示符號，如圖 6-7 所示。

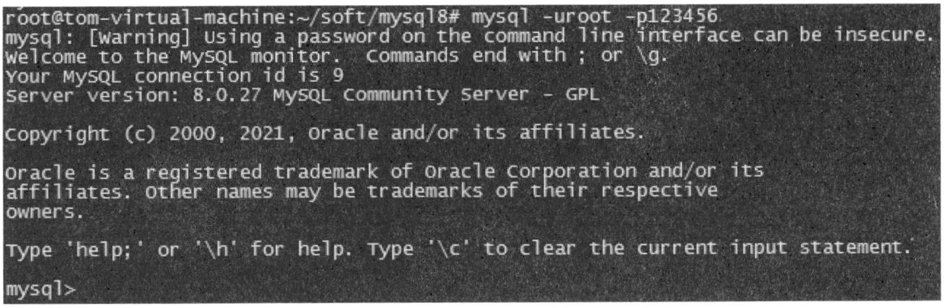

```
root@tom-virtual-machine:~/soft/mysql8# mysql -uroot -p123456
mysql: [Warning] Using a password on the command line interface can be insecure.
Welcome to the MySQL monitor.  Commands end with ; or \g.
Your MySQL connection id is 9
Server version: 8.0.27 MySQL Community Server - GPL

Copyright (c) 2000, 2021, Oracle and/or its affiliates.

Oracle is a registered trademark of Oracle Corporation and/or its
affiliates. Other names may be trademarks of their respective
owners.

Type 'help;' or '\h' for help. Type '\c' to clear the current input statement.

mysql>
```

▲ 圖 6-7

在 MySQL 命令提示符號中可以輸入一些 MySQL 命令，比如顯示當前已有的資料的命令 show databases;（注意命令結尾處有一個英文分號），執行結果如圖 6-8 所示。

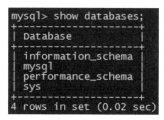

▲ 圖 6-8

步驟 02 再用命令來建立一個資料庫，資料庫名稱是 test，命令如下：

```
mysql> create database test;
Query OK, 1 row affected (0.00 sec)
```

出現「OK」說明建立資料庫成功，此時如果用命令 show databases; 顯示資料庫，可以發現新增了一個名為 test 的資料庫。

步驟 03 企業最前線開發中，通常把很多 MySQL 命令放在一個文字檔中，這個文字檔的副檔名是 sql，透過一個 SQL 指令檔就可以建立資料庫和資料庫中的資料表。SQL 指令檔其實是一個文字檔，裡面包含一到多個 SQL 命令的 SQL 敘述集合，然後透過 source 命令來執行這個 SQL 指令檔。這裡我們在 Windows 下打開記事本，然後輸入下列內容：

```
/*
 Source Server Type    : MySQL
 Date: 31/7/2022
*/

DROP DATABASE IF EXISTS test;
create database test default character set utf8 collate utf8_bin;

flush privileges;

use test;
SET NAMES utf8mb4;
SET FOREIGN_KEY_CHECKS = 0;


-- ---------------------------
-- Table structure for student
-- ---------------------------
```

```
DROP TABLE IF EXISTS `student`;
CREATE TABLE `student` (
  `id` tinyint  NOT NULL AUTO_INCREMENT COMMENT '學生 id',
  `name` varchar(32) DEFAULT NULL COMMENT '學生名稱',
  `age` smallint DEFAULT NULL COMMENT '年齡',
  `SETTIME` datetime NOT NULL COMMENT '入學時間',
  PRIMARY KEY (`id`)
) ENGINE=InnoDB DEFAULT CHARSET=utf8;

-- ----------------------------
-- Records of student
-- ----------------------------
BEGIN;
INSERT INTO `student` VALUES (1,'張三',23,'2020-09-30 14:18:32');
INSERT INTO `student` VALUES (2,'李四',22,'2020-09-30 15:18:32');
COMMIT;

SET FOREIGN_KEY_CHECKS = 1;
```

裡面的內容不過多解釋了，無非就是 SQL 敘述的組合，相信學過資料庫的讀者都會很熟悉。

**步驟 04** 將記事本另存為檔案，檔案名稱是 mydb.sql，編碼要選擇 UTF-8，這個要注意，否則後面執行時會出現「Incorrect string value」之類的錯誤，這是因為在 Windows 系統中，預設使用的是 GBK 編碼，而在 MySQL 資料庫中使用 UTF-8 來儲存資料。不信的話，可以找到 MySQL 的安裝目錄，然後打開其中的 my.ini 檔案，找到 default-character=utf-8 就明白了。如果電腦上已經安裝了 VSCode，也可以打開 VSCode 這個編輯器，按複合鍵 Ctrl+N 來新建一個文字檔，VSCode 新建的文字檔預設儲存的格式是 UTF8，比記事本方便些。

**步驟 05** SQL 指令檔儲存後，把它上傳到 Linux 的某個路徑（比如 /root/soft/）下，然後就可以執行它了。登入 MySQL，在 MySQL 命令提示符號下用 source 命令執行 mydb.sql：

```
mysql> source /root/soft/mydb.sql
Query OK, 1 row affected (0.01 sec)

Query OK, 1 row affected, 2 warnings (0.00 sec)
...
Query OK, 0 rows affected (0.00 sec)
```

看到沒顯示出錯提示，說明執行成功了。此時我們可以用命令來查看新建的資料庫及其資料表。

（1）查看所有資料庫：

```
show databases;
```

（2）選擇名為 test 的資料庫：

```
use test;
```

（3）查看資料庫中的資料表：

```
show tables;
```

（4）查看 student 資料表的結構：

```
desc student;
```

（5）查看 student 資料表的所有記錄：

```
select * from student;
```

最終執行結果如圖 6-9 所示。

```
mysql> show databases;
+--------------------+
| Database           |
+--------------------+
| information_schema |
| mysql              |
| performance_schema |
| sys                |
| test               |
+--------------------+
5 rows in set (0.00 sec)

mysql> use test;
Database changed
mysql> show tables;
+----------------+
| Tables_in_test |
+----------------+
| student        |
+----------------+
1 row in set (0.00 sec)

mysql> desc student;
+---------+-------------+------+-----+---------+----------------+
| Field   | Type        | Null | Key | Default | Extra          |
+---------+-------------+------+-----+---------+----------------+
| id      | tinyint     | NO   | PRI | NULL    | auto_increment |
| name    | varchar(32) | YES  |     | NULL    |                |
| age     | smallint    | YES  |     | NULL    |                |
| SETTIME | datetime    | NO   |     | NULL    |                |
+---------+-------------+------+-----+---------+----------------+
4 rows in set (0.00 sec)

mysql> select * from student;
+----+------+------+---------------------+
| id | name | age  | SETTIME             |
+----+------+------+---------------------+
|  1 | 張三 |   23 | 2020-09-30 14:18:32 |
|  2 | 李四 |   22 | 2020-09-30 15:18:32 |
+----+------+------+---------------------+
2 rows in set (0.01 sec)
```

▲ 圖 6-9

如果要在資料表中插入某筆記錄，可以這樣插入：

```
INSERT INTO `student`(name,age,SETTIME) VALUES (' 王五 ',23,'2021-09-30 14:18:32');
```

如果要指定 id，也可以這樣插入：

```
INSERT INTO `student` VALUES (3,' 王五 ',23,'2021-09-30 14:18:32');
```

如果覺得某個資料表的資料亂了，可以用 SQL 敘述刪除資料表中的全部資料，比如：

```
delete from student;
```

至此，我們的 MySQL 資料庫執行正常了，下面可以和它一起程式設計了。

## 6.6.3 Linux 下的 MySQL 的 C 程式設計

前面我們架設了 MySQL 環境，現在可以透過 C 或 C++ 語言來操作 MySQL 資料庫了。其實 MySQL 程式設計不難，因為官方提供了很多 API 函式，只要熟練使用這些函式，再加上一些基本的 SQL 敘述，就可以對付簡單的應用場景了。由於本書不是專門的 MySQL 程式設計書，因此這裡只列舉一些常用的 API 函式，如表 6-1 所示。

▼ 表 6-1 常用 API 函式

| 函　式 | 說　明 |
|---|---|
| mysql_affected_rows() | 傳回上次 UPDATE、DELETE 或 INSERT（更改、刪除或插入）的行數 |
| mysql_autocommit() | 切換 autocommit 模式，ON/OFF |
| mysql_change_user() | 更改打開連接上的使用者和資料庫 |
| mysql_charset_name() | 傳回用於連接的預設字元集的名稱 |
| mysql_close() | 關閉 server 連接 |
| mysql_commit() | 提交事務 |
| mysql_connect() | 連接到 MySQLserver<br>該函式已不再被重視，使用 mysql_real_connect() 代替 |
| mysql_create_db() | 建立資料庫。該函式已不再被重視，使用 SQL 敘述 CREATE DATABASE 代替 |
| mysql_data_seek() | 在查詢結果集中查詢屬性行編號 |
| mysql_debug() | 用給定的字串執行 DBUG_PUSH |
| mysql_drop_db() | 撤銷資料庫。該函式已不再被重視，使用 SQL 敘述 DROP DATABASE 代替 |
| mysql_dump_debug_info() | 讓伺服器將偵錯資訊寫入日誌 |

| 函式 | 說明 |
|------|------|
| mysql_eof() | 確定是否讀取了結果集的最後一行。該函式已不再被重視。能夠使用 mysql_errno() 或 mysql_error() 代替 |
| mysql_errno() | 傳回上次呼叫的 MySQL 函式的錯誤編號 |
| mysql_error() | 傳回上次呼叫的 MySQL 函式的錯誤訊息 |
| mysql_escape_string() | 為了用在 SQL 敘述中，對特殊字元進行跳脫處理 |
| mysql_fetch_field() | 傳回下一個資料表字段的類型 |
| mysql_fetch_field_direct() | 給定欄位編號，傳回資料表字段的類型 |
| mysql_fetch_fields() | 傳回全部欄位結構的陣列 |
| mysql_fetch_lengths() | 傳回當前行中全部列的長度 |
| mysql_fetch_row() | 從結果集中獲取下一行 |
| mysql_field_seek() | 將列游標置於指定的列 |
| mysql_field_count() | 傳回上次執行敘述的結果列的數目 |
| mysql_field_tell() | 傳回上次 mysql_fetch_field() 所使用欄位游標的位置 |
| mysql_free_result() | 釋放結果集使用的記憶體 |
| mysql_get_client_info() | 以字串形式傳回用戶端版本編號資訊 |
| mysql_get_client_version() | 以整數形式傳回用戶端版本編號資訊 |
| mysql_get_host_info() | 傳回描寫敘述連接的字串 |
| mysql_get_server_version() | 以整數形式傳回伺服器的版本 |
| mysql_get_proto_info() | 傳回連接所使用的協定版本編號 |
| mysql_get_server_info() | 傳回伺服器的版本 |
| mysql_info() | 傳回關於近期所執行查詢的資訊 |
| mysql_init() | 獲取或初始化 MySQL 結構 |
| mysql_insert_id() | 傳回上一個查詢為 AUTO_INCREMENT 列生成的 ID |
| mysql_kill() | 殺死給定的執行緒 |
| mysql_library_end() | 終於確定 MySQL C API 庫 |
| mysql_library_init() | 初始化 MySQL C API 庫 |
| mysql_list_dbs() | 傳回與簡單正規表示法匹配的資料庫名稱 |
| mysql_list_fields() | 傳回與簡單正規表示法匹配的欄位名稱 |
| mysql_list_processes() | 傳回當前伺服器執行緒的列表 |
| mysql_list_tables() | 傳回與簡單正規表示法匹配的資料表名稱 |
| mysql_more_results() | 檢查是否還會有其他結果 |
| mysql_next_result() | 在多敘述執行過程中傳回 / 初始化下一個結果 |
| mysql_num_fields() | 傳回結果集中的列數 |
| mysql_num_rows() | 傳回結果集中的行數 |
| mysql_options() | 為 mysql_connect() 設定連接選項 |

| 函　式 | 說　明 |
|---|---|
| mysql_ping() | 檢查與伺服器的連接是否工作，如有必要再連接一次 |
| mysql_query() | 執行指定為「以 Null 終結的字串」的 SQL 查詢 |
| mysql_real_connect() | 連接到 MySQL server |
| mysql_real_escape_string() | 考慮到連接的當前字元集，為了在 SQL 敘述中使用，對字串中的特殊字元進行跳脫處理 |
| mysql_real_query() | 執行指定為計數字字串的 SQL 查詢 |
| mysql_refresh() | 更新或重置資料表和快速緩衝 |
| mysql_reload() | 通知伺服器再次載入授權表 |
| mysql_rollback() | 導回事務 |
| mysql_row_seek() | 使用從 mysql_row_tell() 傳回的值，查詢結果集中的行偏移 |
| mysql_row_tell() | 傳回行游標位置 |
| mysql_select_db() | 選擇資料庫 |
| mysql_server_end() | 終於確定嵌入式 server 程式庫 |
| mysql_server_init() | 初始化嵌入式 server 程式庫 |
| mysql_set_server_option() | 為連接設定選項（如果多敘述） |
| mysql_sqlstate() | 傳回關於上一個錯誤的 SQLSTATE 錯誤程式 |
| mysql_shutdown() | 關閉資料庫 server |
| mysql_stat() | 以字串形式傳回 server 狀態 |
| mysql_store_result() | 檢索完整的結果集至用戶端 |
| mysql_thread_id() | 傳回當前執行緒 ID |
| mysql_thread_safe() | 假設用戶端已編譯為執行緒安全的，傳回 1 |
| mysql_use_result() | 初始化逐行的結果集檢索 |
| mysql_warning_count() | 傳回上一個 SQL 敘述的告警數 |

與 MySQL 互動時，應用程式應使用的一般性原則如下：

（1）透過呼叫 mysql_library_init()，初始化 MySQL 程式庫。

（2）透過呼叫 mysql_init() 初始化連接處理常式，並透過呼叫 mysql_real_connect() 連接到伺服器。

（3）發出 SQL 敘述並處理其結果。

（4）透過呼叫 mysql_close() 關閉與 MySQL server 的連接。

（5）透過呼叫 mysql_library_end() 結束 MySQL 程式庫的使用。

呼叫 mysql_library_init() 和 mysql_library_end() 的目的在於為 MySQL 程式庫提供恰當的初始化和結束處理。假設不呼叫 mysql_library_end()，則區塊仍將保持分配狀態，從而造成無效記憶體。

　　對於每一個非 SELECT 查詢（比如 INSERT、UPDATE、DELETE），透過呼叫 mysql_affected_rows() 可以發現有多少行已被改變（影響）。對於 SELECT 查詢，可以檢索作為結果集的行。

　　為了檢測和通報錯誤，MySQL 提供了使用 mysql_errno() 和 mysql_error() 函式存取錯誤資訊的機制。它們能傳回關於近期呼叫的函式的錯誤程式或錯誤訊息，這樣我們就能推斷錯誤是在何時出現的，以及錯誤是什麼。

## 【例 6.1】查詢資料庫資料表

（1）在 Linux 下打開自己喜愛的編輯器，然後輸入以下程式：

```c
#include <stdio.h>
#include <string.h>
#include <mysql.h>
int main()
{
    MYSQL mysql;
    MYSQL_RES *res;
    MYSQL_ROW row;
    char *query;
    int flag, t;

    /* 連接之前，先用 mysql_init 初始化 MYSQL 連接控制碼 */
    mysql_init(&mysql);
    /* 使用 mysql_real_connect 連接伺服器，其參數依次為 MYSQL 控制碼、伺服器的 IP 位址、
    登入 mysql 的 username、password、要連接的資料庫等 */
    if (!mysql_real_connect(&mysql, "localhost", "root", "123456", "test", 0, NULL, 0))
        printf("Error connecting to Mysql!\n");
    else
        printf("Connected Mysql successful!\n");
    query = "select * from student";
        /* 查詢成功則傳回 0*/
    flag = mysql_real_query(&mysql, query, (unsigned int)strlen(query));
    if(flag) {
        printf("Query failed!\n");
        return 0;
    }else {
        printf("[%s] made...\n", query);
    }
    /*mysql_store_result 將所有的查詢結果讀取到用戶端 */
    res = mysql_store_result(&mysql);
    /*mysql_fetch_row 檢索結果集的下一行 */
```

```
    do
    {
        row = mysql_fetch_row(res);
        if (row == 0)break;     // 如果沒有記錄了，就跳出迴圈
        /*mysql_num_fields 傳回結果集中的欄位數目 */
        for (t = 0; t < mysql_num_fields(res); t++)
        {
            printf("%s\t", row[t]);
        }
        printf("\n");
    } while (1);

    /* 關閉連接 */
    mysql_close(&mysql);
    return 0;
}
```

（2）儲存檔案為 test.c。為了方便地編譯這個原始檔案，我們再編輯一個文字檔，檔案名稱可以是 makefile，並在裡面包括標頭檔和程式庫檔案路徑。makefile 檔案內容如下：

```
GCC ?= gcc
CCMODE = PROGRAM
INCLUDES =  -I/usr/include/mysql
CFLAGS =  -Wall $(MACRO)
TARGET = test
SRCS := $(wildcard *.c)
LIBS = -lmysqlclient

ifeq ($(CCMODE),PROGRAM)
$(TARGET): $(LINKS) $(SRCS)
    $(GCC) $(CFLAGS) $(INCLUDES) -o $(TARGET)  $(SRCS) $(LIBS)
    @chmod +x $(TARGET)
    @echo make $(TARGET) ok.
clean:
    rm -rf $(TARGET)
endif
```

其中，-I/usr/include/mysql 表示 MySQL 相關的標頭檔所在地路徑。-lmysqlclient 表示要引用 MySQL 提供的共用程式庫 libmysqlclient.so，這個程式庫的路徑通常在 /usr/lib/x86_64-linux-gnu/ 下。

（3）把 test.c 和 makefile 檔案上傳到 Linux 中的某個資料夾中，然後直接輸入 make 進行編譯連結：

```
root@tom-virtual-machine:~/ex/net/test# make
gcc -Wall   -I/usr/include/mysql -o test   test.c     -lmysqlclient
make test ok.
```

（4）直接執行：

```
root@tom-virtual-machine:~/ex/net/test# ./test
Connected Mysql successful!
[select * from student] made...
1         張三      23        2020-09-30 14:18:32
2         李四      22        2020-09-30 15:18:32
```

執行成功，查詢到了資料庫資料表中的兩筆記錄。

## 【例 6.2】插入資料庫資料表

（1）在 Linux 下打開自己喜愛的編輯器，然後輸入以下程式：

```
int insert()
{
    MYSQL mysql;
    MYSQL_RES *res;
    MYSQL_ROW row;
    char *query;
    int r, t,id=12;
    char buf[512] = "", cur_time[55] = "", szName[100] = "Jack2";
    mysql_init(&mysql);
    if (!mysql_real_connect(&mysql, "localhost", "root", "123456", "test", 0, NULL, 0))
    {
        printf("Failed to connect to Mysql!\n");
        return 0;
    }
    else  printf("Connected to Mysql successfully!\n");

    GetDateTime(cur_time);
    sprintf(buf, "INSERT INTO student(name,age,SETTIME) VALUES(\'%s\',%d,\'%s\')",
szName, 27, cur_time);
    r = mysql_query(&mysql, buf);

    if (r) {
        printf("Insert data failure!\n");
        return 0;
    }
    else {
        printf("Insert data success!\n");
    }
    mysql_close(&mysql);
```

```
        return 0;
    }
    void main()
    {
        insert();
        showTable();
    }
```

先連接資料庫，然後構造 insert 敘述，並呼叫函式 mysql_query 執行該 SQL 敘述，最後關閉資料庫。其實這類程式撰寫正確的 SQL 敘述是關鍵。限於篇幅，顯示資料表內資料的函式 showTable 不再列出。

（2）儲存檔案為 test.c，同時從例 6.1 中複製一份 makefile 檔案到本例 test.c 的同一個目錄，然後把這兩個檔案上傳到 Linux 中，進行 make 編譯，無誤後執行，執行結果如下：

```
Connected to Mysql successfully!
Insert data success!
Connected Mysql successful!
[select * from student] made...
1      張三     23       2020-09-30 14:18:32
2      李四     22       2020-09-30 15:18:32
3      王五     23       2021-09-30 14:18:32
7      Tom      27       2021-12-03 15:21:32
8      Alice    27       2021-12-03 15:22:41
9      Mr Ag    27       2021-12-03 15:34:45
10     Mr Ag    27       2021-12-03 15:36:04
11     王五     23       2021-09-30 14:18:32
12     Jack2    27       2021-12-03 16:36:49
13     Jack2    27       2021-12-06 08:46:40
14     Jack2    27       2021-12-06 10:21:00
```

連續執行多次 insert，則會插入多筆「Jack2」的記錄。

## 6.6.4 聊天系統資料庫設計

（1）首先準備好資料庫。我們把資料庫設計的指令稿程式放在 SQL 指令檔中，讀者可以在本書書附的下載資源中的對應章節的目錄下找到該檔案，檔案名稱是 chatdb.sql，部分程式如下：

```
DROP DATABASE IF EXISTS chatdb;
create database chatdb default character set utf8 collate utf8_bin;

flush privileges;
```

```
use chatdb;
SET NAMES utf8mb4;
SET FOREIGN_KEY_CHECKS = 0;

SET FOREIGN_KEY_CHECKS=0;

-- ---------------------------
-- Table structure for qqnum
-- ---------------------------
DROP TABLE IF EXISTS `qqnum`;
CREATE TABLE `qqnum` (
  `id` int(11) NOT NULL AUTO_INCREMENT,
  `name` varchar(50) DEFAULT NULL,
  PRIMARY KEY (`id`)
) ENGINE=InnoDB DEFAULT CHARSET=utf8;
```

其中，資料庫名稱是 chatdb，該資料表中的欄位 name 表示使用者名稱。

（2）把 sql 目錄下的 chatdb.sql 上傳到 Linux 中的某個路徑，比如 /root/ex/net/chatSrv，然後在終端上進入該目錄，再登入 MySQL 伺服器，最後執行該 SQL 檔案，過程如下：

```
mysql -uroot -p123456
mysql> source /root/soft/chatdb.sql
Query OK, 1 row affected (0.04 sec)

Query OK, 1 row affected, 2 warnings (0.00 sec)

Query OK, 0 rows affected (0.00 sec)

Database changed
Query OK, 0 rows affected (0.00 sec)

Query OK, 0 rows affected (0.00 sec)

Query OK, 0 rows affected (0.00 sec)

Query OK, 0 rows affected, 1 warning (0.00 sec)

Query OK, 0 rows affected, 2 warnings (0.04 sec)
```

這樣，資料表建立起來了，資料表 qqnum 存放所有的帳號資訊，當然現在它還是一個空白資料表，如下所示：

```
mysql> use chatdb;
```

```
Database changed
mysql> show tables;
+------------------+
| Tables_in_chatdb |
+------------------+
| qqnum            |
+------------------+
1 row in set (0.00 sec)

mysql> select * from qqnum;
Empty set (0.00 sec)
```

# 6.7 伺服器端設計

作為 C/S 模式下的系統開發，伺服器端程式的設計也是非常重要的。本節就伺服器端的相關程式模組進行設計，並在一定程度上實現相關功能。用戶端和伺服器端是 TCP 連接並互動的，伺服器端主要功能如下：

（1）接收用戶端使用者的註冊，然後把註冊資訊儲存到資料庫資料表中。

（2）接收用戶端使用者的登入，使用者登入成功後，就可以在聊天室裡聊天了。

## 6.7.1 使用 epoll 模型

epoll 模型是 Linux 作業系統獨有的 I/O 多工函式，是 select 的進化版本。作為強化版的 select，它能讓核心應對許多的檔案描述符號。epoll 結構不僅可以處理大量的網路連接，而且在處理網路資料方面也有較好的性能。

epoll 相比於 select/poll，有以下優點：

（1）select 支撐的檔案描述符號數量是有限的，而 epoll 能同時處理大量的 socket 描述符號，它所檢測的事件數沒有上限，只要我們提供的資源足夠。

（2）selelct 每使用一次就要經歷一次資料從使用者空間到核心空間的複製，但是 epoll 只在註冊的時候把檔案描述符號複製到核心，以後在等待描述符號就緒過程中就不再進行資料的轉移了，節省了資料在使用者空間和核心空間多次複製所佔用的時間，並且 epoll 還使用 mmap 讓兩個空間之間的資料複製更快速。

（3）select 只能判斷有檔案描述符號就緒，但並不知道具體是哪一個就緒了，所以需要一個一個存取集合中的描述符號；epoll 在描述符號就緒時，會呼叫一個與此通訊端連結的函式，把該通訊端存放到一個鏈結串列中，根據這個傳回的合格鏈結串列就可以確切知道究竟是哪些描述符號需要程式去進行處理。

綜上所述，由於 epoll 不僅節省執行緒資源，而且相比 select 有許多優點，因此本章選擇 epoll 模型來實現伺服器端的高並發。

## 6.7.2 詳細設計

我們的並發聊天室採用 epoll 通訊模型，目前沒有用到執行緒池，如果以後並發需求大了，很容易就可以擴展到執行緒池 +epoll 模型的方式。伺服器端收到用戶端連接後，就開始等待用戶端的請求，具體請求是透過用戶端發來的命令來實現的，具體命令如下：

```
#define CL_CMD_REG 'r'      // 用戶端請求註冊命令
#define CL_CMD_LOGIN 'l'    // 用戶端請求登入命令
#define CL_CMD_CHAT 'c'     // 用戶端請求聊天命令
```

這幾個命令號，伺服器端和用戶端必須一致。命令號是包含在通訊協定中的，通訊協定是伺服器端和用戶端相互理解對方請求的手段。為了照顧初學者，這裡的協定設計盡可能簡單明了，但也可以應對互動的需要了。

用戶端發送給伺服器端的協定：

| 命令號（一個字元） | , | 參數（字串，長度不定） |
|---|---|---|

比如 "r,Tom" 表示用戶端要求註冊的使用者名稱是 Tom。

服務端發送給用戶端的協定：

| 命令號（一個字元） | , | 傳回結果（字串，長度不定） |
|---|---|---|

比如 "r,ok" 表示註冊成功。其中的逗點是分隔符號，當然也可以用其他字元來分隔。

當用戶端連接到伺服器端的協定後，就可以判斷命令號，然後進行相應處理，比如：

```
switch(code)
{
    case CL_CMD_REG:    // 註冊命令處理
        ...
```

```
    case CL_CMD_LOGIN: // 登入命令處理
        ...
    case CL_CMD_CHAT:// 聊天命令處理
        ...
}
```

當每個命令都處理完畢後，必須發送一個字串給用戶端。

## 【例 6.3】高並發聊天伺服器端的詳細設計

（1）在 Linux 下打開自己喜愛的文字編輯器，輸入以下程式：

```
#include <stdio.h>
#include <stdlib.h>
#include <string.h>
#include <netinet/in.h>
#include <arpa/inet.h>
#include <sys/epoll.h>
#include <errno.h>
#include <unistd.h> //for close
#define MAXLINE 80
#define SERV_PORT 8000
#define CL_CMD_REG 'r'
#define CL_CMD_LOGIN 'l'
#define CL_CMD_CHAT 'c'
int GetName(char str [], char szName [])
{
    //char str[] ="a,b,c,d*e";
    const char * split = ",";
    char * p;
    p = strtok(str, split);
    int i = 0;
    while (p != NULL)
    {
        printf("%s\n", p);
        if (i == 1) sprintf(szName, p);
        i++;
        p = strtok(NULL, split);
    }
}
// 查詢字串中某個字元出現的次數
int countChar(const char *p, const char chr)
{
    int count = 0, i = 0;
    while (*(p + i))
    {
        if (p[i] == chr)// 字串陣列存放在一塊記憶體區域中，按索引查詢字元，指標本身不變
```

```
                    ++count;
                ++i;// 按陣列的索引值找到對應指標變數的值
        }
        //printf(" 字串中 w 出現的次數：%d",count);
        return count;
}
int main(int argc, char *argv [])
{
        ssize_t n;
        char szName[255] = "", szPwd[128] = "", repBuf[512] = "";
        int i, j, maxi, listenfd, connfd, sockfd;
        int nready, efd, res;

        char buf[MAXLINE], str[INET_ADDRSTRLEN];
        socklen_t cilen;
        int client[FOPEN_MAX];
        struct sockaddr_in cliaddr, servaddr;
        struct epoll_event tep, ep[FOPEN_MAX];// 存放接收的資料
        // 網路 socket 初始化
        listenfd = socket(AF_INET, SOCK_STREAM, 0);
        bzero(&servaddr, sizeof(servaddr));
        servaddr.sin_family = AF_INET;
        servaddr.sin_addr.s_addr = htonl(INADDR_ANY);
        servaddr.sin_port = htons(SERV_PORT);
        if (-1 == bind(listenfd, (struct sockaddr *) &servaddr, sizeof(servaddr)))
            perror("bind");
        if (-1 == listen(listenfd, 20))
            perror("listen");
        puts("listen ok");
        for (i = 0; i < FOPEN_MAX; i++)
            client[i] = -1;
        maxi = -1;// 後面資料初始化賦值時，資料初始化為 -1
        efd = epoll_create(FOPEN_MAX); // 建立 epoll 控制碼，底層其實是建立了一個紅黑樹
        if (efd == -1)
            perror("epoll_create");
            // 增加監聽通訊端
        tep.events = EPOLLIN;
        tep.data.fd = listenfd;
        res = epoll_ctl(efd, EPOLL_CTL_ADD, listenfd, &tep); // 增加監聽通訊端，即註冊
        if (res == -1) perror("epoll_ctl");
        for (;;)
        {
            nready = epoll_wait(efd, ep, FOPEN_MAX, -1);// 阻塞監聽
            if (nready == -1)    perror("epoll_wait");

            // 如果有事件發生，就開始資料處理
            for (i = 0; i < nready; i++)
```

```c
{
    // 是否是讀取事件
    if (!(ep[i].events & EPOLLIN))
        continue;

    // 若處理的事件和檔案描述符號相等，則進行資料處理
    if (ep[i].data.fd == listenfd) // 判斷發生的事件是不是來自監聽通訊端
    {
        // 接收用戶端請求
        clilen = sizeof(cliaddr);
        connfd = accept(listenfd, (struct sockaddr *)&cliaddr, &clilen);
        printf("received from %s at PORT %d\n",
            inet_ntop(AF_INET, &cliaddr.sin_addr, str, sizeof(str)),
            ntohs(cliaddr.sin_port));
        for (j = 0; j < FOPEN_MAX; j++)
            if (client[j] < 0)
            {
                // 將通訊通訊端存放到 client
                client[j] = connfd;
                break;
            }
        // 是否到達最大值 保護判斷
        if (j == FOPEN_MAX)
            perror("too many clients");
        // 更新 client 下標
        if (j > maxi)
            maxi = j;
        // 增加通訊通訊端到樹（底層是紅黑樹）上
        tep.events = EPOLLIN;
        tep.data.fd = connfd;
        res = epoll_ctl(efd, EPOLL_CTL_ADD, connfd, &tep);
        if (res == -1)
            perror("epoll_ctl");
    }
    else
    {
        sockfd = ep[i].data.fd;// 將 connfd 賦值給 socket
        n = read(sockfd, buf, MAXLINE);// 讀取資料
        if (n == 0) // 無數據則刪除該節點
        {
            // 將 client 中對應的 fd 資料值恢復為 -1
            for (j = 0; j <= maxi; j++)
            {
                if (client[j] == sockfd)
                {
                    client[j] = -1;
                    break;
```

```
                                    }
                        }
                        res = epoll_ctl(efd, EPOLL_CTL_DEL, sockfd, NULL);// 刪除樹節點
                        if (res == -1)
                                perror("epoll_ctl");
                        close(sockfd);
                        printf("client[%d] closed connection\n", j);
                }
                else // 有資料則寫回資料
                {
                        printf("recive client's data:%s\n", buf);
                        char code = buf[0];
                        switch (code)
                        {
                        case CL_CMD_REG:    // 註冊命令處理
                                if (1 != countChar(buf, ','))
                                {
                                        puts("invalid protocal!");
                                        break;
                                }
                                GetName(buf, szName);
                                // 判斷名稱是否重複
                                if (IsExist(szName))
                                {
                                        sprintf(repBuf, "r,exist");
                                }
                                else
                                {
                                        insert(szName);
                                        showTable();
                                        sprintf(repBuf, "r,ok");
                                        printf("reg ok,%s\n", szName);
                                }
                                write(sockfd, repBuf, strlen(repBuf));// 回覆用戶端
                                break;
                        case CL_CMD_LOGIN: // 登入命令處理
                                if (1 != countChar(buf, ','))
                                {
                                        puts("invalid protocal!");
                                        break;
                                }

                                GetName(buf, szName);
                                // 判斷是否註冊過，即是否存在
                                if (IsExist(szName))
                                {
                                        sprintf(repBuf, "l,ok");
```

```
                                      printf("login ok,%s\n", szName);
                              }
                              else sprintf(repBuf, "1,noexist");
                              write(sockfd, repBuf, strlen(repBuf));// 回覆用戶端
                              break;
                      case CL_CMD_CHAT:// 聊天命令處理
                              puts("send all");
                              // 群發
                              for (i = 0;i <= maxi;i++)
                                  if (client[i] != -1)
                                      write(client[i], buf + 2, n);// 寫回用戶端，
+2 表示去掉命令標頭 (c,)，這樣只發送聊天內容
                              break;
                      }//switch
                  }
              }
          }
      }
      close(listenfd);
      close(efd);
      return 0;
  }
```

上述程式實現了通訊功能和命令處理功能，筆者對程式進行了詳細的註釋。儲存檔案為 chatSrv.c。

（2）再新建一個名稱為 mydb.c 的 C 檔案，該檔案主要封裝和資料庫打交道的功能，比如儲存使用者名稱、判斷使用者是否存在等。輸入以下程式：

```
#include <stdio.h>
#include <string.h>
#include <mysql.h>
#include <time.h>
// 註冊使用者名稱
int insert(char szName[])   // 參數 szName 是要註冊的使用者名稱
{
    MYSQL mysql;
    MYSQL_RES *res;
    MYSQL_ROW row;
    char *query;
    int r, t,id=12;
    char buf[512] = "", cur_time[55] = "";
    mysql_init(&mysql);
    if (!mysql_real_connect(&mysql, "localhost", "root", "123456", "chatdb", 0,
NULL, 0))
    {
```

```
            printf("Failed to connect to Mysql!\n");
            return 0;
        }
        else  printf("Connected to Mysql successfully!\n");
        sprintf(buf, "INSERT INTO qqnum(name) VALUES(\'%s\')", szName);
        r = mysql_query(&mysql, buf);

        if (r) {
            printf("Insert data failure!\n");
            return 0;
        }
        else {
            printf("Insert data success!\n");
        }
        mysql_close(&mysql);
        return 0;
    }
    // 判斷使用者是否存在
    int IsExist(char szName[]) // 參數 szName 是要判斷的使用者名稱，透過它來查詢資料庫資料表
    {
        MYSQL mysql;
        MYSQL_RES *res;
        MYSQL_ROW row;
        char *query;
        int r, t,id=12;
        char buf[512] = "", cur_time[55] = "";
        mysql_init(&mysql);
        if (!mysql_real_connect(&mysql, "localhost", "root", "123456", "chatdb", 0,
NULL, 0))
        {
            printf("Failed to connect to Mysql!\n");
            res = -1;
            goto end;
        }
        else  printf("Connected to Mysql successfully!\n");

        sprintf(buf, "select name from qqnum where name ='%s'", szName);
        if (mysql_query(&mysql, buf)) // 執行查詢
        {
            res =-1;
            goto end;
        }
        MYSQL_RES *result = mysql_store_result(&mysql);
        if (result == NULL)
        {
            res =-1;
            goto end;
```

```
    }
    MYSQL_FIELD *field;
    row = mysql_fetch_row(result);
    if(row>0)
    {
        printf("%s\n", row[0]);
        res = 1;
        goto end;
    }
    else res = 0;// 不存在
end:
    mysql_close(&mysql);
    return res;
}
int showTable()    // 顯示資料庫資料表中的內容
{
    MYSQL mysql;
    MYSQL_RES *res;
    MYSQL_ROW row;
    char *query;
    int flag, t;
    /* 連接之前，先用 mysql_init 初始化 MySQL 連接控制碼 */
    mysql_init(&mysql);
    /* 使用 mysql_real_connect 連接 server，其參數依次為 MYSQL 控制碼、server 的 IP 位址、
    登入 MySQL 的 username、password、要連接的資料庫等 */
    if (!mysql_real_connect(&mysql, "localhost", "root", "123456", "chatdb", 0,
NULL, 0))
        printf("Error connecting to Mysql!\n");
    else
        printf("Connected Mysql successful!\n");
    query = "select * from qqnum";
       /* 查詢成功則傳回 0*/
    flag = mysql_real_query(&mysql, query, (unsigned int)strlen(query));
    if(flag) {
        printf("Query failed!\n");
        return 0;
    }else {
        printf("[%s] made...\n", query);
    }
    /*mysql_store_result 將所有的查詢結果讀取到 client*/
    res = mysql_store_result(&mysql);
    /*mysql_fetch_row 檢索結果集的下一行 */
    do
    {
        row = mysql_fetch_row(res);
        if (row == 0)break;
        /*mysql_num_fields 傳回結果集中的欄位數目 */
```

```
                for (t = 0; t < mysql_num_fields(res); t++)
                {
                    printf("%s\t", row[t]);
                }
                printf("\n");
        } while (1);
        /* 關閉連接 */
        mysql_close(&mysql);
        return 0;
    }
```

上述程式中總共有 3 個函式，分別是插入使用者名稱、判斷使用者名稱是否存在和顯示所有資料表記錄。

（3）撰寫 makefile 檔案，並把這 3 個檔案一起上傳到 Linux 中，然後 make 編譯並執行，執行結果如下：

```
root@tom-virtual-machine:~/ex/net/chatSrv# ./chatSrv
Chat server is running...
```

此時伺服器端執行成功了，正在等待用戶端的連接。下面進入用戶端的設計和實現。

## 6.8 用戶端設計

用戶端需要考慮友善的人機界面，所以一般都執行在 Windows 下，並且要實現圖形化程式介面，比如對話方塊等。因此整套系統的通訊是在 Linux 和 Windows 之間進行，這也是常見的應用場景，企業最前線開發中，用戶端幾乎沒有執行在 Linux 下的。

用戶端的主要功能如下：

（1）提供註冊介面，供使用者輸入註冊資訊，然後把註冊資訊以 TCP 方式發送給伺服器進行註冊登記（其實在伺服器端就是寫入資料庫）。

（2）註冊成功後，提供登入介面，讓使用者輸入登入資訊進行登入，登入時主要輸入使用者名稱，並以 TCP 方式發送給伺服器端。伺服器端檢查使用者名稱是否存在後，並將回饋結果發送給用戶端。

（3）使用者登入成功後，就可以發送聊天資訊，然後所有線上的人都可以看到該聊天資訊。

　　我們的用戶端將在 VC2017 上開發，通訊架構基於 MFC 的 CSocket，因此需要一點 VC++ 程式設計知識。筆者在這裡再三強調，一個 Linux 伺服器開發者是必須學會 VC 開發的，因為幾乎 90% 的網路軟體都是 Linux 和 Windows 相互通訊，即使為了自測我們的 Linux 伺服器程式，也要會 Windows 用戶端程式設計知識。

　　由於預設情況下，VC2017 不安裝 MFC，因此在安裝 VC2017 的時候勾選 MFC。具體操作：打開 VC2017 安裝程式，找到「使用 C++ 的桌面開發」，勾選它，然後在右邊勾選「用於 x86 和 x64 的 Visual C++ MFC」核取方塊，如圖 6-10 所示。

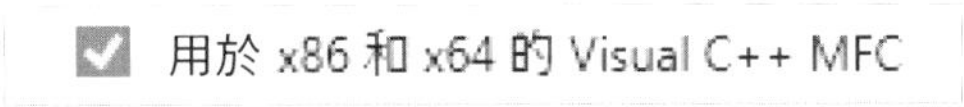

☑ 用於 x86 和 x64 的 Visual C++ MFC

▲ 圖 6-10

　　然後安裝即可。為了方便讀者，筆者把 VC2017 的線上安裝程式放到了隨書資源的 somesofts 子目錄下。

### 【例 6.4】即時通訊系統用戶端的詳細設計

（1）打開 VC2017，新建一個 MFC 對話方塊專案，專案名稱為 client。

（2）切換到資源視圖，打開對話方塊編輯器。因為這個對話方塊是登入用的對話方塊，所以在對話方塊中增加 1 個 IP 控制項、2 個編輯控制項和 2 個按鈕。上方的編輯控制項用來輸入伺服器通訊埠，並為它增加整數變數 m_nServPort；下方的編輯控制項用來輸入使用者暱稱，並為它增加 CString 類型變數 m_strName；為 IP 控制項增加控制項變數 m_ip；2 個按鈕控制項的標題分別設定為「註冊」和「登入伺服器」；最後設定對話方塊的標題為「註冊登入對話方塊」，最終設計後的對話方塊介面如圖 6-11 所示。

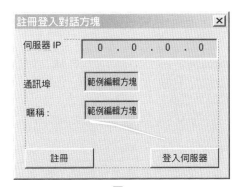

▲ 圖 6-11

　　再增加一個對話方塊，設定對話方塊的 ID 為 IDD_CHAT_DIALOG，因為該對話方塊的作用是顯示聊天記錄和發送資訊。所以在對話方塊上面增加一個列表方塊、一個編輯控制項和一個按鈕。列表方塊用來顯示聊天記錄，編輯控制項用來輸入要發送的資訊，按鈕標題為「發送」。為列表方塊增加控制項變數 m_lst，為編輯方塊增加 CString 類型變數 m_strSendContent，再對話方塊增加類別 CDlgChat。最終對話方塊的設計介面如圖 6-12 所示。

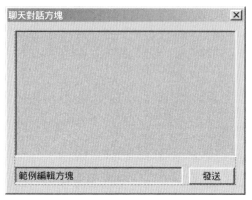

▲ 圖 6-12

　　（3）切換到類別視圖，選中專案 client，然後增加一個 MFC 類別 CClientSocket，基礎類別為 CSocket。

　　（4）為 CclientApp 增加成員變數：

```
CString m_strName;
CClientSocket m_clinetsock;
```

同時在 client.h 開頭包含標頭檔：

```
#include "ClientSocket.h"
```

　　在 CclientApp::InitInstance() 中增加通訊端程式庫初始化的程式和 CClientSocket 物件建立程式：

```
WSADATA wsd;
AfxSocketInit(&wsd);
m_clinetsock.Create();
```

　　（5）切換到資源視圖，打開「註冊登入對話方塊」，為「登入伺服器」按鈕增加事件處理函式，程式如下：

```cpp
void CclientDlg::OnBnClickedButton1()   // 登入處理
{
    //TODO:  在此增加控制項通知處理常式程式
    CString strIP, strPort;
    UINT port;

    UpdateData();
    if (m_ip.IsBlank() || m_nServPort < 1024 || m_strName.IsEmpty())
    {
        AfxMessageBox(_T(" 請設定伺服器資訊 "));
        return;
    }
    BYTE nf1, nf2, nf3, nf4;
    m_ip.GetAddress(nf1, nf2, nf3, nf4);
    strIP.Format(_T("%d.%d.%d.%d"), nf1, nf2, nf3, nf4);

    theApp.m_strName = m_strName;

    if (!gbcon)
    {
        if (theApp.m_clinetsock.Connect(strIP, m_nServPort))
        {
            gbcon = 1;
            //AfxMessageBox(_T(" 連接伺服器成功 !"));

        }
        else
        {
            AfxMessageBox(_T(" 連接伺服器失敗 !"));
        }
    }
    CString strInfo;
    strInfo.Format("%c,%s", CL_CMD_LOGIN, m_strName);
    int len = theApp.m_clinetsock.Send(strInfo.GetBuffer(strInfo.GetLength()), 2
 * strInfo.GetLength());

    if (SOCKET_ERROR == len)
        AfxMessageBox(_T(" 發送錯誤 "));
}
```

　　程式中，首先把控制項裡的 IP 位址格式化存放到 strIP 中，並把使用者輸入的使用者名稱儲存到 theApp.m_strName。然後透過全域變數 gbcon 判斷當前是否已經連接伺服器了，這樣可以不用每次都發起連接，如果沒有連接，則呼叫 Connect 函式進行伺服器連接。連接成功後，就把登入命令號（CL_CMD_LOGIN）和登入使用者名稱組成一個字串，透過函式 Send 發送給伺服器，伺服器會判斷該使用者名稱是否已經註冊，如果註冊過了，就允許登入成功，如果沒有註冊過，則會向用戶端提示登入失敗。

注意：登入結果的回饋是在其他函式（OnReceive）中獲得，後面我們會增加該函式。

再切換到資源視圖，打開「註冊登入對話方塊」編輯器，為「註冊」按鈕增加事件處理函式，程式如下：

```
void CclientDlg::OnBnClickedButtonReg()
{
    //TODO: 在此增加控制項通知處理常式程式
    CString strIP, strPort;
    UINT port;
    UpdateData();
    if (m_ip.IsBlank() || m_nServPort < 1024 || m_strName.IsEmpty())
    {
        AfxMessageBox(_T(" 請設定伺服器資訊 "));
        return;
    }
    BYTE nf1, nf2, nf3, nf4;
    m_ip.GetAddress(nf1, nf2, nf3, nf4);
    strIP.Format(_T("%d.%d.%d.%d"), nf1, nf2, nf3, nf4);
    theApp.m_strName = m_strName;

    if (!gbcon)
    {
        if (theApp.m_clinetsock.Connect(strIP, m_nServPort))
        {
            gbcon = 1;
            //AfxMessageBox(_T(" 連接伺服器成功 !"));
        }
        else
        {
            AfxMessageBox(_T(" 連接伺服器失敗 !"));
            return;
        }
    }
    //-------- 註冊 ---------
    CString strInfo;
    strInfo.Format("%c,%s", CL_CMD_REG, m_strName);
        int len = theApp.m_clinetsock.Send(strInfo. GetBuffer(strInfo. GetLength()),
2 * strInfo.GetLength());
```

```
        if (SOCKET_ERROR == len)
            AfxMessageBox(_T("發送錯誤"));
    }
```

程式邏輯同登入過程類似，也是先獲取控制項上的資訊，然後連接伺服器（如果已經連接了，則不需要再連）。連接成功後，就把註冊命令號（CL_CMD_REG）和待註冊的使用者名稱組成一個字串，透過函式 Send 發送給伺服器，伺服器首先判斷該使用者名稱是否已經註冊過了，如果註冊過了，就會提示用戶端該使用者名稱已經註冊，否則就把該使用者名稱存入資料庫資料表中，並提示用戶端註冊成功。同樣，伺服器傳回給用戶端的資訊是在 OnReceive 中獲得。

（6）為類別 CClientSocket 增加成員變數：

```
CDlgChat *m_pDlg; // 儲存聊天對話方塊指標，這樣收到資料後可以顯示在對話方塊上的列表方塊裡
```

再增加成員函式 SetWnd，該函式就傳一個 CDlgChat 指標進來，程式如下：

```
void CClientSocket::SetWnd(CDlgChat *pDlg)
{
    m_pDlg = pDlg;
}
```

下面準備多載 CClientSocket 的虛函式 OnReceive，打開類別視圖，選中類別 CClientSocket，在該類別的屬性視圖上增加 OnReceive 函式，如圖 6-13 所示。

▲ 圖 6-13

我們在該函式裡接收伺服器發來的資料，程式如下：

```
void CClientSocket::OnReceive(int nErrorCode)
{
    //TODO:  在此增加專用程式和 / 或呼叫基礎類別
    CString str;
```

```
        char buffer[2048], rep[128] = "";
        if (m_pDlg) //m_pDlg 指向聊天對話方塊
        {
            int len = Receive(buffer, 2048);
            if (len != -1)
            {
                buffer[len] = '\0';
                buffer[len+1] = '\0';
                str.Format(_T("%s"), buffer);
                m_pDlg->m_lst.AddString(str); // 把發來的聊天內容加入列表方塊中
            }
        }
        else
        {
            // 註冊回覆
            int len = Receive(buffer, 2048);
            if (len != -1)
            {
                buffer[len] = '\0';
                buffer[len + 1] = '\0';
                str.Format(_T("%s"), buffer);
                if (buffer[0] == 'r')
                {
                    GetReply(buffer, rep);
                    if(strcmp("ok", rep)==0)
                        AfxMessageBox(" 註冊成功 ");
                    else if(strcmp("exist",rep)==0)
                        AfxMessageBox(" 註冊失敗，使用者名稱已經存在 !");
                }
                else if (buffer[0] == 'l')
                {
                    GetReply(buffer, rep);
                    if (strcmp("noexist", rep) == 0)
                        AfxMessageBox(" 登入失敗，使用者名稱不存在，請先註冊 .");
                    else if (strcmp("ok", rep) == 0)
                    {
                        AfxMessageBox(" 登入成功 ");
                        CDlgChat dlg;
                        theApp.m_clinetsock.SetWnd(&dlg);
                        dlg.DoModal();
                    }
                }
            }
        }
    CSocket::OnReceive(nErrorCode);
}
```

程式中，如果聊天對話方塊的指標 m_pDlg 不可為空，則說明已經登入伺服器成功並且聊天對話方塊建立過了，此時收到的伺服器資料都是聊天的內容，我們把聊天的內容透過函式 AddString 加入列表方塊中。如果指標 m_pDlg 是空的，則說明伺服器發來的資料是針對註冊命令的回覆或是針對登入命令的回覆，我們透過收到的資料的第一個位元組（buffer[0]）來判斷到底是註冊回覆還是登入回覆，從而進行不同的處理。函式 GetReply 是自訂函式，用來拆分伺服器發來的資料，程式如下：

```
void GetReply(char str[], char reply[])
{
    const char * split = ",";
    char * p;
    p = strtok(str, split);
    int i = 0;
    while (p != NULL)
    {
        printf("%s\n", p);
        if (i == 1) sprintf(reply, p);
        i++;
        p = strtok(NULL, split);
    }
}
```

伺服器發來的命令回覆資料以逗點相隔，第一個位元組是 l 或 r，l 表示登入命令的回覆，r 表示註冊命令的回覆。第二個位元組就是逗點，逗點後面就是具體的命令結果，比如註冊成功就是「ok」，那麼完整的註冊成功回覆字串就是「r,ok"。同樣，如果註冊失敗，那麼完整的回覆字串就是「r,exist」，表示該使用者名稱已經註冊過了，請重新更換使用者名稱。登入的回覆也類似，比如登入成功，完整的回覆字串就是「r,ok」，而因為使用者名稱不存在導致的登入失敗，其完整的回覆字串就是「r, noexist」。

（7）實現聊天對話方塊的發送資訊功能。切換到資源視圖，打開「聊天對話方塊」編輯器，為「發送」按鈕增加事件處理函式，程式如下：

```
void CDlgChat::OnBnClickedButton1()
{
    //TODO:  在此增加控制項通知處理常式程式
    CString  strInfo;
    int len;
    UpdateData();
    if (m_strSendContent.IsEmpty())
```

```
                AfxMessageBox(_T(" 發送內容不能為空 "));
        else
        {
            strInfo.Format(_T("%s 說 :%s"), theApp.m_strName, m_strSendContent);
            // 發送資料，注意一個字元佔兩個位元組，所以要乘以 2
            len = theApp.m_clinetsock.Send(strInfo.GetBuffer(strInfo.GetLength()), 2
 * strInfo.GetLength());
            if (SOCKET_ERROR == len)
                AfxMessageBox(_T(" 發送錯誤 "));
        }
    }
```

程式邏輯就是獲取使用者在編輯方塊中輸入的內容，然後透過 Send 函式發送給服務端。

（8）儲存專案並執行兩個用戶端處理程序。第一個用戶端處理程序可以直接按複合鍵 Ctrl+F5（非偵錯方式執行）執行，執行結果如圖 6-14 所示。

因為筆者以前已經註冊過了，所以這裡直接按一下「登入伺服器」按鈕，此時提示「登入成功」，然後直接進入聊天對話方塊，如圖 6-15 所示。

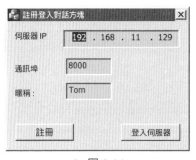

▲ 圖 6-14

▲ 圖 6-15

下面執行第二個用戶端處理程序，在 VC 中，先切換到「方案總管」，然後按右鍵 client，在快顯功能表上選擇「偵錯」→「啟動新實例」命令，如圖 6-16 所示。

▲ 圖 6-16

此時就可以執行第二個用戶端程式了，執行結果如圖 6-17 所示。

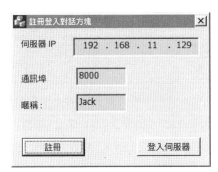

▲ 圖 6-17

如果 Jack 已經註冊過，則可以直接按一下「登入伺服器」按鈕，否則要先註冊。成功登入伺服器後，也會出現聊天對話方塊，在編輯方塊中輸入一些資訊後按一下「發送」按鈕，Tom 那裡的聊天對話方塊就可以收到訊息了。同樣，Tom 也可以在編輯方塊中輸入資訊並發送，Jack 那裡也會收到資訊。最終聊天的執行如圖 6-18 所示。

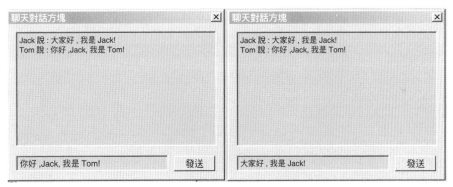

▲ 圖 6-18

至此，高並發聊天系統實現成功了。由於服務端採用了 epoll 模型，可以支援非常多的用戶端同時聊天，因此再要多幾個聊天用戶端一起執行也是可以的。

　　隨著網際網路的廣泛普及，人們的生活方式和生活水準都發生了巨大的變化，從 PC 時代到行動網際網路時代，再到 5G 時代，使用者數的指數級增長以及請求的多樣化導致了龐大的並發造訪量和業務處理的複雜性，傳統的伺服器架構已經難以應對巨量的並發請求。即時通訊、線上視訊、即時互動等形式使得網站背景系統要面對數以百萬計的使用者存取，這給伺服器的性能帶來了巨大的壓力和嚴峻的考驗。Nginx 為輕量級的 Web 伺服器，其優秀的架構設計使它不僅具有高性能、高穩定性和高擴展性，還擁有強大的並發處理能力。在實際使用中，Nginx 通常作為反向代理伺服器實現伺服器叢集的負載平衡功能。因此深入 Nginx 原始程式內部研究其框架執行機制、反向代理功能和負載平衡技術，並在其基礎上進行開發和最佳化具有重要意義。

　　本章對 Nginx 架構進行研究，從模組化設計、事件驅動、處理程序模型和記憶體池設計四個方面進行整體架構的剖析，研究 Nginx 中的訊號機制、優異的反向代理功能和負載平衡技術。upstream 機制作為 Nginx 實現負載平衡的基礎，使 Nginx 能夠突破單機的限制，將負載轉發給後端伺服器叢集，因此本章還將對 Nginx 的 HTTP 處理框架以及負載轉發的 upstream 機制進行深入的研究。

# 7.1 什麼是 Nginx

　　Nginx（engine x）是一個高性能的 HTTP 和反向代理伺服器，也是一個 IMAP/POP3/SMTP 伺服器。Nginx 是由 Igor Sysoev 為俄羅斯造訪量第二的 Rambler.ru 網站（俄文：Рамблер）開發的。它也是一種輕量級的 Web 伺服器，可以作為獨立的伺服器部署網站（類似 Tomcat）。它高性能和低消耗記憶體的結構受到很多大公司的青睞。

# 7.2 Nginx 的下載和安裝

可到 Nginx 官方網站（http://nginx.org/en/download.html）去下載 Nginx，它有 Linux 和 Windows 兩個版本。

Nginx 的 Linux 版本的下載和安裝步驟如下：

**步骤 01** 打開 Nginx 官方網站，選擇 Linux 版本，如圖 7-1 所示。

▲ 圖 7-1

**步骤 02** 按一下 nginx-1.23.3 直接下載原始程式，在分析 Nginx 內部原理的時候肯定會用到原始程式，下載下來的檔案是 nginx-1.23.3.tar.gz。如果僅是安裝，可以直接線上安裝：

```
apt-get install nginx
```

**步骤 03** 安裝後，查看 Nginx 是否安裝成功：

```
# nginx -v
nginx version: nginx/1.18.0 (Ubuntu)
```

可見，線上預設安裝的版本不是最新的。

**步骤 04** 如果想以原始程式方式安裝最新版本，可以先卸載 apt-get 安裝的 Nginx，命令如下：

```
apt-get --purge autoremove nginx
```

**步骤 05** 卸載後，可以透過原始程式套件來安裝 Nginx，但先要安裝相依套件：

```
apt-get install gcc
apt-get install libpcre3 libpcre3-dev
apt-get install zlib1g zlib1g-dev
sudo apt-get install openssl
sudo apt-get install libssl-dev
```

**步骤 06** 再安裝 Nginx，假設原始程式套件存放在 /root/soft 下，則先進入 /root/soft 再解壓：

```
cd /root/soft
tar -xvf nginx-1.23.3.tar.gz
```

**步骤 07** 然後進入 nginx-1.23.3 資料夾，開始設定、編譯和安裝：

```
cd nginx-1.23.3/
./configure
make
make install
```

此時在 /usr/local 下可以看到有一個 nginx 資料夾了。

**步骤 08** 進入 /usr/local/nginx/sbin，並啟動程式：

```
cd /usr/local/nginx/sbin
./nginx
```

**步骤 09** 查看 Nginx 的版本：

```
./nginx -v
nginx version: nginx/1.23.3
```

顯示的是最新版本了。此時我們到宿主機 Windows 下打開瀏覽器，並輸入 Ubuntu 的 IP 位址，就可以存取 Nginx 的首頁了，如圖 7-2 所示。

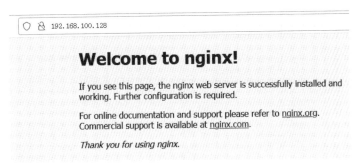

▲ 圖 7-2

至此，Nginx 的環境建立完畢。下面我們要探索 Nginx 的內部架構和原理，為以後基於 Nginx 進行延伸開發打好基礎。

# 7.3　為何要研究 Nginx

從 20 世紀 70 年代初網際網路的起步到現在 5G 時代的到來，幾十年來網際網路技術蓬勃發展。高速發展的網際網路深刻改變了人們傳統的生活方式，社交、電子商務、搜尋等都極大地改善和方便了人們的日常生活。無論是現在政府機構的數位化辦公、金融機構的科技化轉型、工業生產上的物聯網系統，還是智慧城市的建設發展都與快速發展的網際網路密切相關。隨著網路服務的進一步普及，網際網路覆蓋範圍的進一步擴大，網民數量日趨增多，越來越多的使用者體驗到了網際網路技術帶來的便利。與此同時，隨著越來越多的人使用網際網路，爆炸式增長的網路請求也給熱門網站的伺服器帶來了巨大的壓力。電子商務平臺的雙十一購物節等即時網路事件都能在短時間內給網站帶來巨大的並發存取量，這對伺服器的負載能力提出了更為嚴苛的要求。

針對如此大數量的並發請求，可以透過提高伺服器硬體性能來緩解負載壓力，但是這一方案需要一定的成本，並且與日俱增的並發存取量也更迫切地需要一種更好的解決方案。在實際應用場景中通常採用多伺服器策略，將多台相互獨立的伺服器透過特定的連接方式組合成一個伺服器叢集，共同分擔負載壓力，將叢集系統作為一個整體提供給使用者服務。由於叢集系統中的伺服器相互獨立，即使其中一台伺服器發生故障，也不會影響整體服務的執行，透過將故障伺服器上的請求分發給其他正常執行的伺服器，大大降低了故障帶來的損失，提高了叢集系統的可靠性。負載平衡是叢集技術的關鍵，透過負載平衡技術合理地分發使用者請求給叢集伺服器節點，使叢集中的伺服器資源得到充分利用。透過在伺服器上安裝和設定軟體的方式來實現軟體層面的負載平衡，與基於硬體的負載平衡相比，這種方案不需要額外的負載平衡裝置，成本較低，設定靈活，可擴展性更強。

近年來，國內外越來越多的企業使用輕量級 Web 伺服器進行軟體層面上的負載轉發，透過一定的轉發策略將請求分發給後端伺服器節點進行處理。Nginx 是一款輕量級的高性能 Web 伺服器，執行穩定、模組化設計、可擴展性強、設定靈活、資源消耗低，並且程式開放原始碼，具有出眾的反向代理功能和優秀的負載轉發機制。這些都使得 Nginx 受到越來越多的開發者的關注。不同於傳統的多處理程序和多執行緒的 Web 伺服器，Nginx 採用了事件驅動架構，獨特的處理程序模型極大地減少了處理程序間的切換，非同步地處理網路請求，記憶體消耗小，充分利用伺服器硬體資源，能夠從容地應對高並發壓力。

　　經過多年的發展，Nginx 官方和許多開放原始碼同好不斷地為 Nginx 開發出豐富的功能模組，使得 Nginx 不僅可以作為優秀的 HTTP 和反向代理伺服器，還可以作為電子郵件代理伺服器，在功能上已經可以與 Apache 伺服器媲美。隨著通訊技術的提高，快速增長的網際網路使用者群產生了巨量的並發請求，並且不再滿足傳統的文字和影像資訊，對網路服務有著越來越高的體驗需求，這些都促使在大流量服務的使用場景中用 Nginx 取代其他 Web 伺服器。其中，Nginx 作為反向代理和負載平衡伺服器向後端伺服器叢集轉發請求，是目前很多大型網站所採用的方案。而 Nginx 作為後端伺服器叢集的反向代理和其負載平衡策略的實現都是基於 Nginx 的 upstream 機制。此外，Nginx 是由 C 語言撰寫，雖然原始程式中透過模組化設計、void* 和函式指標的使用實現了物件導向的一些特性，但程式的重複使用性和可維護性仍有所欠缺。因此研究 Nginx 伺服器的原始程式、HTTP 框架的執行機制、upstream 機制，對原始程式進行最佳化改進，開發出新的負載轉發模組，都具有非常重要的意義。

　　當前，Nginx 正蓬勃發展，如日中天。在 2019 年 10 月 Netraft 發佈的 Web Server Survey 中，Nginx 已經超越 Apache 和 Microsoft 的 IIS，成為伺服器市場的第一名。Netraft 對於 Web 伺服器的市場調查結果如圖 7-3 所示。

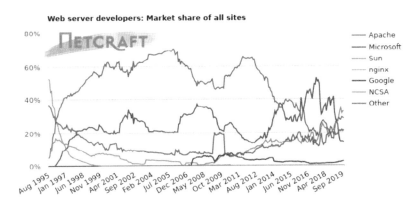

| Developer | September 2019 | Percent | October 2019 | Percent | Change |
|---|---|---|---|---|---|
| nginx | 422,048,243 | 32.69% | 427,719,289 | 32.88% | 0.19 |
| Apache | 374,739,321 | 29.02% | 372,604,250 | 28.64% | -0.38 |
| Microsoft | 189,991,312 | 14.71% | 183,224,187 | 14.08% | -0.63 |
| Google | 33,058,930 | 2.56% | 34,861,968 | 2.68% | 0.12 |

▲ 圖 7-3

Web 伺服器是一種可以向發出請求的用戶端回應資料的程式。Apache、IIS、Nginx 都是 Web 伺服器，透過 HTTP 協定為瀏覽器等用戶端程式提供各種網路服務。然而，由於這些 Web 伺服器在設計階段就受到許多侷限，例如當時的網際網路使用者規模、網路頻寬、產品特點等侷限，並且各自的定位與發展方向都不盡相同，使得每一款 Web 伺服器的特點與應用場合都很鮮明。

1995 年，著名的 Apache 伺服器誕生了，它是 Apache 軟體基金會的開原始伺服器，可以在大多數的作業系統中穩定執行。Apache 穩定、開放原始碼、跨平臺的優勢使它迅速興起。在它興起的年代，網路服務的基礎設施遠遠比不上今天，網際網路使用者群也遠遠低於今天的規模，因此 Apache 被設計成一個不支援高並發的多處理程序伺服器。為了應對高並發的場景，Apache 增加了多執行緒、多核心等新特性，但基本架構無法改變。由於 Apache 是多處理程序伺服器，當大量的並發請求同時存取伺服器時，Apache 會建立多個處理程序來處理，導致記憶體消耗高，頻繁的處理程序間切換也導致了很大的系統銷耗，這些弊端都使得 Apache 對於高並發場景的處理要遜色於 Nginx。相較於 Windows，類 UNIX 作業系統作為伺服器在安全性和穩定性上都要更優。而 IIS 伺服器是微軟開發的一款基於 Windows 作業系統的伺服器，因此在實際的使用場景中，IIS 會有所欠缺。

21 世紀初，隨著 C10K 問題的出現，為了解決傳統多處理程序或多執行緒伺服器單機性能不足的侷限，作業系統引入了高效的非同步 I/O 機制。在此基礎上，新的伺服器模型逐漸湧現出來，而輕量級 Web 伺服器 Nginx 便是其中的佼佼者，可以無阻塞地處理數以萬計的並發請求。

Nginx 興起以後逐漸被 Google、GitHub、Hulu 等知名企業和網站採用，並原始程式進行延伸開發，實現更強大的功能。在國外，Google 基於 Nginx 開發了 ngx_pagespeed 擴展模組，該模組能有效減少頁面等待時間，透過最佳化傳輸頻寬、域名映射、降低請求等操作提高了網站的載入速度。隨著 Nginx 的逐漸壯大，其開發團隊推出了商業版的 Nginx Plus，在 Nginx 的基礎上提供更高級的功能。Nginx 優秀的性能也吸引了許多知名企業，很多大型網站也將 Nginx 作為它們的伺服器選擇。

網路服務覆蓋規模的擴大導致了網際網路使用者數的激增，使用者數的龐大和使用者請求的多樣化給伺服器帶來了巨大的存取壓力。熱點事件和特定節日帶來的高並發場景迫切需要高性能的 Web 伺服器。只有研究高性能的 Web 伺服器，從原始程式的角度對它進行分析，並根據特定需求做出進一步的設計最佳化和開發，才能在控制硬體資源成本的同時給使用者提供更好的體驗。因此研究高性能的 Web 服務器具有一定的經濟價值和社會價值。

# 7.4 Nginx 概述

Nginx 是由俄羅斯工程師 Igor Sysoev 撰寫的 Web 伺服器。作為 Web 伺服器的後起之秀，Nginx 能夠得到頂級網際網路公司的青睞，擁有龐大的使用者群眾，是因為它具有以下特點：

（1）回應更快。正常情況下單次請求會得到更快的回應，在高峰期也能迅速回應數以萬計的並發請求。

（2）高擴展性。Nginx 本身是模組化的架構系統，由一個一個的模組組成，這些不同的模組分別實現不同的功能，模組間的耦合度很低。Nginx 模組化的設計系統使得所有模組的開發都遵循一致的開發規範，開發者們也可以撰寫滿足自己需求的第三方模組嵌入 Nginx 的工作流中，透過自訂的擴展模組能讓 Nginx 更進一步地提供網路服務。

（3）高可靠性。Nginx 框架程式的優秀設計保證了伺服器的可靠性、穩定性。獨特的處理程序模型保證了每個 worker 處理程序相對獨立，即使 worker 處理程序發生嚴重錯誤也能快速恢復。為了減小模組間的相互影響，各個功能模組之間做到了完全解耦。記憶體池的設計也避免了記憶體碎片和資源洩漏。因此，越來越多的企業在其網站伺服器上部署 Nginx。

（4）低記憶體消耗。Nginx 由 C 語言撰寫，原始程式中採用了很多節約資源的實現技巧，自行實現了陣列、鏈結串列等基本資料結構，充分利用了系統資源。獨特的 one master/multi workers 處理程序模型降低了處理程序和執行緒切換帶來的系統銷耗，最大限度地將記憶體用來處理網路服務，提高了並發能力。

（5）高性能。Nginx 採用事件驅動模型，同時實現了請求的多階段非同步處理，極大地提高了網路性能，能夠無阻塞地處理數以萬計的並發請求。這無疑會使 Nginx 受到越來越多的青睞。

（6）熱部署。Nginx 中大量使用了訊號機制，master 處理程序和 worker 處理程序相互獨立，透過訊號進行通訊。這樣的訊號機制使得 Nginx 能在不停止服務的情況下更新設定項，升級可執行檔，實現了伺服器的熱部署。

（7）最自由的 BSD 授權合約。使用者不僅可以免費使用 Nginx，還能在自己的專案中對 Nginx 原始程式進行修改，然後發佈。這使得 Nginx 受到廣大開發者的歡迎，同時，廣大開發者也可以對 Nginx 進行改進，為 Nginx 貢獻自己的力量。

當然 Nginx 的優點遠不止這些，作為輕量級的 Web 伺服器它的安裝和設定都很方便，能夠實現複雜的功能，支援自訂日誌格式和平滑升級，能滿足大部分的應用場景，這也得益於其擁有的大量的官方功能模組和第三方功能模組。在實際的專案開發中，為了滿足需求可以開發自己的模組整合進 Nginx，還支援模組與 Lua 等指令碼語言的整合。這些優秀的特性都促使輕量級 Web 伺服器 Nginx 被越來越多的人關注。

## 7.5 Nginx 伺服器設計原則

Nginx 是一個功能堪比 Apache 的 Web 伺服器，然而在設計之初時，為了使它能夠適應網際網路使用者的高速增長及其帶來的多樣化需求，在基本功能需求之外，還制定了許多約束，主要包括以下幾個方面：性能、可伸縮性、簡單性、可設定性、可見性、可攜性和可靠性等。

1）性能

性能主要分為以下三個方面：

第一方面，網路性能。網路性能不是針對一個使用者而言的，而是針對 Nginx 服務而言的。網路性能是指在不同負載下，Web 服務在網路通訊上的輸送量，而頻寬這個概念，就是指在特定的網路連接上可以達到的最大輸送量。因此，網路性能肯定會受制於頻寬，當然更多的是受制於 Web 服務的軟體架構。在大多數場景下，隨著伺服器上並發連接數的增加，網路性能都會有所下降。目前，我們在研究網路性能時，更多的是研究高並發場景。舉例來說，在幾萬或幾十萬並發連接下，要求伺服器仍然可以保持較高的網路輸送量，而非當並發連接數達到一定數量時，伺服器的 CPU 等資源大都浪費在處理程序間切換、休眠、等待等其他活動上，導致輸送量大幅下降。

第二方面，單次請求的延遲性。單次請求的延遲性與網路性能的差別很明顯，這裡只是針對一個使用者而言的。對於 Web 伺服器，延遲性就是指伺服器從初次接收到一個使用者請求到傳回回應期間持續的時間。在低並發和高並發連接數量下，伺服器單一請求的平均延遲時間肯定是不同的。Nginx 在設計時更應該考慮的是在高並發下如何保持平均延遲性，使它不要上升得太快。

第三方面，網路效率就是使用網路的效率。舉例來說，使用長連接（keepalive）代替短連接以減少建立、關閉連接帶來的網路互動，使用壓縮演算法來增加相同輸送量下的資訊攜帶量，使用快取來減少網路互動次數等，它們都可以提高網路效率。

### 2）可伸縮性

可伸縮性指架構可以透過增加元件來提升服務，或允許元件之間具有互動功能。一般可以透過簡化元件、降低元件間的耦合度、將服務分散到許多元件等方法來改善可伸縮性。可伸縮性受到元件間的互動頻率，以及元件對一個請求使用的是同步還是非同步的方式來處理等條件的限制。

### 3）簡單性

簡單性通常是指元件的簡單程度，每個元件越簡單，就越容易被理解和實現，也就越容易被驗證（被測試）。一般，我們透過分離關注點原則來設計元件，對整體架構來說，通常使用通用性原則，統一元件的介面，這樣就減少了架構中的變數。

### 4）可設定性

可設定性就是在當前架構下對系統功能做出修改的難易程度，對 Web 伺服器來說，它還包括動態的可修改性，也就是部署好 Web 伺服器後可以在不停止、不重新啟動服務的前提下，提供給使用者不同的、符合需求的功能。可修改性可以進一步分解為可進化性、可擴展性、可訂製性、可設定性和再使用性。

### 5）可見性

在 Web 伺服器這個應用場景中，可見性通常是指一些關鍵元件的執行情況可以被監控的程度。舉例來說，服務中正在互動的網路連接數、快取的使用情況等。透過這種監控，可以改善服務的性能，尤其是可靠性。

### 6）可移值性

可攜性是指服務可以跨平臺執行，即 Nginx 能夠執行在主流的作業系統下（Linux 或 Windows），這也是當下 Nginx 被大規模使用的必要條件。

7）可靠性

可靠性可以看作在服務出現部分故障時，一個架構受到系統層面的故障影響的程度。可以透過以下方法提高可靠性：避免單點故障、增加容錯、允許監視，以及用可恢復的動作來縮小故障的範圍。

## 7.6 整體架構研究

Nginx 精巧的設計令人折服，Nginx 處理高並發的能力是由其優秀的軟體架構和其採用的最新的事件處理機制（epoll 機制）所決定的。本節將從模組化設計、事件驅動、處理程序模型和記憶體池設計四個方面來探索 Nginx 的整體架構。

### 7.6.1 模組化設計系統

Nginx 是一個高度模組化的系統，由一個個不同功能的模組組成。Nginx 框架定義了六種類型的模組，分別是 core 模組、conf 模組、event 模組、stream 模組、http 模組和 mail 模組，所有的 Nginx 模組都必須屬於這六類別模組。Nginx 常用的五類別模組之間的分層次，多類別的設計如圖 7-4 所示。

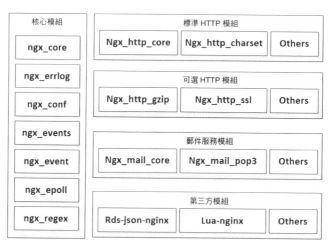

▲ 圖 7-4

無論是官方功能模組還是第三方功能模組，所有的模組設計都遵循著統一的介面規範。ngx_module_t 結構作為所有模組的通用介面，描述了整個模組的所有資訊。部分模組和 ngx_module_t 介面的關係如圖 7-5 所示。

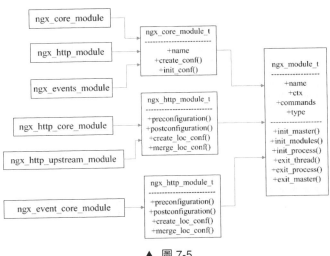

▲ 圖 7-5

　　Nginx 的所有模組之間是分層次的，core 模組中又有 6 個具體的模組，除了圖 7-4 中列出的 ngx_mail_module、ngx_http_module、ngx_events_module、ngx_core_module 這 4 種主要的核心模組，還有 ngx_errlog_module、ngx_openssl_module 模組。Nginx 分層次的模組設計使得各模組更專注於自己的業務。core 模組直接與 Nginx 框架進行互動，Nginx 框架透過 core 模組來呼叫 ngx_http_module 等其他模組，而 ngx_http_module 和 ngx_events_module 這些基礎模組再自行實現自己的處理邏輯。對 ngx_http_module 來說，它只負責把 http 模組組織管理起來，連線 Nginx 框架，相當於是 Nginx 框架和 http 模組之間的中間層，真正的 HTTP 業務邏輯由 HTTP 核心模組 ngx_http_core_module 來實現。ngx_mail_module 和 ngx_events_module 也分別扮演 Nginx 框架與 mail 模組和 event 模組之間的中間層，將真正實現業務邏輯的模組連線 Nginx 框架。

　　conf 模組是 Nginx 最底層的模組，也是所有模組的基礎，在啟動 Nginx 時讀取設定檔 nginx.conf 就需要 conf 模組來發揮作用，實現最基本的設定項解析功能。

　　ngx_module_t 結構的成員很多，圖 7-5 中列出了幾個重要的成員，其中，成員 name 標記模組的名稱；成員 ctx 是一個 void* 指標，可以指向任何類型的資料，用於表示不同模組的通用性介面，類似於 C++ 中的多態，函式指標 ctx 可以指向 core 模組的 ngx_core_module_t，也可以指向 http 模組的 ngx_http_module_t，還可以指向 event 模組的 ngx_event_module_t；type 成員則有著類型標記的作用，給模組提供了很大的靈活性，這也是 Nginx 使用 C 語言實現物件導向的技巧。ngx_command_t 類型的 commands 陣列指標儲存了本模組的設定指令資訊，在 ngx_command_t 結構中包含了設定指令的名稱、指令的作用域和類型，以及指令解析的函式指標等參數。ngx_module_t 結構中定義的 7 個回呼函式主要負責處理程序、執行緒的初始化和模組的退出。圖 7-5 所示 core 模組將 ctx 實例化為 ngx_core_module_t，模組類型 type 是 NGX_CORE_MODULE。core 模組通常不處理具體的業務，只負責建構子系統，結構中的兩個函式指標 create_conf 和 init_conf 僅用於建立和初始化設定結構。

## 7.6.2 事件驅動模型

事件是一種通知機制，當有 I/O 事件發生時系統會通知處理程序去處理。而事件驅動模型其實是一種防止事件堆積的解決方案。事件驅動模型通常由事件收集器、事件發送器和事件處理器組成。事件收集器負責收集事件發生來源產生的事件，事件發生來源主要有網路 I/O 和計時器；事件發送器負責將收集的所有事件分發給事件處理器；事件處理器則會消費自己所註冊的事件，負責具體事件的回應。事件收集器不斷檢測當前要處理的事件資訊，並透過事件發送器將事件分發給事件處理器，從而呼叫相應的事件消費模組來處理事件，如圖 7-6 所示。

Nginx 基於事件驅動模型來處理網路請求，對於高並發的網路 I/O 處理，Nginx 採用 epoll 這種 I/O 多工的方式。epoll 是非常優秀的事件驅動模型，透過 epoll_create 函式在 Linux 核心建立一個事件表，記錄需要監控的檔案描述符號以及對應的 I/O 事件，這個事件表以紅黑樹的形式被維護在作業系統核心中；透過 epoll_ctl 操作這個事件表，向核心註冊新的描述符號或是改變某個檔案描述符號的狀態，實際上就是對紅黑樹的節點操作。當有事件發生時，epoll_wait 函式以鏈結串列的形式傳回就緒事件的集合。在傳統的 Web 伺服器中，事件發送器每傳遞一個請求，系統就建立一個新的處理程序或執行緒來呼叫事件處理器處理請求，這種方式造成系統銷耗過大，影響伺服器的性能。Nginx 採用請求佇列的形式非同步地完成事件處理，工作執行緒從請求佇列中讀取事件後，根據事件的類型呼叫相應的消費模組，對於讀取事件透過讀取事件的消費模組執行處理，對於寫入事件透過寫入事件的消費模組執行處理。網路 I/O 處理模型如圖 7-7 所示。

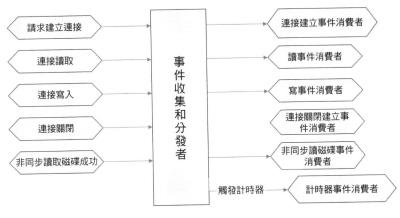

▲ 圖 7-6

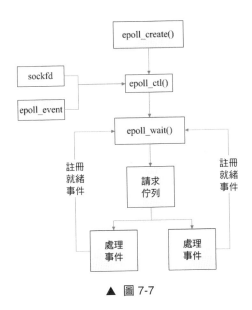

▲ 圖 7-7

　　計時器作為事件來源，也是 Nginx 事件驅動模型中的重要元件。真實的網路環境中可能出現連接中斷的情況，為了避免無效的連接一直佔用伺服器資源，就需要透過計時器檢測出超時事件並進行逾時處理，也可以使用計時器來延後請求中耗時的操作，提高伺服器整體的效率。計時器不屬於 I/O 事件，不能透過 epoll 等系統呼叫來處理，在 Nginx 中使用自訂的紅黑樹這一資料結構來管理計時器物件。紅黑樹是一種平衡二元樹，內部的儲存是有序的，在事件結構 ngx_event_t 中定義了紅黑樹節點 timer，當事件產生時，會將時間戳記作為紅黑樹節點的 key 插入紅黑樹中，這樣就可以把需要逾時檢測的事件有序地儲存在紅黑樹中。在計時器紅黑樹中所有事件按照時間戳記從小到大排序，只要將最小節點的 key 與當前時間進行比較，就能檢測出是否存在逾時事件，流程圖如圖 7-8 所示。

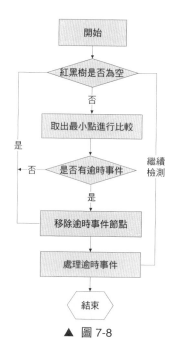

▲ 圖 7-8

　　如果檢測出超時事件，則將逾時事件的 timedout 標識位置為 1，然後進行逾時事件的處理。

## 7.6.3 處理程序模型

　　Nginx 獨特的處理程序池設計是 Nginx 性能優秀的基礎，確保了 Nginx 的高可用性和高穩定性。通常情況下，Nginx 啟動後會建立一個 master 處理程序，再由這個 master 處理程序複刻出多個 worker 處理程序。Nginx 處理程序模型如圖 7-9 所示。

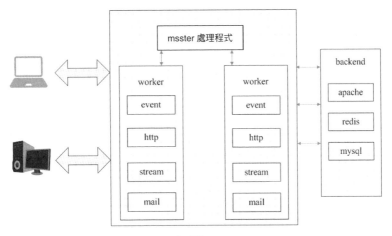

▲ 圖 7-9

　　master 處理程序不負責處理網路請求，只負責監控和管理複刻出的 worker 處理程序，透過 UNIX 訊號與 worker 處理程序進行通訊，當程式發生錯誤致使 worker 處理程序退出時，master 處理程序會重新複刻出新的 worker 處理程序來繼續工作，維持處理程序池的穩定。此外，master 處理程序透過接收外界的訊號來執行 Nginx 服務執行中的程式升級、重新啟動、設定項修改等操作。不同的訊號對應著不同的操作，這種設計使得動態可擴展性和動態可訂製性比較容易實現。而多個 worker 處理程序主要負責網路請求的處理並與後端的 Redis、MySQL 等服務進行通訊。每個 worker 處理程序平等競爭用戶端的請求，透過 7.6.2 節介紹的非同步非阻塞事件機制來高效率地處理請求。為了保證一個請求只被一個 worker 處理程序處理，避免驚群效應，Nginx 使用了處理程序互斥鎖 ngx_accept_mutex，使得搶到互斥鎖的處理程序才能註冊監聽事件並透過 accept 系統呼叫接收連接，再將請求處理後的回應發送給用戶端。worker 處理程序的數量也可以透過設定檔 nginx.conf 進行設定，一般可將處理程序數設定為 CPU 的核心數，這樣能最大限度地減少處理程序上下文切換所帶來的銷耗。

## 7.6.4 記憶體池設計

　　記憶體池是大型軟體開發中常用的一種技術，透過一次性向作業系統申請大區塊記憶體，再將大區塊記憶體切分成區塊並以鏈結串列的形式串聯起來，形成記憶體池。當程式結束後，將分配給應用程式的區塊掛回到記憶體池鏈結串列中，這樣可以極佳地減少系統呼叫次數，大大降低了 CPU 資源的消耗，而且能夠極佳地避免記憶體碎片和記憶體洩漏。

Nginx 的記憶體池設計得非常精妙，它在滿足小區塊記憶體申請的同時，也能處理大區塊記憶體的申請請求，同時還允許掛載自己的資料區域及對應的資料清理操作。Nginx 設計的記憶體池結構如圖 7-10 所示。

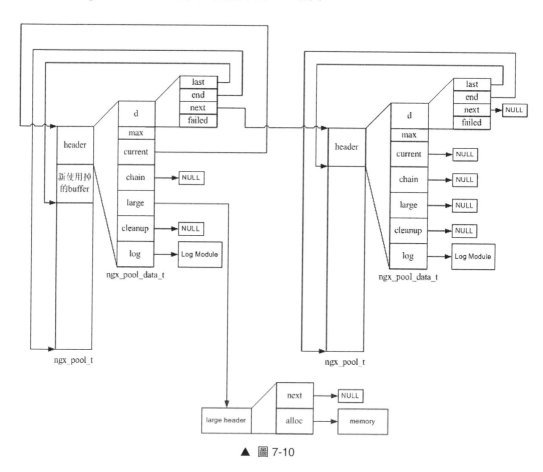

▲ 圖 7-10

ngx_pool_data_t 結構和 ngx_pool_t 結構組成了記憶體池鏈結串列。在記憶體資料區塊 ngx_pool_data_t 中，last 指標指向當前記憶體的結束位置，即區塊未使用區域的起始位置，end 指標指向當前區塊的結束位置，next 指向記憶體鏈結串列中下一個區塊，failed 記錄記憶體分配失敗次數。在記憶體池結構 ngx_pool_t 中，有一個記憶體資料區塊 ngx_pool_data_t 的成員，它相當於記憶體鏈結串列的頭節點，結構成員 max 表示記憶體資料區塊的最大值，current 指標指向當前的區塊，large

指標指向維護的大區塊記憶體鏈結串列，當程式需要分配的記憶體空間超過 max 時，需要使用 large 指標指向的大區塊記憶體鏈結串列。Nginx 記憶體池設計的精巧之處正在於此：當申請大區塊記憶體時，呼叫 ngx_pcalloc 函式從堆積上開闢記憶體掛載到 large 指標指向的大區塊記憶體鏈結串列上；當申請小區塊記憶體時，從記憶體池取得的資料區塊維護在 ngx_pool_data_t 資料區塊上。當記憶體池滿了後，Nginx 擴充記憶體池的方法是再分配一個記憶體池，然後連結到 ngx_pool_data_t 的 next 指標上。

Nginx 會為每一個 TCP/HTTP 連接請求建立一個獨立的記憶體池，也就是 ngx_pool_t 物件。在處理請求的整個過程中可以透過 ngx_pool_t 物件在記憶體池中任意開闢記憶體，不必擔心記憶體的釋放問題。當請求結束時，Nginx 會自動銷毀 ngx_pool_t 物件，並釋放記憶體池和它擁有的所有記憶體。Nginx 框架會自動管理記憶體池的生命週期，當一個請求結束時，記憶體池裡的記憶體會完全歸還給系統。但是記憶體只是系統資源的方面，其他的系統資源並不會隨著記憶體池的銷毀而一併釋放，如果不做特殊的操作就有可能造成資源洩漏。為了避免記憶體洩漏，Nginx 透過 ngx_pool_t 結構中 cleanup 指標指向的 ngx_pool_cleanup_t 結構鏈結串列實現資源的清理操作，這類似於 C++ 裡的析構函式，在物件銷毀時自動呼叫析構函式，執行對應的資源銷毀動作。ngx_pool_cleanup_t 結構的成員 handler 儲存了清理函式，它是一個函式指標；成員 data 是一個 void* 指標，通常指向需釋放的資源。Nginx 會在銷毀記憶體池時把 data 傳遞給 handler。例如打開的檔案描述符號作為資源掛載到了記憶體池上，此時回呼函式 handler 則設定為關閉檔案描述符號的函式，當記憶體池釋放時，執行 handler 則實現了資源的清理，這樣才能避免資源洩露。在 ngx_pool_cleanup_t 中還有一個 next 指標成員，多個物件可以使用這個指標連接成一個單向鏈結串列。當記憶體池銷毀時，Nginx 會一個一個執行鏈結串列裡的清理函式，釋放所有的資源。

Nginx 記憶體池的精妙設計令人折服，它不僅有效減少了頻繁向系統開闢記憶體帶來的系統呼叫銷耗，提高了記憶體使用率和程式性能，還不用擔心記憶體申請後的釋放問題，透過類似析構函式的清理機制使模組開發更集中在處理邏輯層面。

# 7.7 Nginx 重要的資料結構

　　為了做到跨平臺，Nginx 定義封裝了一些基本的資料結構。由於 Nginx 對記憶體分配比較節省（只有保證低記憶體消耗，才可能實現十萬甚至百萬等級的同時並發連接數），因此 Nginx 資料結構天生都是盡可能少地佔有記憶體。本節將簡介 Nginx 的幾個基本的資料結構。

## 7.7.1 ngx_str_t 資料結構

　　在 Nginx 原始程式目錄的 src/core 下面的 ngx_string.h|c 裡面包含了字串的封裝，以及字串相關操作的 API。Nginx 提供了帶有長度的字元結構 ngx_str_t，它的原型如下：

```
typedef struct {
 size_t len;
 u_char *data;
}ngx_str_t;
```

　　ngx_str_t 只有兩個成員，其中 data 指向字串的起始位址，len 表示字串的有效長度。注意，ngx_str_t 的 data 成員不是指向普通的字串，因為這段字串未必會以「\0」作為結尾，所以使用時必須根據 len 來使用 data 成員。在寫 Nginx 程式時，處理字串的方法和我們平時使用的有很大的不同，但要時刻記住，字串不以「\0」結束，儘量使用 Nginx 提供的字串操作相關的 API 來操作字串。那麼，Nginx 這樣做有什麼好處呢？首先，透過 len 來表示字串長度，減少計算字串長度的次數。其次，Nginx 可以重複引用一段字串記憶體，data 可以指向任意記憶體，len 表示字串長度，而不用去複製一份自己的字串（如果要以「\0」結束而不能更改原字串，那麼勢必要複製一段字串）。接下來，看看 Nginx 提供的字串操作相關的 API。

```
#define ngx_string(str)     { sizeof(str) - 1, (u_char *) str }
```

　　ngx_string(str) 是一個巨集，它透過一個以「\0」結尾的普通字串 str 構造一個 Nginx 的字串，鑑於其中採用 sizeof 操作符號計算字串長度，因此參數必須是一個常數字字串。

```
#define ngx_null_string     { 0, NULL }
```

　　定義變數時，使用 ngx_null_string 初始化字串為空字串，字串的長度為 0，data 為 NULL。

```
#define ngx_str_set(str, text)   (str)->len = sizeof(text) - 1; (str)->data = (u_char *)
text
```

ngx_str_set 用於設定字串 str 為 text，由於使用 sizeof 計算長度，因此 text 必須為常數字串。

```
#define ngx_str_null(str)   (str)->len = 0; (str)->data = NULL
```

ngx_str_null 用於設定字串 str 為空字串，長度為 0，data 為 NULL。

## 7.7.2 ngx_array_t 資料結構

ngx_array_t 就和 C++ 語言的 STL 中的 Vector 容器一樣是一個動態陣列。它們在陣列的大小達到預分配記憶體的上限時，就會重新分配陣列大小，一般會設定成原來長度的兩倍，然後把陣列中的資料複製到新的陣列中，最後釋放原來陣列佔用的記憶體。具備了這個特點之後，ngx_array_t 動態陣列的用處就大多了，而且它內建了 Nginx 封裝的記憶體池，因此，動態陣列分配的記憶體也是從記憶體池中分配的。

```
typedef struct ngx_array_s        ngx_array_t;
struct ngx_array_s {
    void        *elts;
    ngx_uint_t  nelts;
    size_t      size;
    ngx_uint_t  nalloc;
    ngx_pool_t  *pool;
};
```

參數說明：

- elts：向實際的資料儲存區域。
- nelts：陣列實際元素個數。
- size：陣列單一元素的大小，單位是位元組。
- nalloc：陣列的容量。表示該陣列在不引發擴充的前提下，可以最多儲存的元素的個數。當 nelts 增長到達 nalloc 時，如果再往此陣列中儲存元素，就會引發陣列的擴充。陣列的容量大小將擴展到原有容量的 2 倍。實際上是分配一塊新的記憶體，這塊新的記憶體的大小是原有記憶體大小的 2 倍。原有的資料會被複製到新的記憶體中。
- pool：該陣列用來分配記憶體的記憶體池。

### 7.7.3 ngx_pool_t 資料結構

　　ngx_pool_t 是一個非常重要的資料結構，在很多重要的場合都有使用，很多重要的資料結構也都在使用它。ngx_pool_t 相關結構及操作被定義在檔案 src/core/ngx_palloc.hlc 中，定義如下：

```
typedef struct ngx_pool_s         ngx_pool_t;

struct ngx_pool_s {
    ngx_pool_data_t       d;
    size_t                max;
    ngx_pool_t            *current;
    ngx_chain_t           *chain;
    ngx_pool_large_t      *large;
    ngx_pool_cleanup_t    *cleanup;
    ngx_log_t             *log;
};
```

　　那麼它究竟是什麼呢？簡而言之，它提供了一種機制，幫助管理系統資源（如檔案、記憶體等），使得對這些資源的使用和釋放可以統一進行，免除了使用過程中對各種各樣資源什麼時候釋放、是否遺漏了釋放的擔心。

　　比如對於記憶體的管理，如果我們需要使用記憶體，那麼總是從一個 ngx_pool_t 的物件中獲取記憶體，在最終的某個時刻再銷毀這個 ngx_pool_t 物件，所有記憶體就都被釋放了。這樣我們就不必對這些記憶體進行 malloc 和 free 的操作，不用擔心是否某區塊被 malloc 出來的記憶體沒有被釋放。因為當 ngx_pool_t 物件被銷毀的時候，所有從這個物件中分配出來的記憶體都會被統一釋放掉。

　　再比如要使用一系列的檔案，打開以後，最終需要都關閉，那麼就把這些檔案統一登記到一個 ngx_pool_t 物件中，當這個 ngx_pool_t 物件被銷毀的時候，所有這些檔案都將被關閉。

　　從上面舉的兩個例子中可以看出，使用 ngx_pool_t 這個資料結構的時候，所有資源都在這個物件被銷毀時統一進行了釋放，因此帶來一個問題，就是這些資源的生存週期（或說被佔用的時間）跟 ngx_pool_t 的生存週期基本一致（ngx_pool_t 也提供了少量操作可以提前釋放資源）。從最高效的角度來說，這並不是最好的。比如，需要依次使用 A、B、C 三個資源，且使用 B 的時候 A 不會再被使用，使用 C 的時候 A 和 B 都不會再被使用。如果不使用 ngx_pool_t 來管理這三個資源，那我們可能從系統裡面申請 A，使用 A，然後再釋放 A；接著申請 B，使用 B，然後釋放 B；最後申請 C，使用 C，然後釋放 C。但是當使用一個 ngx_pool_t 物件來管理這三個資源的時候，A、B 和 C 的釋放是在最後一起發生的，也就是在使用完 C 以後。誠然，這在客觀上增加了程式在一段時間內的資源使用量，但是這也減輕了程式設計師分別管理三個資源的生命週期的工作。這也就是有所得必有所失的道理。實際上這是一個取捨的問題，要看在具體的情況下更在乎的是哪個。

可以看一下 Nginx 中一個典型的使用 ngx_pool_t 的場景，對於 Nginx 處理的每個 HTTPRequest，Nginx 會生成一個 ngx_pool_t 物件與這個 HTTP Request 連結，處理過程中需要申請的所有資源都從這個 ngx_pool_t 物件中獲取，當這個 HTTP Request 處理完成以後，在處理過程中申請的所有資源都將隨著這個連結的 ngx_pool_t 物件的銷毀而被釋放。

## 7.8 反向代理和負載平衡

在實際的應用場景中，Ngnix 常常被設定為反向代理伺服器進行負載的分發，透過負載平衡策略將請求分發給上游伺服器。

### 7.8.1 Nginx 反向代理功能

在沒有代理的情況下，用戶端直接與後端伺服器進行通訊，而在實際的應用場景中，用戶端可能存取受限，無法直接向目標主機發起請求，或出於安全考慮，不會讓用戶端直接和後端伺服器通訊，這時就需要用到代理伺服器。用戶端將請求先發送給代理伺服器，代理伺服器接收任務請求後再向目標主機發出請求，並將目標主機傳回的回應資料轉發給用戶端。根據應用場景的不同，代理分為正向代理和反向代理。正向代理架構在用戶端和目標伺服器之間，代理的物件是用戶端。反向代理架構在服務端，與後端伺服器處在同一網路，將用戶端的任務請求以一定的分發策略轉發給內部網路的其他伺服器節點。當後端伺服器處理結束後，將回應資料透過反向代理伺服器傳回給請求連接的用戶端。對用戶端來說，並不知道真正處理請求的伺服器位址，這對後端伺服器來說也有著一定的保護作用。透過在暴露給用戶端的反向代理伺服器上設限，還能過濾一部分不安全的資訊，造成防火牆的作用。

Nginx 在實際的使用中常常被用作反向代理伺服器，不同於其他的反向代理伺服器，Nginx 的反向代理功能有它自己的特點。Nginx 作為反向代理伺服器如圖 7-11

所示。

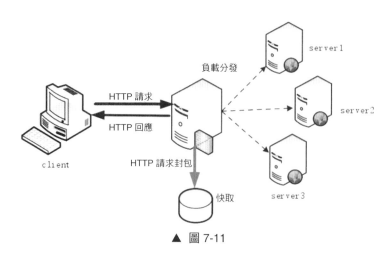

▲ 圖 7-11

　　為了避免相同的頁面請求資源頻繁地存取後端伺服器，Nginx 的反向代理模組實現了快取功能，當網際網路上的用戶端發來 HTTP 請求時，先把使用者的請求完整地接收到 Nginx 的快取中，再與上游伺服器建立連接轉發請求，由於是內網，因此這個轉發過程會執行得很快。這樣，一個用戶端請求佔用上游伺服器的連線時間就會非常短，也就是說，Nginx 的這種反向代理方案降低了上游伺服器的並發壓力。當後端伺服器發來回應時，先將回應完整地儲存在快取中，再將回應傳回給用戶端。這樣設計的好處在於當用戶端下一次存取相同資源時，Nginx 的反向代理模組可以直接從快取中將資源發送給用戶端。當然 Nginx 快取的時間和容量也是有限的，反向代理模組的快取功能主要用於快取體積較小的頁面資源。除了快取功能，Nginx 反向代理的獨特之處還在於透過不同的模組實現了不同的代理方式，這也是 Nginx 模組化設計的具體實現，可以在設定檔中透過 proxy_pass 指令呼叫 ngx_http_proxy_module 模組實現簡單的反向代理，也可以透過 fastcgi_pass 指令呼叫 fastcgi 模組實現動態內容的代理。

## 7.8.2 負載平衡的設定

　　在實際使用場景中，為了提升後端伺服器叢集的處理效率，Nginx 在作為反向代理伺服器向上游伺服器叢集轉發請求時，會根據一定的負載平衡策略將請求分發給叢集中的伺服器，尤其在網路負載過大時，Nginx 的負載分發策略就顯得更為重要。Nginx 中常見的負載平衡演算法主要有加權輪詢、最小連接數、ip_hash 和

url_hash 演算法。透過在設定檔 nginx.conf 中設定不同的演算法指令就能呼叫不同的負載平衡演算法,實現請求向上游伺服器叢集的分發。當用戶端的請求傳遞到 Nginx 的 HTTP 框架時,框架中的 upstream 機制將請求向上游伺服器轉發,透過封裝在 upstream 機制中的 load-balance 模組按照設定檔中的演算法指令選擇對應的實現演算法進行負載的分發,將請求轉發給叢集中的伺服器節點。加權輪詢演算法按照在設定檔中預先設定的權重將請求分發給各個伺服器節點,當各個伺服器節點的權重相同時,就變成了預設的輪詢演算法。在最小連接數演算法中,負載平衡模組會為每個後端伺服器節點維護一個連接數變數,當後端伺服器節點收到一筆請求的時候,該變數就加 1;當伺服器節點發送回應時,該變數就減 1。當收到請求時,最小連接數演算法會選取具有最小連接數的伺服器節點,並將任務請求轉發給該節點。ip_hash 演算法和 url_hash 演算法類似,都是透過雜湊運算後的結果來選擇後端伺服器,不同的是 ip_hash 演算法對請求的 IP 位址進行雜湊運算,url_hash 演算法對請求的 URL 進行雜湊運算。ip_hash 演算法的優勢在於能使同一使用者的 session 落在同一伺服器上,避免用戶端 cookie 驗證失敗等問題。

Nginx 的 load-balance 模組是封裝在 upstream 框架中的,只是抽象出了負載平衡演算法的實現。upstream 框架提供了全非同步、高性能的轉發機制,Nginx 需要透過 upstream 機制才能存取上游伺服器,因此負載平衡的設定指令必須在 upstream 作用域內。ip_hash 演算法在 nginx.conf 檔案中的設定如下:

```
upstream backend {
 ip_hash;
 server 192.168.168.161;
 server 192.168.168.162;
 server 192.168.168.163;
}
server {
 listen 80;
 location / {
  proxy_pass http://backend;
 }
}
```

Nginx 預設使用輪詢演算法,當請求進入 Nginx 處理框架時,透過 proxy_pass 指令實現代理轉發,進入 upstream 機制,根據設定檔中 upstream 作用域內的 ip_hash 指令呼叫 ngx_http_upstream_get_ip_hash_peer 函式執行 ip_hash 演算法,從設定檔中的後端伺服器列表中選擇對應的伺服器節點,將請求分發出去。

# 7.9 訊號機制

訊號是 Linux 作業系統裡處理程序通訊的一種重要手段，很多比較重要的應用程式都需要處理訊號。Nginx 的啟動、退出和處理程序間通訊都大量使用了訊號機制。

## 7.9.1 啟動 Nginx

Nginx 框架的核心程式圍繞著結構 ngx_cycle_t 展開，無論是 master 處理程序還是 worker 處理程序，都擁有唯一的 ngx_cycle_t 結構。ngx_cycle_t 結構如下：

```
typedef struct ngx_cycle_s ngx_cycle_t;
struct ngx_cycle_s {
    void                    ****conf_ctx;       // 設定資料的起始儲存位置
    ngx_pool_t              *pool;              // 記憶體池物件
    ngx_log_t               *log;               // 日誌物件
    ngx_module_t            **modules;          // 模組指標陣列
    ngx_cycle_t             *old_cycle;         // 儲存臨時 ngx_cycle_t 物件
    ngx_str_t                conf_file;         // 啟動時設定檔
 ...
};
volatile ngx_cycle_t* ngx_cycle;                // 指標指向當前的 ngx_cycle_t 物件
```

結構成員都是 Nginx 執行時期必需的重要資料。

Nginx 是用 C 語言撰寫的程式，可以從 main 函式入手，透過 gdb 偵錯歸納出 main 函式流程，如圖 7-12 所示。

Nginx 啟動時先解析命令列參數，初始化時間、日誌、記憶體池等基本功能，然後根據命令列參數建立臨時的 ngx_cycle_t 物件，初始化靜態模組陣列 ngx_modules，再呼叫 ngx_init_cycle 函式建立真正的 ngx_cycle_t 物件，解析設定檔、啟動監聽視窗等。如果使用了 -s 參數，則在發送訊號後退出。-t 參數則用於檢查預設的設定檔。Nginx 啟動後，處理程序內部循環處理事件，只有收到停止訊號或發生異常時才退出迴圈，結束 main 函式。

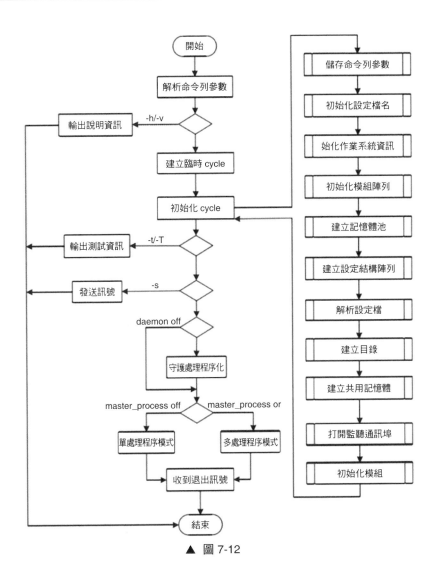

▲ 圖 7-12

## 7.9.2 處理程序管理

為了使訊號處理函式儘量簡單，Nginx 為可處理的訊號都設定了對應的全域變數：

```
// 定義在 os/unix/ngx_process_cycle.c
sig_atomic_t  ngx_reap;              //SIGCHLD，子處理程序狀態變化
sig_atomic_t  ngx_sigalrm;           //SIGALRM，更新時間的訊號
sig_atomic_t  ngx_terminate;         //SIGTERM，終止訊號
```

```
sig_atomic_t  ngx_quit;                    // 正常退出
sig_atomic_t  ngx_reconfigure;             //reload 重新載入設定檔
```

當收到訊號時呼叫 ngx_signal_handler 函式，透過 switch 敘述設定訊號所對應的全域變數，執行一個簡單的賦值操作。

master 處理程序的工作流程如圖 7-13 所示。透過接收外界的訊號實現重新啟動、暖開機、設定項修改和處理程序間管理等操作。

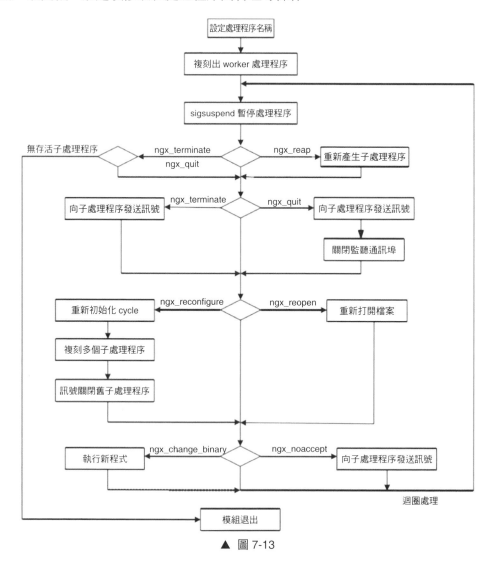

▲ 圖 7-13

Nginx 透過命令列參數 -s signal 可以快速停止或重新啟動 Nginx，程式如下：

```
/usr/local/nginx/sbin/nginx - s quit      # 處理完當前連接再停止 Nginx
/usr/local/nginx/sbin/nginx - s stop      # 強制立即停止 Nginx
/usr/local/nginx/sbin/nginx - s reload    # 重新啟動 Nginx
```

signal 的值可以是 quit、stop、reload。當辨識到命令列參數是 -s quit 時，master 處理程序向所有 worker 處理程序發送 SIGQUIT 訊號，要求它們處理完連接後再停止執行，隨後繼續呼叫 sigsuspend 阻塞等待子處理程序結束的 SIGCHLD 訊號。當命令列參數是 -s stop 時，master 處理程序收到 SIGTERM 訊號，隨後開啟計時器，逾時後，無論 worker 處理程序是否完成工作都直接發送 SIGKILL 訊號強制終止。

Nginx 能夠做到暖開機也是利用了訊號機制，當命令列參數為 -s reload 時，系統發送 SIGHUP 訊號，把當前的 ngx_cycle_t 物件作為參數傳遞給 ngx_init_cycle 函式，建立出一個新的 ngx_cycle_t 物件。新的 ngx_cycle_t 物件完全複製當前 ngx_cycle_t 物件的命令列參數、工作目錄，並更新設定檔，之後 ngx_cycle 全域指標就指向新的 ngx_cycle_t 物件，再用新的 ngx_cycle_t 物件生成一批新的 worker 處理程序，隨後向舊子處理程序發送 SIGQUIT 訊號，關閉舊子處理程序，實現暖開機。

Nginx 在管理 master 和 worker 處理程序時使用訊號進行處理程序間通訊，維護處理程序間的關係。Nginx 啟動後呼叫 ngx_start_worker_processes 函式啟動 worker 處理程序，每個 worker 處理程序執行 ngx_worker_process_cycle 函式中的迴圈來處理網路事件和計時器事件，對外提供 Web 服務。啟動 worker 處理程序之後，master 處理程序進入 for 迴圈，執行系統呼叫 sigsuspend，暫停處理程序，不佔用 CPU，只有收到訊號時才被喚醒，檢查 ngx_signal_handler 所設定的訊號對應的全域變數，決定具體的處理程序管理行為。

Nginx 能快速恢復崩潰的 worker 處理程序也是得益於訊號機制。當收到 SIGCHLD 訊號時，表示這時有子處理程序狀態發生變化，最大的可能就是異常退出，真正的原因已經由函式 ngx_signal_handler 儲存在處理程序陣列 ngx_processes 裡，因此 Nginx 呼叫函式 ngx_reap_children 找到被意外結束的處理程序，並重新產生子處理程序。透過這種方式，master 處理程序維護了處理程序池的穩定性，保證了即使有 worker 處理程序意外崩潰也能迅速恢復，這就是 Nginx 能夠穩定執行的原因所在。

# 7.10 HTTP 框架解析

Nginx 的 HTTP 框架是由 core 模組的 ngx_http_module 和 http 模組的 ngx_http_core_module、ngx_http_upstream_module 共同定義的。ngx_http_module 只負責組織其他 http 模組連線 Nginx 框架，ngx_http_core_module 實現具體的請求處理，而 ngx_http_upstream_module 負責將請求向上游伺服器轉發，使請求處理能力超越單機的限制。http 模組是目前 Nginx 中數量最多的模組，按照功能可以分為請求處理模組 handler、過濾模組 filter、請求轉發模組 upstream 和實現負載平衡演算法的 load-balance 模組。

## 7.10.1 HTTP 框架工作流程

Nginx 事件框架主要針對的是傳輸層的 TCP 連接。作為 Web 伺服器，http 模組需要處理的則是 HTTP 請求，HTTP 框架必須針對基於 TCP 的事件框架解決好 HTTP 的網路傳輸、解析、組裝等問題。http 模組自身的處理邏輯比較複雜，如果能使 http 模組在處理業務的同時，不用過多地關心網路事件的處理，那將大大提高開發效率。Nginx 的 HTTP 框架可以遮罩事件驅動架構，更專注於業務的處理。

Nginx 的設定檔 nginx.conf 以區塊的形式定義了層次關係，分成了 main/http/server/location 四個層次，對應到框架內部的儲存也是如此，不同的層次使用不同的記憶體區域儲存設定資訊，區域之間以指標連接展現層次關係。HTTP 框架中，ngx_http_module 模組呼叫 ngx_http_block 函式獲取 nginx.conf 檔案中對應的設定項並進行解析，完成 HTTP 框架的初始化。Nginx 還在框架處理流程中連線了 11 個不同階段的處理，實現請求處理過程中的不同功能，例如許可權檢查、重定向、快取、記錄存取日誌等，進一步使得 HTTP 處理流程更加精細。

HTTP 框架的工作流程如圖 7-14 所示。

HTTP 框架在初始化時會對事件模組中的監聽結構 ngx_listening_t 進行設定，將 ngx_listening_t 結構中的 handler 方法設定為 ngx_http_init_connection。當用戶端發出新的 HTTP 連接請求時，Nginx 的事件模組對此進行處理，透過 accept 系統呼叫來接收請求，然後呼叫監聽結構中的 handler 方法，這樣新的 HTTP 連接就會進入 HTTP 框架進行後續的處理。

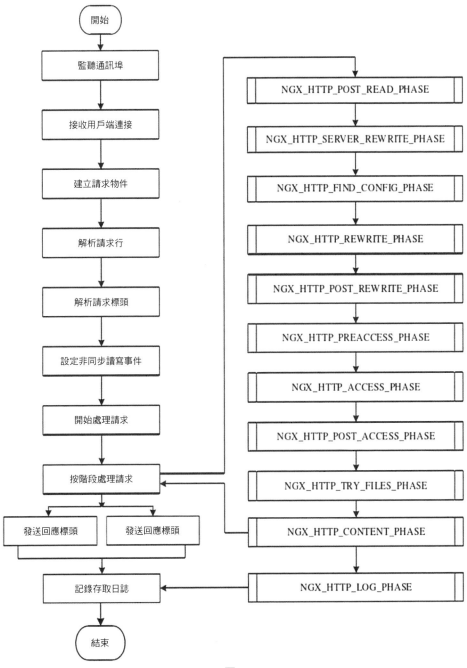

▲ 圖 7-14

　　TCP 連接建立後，當 epoll_wait 傳回事件時，設定 ngx_event_t 中的 handler 方法為 ngx_http_wait_request_handler，然後呼叫函式 ngx_http_create_request 建立請求物件。初始化請求後，將呼叫函式 ngx_http_process_request_line 解析請求行，由於核心通訊端緩衝區不一定能一次性讀取完請求行，因此該方法可能會被多次呼叫，而後將接收的資料儲存在請求結構中。當請求行接收完畢後，呼叫 ngx_http_process_request_headers 函式解析請求標頭。對於請求本體的處理設定非同步的讀寫。隨後開始真正地處理請求，透過 ngx_http_core_run_phases 的呼叫，HTTP 框架處理流程進入細分的 11 個階段，經過不同階段的處理後產生最終的回應資料。回應標頭和回應本體則分別經過過濾引擎的處理再發送出去。

## 7.10.2　處理引擎

　　handler 模組直接處理用戶端的請求，產生回應資料。在接收完請求標頭資料後，HTTP 框架開始進行請求的處理。為了更精細地控制 HTTP 流程，Nginx 劃分了如圖 7-14 所示的 11 個階段，相互協作以管線的方式處理請求。Nginx 原始程式中以列舉的形式定義了這 11 個階段，所有的 handler 模組都必須工作在這 11 個階段中的或幾個。其中需要在接收完請求標頭之後立刻處理的邏輯可以在 POST_READ 階段註冊處理函式，它位於 URI 重寫之前（實際上除了 realip 模組，很少有模組會註冊在該階段）。SERVER_REWRITE 階段執行於 server 區塊內、location 區塊外，在此階段，Nginx 會根據主機號和通訊埠編號找到對應的虛擬主機設定。FIND_CONFIG 階段在重定向的時候重寫 URI 來查詢對應的 location。HTTP_REWRITE 執行 location 內的重寫命令。POST_REWRITE 執行於重寫後，檢查上一階段是否做了 URI 重寫，如果沒有重寫，就直接進入下一階段，如果有重寫，就跳躍到 FIND_CONFIG 階段重新執行。PREACCESS 階段在存取權限控制階段之前，用於控制存取頻率、連接數等。ACCESS 階段控制是否允許請求進入伺服器。POST_ACCESS 階段根據上一階段的處理結果進行相應處理。TRY_FILES 階段為存取靜態檔案而設定。CONTENT 階段處理 HTTP 請求內容，並生成回應發送到用戶端，大部分的模組都會工作在 CONTENT 階段。LOG 階段主要記錄存取日誌。

　　Nginx 的 ngx_http_core_module 模組管理著所有的 handler 模組，它定義了請求的處理階段，把所有的 handler 模組組織成一條管線，使用一個處理引擎來驅動模組處理 HTTP 請求，產生回應內容。

Nginx 定義了函式指標 ngx_http_handler_pt，任何 handler 模組想要處理 HTTP 請求都必須實現這個函式，如以下程式所示：

```
typedef ngx_int_t(*ngx_http_handler_pt)(ngx_http_request_t* r);
typedef struct {
 ngx_array_t    handlers;
} ngx_http_phase_t;
typedef struct {
 ...
 ngx_http_phase_t   phases[NGX_HTTP_LOG_PHASE + 1];
} ngx_http_core_main_conf_t;
```

Nginx 使用 ngx_http_phase_t 結構儲存每個階段可用的處理函式，它實際上是動態陣列 ngx_array_t，元素類型是 ngx_http_handler_pt，儲存實際的處理函式。phases 陣列是處理階段陣列，裡面包含 11 個階段的 ngx_http_phase_t 結構，是模組註冊 handler 通用的方式，在解析完 http 區塊後，ngx_http_block 函式會呼叫所有模組的 postconfiguration 函式指標執行模組的初始化工作，在這裡模組可以向 phases 陣列增加元素，把自己的 ngx_http_handler_pt 方法註冊到合適的階段。隨後 Nginx 框架會遍歷 phases 陣列，按照 11 個不同的階段去匹配具體的執行函式。

當 HTTP 框架接收完請求標頭資料之後，Nginx 隨即呼叫 ngx_http_core_run_phases 函式來啟動處理引擎，透過遍歷引擎陣列，一個一個呼叫陣列中的處理方法，實現 HTTP 框架的處理引擎機制。

## 7.10.3 過濾引擎

filter 模組主要對 hander 模組產生的資料進行過濾處理。Nginx 把過濾處理細分為回應標頭處理和回應本體處理兩種，定義了以下程式所示的兩個函式指標：

```
typedef ngx_int_t(*ngx_http_output_header_filter_pt)(ngx_http_request_t* r);
// 過濾回應標頭
// 過濾回應本體
typedef ngx_int_t(*ngx_http_output_body_filter_pt)(ngx_http_request_t* r, ngx_chain_t
* chain);
```

函式 ngx_http_output_header_filter_pt 處理回應標頭，標頭資訊已經包含在了 ngx_http_request_t 結構裡，所以不需要其他參數。函式 ngx_http_output_body_filter_pt 處理回應本體，需要外部傳遞給它待輸出的資料。filter 模組必須實現這兩個函式以達到過濾處理的目的，但如果只處理回應標頭，那麼就無須實現 ngx_ http_output_body_filter_pt。

　　Nginx 定義了過濾函式鏈結串列的頭節點，將過濾函式組成了順序鏈結串列，程式如下：

```
ngx_http_output_header_filter_pt   ngx_http_top_header_filter;
ngx_http_output_body_filter_pt     ngx_http_top_body_filter;
```

　　透過這種方式，每個 filter 模組在設定解析時都會把自己的過濾函式插入鏈結串列頭，同時內部又儲存了原來的頭節點。在過濾函式執行的最後，只需呼叫原頭節點函式指標就可以讓資料繼續流到後面的過濾模組，完成過濾鏈結串列的執行。

　　Nginx 過濾鏈結串列的構造發生在設定解析的 postconfiguration 函式指標呼叫階段。在順序遍歷 modules 模組陣列時，獲取 ngx_module_t 結構中對應 http 模組的函式表 ctx，也就是 ngx_http_module_t 結構的位址，呼叫其中的 postconfiguration 函式指標執行模組的初始化操作，完成過濾鏈結串列的構造，過濾鏈結串列的模組可以在編譯之後的 objs/ngx_modules.c 檔案中查看。

　　所有模組的回應內容要傳回給用戶端，都必須呼叫以下程式所示的介面：

```
ngx_http_top_header_filter(r);          // 啟動回應標頭過濾
ngx_http_top_body_filter(r, in);        // 啟動回應本體過濾
```

　　當 handler 模組生成了回應內容，呼叫函式 ngx_http_send_header 發送回應標頭時，就會透過這兩行程式所示的方式啟動回應標頭過濾鏈結串列。當 HTTP 請求產生回應資料時，回應標頭資料會由回應標頭過濾函式進行修改、增加或刪除等操作，之後再進行回應本體過濾。回應標頭過濾函式一般用於過濾模組的初始化工作。

## 7.11 upstream 機制的實現

　　upstream 機制能夠讓 Nginx 跨越單機的限制，存取任意的第三方應用伺服器並收發資料。它既屬於 HTTP 框架的一部分，又能完成網路資料的接收、處理和轉發，可以處理所有基於 TCP 的應用層協定，提供了全非同步、高性能的請求轉發機制。使用 upstream 機制時必須構造 ngx_http_upstream_t 結構。ngx_http_upstream_t 定義了 9 個回呼函式，其中最核心的 7 個回呼函式如表 7-1 所示。

▼ 表 7-1 ngx_http_upstream_t 的 7 個回呼函式

| 回呼函式 | 函式功能 |
|---|---|
| create_request | 生成發送給後端伺服器的請求資料 |
| reinit_request | 重新初始化工作狀態 |
| process_header | 解析後端傳回的回應標頭 |
| abort_request | 用戶端放棄請求時呼叫 |
| finalize_request | 正常完成請求後呼叫 |
| input_filter_init | 為 input_filter 做準備工作 |
| input_filter | 處理回應本體 |

這些函式需要由 upstream 模組實現特定的功能後，才能與上游伺服器進行通訊。回呼函式 create_request 在 upstream 機制啟動時被呼叫，生成能夠與上游伺服器正確通訊的請求資料，例如 HTTP 請求標頭、Memcached 命令等，upstream 框架在連接上游伺服器成功後就會發送請求。如果連接上游失敗，函式 reinit_request 則在重連前執行初始化操作。process_header 用來解析從上游伺服器接收到的回應標頭資料。input_filter_init 進行過濾回應本體前的初始化。input_filter 用來過濾後端伺服器傳回的回應正文。函式 finalize_request 在正常完成與後端伺服器的請求後呼叫，進行請求結束時的收尾工作，一般不執行具體的操作。

通常我們會在設定檔裡使用 upstream 指令設定上游伺服器清單，由 upstream 模組框架使用負載平衡演算法在伺服器清單裡選擇合適的伺服器節點，將請求轉發到該伺服器節點，獲得回應後再發送給用戶端。Nginx 的負載平衡演算法封裝在 load-balance 模組中，load-balance 模組是從 upstream 框架裡抽象出的一種特殊的 http 模組，不處理任何資料，只是實現了負載平衡演算法，例如 ip_hash、url_hash 等。load-balance 模組的設定指令只能出現在 upstream 區塊裡，結構 ngx_peer_connection_t 定義了 load-balance 模組實現負載平衡演算法的回呼函式和相關欄位，程式如下：

```
struct ngx_http_upstream_s {
 ngx_peer_connection_t peer;      // 使用演算法連接伺服器
 ...
};
typedef struct ngx_peer_connection_s ngx_peer_connection_t;
typedef ngx_int_t (*ngx_event_get_peer_pt)(ngx_peer_connection_t *pc, void *data);
typedef void (*ngx_event_free_peer_pt)(ngx_peer_connection_t *pc, void *data,
ngx_uint_t state);
```

```
struct ngx_peer_connection_s {
    ngx_connection_t                *connection;        //TCP 連線物件
    struct sockaddr                 *sockaddr;          //socket 位址
    ngx_uint_t                       tries;             // 重試次數
    ngx_event_get_peer_pt            get;               // 具體執行演算法的函式指標
    ngx_event_free_peer_pt           free;
    void                            *data;              // 傳入 get 函式指標的參數 data
 ...
};
```

初始化 load-balance 模組後，設定函式指標 get 的回呼就可以執行具體的負載平衡演算法，選擇匹配到的上游伺服器進行轉發。在模組的初始化時，會預設使用輪詢演算法 ngx_http_upstream_init_round_robin。

ngx_http_upstream_module 是 upstream 框架的實現模組，完成了大部分的底層網路收發邏輯和 Nginx 處理流程，工作在 NGX_HTTP_CONTENT_PHASE 階段，使用負載平衡演算法選擇後端伺服器，向上游發起 TCP 連接，獲取回應資料，再透過回呼函式來處理上游伺服器傳回的資料，將處理後的資料再轉發給下游的用戶端。upstream 框架不僅可以支援 HTTP 協定，還可以支援 FastCGI、Memcached 等任意協定，非常靈活。整個請求轉發機制的工作流程如圖 7-15 所示。

upstream 框架首先對負載平衡模組進行初始化，然後設定 upstream 的連接參數，啟動 upstream 機制後透過回呼函式對請求進行轉發處理。upstream 框架啟動後會從設定檔 nginx.conf 中查詢 upstream 作用域的設定，呼叫 peer.init 初始化設定檔中設定的負載平衡演算法，再透過 peer.get 執行具體的負載平衡演算法。

至此，我們從原始程式的角度深入地研究了 Nginx 裡的訊號機制，透過訊號實現了重新啟動、設定項修改、熱部署和處理程序管理等操作；剖析了 Nginx 中 HTTP 框架的處理流程以及 upstream 機制的實現；詳細研究了 Nginx 從啟動到建立連接請求、解析 HTTP 請求、向上游伺服器的轉發、請求的處理、回應資料的過濾處理，再到用戶端接收應答的整個過程。

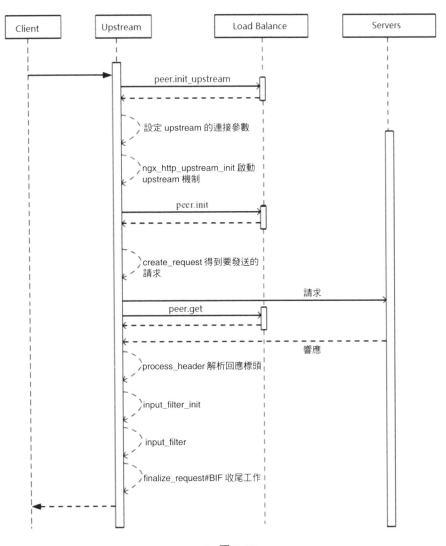

▲ 圖 7-15

# 第 8 章

# DPDK 開發環境的架設

本章開始我們就要慢慢進入 DPDK（資料平面開發套件）實戰了。俗話說：「實踐出真知。」可見實踐的重要性。為了照顧初學者，筆者儘量講得細一些。另外，為了照顧廣大學生，筆者沒有在高端機器上架設 DPDK 環境，而是利用虛擬機器環境，這樣基本一台 PC 就可以了，節省了資金成本。其實，技能學以後企業實幹的時候，碰到高端主機和高性能網路卡、CPU 等也就不怕了，因為方法和程式基本都是類似的。當然，本章介紹的方法也可以在真實機器上架設，只要把和虛擬機器設定相關的選項忽略掉即可。

## 8.1 檢查裝備

在開發之前，先要檢查裝備。

### 8.1.1 基本硬體要求

DPDK 是 Intel 公司推出的強悍技術，不是隨便一台電腦設定就可以執行起來的。首先最好有一台性能還不錯的 x86 電腦（x86 泛指一系列基於 Intel 8086 且向後相容的中央處理器指令集架構，目前 x86 指令架構的處理器主要有 Intel CPU 和 AMD CPU），因為我們要安裝虛擬機器 Linux 作業系統。當然 DPDK 除了支援 x86 CPU 外，還支援 ARM 和 PPC 處理器，以後讀者開發嵌入式專案時可能會遇到 DPDK 在這兩種架構的處理器上執行，現在我們只需要 x86 PC 即可。

還有就是要留意 BIOS 設定，對於大多數平臺，使用基本的 DPDK 功能不需要特殊的 BIOS 設定，但是，對於附加的 HPET 計時器和電源管理功能，以及小資料封包的高性能，可能需要更改 BIOS 設定（這裡我們先心裡有數）。另外，如果啟用了 UEFI 安全啟動，那麼 Linux 核心可能會禁止在系統上使用 UIO，因此建議不要啟動 UEFI 安全啟動，這個可以在 BIOS 中設定。相信讀者安裝作業系統的時候已經知道 UEFI 所在的位置了，不同的電腦，UEFI 所在位置不同。

最後就是網路卡，一般大廠商的網路卡都是支援的，比如 Cisco、華為、Intel、Broadcom、Marvell、NXP、Atomic Rules、Amazon 等出廠的網路卡都支援。

## 8.1.2 作業系統要求

目前，官方已經在以下作業系統上成功測試過 DPDK20.11，這些作業系統是 CentOS 8.2、Fedora 33、FreeBSD 12.1、OpenWRT 19.07.3、Red Hat Enterprise Linux Server release 8.2、Suse 15 SP1、Ubuntu 18.04、Ubuntu 20.04、Ubuntu 20.10。我們首先選用的作業系統是 Ubuntu 20.04，然後是 CentOS。

## 8.1.3 編譯 DPDK 的要求

DPDK 是開放原始碼軟體，通常需要編譯後才能使用，因此需要一些編譯工具的支援。首先當然是 Linux 平臺下基於 C 語言的通用開發工具套件，包括 GNU 編譯器集合、GNU 偵錯器以及編譯軟體所需的其他開發程式庫和工具，並且要求 gcc 是 4.9 以上，或 clang 版本 3.4 以上。如果讀者使用的是較新的 Linux 發行版本，比如 ubuntu 19 以上，應該沒問題。如果當前使用的 Linux 系統不滿足的話，則建議線上一鍵安裝，比如對於 RHEL/Fedora 系統，可以使用以下命令：

```
dnf groupinstall "Development Tools"
```

預設的 RHEL/Fedora 儲存庫包含一個名為「Development Tools」的軟體套件組，其中包括 GNU 編譯器集合，GNU 偵錯器以及編譯軟體所需的其他開發程式庫和工具。CentOS 屬於 RHEL，當然也可以用該命令。

對於 Ubuntu/Debian 系統，可以使用以下命令進行安裝：

```
apt install build-essential
```

除了 C 語言通用開發工具套件外，還需要系統要有 Python 3.5 或以上版本；跨平臺的建構系統 Meson 達到 0.47.1 以上，Meson 是用 Python 語言開發的建構工具，編譯需要 Ninja（用 C++ 實現）命令，Meson 旨在開發最具可用性和快速性的建構系統，大部分 Linux 發行版本預設包含 meson 或 ninja-build 套件，如果 meson 或 ninja-build 套件的版本低於最低要求版本，那麼可以從 Python 的「pip」儲存庫安裝最新版本，命令如下：

```
pip3 install meson ninja
```

最後，還需要用於處理 NUMA（Non Uniform Memory Access，非統一記憶體存取）的程式庫。在 RHEL/Fedora 系統上，可以用命令 numactl-devel 下載安裝；在 Debian/Ubuntu 上可以用命令 libnuma-dev 下載安裝。

如果要建構核心模組，當然還需要 Linux 核心標頭檔或原始程式碼。

## 8.1.4 執行 DPDK 應用程式的要求

筆者當前使用的最新版本的 DPDK 為 DPDK20.11，它所需的 Linux 核心版本要求大於或等於 3.16，注意：由於 CentOS 7.6 的核心版本是 3.10.0，因此不要在 CentOS 7.6 上去執行 DPDK20.11。這一點 Ubuntu 20.04 是可以滿足的，其他 Linux 版本也可以用（但會比較麻煩和辛苦）。另外核心版本儘量用最新的 Linux 版本。可以用命令 uname -r 來查看所使用的 Linux 版本。

以上幾小節便是編譯執行 DPDK 所需要的一些基本條件，其實很容易滿足，只要選擇一個較新的 Linux 發行版本即可。這裡筆者準備採用 Ubuntu 20.04，它的核心版本已經高於 5 了，足夠滿足條件了：

```
root@tom-virtual-machine:~/ 桌面 # uname -r
5.4.0-42-generic
```

可以看到，Linux 已經是核心 5.4 了。Ubuntu 20.04 是 Ubuntu 的下一個長期支援版本，而 Linux 5.4 是 Linux 核心的最新長期支援版本。下面我們來部署 Ubuntu 20.04，為了方便偵錯，在虛擬機器下安裝 Ubuntu 20.04。

# 8.2 虛擬機器下編譯安裝 DPDK20

讀者學游泳時，開始都比較緊張，喜歡先在淺水區練練膽，熟悉熟悉水環境。學軟體也是如此，我們可以先在虛擬機器下熟悉熟悉，另外，多多利用虛擬機器也是為了照顧沒有更多台電腦的讀者。這裡使用 VMware15 虛擬機器軟體，調研了幾款虛擬機器發現在 Windows 下只有 VMware 能模擬出多佇列的網路卡。虛擬機器中使用的作業系統是 Ubuntu 20.04，具體安裝步驟在前面章節中已經介紹過了，這裡不再贅述。我們可以直接對虛擬機器進行硬體規格。

另外，如果是在企業最前線開發環境中，則通常會設定多個 10GB 網路卡供 DPDK 進行業務處理，然後再設定一些 GB 網路卡用作管理網路通訊埠，管理網路通訊埠通常可以透過遠端方式來對業務系統進行設定，比如 DPDK 防火牆的設定、DPDK VPN 的設定等。當然，我們不可能用如此豪華的設定去學習，為了照顧學習者，筆者儘量用最小的設定來講解，讀者最主要的是弄懂原理和操作步驟，這樣以後在真實的最前線開發環境中就能很快上手。

## 8.2.1　為何要設定硬體

DPDK 主要用到三個技術點，分別為 CPU 親和性、大分頁記憶體、使用者空間 IO（Userspace I/O，UIO），因此我們主要設定的硬體有 CPU、記憶體和網路卡，只有硬體規格才能發揮 DPDK 的優勢。

CPU 親和性機制是多核心 CPU 發展的結果。在越來越多核心的 CPU 機器上，提高外接裝置以及程式工作效率的最直觀想法，就是讓各個 CPU 核心各自幹專門的事情，比如兩個網路卡 eth0 和 eth1 都接收封包，可以讓 cpu0 專心處理 eth0，cpu1 專心處理 eth1，沒必要 cpu0 一會兒處理 eth0，一會兒又去處理 eth1；還有一個網路卡多佇列的情況也是如此；等等。DPDK 利用 CPU 親和性主要是將控制面執行緒以及各個資料面執行緒綁定到不同的 CPU，減少了來回反覆排程的性能消耗，各個執行緒只有一個 while 迴圈，專心地做事，互不干擾（當然還是有通訊的，比如控制面接收使用者設定，轉而傳遞給資料面的參數設定等）。

大分頁記憶體主要是為了提高記憶體使用效率，而 UIO 是實現使用者空間下驅動程式的支撐機制。由於 DPDK 是應用層平臺，因此與此緊密相連的網路卡驅動程式（當然，主要是 Intel 自身的 GBigb 與 10GBixgbe 驅動程式）都透過 UIO 機制執行在使用者態下。

這樣看來，DPDK 並不高深，用到的東西也都是 Linux 本身提供的特性。還有額外的記憶體池、環狀快取等，雖然封裝得很好，但的確都是非常熟悉的內容。

## 8.2.2　設定 CPU

在設定 CPU 之前，先要了解 CPU 的實體 CPU（即 CPU 晶片）、核心（處理器核心）和邏輯 CPU 的概念。這就是筆者的風格，不是簡單地教讀者操作，而是要在操作的同時知道操作背後的原理。

一個實體封裝的 CPU（透過 physical id 區分判斷）可以有多個核心（透過 core id 區分判斷），而每個核心可以有多個邏輯 CPU（透過 processor 區分判斷）。一個核心透過多個邏輯 CPU 實現該核心自己的超執行緒技術。

針對 DPDK 的開發，我們要進行一些設定。首先是 CPU 核心，這裡設定 4 個（至少有 2 個以上的核心），方便後續程式做執行緒孤立和綁定。方法是打開「虛擬機器設定」對話方塊，在對話方塊左邊選擇「處理器」，在右邊設定「處理器數量」為 4，如圖 8-1 所示。

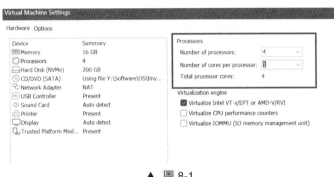

▲ 圖 8-1

然後重新啟動虛擬機器 Ubuntu，並在虛擬機器 Ubuntu 的命令列下查看實體 CPU 數（即 CPU 晶片個數）：

```
root@tom-virtual-machine:~# cat /proc/cpuinfo| grep "physical id"| sort| uniq| wc -l
4
```

輸出是 4，表示有 4 個實體 CPU，這和圖 8-1 中設定的處理器數量是一致的。下面再看一下 cpu cores，即每個實體 CPU 中核心的個數：

```
root@tom-virtual-machine:~# cat /proc/cpuinfo| grep "cpu cores"
cpu cores       : 1
cpu cores       : 1
cpu cores       : 1
cpu cores       : 1
```

可以看到每個實體 CPU 有 1 個核心，即 cpu cores 為 1。下面再看一下邏輯處理器數，邏輯處理器數英文是 logical processors，即俗稱的「邏輯 CPU 數」，我們只需要尋找關鍵字「processors」，然後就能統計出邏輯 CPU 的數目，命令如下：

```
root@tom-virtual-machine:~# cat /proc/cpuinfo| grep "processor"| wc -l
4
```

### 8.2.3 設定記憶體

這裡記憶體設定為 4GB，是為了設定大分頁記憶體，建議有條件的話就多設定一些。關於大分頁記憶體的概念，我們稍後再講。設定記憶體容量也是在「虛擬機器設定」對話方塊中進行，如圖 8-2 所示。

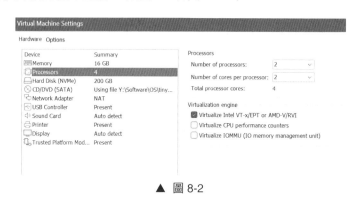

▲ 圖 8-2

如果讀者沒有這麼大的實體記憶體，也可以設定為 2GB，這樣以後永久設定大分頁記憶體的時候不要用 1024，要用小一點的數，比如 16。

### 8.2.4 增加網路卡

記憶體設定完畢後，還要設定網路卡。通常需要兩片網路卡，一片用於 DPDK 實驗，另一片用於和宿主系統進行通訊。用於 DPDK 實驗的那片網路卡會拋棄原來作業系統附帶的核心網路卡驅動，轉而綁定 DPDK 相容的驅動，因此作業系統會不再認識這片網路卡，而 DPDK 卻會認識，所以該網路卡只能在 DPDK 程式中使用，和宿主機的網路通訊就只能依靠另外一片網路卡了。真正的最前線開發中，一般會設定一片 10GB 網路卡給 DPDK 使用。當前學習階段不可能有此條件。

另外，DPDK 也是挑網路卡的。我們知道 VMware 的網路介面卡類型有多種，例如 Intel E1000、VMXNET、VMXNET2 (Enhanced)、VMXNET3 等。就性能而言，一般 VMXNET3 要優於 E1000。預設情況下，VMware15 使用的網路卡是 Intel E1000 網路卡，1000 則代表 1Gb/s 的速率，即該網路卡是一片 GB 網路卡（GB 網路卡是指單位面積時間內，資料流量達到 1000Mbps（約為 1Gbps）速度的網路介面卡，GB 網路卡理論上的最大傳送速率是 1024Mb/s=128MByte/s），相對來說是一個比較複雜、功能繁多的網路卡。可以打開虛擬機器作業系統安裝目錄下的 Ubuntu20.04.vmx，在最後一行可以看到：

```
ethernet0.virtualDev = "e1000"
```

說明當前安裝的網路卡型號正是 Intel E1000 網路卡。

如果以後要用到多佇列，可以使用 VMXNET3，它是一種支援多佇列的網路卡。

**注意**：DPDK 綁定網路卡之後原來的網路驅動就沒用了，原先的協定層中網路層及 IP 位址之類的全都會失效，若還想連網則建議多準備一片網路卡。

這裡我們為虛擬機器設定了兩片網路卡，一片是 ens33，另外一片是 ens38，ens38 是在作業系統安裝完畢後再透過 VMWare 手工增加的，ens38 後續會作為 DPDK 的私人網路卡，因此我們的終端視窗透過 ens33 連接到虛擬機器。

虛擬機器 Ubuntu 安裝後，就有一片預設的網路卡 ens33 了，我們設定它和主機的連接方式為 NAT。然後再增加一片網路卡，打開「虛擬機器設定」對話方片，在裝置列表選中「網路介面卡」，接著按一下對話方片下方的「增加」按鈕就可以一步步增加了。這裡也把新增加的網路卡設定為 NAT 方式。

目前，DPDK 支援以下 Intel 公司的網路卡：

```
e1000 (82540, 82545, 82546)
e1000e (82571, 82572, 82573, 82574, 82583, ICH8, ICH9, ICH10, PCH, PCH2, I217, I218,
I219)
igb (82573, 82576, 82580, I210, I211, I350, I354, DH89xx)
igc (I225)
ixgbe (82598, 82599, X520, X540, X550)
i40e (X710, XL710, X722, XXV710)
ice (E810)
fm10k (FM10420)
ipn3ke (PAC N3000)
ifc (IFC)
```

有時雖然綁定成功了，但如果不是被 DPDK 支援的網路卡，也依舊無法被 DPDK 辨識。

## 8.2.5 安裝和使用 Meson

DPDK 從 20.11 開始，對編譯機制做出了很大改動，不再支援 make 方式，只支援使用 Meson 作為建構工具。下面先來簡單熟悉一下 Meson。不過一切操作之前，首先要把虛擬機器 Ubuntu 恢復到未安裝到 DPDK19 之前（有的讀者可能前面已經做過 DPDK19 的安裝了），也就是恢復為一個乾淨的 Ubuntu。

　　Meson 是一個跨平臺的建構系統，特點是快速和對使用者友善。它支援許多語言和編譯器，包括 GCC、Clang 和 Visual Studio；提供簡單但強大的宣告式語言來描述建構；原生支援最新的工具和框架，如 Qt5、程式覆蓋率、單元測試和預先編譯標頭檔等；利用一組最佳化技術來快速編譯程式，包括增量編譯和完全編譯。

　　安裝 Meson 前必須確認是否已經安裝 Python 3.5 及以上版，這是因為 Meson 相依於 Python 3 和 Ninja。我們可以用命令查看當前系統（Ubuntu 20.04）附帶的 Python 版本，輸入命令如下：

```
root@tom-virtual-machine:~/soft/dpdk-20.11# python3 --version
Python 3.8.5
```

　　可以看到，Ubuntu 20.04 附帶的 Python 版本是滿足要求的。但光有 Python 3 還不夠，還需要 pip3，pip3 是 Python 3 的套件管理工具，該工具提供了對 Python 套件查詢、下載、安裝、卸載的功能。輸入以下命令來查看 pip3 的版本編號：

```
root@tom-virtual-machine:~/soft/dpdk-20.11# pip3 -V
Command 'pip3' not found, but can be installed with:
apt install python3-pip
```

　　提示沒有找到 pip3，那我們可以輸入以下命令來線上安裝 pip3：

```
apt install python3-pip
```

　　稍等片刻安裝完成，此時再次查看 pip3 的版本編號：

```
root@tom-virtual-machine:~/soft/dpdk-20.11# pip3 -V
pip 20.0.2 from /usr/lib/python3/dist-packages/pip (python 3.8)
```

　　現在可以看到，pip3 已經安裝好了。前面的 20.0.2 是 pip3 的版本編號，後面括號內的 3.8 是對應的 Python 3 的版本編號。

　　**注意**：Ubuntu 系統附帶的 Python 3 可能不是最新版本，如果想安裝最新版本，那麼千萬不要卸載 Ubuntu 附帶的 Python 3，否則可能會引起系統的崩潰。

　　下面還需要一個小工具 Ninja，Ninja 是 Google 的一名程式設計師推出的注重速度的建構工具。通常 Unix/Linux 上的程式是透過 make/Makefile 來建構編譯的，而 Ninja 透過將編譯任務平行組織，大大提高了建構速度。在傳統的 C/C++ 等專案建構時，通常會採用 make 和 Makefile 來進行整個專案的編譯建構，透過 Makefile 檔案中指定的編譯所相依的規則使得程式的建構變得非常簡單，並且在複雜專案中可以避免由於少部分原始程式修改而造成的很多不必要的重編譯。但是它仍然不夠好,因為它大而且複雜,有時候我們並不需要 make 那麼強大的功能,相反我們需要更靈活、速度更快的編譯工具。Ninja 作為一個新型的編譯工具,小巧而又高效,它就是為此而生。目前我們只需要了解 Ninja 是一把快速建構系統的「小李飛刀」,它短小快速。線上安裝 Ninja 的命令如下:

```
apt-get install ninja-build
```

稍等片刻安裝完成,查看其版本編號:

```
root@tom-virtual-machine:~/soft/dpdk-20.11# ninja --version
1.10.0
```

下面可以正式開始安裝 Meson 了,輸入命令如下:

```
pip3 install --user meson
```

其中,--user 代表僅該使用者的安裝,安裝後僅該使用者可用。出於安全考慮,儘量使用該命令進行安裝。而 pip3 install packagename 代表進行全域安裝,安裝後全域可用,如果是信任的安裝套件可用使用該命令進行安裝。

稍等片刻便會提示「Successfully installed meson-0.56.0」,說明安裝成功。此時會在路徑 /root/.local/bin/ 下生成一個可執行程式 meson,查看其版本編號:

```
root@tom-virtual-machine:~# /root/.local/bin/meson -v
0.56.0
```

為了能在任意目錄下執行 meson,可以做一個軟連結到 /usr/bin/ 下:

```
ln -sf /root/.local/bin/meson /usr/bin/meson
```

這樣就可以在任意目錄下執行 meson 了。萬一沒生效,可以先到 /usr/bin 下執行 meson -v,然後就可以在其他任意目錄下執行 meson 了:

```
root@tom-virtual-machine:~# meson -v
0.56.0
```

至此,Meson 安裝成功了,我們可以用它來編譯一個 C 語言檔案。

## 【例 8.1】使用 Meson 建構 Linux 程式

(1)在 Ubuntu 下打開終端視窗,然後在命令列下輸入命令 gedit 來打開文字編輯器,接著在編輯器中輸入以下程式:

```
#include <stdio.h>
int main()
```

```
{
    printf("Hello world from meson!\n");
    return 0;
}
```

儲存檔案到某個路徑（比如 /root/ex，ex 是自己建立的資料夾），檔案名稱是 test.c，再關閉 gedit 編輯器。

在終端視窗的命令列下進入 test.c 所在路徑，並輸入命令 gedit 打開編輯器，輸入以下內容：

```
project('test','c')
executable('demo','test.c')
```

其中，demo 是最終生成的可執行檔的名稱。將檔案儲存在同路徑下，檔案名稱是 meson.build，這是個建構描述檔案。最後關閉文字編輯器。現在當前路徑下就有兩個檔案了：

```
root@tom-virtual-machine:~/ex# ls
meson.build  test.c
```

（2）相關檔案已經準備好，可以用 Meson 來建構了。注意，Meson 不是用來編譯（編譯要用 ninja 命令），而是用來製作建構系統。在命令列下輸入命令 meson build：

```
root@tom-virtual-machine:~/ex# meson build
The Meson build system
Version: 0.56.0
Source dir: /root/ex
Build dir: /root/ex/build
Build type: native build
Project name: test
Project version: undefined
C compiler for the host machine: cc (gcc 9.3.0 "cc (Ubuntu 9.3.0-17ubuntu1~20.04)
9.3.0")
C linker for the host machine: cc ld.bfd 2.34
Host machine cpu family: x86_64
Host machine cpu: x86_64
Build targets in project: 1

Found ninja-1.10.0 at /usr/bin/ninja
```

沒有提示錯誤，說明建構系統製作成功，並且在同路徑下生成了一個 build 資料夾。meson 後面的 build 只是一個目錄名稱，該目錄用來存放建構出來的檔案，也可以用其他名稱作為目錄名稱,而且該目錄會自動建立。

進入 build 目錄,用 ls 命令查看目錄內容,內容如下:

```
root@tom-virtual-machine:~/ex/build# ls
build.ninja  compile_commands.json  meson-info  meson-logs  meson-private
```

然後在 build 目錄下輸入 ninja 命令進行編譯(真正的編譯才剛剛開始):

```
root@tom-virtual-machine:~/ex/build# ninja
[2/2] Linking target demo
```

Njnja 相當於 make,因此會編譯程式,生成可執行檔 demo。此時可以看到 build 目錄下有一個可執行檔 demo,我們執行它:

```
root@tom-virtual-machine:~/ex/build# ./demo
Hello world from meson!
```

## 8.2.6 下載並解壓 DPDK

可到 DPDK 官方網站 http://core.dpdk.org/download/ 上去下載最新版的 DPDK,這裡下載的版本是 20.11.0,下載下來的檔案是 dpdk-20.11.tar.xz,這是個壓縮檔。

把這個壓縮檔上傳到虛擬機器 Ubuntu 中,然後在命令列下用 tar 命令解壓:

```
tar xJf dpdk-20.11.tar.xz
```

這樣就可以得到一個資料夾 dpdk-20.11 了。可以進入該目錄查看下面的子資料夾和檔案。其中幾個重要的子資料夾的解釋如下:

(1)lib 子資料夾:存放 DPDK 程式庫的原始程式。

(2)drivers 子資料夾:存放 DPDK 輪詢模式驅動程式的原始程式。

(3)app 子資料夾:存放 DPDK 應用程式的原始程式(自動測試)。

(4)config、buildtools 等子資料夾:用於設定建構,包括與框架相關的指令稿和設定。

## 8.2.7 設定建構、編譯和安裝

Meson、Ninja 和 DPDK 原始程式已經準備好,現在可以正式編譯 DPDK 原始程式了。編譯之前,先要設定建構系統,在命令列下進入 dpdk-20.11 目錄,然後輸入以下命令:

```
root@tom-virtual-machine:~/soft/dpdk-20.11#meson mybuild
```

mybuild 的意思是建構出來的檔案都存放在 mybuild 目錄中，mybuild 目錄會自動建立。很快建構完畢，出現以下提示：

```
Build targets in project: 1057

Found ninja-1.10.0 at /usr/bin/ninja
```

此時我們可以在 dpdk-20.11 主目錄下發現有一個 mybuild 資料夾，該資料夾最終將存放編譯後的各類檔案，比如動態程式庫檔案、應用程式的可執行檔等，目前只是建立了一些資料夾和符號連結檔案（可以去 lib 子目錄下查看）。

現在可以進行編譯了，在命令列下進入原始程式主目錄 dpdk-20.11，再輸入 ninja -C mybuild，稍等片刻，編譯完成，程式如下：

```
root@tom-virtual-machine:~/soft/dpdk-20.11# ninja -C mybuild
ninja: Entering directory `mybuild'
[2671/2671] Linking target examples/dpdk-vmdq_dcb
root@tom-virtual-machine:~/soft/dpdk-20.11#
```

其中 -C 的意思是在做任何其他事情之前，先切換到 DIR；-C 後面加要切換的目錄名稱，這裡是名為 mybuild 的目錄，也就是先進入 mybuild 目錄再編譯。當然也可以手動進入 mybuild 目錄，然後直接輸入 ninja 即可，筆者在這裡用了 -C 純粹是為了拓寬讀者的知識面。

編譯完畢後，mybuild 就變得沉甸甸了，裡面存放了大量編譯後的 DPDK 程式庫檔案和可執行檔，比如進入 lib 子目錄可以看到很多 .so 和 .a 檔案。下面簡單了解一下常用的一些程式庫：

```
lib
+-- librte_cmdline.a 和 librte_cmdline.so      # 命令列介面程式庫
+-- librte_eal.a 和 librte_eal.so              # 環境抽象層程式庫
+-- librte_ethdev.a 和 librte_ethdev.so        # 輪詢模式驅動程式的通用介面程式庫
+-- librte_hash.a 和 librte_hash.so            # 雜湊程式庫
+-- librte_kni.a 和 librte_kni.so              # 核心網路卡介面
+-- librte_lpm.a 和 librte_lpm.so              # 最長首碼匹配程式庫
+-- librte_mbuf.a 和 librte_mbuf.so            # 封包控制 mbuf 操作程式庫
+-- librte_mempool.a 和 librte_mempool.so      # 記憶體池管理器（固定大小的物件）
+-- librte_meter.a 和 librte_meter.so          # QoS 計量程式庫
+-- librte_net.a 和 librte_net.so              # 各種 IP 相關表頭
+-- librte_power.a 和 librte_power.so          # 電源管理程式庫
+-- librte_ring.a 和 librte_ring.so            # 軟體環（充當無鎖 FIFO）
+-- librte_sched.a 和 librte_sched.so          # QoS 排程程式庫
+-- librte_timer.a 和 librte_timer.so          # 計時器程式庫
```

**注意**：為了方便版本更新，.so 檔案基本都是符號連接檔案，真正的共用程式庫都是附帶版本編號的，比如：

```
root@tom-virtual-machine:~/soft/dpdk-20.11/mybuild/lib# ll librte_timer.so*
lrwxrwxrwx 1 root root    18 12 月 23 13:30 librte_timer.so -> librte_timer.so.21*
lrwxrwxrwx 1 root root    20 12 月 23 13:30 librte_timer.so.21 -> librte_timer.so.21.0*
-rwxr-xr-x 1 root root 26416 12 月 23 14:20 librte_timer.so.21.0*
```

librte_timer.so 指向了共用程式庫 librte_timer.so.21.0。

這些程式庫檔案只是存放在這裡也是不行的，必須讓需要它們的各個應用程式知道，怎麼辦呢？通常是將這些程式庫檔案存放到系統路徑上去，這個工作是安裝要做的，安裝不但會複製程式庫到系統路徑，還會複製標頭檔、命令程式到系統路徑。

準備開始安裝了，在命令列下進入 dpdk-20.11/mybuild 目錄，然後輸入以下命令：

```
root@tom-virtual-machine:~/soft/dpdk-20.11/mybuild# ninja install
```

安裝很快完成。我們可以看一下部分安裝過程，比如複製標頭檔：

```
...
Installing /root/soft/dpdk-20.11/lib/librte_net/rte_ip.h to /usr/local/include
Installing /root/soft/dpdk-20.11/lib/librte_net/rte_tcp.h to /usr/local/include
Installing /root/soft/dpdk-20.11/lib/librte_net/rte_udp.h to /usr/local/include
Installing /root/soft/dpdk-20.11/lib/librte_net/rte_esp.h to /usr/local/include
...
```

然後在 /usr/local/include 下就可以看到這些標頭檔：

```
root@tom-virtual-machine:~# cd /usr/local/include
root@tom-virtual-machine:/usr/local/include# ll rte_ip.h rte_tcp.h rte_udp.h rte_esp.h
-rw-r--r-- 1 root root   642 11 月 28 02:48 rte_esp.h
-rw-r--r-- 1 root root 14905 11 月 28 02:48 rte_ip.h
-rw-r--r-- 1 root root  1473 11 月 28 02:48 rte_tcp.h
-rw-r--r-- 1 root root   707 11 月 28 02:48 rte_udp.h
...
```

再比如，一些靜態程式庫和共用程式庫也會存放到系統路徑 /usr/local/lib/x86_64-linux-gnu/ 下，安裝過程如下：

```
...
Installing lib/librte_meter.so.21.0 to /usr/local/lib/x86_64-linux-gnu
Installing lib/librte_ethdev.a to /usr/local/lib/x86_64-linux-gnu
```

```
Installing lib/librte_ethdev.so.21.0 to /usr/local/lib/x86_64-linux-gnu
Installing lib/librte_pci.a to /usr/local/lib/x86_64-linux-gnu
Installing lib/librte_pci.so.21.0 to /usr/local/lib/x86_64-linux-gnu
Installing lib/librte_cmdline.a to /usr/local/lib/x86_64-linux-gnu
Installing lib/librte_cmdline.so.21.0 to /usr/local/lib/x86_64-linux-gnu
Installing lib/librte_metrics.a to /usr/local/lib/x86_64-linux-gnu
Installing lib/librte_metrics.so.21.0 to /usr/local/lib/x86_64-linux-gnu
Installing lib/librte_hash.a to /usr/local/lib/x86_64-linux-gnu
Installing lib/librte_hash.so.21.0 to /usr/local/lib/x86_64-linux-gnu
...
```

然後在 /usr/local/lib/x86_64-linux-gnu 下可以找到這些程式庫：

```
root@tom-virtual-machine:/usr/local/lib/x86_64-linux-gnu# ls librte_timer.*
librte_timer.a  librte_timer.so  librte_timer.so.21  librte_timer.so.21.0
```

再比如，一些驅動程式庫會存放到 /usr/local/lib/x86_64-linux-gnu/dpdk/pmds-21.0/ 下，我們可以在安裝過程看到這一點，如圖 8-3 所示。

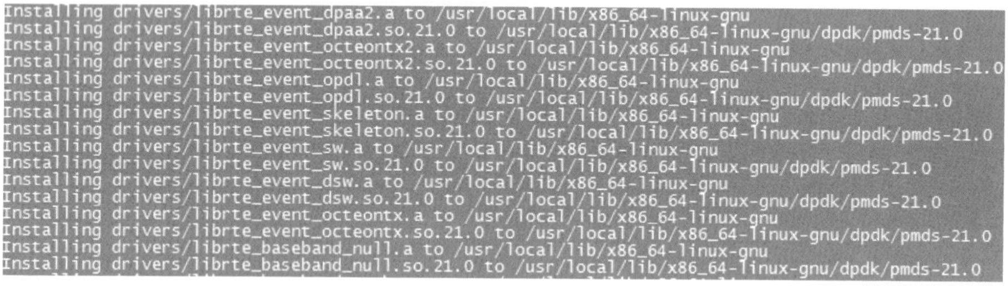

```
Installing drivers/librte_event_dpaa2.a to /usr/local/lib/x86_64-linux-gnu
Installing drivers/librte_event_dpaa2.so.21.0 to /usr/local/lib/x86_64-linux-gnu/dpdk/pmds-21.0
Installing drivers/librte_event_octeontx2.a to /usr/local/lib/x86_64-linux-gnu
Installing drivers/librte_event_octeontx2.so.21.0 to /usr/local/lib/x86_64-linux-gnu/dpdk/pmds-21.0
Installing drivers/librte_event_opdl.a to /usr/local/lib/x86_64-linux-gnu
Installing drivers/librte_event_opdl.so.21.0 to /usr/local/lib/x86_64-linux-gnu/dpdk/pmds-21.0
Installing drivers/librte_event_skeleton.a to /usr/local/lib/x86_64-linux-gnu
Installing drivers/librte_event_skeleton.so.21.0 to /usr/local/lib/x86_64-linux-gnu/dpdk/pmds-21.0
Installing drivers/librte_event_sw.a to /usr/local/lib/x86_64-linux-gnu
Installing drivers/librte_event_sw.so.21.0 to /usr/local/lib/x86_64-linux-gnu/dpdk/pmds-21.0
Installing drivers/librte_event_dsw.a to /usr/local/lib/x86_64-linux-gnu
Installing drivers/librte_event_dsw.so.21.0 to /usr/local/lib/x86_64-linux-gnu/dpdk/pmds-21.0
Installing drivers/librte_event_octeontx.a to /usr/local/lib/x86_64-linux-gnu
Installing drivers/librte_event_octeontx.so.21.0 to /usr/local/lib/x86_64-linux-gnu/dpdk/pmds-21.0
Installing drivers/librte_baseband_null.a to /usr/local/lib/x86_64-linux-gnu
Installing drivers/librte_baseband_null.so.21.0 to /usr/local/lib/x86_64-linux-gnu/dpdk/pmds-21.0
```

▲ 圖 8-3

最後，再看一下應用程式存放的路徑，安裝過程如下：

```
Installing app/dpdk-pdump to /usr/local/bin
Installing app/dpdk-proc-info to /usr/local/bin
Installing app/dpdk-test-acl to /usr/local/bin
Installing app/dpdk-test-bbdev to /usr/local/bin
Installing app/dpdk-test-cmdline to /usr/local/bin
Installing app/dpdk-test-compress-perf to /usr/local/bin
Installing app/dpdk-test-crypto-perf to /usr/local/bin
Installing app/dpdk-test-eventdev to /usr/local/bin
Installing app/dpdk-test-fib to /usr/local/bin
Installing app/dpdk-test-flow-perf to /usr/local/bin
Installing app/dpdk-test-pipeline to /usr/local/bin
Installing app/dpdk-testpmd to /usr/local/bin
Installing app/dpdk-test-regex to /usr/local/bin
Installing app/dpdk-test-sad to /usr/local/bin
```

```
Installing app/test/dpdk-test to /usr/local/bin
```

很明顯是將安裝程式複製到 /usr/local/bin/ 下，然後我們在 /usr/local/bin/ 下就可以看到很多與 DPDK 相關的應用程式檔案，如圖 8-4 所示。

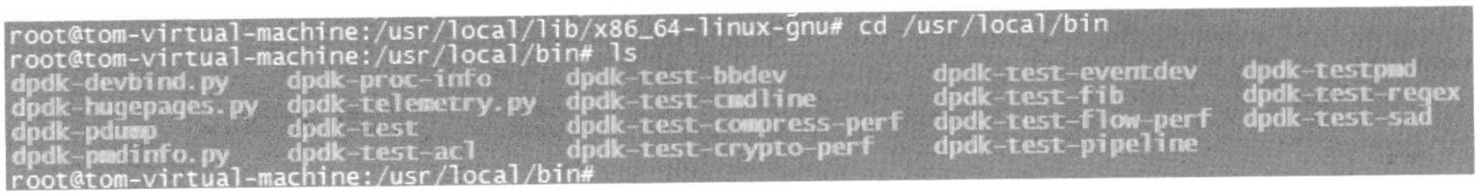

▲ 圖 8-4

介紹這麼多，只為了讓讀者能了解各大開發所需的檔案存放的位置。

最後還需要輸入 ldconfig 命令來更新系統動態程式庫快取，直接輸入命令 ldconfig 即可：

```
ldconfig
```

該命令是一個動態連結程式庫管理命令，其目的是讓動態連結程式庫為系統所共用。

ninja install 和 ldconfig 命令通常需要以 root 使用者身份執行，ninja install 這一步驟編譯後的一些程式庫複製到最終的系統路徑下。

DPDK 預設會安裝在 /usr/local/ 目錄，其中程式庫檔案會在 /usr/local/lib/x86_64-linux-gnu/ 下面，執行 ldconfig 是為了讓 ld.so 更新 cache，這樣相依它的應用程式在執行時期就可以找到它了。注意，在某些 Linux 發行版本上（例如 Fedora 或 Redhat），/usr/local 中的路徑不在載入程式的預設路徑中，因此，在這些發行版本中，在執行 ldconfig 之前，應該把 /usr/local/lib 和 /usr/local/lib64 增加到 /etc/ld.so.conf 檔案中，然後再執行 ldconfig 命令。最後可以透過 ldconfig-p 來檢查安裝後的 DPDK 程式庫是不是已經在 cache 裡了，這裡不再贅述。

## 8.2.8 第一個基於 DPDK20 的 DPDK 程式

上一節我們已經編譯出 DPDK 開發所需的程式庫了，現在可以正式基於這些 DPDK 程式庫進行開發了。所謂 Windows 下開發，就是我們的編碼工作在 Windows 下進行，用的工具是 Windows 下的編碼工具；編譯工作也是在 Windows 下發指令給遠端 Linux 進行；偵錯工作也是在 Windows 下發指令給遠端 Linux。這三大工作可以在強大的 VC2017 中一氣呵成。

DPDK 相當於一個開發套件，我們可以基於它來開發高性能網路程式。當然，千里之行，始於足下。與學習 C 語言時一樣，開發的第一個 DPDK 程式仍然是 Hello world 程式。

### 【例 8.2】實現第一個 DPDK 程式

（1）打開 VC2017，新建一個 Linux 主控台專案，專案名稱是 test。

（2）打開 main.cpp，輸入以下程式：

```
#include <stdio.h>
#include <string.h>
#include <stdint.h>
#include <errno.h>
#include <sys/queue.h>
#include <rte_eal.h>
#include <rte_debug.h>

int main(int argc,char *argv[])
{
    int ret;

    ret = rte_eal_init(argc, argv);
    if (ret < 0) rte_panic("Cannot init EAL\n");
    else puts("Hello world from DPDK!");

    return 0;
}
```

程式很簡單，就呼叫了兩個 DPDK 程式庫函式，一個是 EAL（the Environment Abstraction Layer）初始化函式 rte_eal_init，該函式宣告在 rte_eal.h 中；另外一個函式是 rte_panic，該函式提供嚴重不可修復錯誤的通知，並終止異常執行，它宣告在 rte_debug.h 中。rte_eal_init 函式通常在其他 DPDK 程式庫函式前面執行，因此可以把它放在應用程式的 main 函式中執行，另外在多核心處理器中，該函式只在主核心上執行。

（3）增加相依程式庫。首先在 VC2017 中打開本專案屬性，然後在屬性對話方塊的左邊展開「組態屬性」→「連結器」選項，並選中「輸入」，然後在右邊「程式庫相依項」旁輸入「rte_eal」，librte_eal.a 就是我們要連結的程式庫，該程式庫提供了 rte_eal_init 和 rte_panic 的實現；另外首碼 lib 和副檔名 .a 不需要輸入，VC 是很智慧的，如圖 8-5 所示。

▲ 圖 8-5

按一下「確定」按鈕,關閉 test 屬性頁對話方塊,相依的靜態程式庫就增加完畢了。下面可以準備編譯執行了。為了方便查看執行結果,先要打開「Linux 主控台」視窗,方法是按一下主功能表列中的「偵錯」→「Linux 主控台」命令,此時就可以在主介面的下方看到「Linux 主控台視窗」,如圖 8-6 所示。

▲ 圖 8-6

現在還沒有執行,因此並沒有內容。下面開始編譯,在 VC2017 中按一下功能表列中的「生成」→「生成解決方案」選項或直接按 F7 鍵,並在遠端 Linux 主機上生成一個可執行程式。生成的意思就是編譯和連結,稍等片刻,生成成功,在 VC2017 下方的「輸出」視窗中可以看到生成過程的資訊提示,如圖 8-7 所示。

輸出
顯示輸出來源 (S): 生成
1>------ 已啟動生成：項目：test, 設定：Debug x64 ------
1>Validating sources
1>Copying sources remotely to '192.168.0.118'
1>Validating architecture
1>Starting remote build
1>Compiling sources:
1>main.cpp
1>Linking objects
1>test.vcxproj -> E:\ebook\linux\ref\highNet\code\ch03\3.5\test\test\bin\x64\Debug\test.out
========== 生成：成功 1 個，失敗 0 個，最新 0 個，跳過 0 個 ==========
即時視窗 程式定義視窗 輸出 查詢符號結果 錯誤清單 Linux 主控台視窗

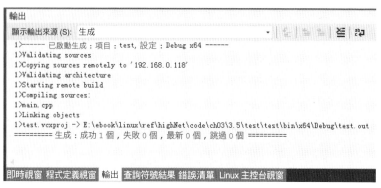

▲ 圖 8-7

生成成功了，可執行檔是 test.out。下面我們可以用偵錯方式執行它。在 VC2017 中按一下主功能表列中的「偵錯」→「開始偵錯」選項或直接按 F5 鍵，此時會在「Linux 主控台視窗」上輸出執行結果，如圖 8-8 所示。

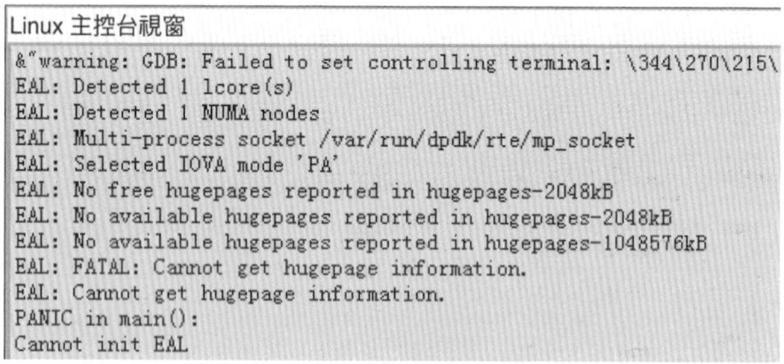

Linux 主控台視窗
&"warning: GDB: Failed to set controlling terminal: \344\270\215\
EAL: Detected 1 lcore(s)
EAL: Detected 1 NUMA nodes
EAL: Multi-process socket /var/run/dpdk/rte/mp_socket
EAL: Selected IOVA mode 'PA'
EAL: No free hugepages reported in hugepages-2048kB
EAL: No available hugepages reported in hugepages-2048kB
EAL: No available hugepages reported in hugepages-1048576kB
EAL: FATAL: Cannot get hugepage information.
EAL: Cannot get hugepage information.
PANIC in main():
Cannot init EAL

▲ 圖 8-8

雖然看起來好像發生了異常情況，執行到 if 那一行停下來了，如圖 8-9 所示。

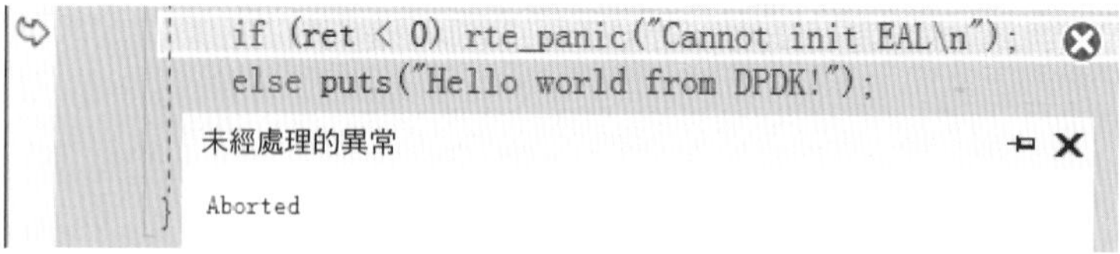

if (ret < 0) rte_panic("Cannot init EAL\n");
else puts("Hello world from DPDK!");
未經處理的異常
Aborted

▲ 圖 8-9

但的確也算執行起來了，至少說明程式本身和連結的程式庫等都沒問題，並且還列印出了程式中 rte_panic 函式的輸出內容，即「Cannot init EAL」，說明程式是執行起來了，只是執行的過程中發生了一些問題。什麼問題呢？我們可以看一下 Linux 主控台視窗中的提示：

```
EAL: No free hugepages reported in hugepages-2048kB
EAL: No available hugepages reported in hugepages-2048kB
EAL: No available hugepages reported in hugepages-1048576kB
EAL: FATAL: Cannot get hugepage information.
EAL: Cannot get hugepage information.
```

提示我們沒有空閒的大分頁記憶體。看來我們還要進行一些設定，先按一下選單「偵錯」→「停止偵錯」或按複合鍵 Shift+F5 停止本程式。

其實筆者也可以先設定好大分頁記憶體，再開發本程式，這樣一個完美的 Hello world 程式一下子就出來了，讀者也會覺得很輕鬆。但筆者故意沒有這樣做，就是要測試一下 VC 是否能顯示這個異常來，以此檢驗其偵錯功能（開發環境的重要功能）是否有效。筆者認為，第一個程式的主要目的是檢驗我們架設的開發環境是否成功，包括碰到異常錯誤情況時能否停止執行，能否人性化地輸出出錯提示訊息等。看來 VC 做到了，這說明我們基於 VC 的 DPDK 開發環境架設起來了，下面可以進一步深入了解 DPDK 開發的相關基礎知識。

## 8.2.9 大分頁記憶體及其設定

為了讓我們的 Hello world 程式執行起來，必須設定大分頁記憶體。DPDK 為了追求性能，使用了一些常用的性能最佳化手段，大分頁記憶體便是其中之一。大分頁記憶體簡單來說就是透過增大作業系統分頁的大小來減少分頁表，從而避免快取表的缺失。大分頁記憶體可以算作一種非常通用的最佳化技術，應用範圍很廣，針對不同的應用程式最多可能帶來 50% 的性能提升，最佳化效果還是非常明顯的。但大分頁記憶體也有適用範圍，若程式耗費記憶體很小或程式的訪存局部性很好，則大分頁記憶體很難獲得性能提升，因此，如果我們面臨的程式最佳化問題有上述兩個特點，則不要考慮大分頁記憶體。

### 1. 分頁表和快取表

大分頁記憶體的原理涉及作業系統的虛擬位址到實體位址的轉換過程。作業系統為了能同時執行多個處理程序，會為每個處理程序提供一個虛擬的處理程序空間，在 32 位元作業系統上，處理程序空間大小約為 4GB（232B），在 64 位元作業系統上，處理程序空間為 264B（實際可能小於這個值）。在很長一段時間內，筆者對此都非常疑惑：這樣不就會導致多個處理程序訪存的衝突嗎？比如，兩個處理程序都造訪網址 0x00000010 的時候。事實上，每個處理程序的處理程序空間都是虛擬的，兩個處理程序存取相同的虛擬位址，但是轉換到實體位址之後是不同的。這個轉換就透過分頁表來實現，涉及的知識是作業系統的分頁儲存管理。

　　分頁儲存管理將處理程序的虛擬位址空間分成若干個分頁，並為各分頁加以編號。相應地，實體記憶體空間也分成若干個區塊，同樣加以編號。分頁和區塊的大小相同。假設每一頁的大小是 4KB，則 32 位元系統中分頁位址結構如圖 8-10 所示。

▲ 圖 8-10

　　為了保證處理程序能在記憶體中找到虛擬分頁對應的實際實體區塊，需要為每個處理程序維護一個分頁表。分頁表記錄了每一個虛擬分頁在記憶體中對應的實體區塊號，如圖 8-11 所示。

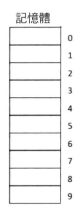

▲ 圖 8-11

　　在設定好了分頁表後，處理程序執行時，透過查詢分頁表即可找到每分頁在記憶體中的實體區塊號。在作業系統中設定一個分頁表暫存器，其中存放了分頁表在記憶體的始址和分頁表的長度。處理程序未執行時，分頁表的始址和分頁表長度存放在本處理程序的 PCB 中；當排程程式排程該處理程序時，才將這兩個資料載入分頁表暫存器。當處理程序要存取某個虛擬位址中的資料時，分頁位址變換機構會自動地將有效位址（相對位址）分為分頁號和分頁內位址兩部分，再以分頁號為索引去檢索分頁表，查詢操作由硬體執行。若給定的分頁號沒有超出分頁表長度，則將分頁號和分頁表項長度的乘積與分頁表始址相加，得到該記錄在分頁表中的位置，從中得到該分頁的實體區塊位址，並將之載入實體位址暫存器中。與此同時，將有效位址暫存器中的分頁內位址傳送至實體位址暫存器的區塊內位址欄位中。這樣便完成了從虛擬位址到實體位址的變換。

處理程序透過虛擬位址存取記憶體，但是 CPU 必須把它轉換成實體記憶體位址才能真正存取記憶體。在 Linux 中，記憶體都是以分頁的形式劃分的，預設情況下每分頁的大小是 4KB，這就表示如果實體記憶體很大，那麼分頁的項目將非常多，會影響 CPU 的檢索效率。

為了提高位址變換速度，可在位址變換機構中增設一個具有平行查詢能力的特殊快取記憶體，這就是快取表，也稱為轉換檢測緩衝區（Translation Lookaside Buffer，TLB），用以存放當前存取的那些分頁表項，即用來快取一部分經常存取的分頁表內容。具有快取表的位址變換機構如圖 8-12 所示。

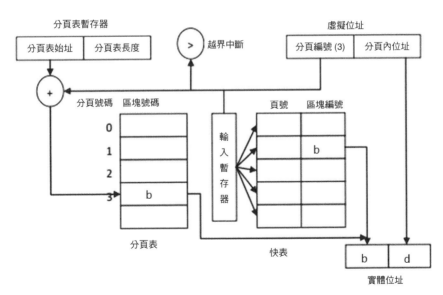

▲ 圖 8-12

由於成本的關係，快取表不可能做得很大，通常只存放 16~512 個分頁表項。

上述位址變換機構對中小程式來說執行非常好，快取表的命中率非常高，因此不會帶來多少性能損失，但是當程式耗費的記憶體很大，而且快取表命中率不高時，問題就來了。

## 2. 小分頁的困境

現代的電腦系統都支援非常大的虛擬位址空間（$2^{32}$~$2^{64}$）。在這樣的環境下，分頁表就變得非常龐大。舉例來說，分頁大小為 4KB，對佔用 40GB 記憶體的程式來說，分頁表大小為 10MB，而且還要求空間是連續的。為了解決空間連續問題，引入了二級或三級分頁表，但是這更加影響性能，因為如果快取表缺失，那麼存取分頁表的次數由兩次變為三次或四次。由於程式可以存取的記憶體空間很大，因此如果程式的訪存局部性不好，就會導致快取表一直缺失，從而嚴重影響性能。

此外，由於分頁表項有 10MB 之多，而快取表只能快取幾百分頁，因此即使程式的訪存性能很好，在大記憶體耗費情況下，快取表缺失的機率也很大。那麼，有什麼好的方法可以解決快取表缺失嗎？可採取的辦法只能是增加分頁的大小，即大分頁記憶體。假設我們將分頁大小變為 1GB，那麼 40GB 記憶體的分頁表項就只有 40，快取表完全不會缺失，即使缺失，由於記錄很少，可以採用一級分頁表，因此缺失只會導致兩次訪存。這就是大分頁記憶體可以最佳化程式性能的根本原因─快取表幾乎不缺失。

在前面提到，如果要最佳化的程式耗費記憶體很少，或訪存局部性很好，那麼大分頁記憶體的最佳化效果就會很不明顯，現在我們應該明白其中緣由。如果程式耗費記憶體很少，比如只有幾百萬位元組，則分頁表項也很少，快取表很有可能會完全快取，即使缺失也可以透過一級分頁表替換；如果程式訪存局部性也很好，那麼在一段時間內，程式都存取相鄰的記憶體，快取表缺失的機率也很小。所以上述兩種情況下，快取表很難缺失，大分頁記憶體就表現不出優勢。

總之，快取表是有限的，當超出快取表的儲存極限時，就會發生快取表不命中（miss），之後，作業系統就會命令 CPU 去存取記憶體上的分頁表。如果頻繁地出現 TLB 不命中，程式的性能就會下降得很快。

為了讓快取表可以儲存更多的分頁位址映射關係，就調大記憶體分頁大小。如果一個分頁的大小為 4MB，對比一個 4KB 大小的分頁，前者可以讓快取表多儲存 1000 個分頁位址映射關係，性能的提升是比較可觀的。

以上調優方法是現代不少系統（比如 Java 的 JVM 調優）性能調優的基本想法。具體到 Intel 架構處理器和 DPDK 系統也是如此。現代 CPU 架構中，記憶體管理並不以單一位元組進行，而是以分頁為單位，即虛擬和實體連續的區塊。這些區塊通常（但不是必須）儲存在 RAM 中。在 Inter®64 和 IA-32 架構上，標準系統的頁面大小為 4KB。基於安全性和通用性的考慮，軟體的應用程式存取的記憶體位置使用的是作業系統分配的虛擬位址。執行程式時，該虛擬位址需要被轉為硬體使用的實體位址。這種轉換是作業系統透過分頁表轉換來完成的，分頁表在分頁粒度等級上（即 4KB 一個粒度）將虛擬位址映射到實體位址。為了提高性能，最近一次使用的若干頁面位址被儲存分頁表中。每一分頁都佔有快取表的項目。如果使用者的程式存取（或最近存取過）16KB 的記憶體，即 4 分頁，那麼這些頁面很有可能會在快取表快取中。如果其中一個頁面不在快取表快取中，則嘗試存取該頁面中包含的位址將導致快取表查詢失敗，也就是說，作業系統寫入快取表的分頁位址必須是在它的全域分頁表中進行查詢操作獲取的。因此，快取表查詢失敗的代價也相對較高（某些情況下代價會非常高），所以最好將當前活動的所有頁面都置於快取表中以盡可能減少快取表查詢失敗。然而，快取表的大小有限，而且實際上非常小，和 DPDK 通常處理的資料量（有時高達幾十吉位元組）相比，在任一給定的時刻，4KB 標準頁面大小的快取表所覆蓋的記憶體量（幾百萬位元組）是微不足道的。這表示，如果 DPDK 採用常設記憶體，那麼使用 DPDK 的應用會因為快取表頻繁的查詢失敗而在性能上大打折扣。

為解決這個問題，DPDK 相依標準大分頁。從名稱中很容易猜到，標準大分頁類似於普通的頁面，只是會更大。有多大呢？在 Inter®64 和 1A-32 架構上，目前可用的兩種大分頁大小為 2MB 和 1GB。也就是說，單一頁面可以覆蓋 2MB 或 1GB 大小的整個實體和虛擬連續的儲存區域。這兩種頁面大小 DPDK 都支援。有了這樣的頁面大小，就可以更容易地覆蓋大記憶體區域，也同時避免了快取表查詢失敗。反過來，在處理大記憶體區域時，更少的快取表查詢失敗也會使性能得到提升，DPDK 的用例通常如此。快取表記憶體覆蓋量的比較如圖 8-13 所示。

大分頁記憶體是一種非常有效的減少快取表不命中的方式，讓我們來進行一個簡單的計算。2013 年發佈的 Intel Haswell i7-4770 是當年的民用旗艦 CPU，它在使用 64 位元 Windows 系統時，可以提供 1024 長度的 TLB，如果記憶體分頁的大小是 4KB，那麼總快取記憶體容量為 4MB，如果記憶體分頁的大小是 2MB，那麼總快取記憶體容量為 2GB。顯然後者的快取表不命中機率會低得多。DPDK 支援 1GB 的記憶體分頁設定，這種模式下，一次性快取的記憶體容量高達 1TB，絕對夠用了。不過大分頁記憶體的效果沒有理論上那麼驚人，DPDK 實測有 10%~15% 的性能提升，原因依舊是那個天生就附帶的渦輪—局部性。另外，雖然 DPDK 支援 FreeBSD 和 Windows，但目前大多數與記憶體相關的功能僅適用於 Linux。

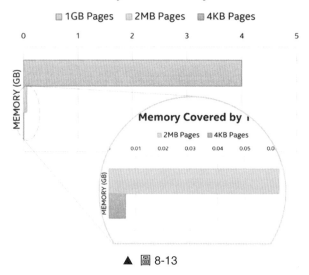

▲ 圖 8-13

　　由於 DPDK 性能的要求和記憶體的大量使用，自然需要引入大分頁的概念。Linux 作業系統採用了基於 hugetlbfs 的 2MB 或 1GB 的大分頁面的支援。修改核心參數即可預留大分頁。DPDK 使用大分頁記憶體的初衷是為封包處理的緩衝區分配更大的記憶體池，降低分頁表的查詢負載，提高快取表的命中率，減少虛擬分頁位址到實體分頁位址的轉換時間。大記憶體分頁最好在啟動的時候進行分配，這樣可以避免實體空間中有太多的碎片。

　　總之，大分頁記憶體的作用就是減少分頁的切換，分頁表項減少，產生缺頁中斷的次數也就減少了；還有就是降低快取表的不命中次數。

　　最後以一個例子來說明為什麼要使用大分頁記憶體。假設 32 位元 Linux 作業系統上的實體記憶體為 100GB，每個分頁大小為 4KB，每個分頁表項佔用 4B，系統上一共執行著 2000 個處理程序，則這 2000 個處理程序的分頁表需要佔用多少記憶體呢？

　　每個處理程序分頁表項總筆數：100×1024×1024KB / 4KB = 26214400 筆。

　　每個處理程序分頁表大小：26214400×4 = 104857600B = 100MB。

　　2000 個處理程序一共需要佔用記憶體：2000×100MB = 200000MB = 195GB。

　　2000 個處理程序的分頁表空間就需要佔用 195GB 實體記憶體大小，而真實實體記憶體只有 100GB，還沒執行完這些處理程序，系統就因為記憶體不足而崩潰了，嚴重的直接當機。

如果使用了大分頁記憶體會如何呢？假設 32 位元 Linux 作業系統上的實體記憶體為 100GB，現在每個分頁大小為 2MB，每個分頁表項佔用 4B，系統上一共執行著 2000 個處理程序，則這 2000 個處理程序的分頁表需要佔用多少記憶體呢？

每個處理程序分頁表項總筆數：$100 \times 1024MB / 2MB = 51200$ 筆。

每個處理程序分頁表大小：$51200 \times 4B = 204800B = 200KB$。

2000 個處理程序一共需要佔用記憶體：$1 \times 200KB = 200KB$。

可以看到同樣是 2000 個處理程序，同樣是管理 100GB 的實體記憶體，結果卻大不相同。使用傳統的 4KB 大小的分頁，銷耗竟然會達到驚人的 195GB；而使用 2MB 的大分頁記憶體，銷耗只有 200KB。沒有看錯，2000 個處理程序分頁表總空間一共就只佔用 200KB，而非 $2000 \times 200KB$。這是因為共用記憶體的緣故，在使用大分頁記憶體時，這些大分頁記憶體存放在共用記憶體中，大分頁表也存放到共用記憶體中，所以不管系統有多少個處理程序，都將共用這些大分頁記憶體以及大分頁表。因此 4KB 分頁大小時，每個處理程序都有一個屬於自己的分頁表；而 2MB 的大分頁，系統只有一個大分頁表，所有處理程序共用這個大分頁表。

我們可以總結一下使用大分頁記憶體的好處：

1）避免使用 swap

所有大分頁以及大分頁表都以共用記憶體的形式存放在共用記憶體中，永遠都不會因為記憶體不足而導致被交換到磁碟 swap 分區中。而 Linux 系統預設的 4KB 大小頁面，是有可能被交換到 swap 分區的。透過共用記憶體的方式，使得所有大分頁以及分頁表都存在記憶體中，避免了被換出記憶體而造成的很大的性能抖動。

2）減少分頁表銷耗

由於所有處理程序都共用一個大分頁表，減少了分頁表的銷耗，無形中減少了記憶體空間的佔用，使系統能支援更多的處理程序同時執行。

3）減輕快取表的壓力

我們知道快取表是直接快取虛擬位址與實體位址的映射關係的，用於提升性能，省去了查詢分頁表的減少銷耗，但是如果出現大量的快取表不命中，則必然會給系統的性能帶來較大的負面影響，尤其對於連續的讀取操作。使用大分頁記憶體能大量減少分頁表項的數量,也就表示存取同樣多的內容需要的分頁表項會更少,而通常快取表的槽位是有限的,一般只有 512 個,所以更少的分頁表項也就表示更高的快取表的命中率。

4)減輕查記憶體的壓力

每一次對記憶體的存取實際上都是由兩次抽象的記憶體操作組成。如果只使用更大的頁面,那總頁面個數自然就減少了,原本在分頁表存取的瓶頸也得以避免。分頁表項數量減少,使得很多分頁表的查詢就不需要了。例如申請 2MB 空間,如果是 4KB 頁面,則一共需要查詢 512 個頁面,現在每個分頁為 2MB,則只需要查詢一個分頁就可以了。

### 3. 判斷是否支援大分頁記憶體

Linux 作業系統的大分頁記憶體的大小主要分為 2MB 和 1GB。可以從 CPU 的標識(flags)中查看支援的大記憶體分頁的類型。如果有「pse」的標識,則說明支援 2MB 的大記憶體分頁;如果有「pdpe1gb」的標識,則說明支援 1GB 的大記憶體分頁,64 位元機建議使用 1GB 的大分頁記憶體。在命令列下輸入命令「cat /proc/cpuinfo」,然後查詢 flags,或直接輸入「cat /proc/cpuinfo|grep flags」,如下所示:

```
    flags          : fpu vme de pse tsc msr pae mce cx8 apic sep mtrr pge mca cmov pat pse36
clflush mmx fxsr sse sse2 ss syscall nx pdpe1gb rdtscp lm constant_tsc arch_perfmon nopl
xtopology tsc_reliable nonstop_tsc cpuid pni pclmulqdq ssse3 fma cx16 pcid sse4_1
sse4_2 x2apic movbe popcnt tsc_deadline_timer aes xsave avx f16c rdrand hypervisor
lahf_lm abm 3dnowprefetch cpuid_fault invpcid_single pti fsgsbase tsc_adjust bmi1 avx2
smep bmi2 invpcid mpx rdseed adx smap clflushopt xsaveopt xsavec xsaves arat
```

可以看到 flags 後面有 pse 標識,說明支援 2MB 的大分頁記憶體。

也可以透過以下命令判斷當前系統支援的是何種大分頁記憶體:

```
root@tom-virtual-machine:~/ 桌面 # cat /proc/meminfo | grep Huge
AnonHugePages:         0 KB
ShmemHugePages:        0 KB
FileHugePages:         0 KB
HugePages_Total:       0
HugePages_Free:        0
HugePages_Rsvd:        0
HugePages_Surp:        0
Hugepagesize:       2048 KB
```

```
Hugetlb:              0 KB
root@tom-virtual-machine:~/桌面 #
```

如果有 HugePage 字樣的輸出內容，說明作業系統是支援大分頁記憶體。HugePages_Total 表示分配的頁面數目（現在還沒有分配，所以是 0），和 Hugepagesize 相乘後得到所分配的記憶體大小；HugePages_Free 表示從來沒有被使用過的 HugePages 數目，注意，即使程式已經分配了這部分記憶體，但是如果沒有實際寫入，那麼看到的還是 0（這是很容易誤解的地方）；HugePages_Rsvd 為已經被分配預留但是還沒有使用的 HugePages 的數目；Hugepagesize 就是預設的大記憶體分頁的大小；Hugetlb 是記錄在 TLB 中的項目，並指向 HugePages。

### 4. 臨時設定 2MB 大分頁記憶體

下面我們來臨時設定 Linux 下的大分頁記憶體個數。顧名思義，臨時設定的意思就是重新啟動後會失效。例如系統想要設定 16 個大分頁，每個大分頁的大小為 2MB，即將 16 寫入下面這個檔案中：

```
echo 16 > /sys/kernel/mm/hugepages/hugepages-2048kB/nr_hugepages
```

後面的 2048KB 表示頁面大小是 2MB，即設定 16 個大分頁，每個大分頁 2MB。

**注意**：如果設定的大分頁個數太大，則系統會根據當前實體記憶體的容量自動設定（筆者現在虛擬機器 Ubuntu 的實體記憶體是 4GB），核心中是透過函式 set_max_huge_pages 來設定具體大分頁數的，如果讀者有興趣，可以查看核心中的該函式。

上面的命令有時候在一些新版作業系統上不會生效，因此也可以這樣寫：

```
echo 16 > /proc/sys/vm/nr_hugepages
```

**注意**：16 兩邊都有空格。

設定完，一定要再次查看記憶體資訊（不能想當然地認為肯定會設定成功）：

```
root@tom-virtual-machine:~/桌面 # grep Huge /proc/meminfo
AnonHugePages:        0 KB
ShmemHugePages:       0 KB
FileHugePages:        0 KB
HugePages_Total:      16
HugePages_Free:       16
```

```
HugePages_Rsvd:         0
HugePages_Surp:         0
Hugepagesize:      2048 KB
Hugetlb:          32768 KB
```

HugePages_Total 變為 16 了，這就是我們分配的大分頁個數，即現在一共有 16 個大分頁，它和 Hugepagesize（每個大分頁的尺寸，即 2048KB）相乘後得到所分配的記憶體大小，即（16×2048）/1024=32768MB。再次強調，設定完畢後後，一定要查看 HugePages_Total 是否大於 0 了，千萬不能想當然地認為一定會設定成功，否則到了程式設計階段出現記憶體分配失敗，就又得回過來想！這些都是筆者的經驗教訓。

上面兩種方式針對的都是單 NUMA 節點的系統，如果是多 NUMA 節點系統，並希望強制分配給指定的 NUMA 節點，應該這樣做：

```
echo 1024 >/sys/devices/system/node/node0/hugepages/hugepages-2048kB/nr_hugepages
echo 1024 > /sys/devices/system/node/node1/hugepages/hugepages-2048kB/nr_hugepages
```

分別分配給 node0 和 node1 兩個 NUMA 節點。多 NUMA 節點通常用在記憶體大的伺服器中。如果是設定比較低的 PC 個人電腦，一般不好設定，但不影響我們的 Hello world 程式，此時再次執行第一個 DPDK 程式（例 8.2），可以發現成功了，「Linux 主控台視窗」的輸出如圖 8-14 所示。

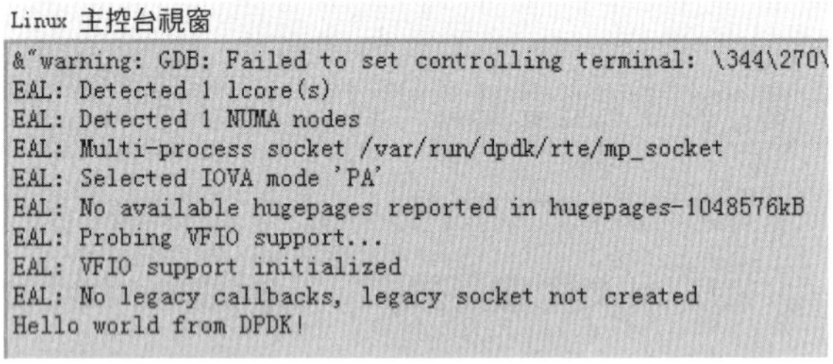

```
Linux 主控台視窗
&"warning: GDB: Failed to set controlling terminal: \344\270\
EAL: Detected 1 lcore(s)
EAL: Detected 1 NUMA nodes
EAL: Multi-process socket /var/run/dpdk/rte/mp_socket
EAL: Selected IOVA mode 'PA'
EAL: No available hugepages reported in hugepages-1048576kB
EAL: Probing VFIO support...
EAL: VFIO support initialized
EAL: No legacy callbacks, legacy socket not created
Hello world from DPDK!
```

▲ 圖 8-14

DPDK 程式探測到系統分配大分頁記憶體了（注意，只是探測到，但沒真正使用，因為沒有寫使用程式），親切的「Hello world from DPDK!」終於出來了。

注意：「EAL: No available hugepages reported in hugepages-1048576kB」不是錯誤，只是一句資訊提示，提示我們沒有可用的 1GB 大分頁記憶體，這是當然的，因為我們設定的大分頁記憶體是 2MB 的。

臨時設定大分頁記憶體結束，如果不想每次重新啟動都要重新設定，可以使用永久設定法。

### 5. 永久設定 2MB 大分頁記憶體

在虛擬機器 Ubuntu 中打開檔案 /etc/default/grub，找到 GRUB_CMDLINE_LINUX=""，然後把 default_hugepagesz=2M hugepagesz=2M hugepages=1024 增加到分號中，如下所示：

```
GRUB_CMDLINE_LINUX="default_hugepagesz=2M hugepagesz=2M hugepages=1024"
```

這樣我們分配了 1024 個 2MB 大分頁記憶體。

**注意**：當前虛擬機器 Ubuntu 要分配 4GB 記憶體，如果是 2GB 的話，可能重新啟動會進不去。

儲存檔案後退出，然後在命令列執行更新啟動參數設定 /boot/grub/grub.cfg 的命令：

```
update-grub
```

然後重新開機，這樣每次進入系統就不必重新設定大分頁記憶體了。此時可以查看到大分頁記憶體（HugePages_Total）一共有 1024 個了，命令如下：

```
root@tom-virtual-machine:~/ex/test/build# grep Huge /proc/meminfo
AnonHugePages:         0 KB
ShmemHugePages:        0 KB
FileHugePages:         0 KB
HugePages_Total:    1024
HugePages_Free:     1023
HugePages_Rsvd:        0
HugePages_Surp:        0
Hugepagesize:       2048 KB
Hugetlb:         2097152 KB
```

### 6. 永久設定 1GB 大分頁記憶體

現在我們準備永久設定 1 分頁的 1GB 大分頁記憶體。在虛擬機器 Ubuntu 中，打開檔案 /etc/default/grub，找到 GRUB_CMDLINE_LINUX=""，然後把 default_hugepagesz=1G hugepagesz=1G hugepages=1 增加到分號中，如下所示：

```
GRUB_CMDLINE_LINUX="default_hugepagesz=1G hugepagesz=1G hugepages=1"
```

這樣我們就分配了 1 個 1GB 大分頁記憶體。

**注意**：當前虛擬機器 Ubuntu 至少要分配 4GB 記憶體，如果是 2GB 的話，可能重新啟動會進不去或重新啟動失敗。

儲存檔案後退出，在命令列執行更新啟動參數設定 /boot/grub/grub.cfg 的命令：

```
update-grub
```

然後重新開機，這樣每次進入系統就不必重新設定大分頁記憶體了。此時可以查看到 1GB（1GB=1048576KB）大分頁記憶體（HugePages_Total）一共有 1 個，命令如下：

```
root@tom-virtual-machine:~# grep Huge /proc/meminfo
AnonHugePages:          0 KB
ShmemHugePages:         0 KB
FileHugePages:          0 KB
HugePages_Total:        1
HugePages_Free:         1
HugePages_Rsvd:         0
HugePages_Surp:         0
Hugepagesize:     1048576 KB
Hugetlb:          1048576 KB
```

**注意**：如果不想永久設定大分頁記憶體，可以打開檔案 /etc/default/grub，恢復 GRUB_CMDLINE_LINUX=""，儲存並退出後，再次執行命令 update-grub，最後重新啟動。

### 7. 掛載大分頁記憶體

設定完大分頁記憶體個數後，為了讓大分頁記憶體生效，需要掛載大分頁記憶體檔案系統，例如將 hugetlbfs 掛載到 /mnt/huge。剛掛載完時 /mnt/huge 目錄是空的，裡面沒有一個檔案，直到有處理程序以共用記憶體方式使用了這個大分頁記憶體系統，才會在這個目錄下建立大分頁記憶體檔案。大分頁記憶體的分配在系統啟動後應儘快進行，以防止記憶體分散在實體記憶體中。掛載命令如下：

```
mkdir /mnt/huge
mount -t hugetlbfs nodev /mnt/huge
```

### 8. 大分頁記憶體的使用

當應用處理程序想要使用大分頁記憶體時，可以自己實現大分頁記憶體的使用方式，例如透過 mmap、shamt 等共用記憶體映射的方式。目前 DPDK 透過共用

記憶體的方式打開 /mnt/huge 目錄下的每個大分頁，然後進行共用記憶體映射，實現了一套大分頁記憶體使用程式庫，來替代普通的 malloc、free 系統呼叫。或可以使用 libhugetlbfs.so 這個程式庫來實現記憶體的分配與釋放，處理程序只需要連結 libhugetlbfs.so 程式庫，使用程式庫中實現的介面來申請記憶體、釋放記憶體、替代傳統的 malloc、free 等系統呼叫。

## 8.2.10 綁定網路卡

要啟動 DPDK 網路功能，需要兩個必備的要求：（1）預留大分頁記憶體；（2）載入 PMD 驅動和綁定網路卡。前面我們編譯出來的 Hello world 程式並不依賴於網路，所以它在執行前只是預留了大分頁記憶體，並沒有載入核心驅動以及綁定網路卡裝置。那麼對於基於 DPDK 實現的網路功能，就必須做驅動的載入和網路卡的綁定。

### 1. 為何要綁定網路卡

1.6 節分析了核心的弊端，核心是導致性能瓶頸的原因所在，要解決問題需要繞過核心。因此主流解決方案都是旁路網路卡 I/O，繞過核心直接在使用者態收發送封包來解決核心的瓶頸。或許有人不懂旁路的含義，別想得太深了，就是旁邊另外一條路徑的意思，如圖 8-15 所示。

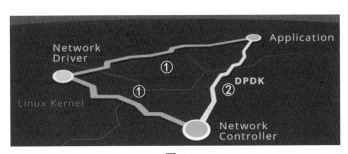

▲ 圖 8-15

圖中①標識的路徑就是老路，②標識的路徑就是所謂的旁路。下面，我們看一下 DPDK 旁路內部原理，如圖 8-16 所示。

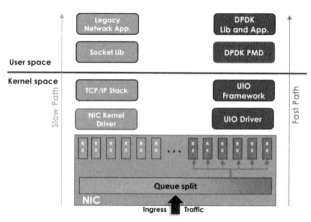

▲ 圖 8-16

　　圖中，左邊是原來的傳統方式，即資料從下面的網路卡→網路卡驅動（NIC Kernel Driver）→協定層（TCP/IP Stack）→ Socket 介面（Socket lib）→業務（App）。

　　右邊是 DPDK 的方式，借助 Linux 提供的 UIO 機制實現旁路數據，使得資料從網路卡→ DPDK 輪詢模式驅動（DPDK PMD，這個驅動執行在使用者空間）→ DPDK 基礎程式庫（DPDK Lib）→業務。

　　DPDK 的 UIO 驅動遮罩了硬體發出的中斷，然後在使用者態採用主動輪詢的方式，這種模式被稱為 PMD（Poll Mode Driver）。

　　PMD 是 DPDK 在使用者態實現的網路卡驅動程式，但實際上還是會依賴於核心提供的支援。其中 UIO 核心模組是核心提供的使用者態驅動框架，而 IGB_UIO（igb_uio.ko）是 DPDK 用於與 UIO 互動的核心模組，透過 IGB_UIO 來綁定指定的 PCI 網路卡裝置給使用者態的 PMD 使用。IGB_UIO 借助 UIO 技術來截獲中斷，並重設中斷回呼行為，從而繞過核心協定層後續的處理流程，並且 IGB_UIO 會在核心初始化的過程中，將網路卡硬體暫存器映射到使用者態。

　　IGB_UIO 核心模組的主要功能之一就是註冊一個 PCI 裝置。透過 DPDK 提供的 Python 指令稿 dpdk-devbind 來完成，當執行 dpdk-devbind 來綁定網路卡時，會透過 sysfs 與核心互動，讓核心使用指定的驅動程式（例如 igb_uio）來綁定網路卡。IGB_UIO 核心模組的另一個主要功能，就是讓使用者態的 PMD 網路卡驅動程式得以與 UIO 進行互動。當使用者載入 igb_uio 驅動時，原先被核心驅動接管的網路卡將轉移到 igb_uio 驅動，以此來遮罩原生的核心驅動以及核心協定層。

　　UIO 機制使得 DPDK 可以在使用者態收發網路卡資料。UIO 驅動在核心層，

PMD 驅動在使用者態，使用時，通常先要用命令 modprob 載入 UIO 驅動模組。

### 2. 使用者態驅動

　　裝置驅動可以執行在核心態，也可以執行在使用者態。不管使用者態驅動還是核心態驅動，它們都有各自的缺點。核心態驅動的問題是系統呼叫銷耗大、學習曲線陡峭、介面穩定性差、偵錯困難、bug 致命、程式語言選擇受限，而使用者態驅動面臨的挑戰是如何中斷處理、如何 DMA、如何管理裝置的依賴關係、無法使用核心服務等。為了最佳化性能，或為了隔離故障，或為了逃避開放原始碼許可證的約束，不管是基於何種目的，Linux 都已有多種使用者態驅動的實現，如 UIO、VFIO、USB 使用者態驅動等。它們在處理中斷、DMA、裝置依賴管理等方面的設計方案和實現細節上各有千秋。

### 1）UIO 使用者態驅動

　　UIO 是執行在使用者空間的 I/O 技術。Linux 系統中一般的驅動裝置都執行在核心空間，而在使用者空間用應用程式呼叫即可；UIO 機制則是將驅動的很少一部分執行在核心空間，而在使用者空間實現驅動的絕大多數功能。使用 UIO 可以避免裝置的驅動程式需要隨著核心的更新而更新的問題，有 Linux 開發經驗的讀者都知道，如果核心更新了，那麼驅動也要重新編譯。DPDK 的 UIO 驅動框架如圖 8-17 所示。

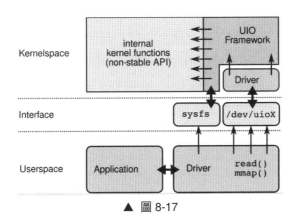

▲ 圖 8-17

　　系統載入 igb_uio 驅動後，每當有網路卡和 igb_uio 驅動進行綁定時，就會在 /dev 目錄下建立一個 UIO 裝置，例如 /dev/uio1。UIO 裝置是一個介面層，用於將 PCI 網路卡的記憶體空間以及網路卡的 IO 空間暴露給應用層。透過這種方式，應用層存取 UIO 裝置就相當於存取網路卡。具體來說，當有網路卡和 UIO 驅動綁定時，被核心載入的 igb_uio 驅動會將 PCI 網路卡的記憶體空間、IO 空間儲存在 UIO 目錄下，（例如 /sys/class/uio/uio1/maps），同時也會儲存到 PCI 裝置目錄下的 uio 檔案中。這樣應用層就可以存取這兩個檔案中的任意一個檔案裡面儲存的位址空間，然後透過 mmap 將檔案中儲存網路卡的實體記憶體映射成虛擬位址，應用層存取這個虛擬位址空間就相當於存取 PCI 裝置了。

從圖 8-17 中可以看出，DPDK 的 UIO 驅動框架由使用者態驅動 PMD（在 Userspace 中）、執行在核心態的 igb_uio 驅動，以及 Linux 的 UIO 框架組成。使用者態驅動 PMD 透過輪詢的方式直接從網路卡收發封包，將核心旁路了，繞過了核心協定層，避免了核心和應用層之間的複製性能；核心態驅動 igb_uio 用於將 PCI 網路卡的記憶體空間、IO 空間暴露給應用層，供應用層存取，同時會處理網路卡的硬體中斷（控制中斷而非資料中斷）；Linux UIO 框架（UIO Framework）提供了一些給 igb_uio 驅動呼叫的介面，例如 uio_open 打開 UIO，uio_release 關閉 UIO，uio_read 從 UIO 讀取資料，uio_write 往 UIO 寫入資料。Linux UIO 框架的程式在核心原始程式 drivers/uio/uio.c 檔案中實現。Linux UIO 框架也會呼叫核心提供的其他 API 介面函式。

應用層 PMD 透過 read 系統呼叫來存取 /dev/uiox 裝置，進而呼叫 igb_uio 驅動中的介面，igb_uio 驅動最終會呼叫 Linux UIO 框架提供的介面。

PMD 使用者態驅動透過輪詢的方式，直接從網路卡收發封包，將核心旁路了，繞過了協定層。那為什麼還要實現 UIO 呢？在某些情況下應用層想要知道網路卡的狀態之類的資訊，就需要網路卡硬體中斷的支援。硬體中斷只能在核心上完成，目前 DPDK 的實現方式是在核心態 igb_uio 驅動上實現小部分硬體中斷（例如統計硬體中斷的次數），然後喚醒應用層註冊到 epoll 中的 /dev/uiox 中斷，進而由應用層來完成大部分的中斷處理過程（例如獲取網路卡狀態等）。

有一個疑問：是不是網路卡封包到來時，產生的硬體中斷也會到 /dev/uiox 中斷來呢？肯定是不會的，因為這個 /dev/uiox 中斷只是控制中斷，網路卡封包收發的資料中斷是不會觸發到這裡來的。為什麼資料中斷就不能喚醒 epoll 事件呢，DPDK 是如何區分資料中斷與控制中斷的？那是因為在 PMD 驅動中，呼叫 igb_intr_enable 介面開啟 UIO 中斷功能，設定中斷的時候，是可以指定中斷遮罩的，例如指定 E1000_ICR_LSC 網路卡狀態改變中斷遮罩，E1000_ICR_RXQ0 接收網路卡封包中斷遮罩；E1000_ICR_TXQ0 發送網路卡封包中斷遮罩等。如果某些遮罩沒指定，就不會觸發相應的中斷。DPDK 的使用者態 PMD 驅動中只指定了 E1000_ICR_LSC 網路卡狀態改變中斷遮罩，網路卡收發封包中斷被禁用了，只有網路卡狀態改變才會觸發 epoll 事件，因此當有來自網路卡的封包時，產生的硬體中斷是不會喚醒 epoll 事件的。這些中斷原始程式在 e1000_defines.h 檔案中定義。

另一個需要注意的地方是，igb_uio 驅動在註冊中斷處理回呼時，會將中斷處理函式設定為 igbuio_pci_irqhandler，也就是將正常網路卡的硬體中斷給攔截了，這也是使用者態驅動 PMD 能夠直接存取網路卡的原因。得益於攔截了網路卡的中斷回呼，在中斷發生時，Linux UIO 框架會喚醒 epoll 事件，進而應用層能夠讀取網路卡中斷事件，或對網路卡進行一些控制操作。攔截硬體中斷處理回呼只對網路卡的控制操作有效，對於 PMD 使用者態驅動輪詢網路卡封包是沒有影響的。也就是說 igb_uio 驅動不管有沒有攔截硬體中斷回呼，都不影響 PMD 的輪詢。攔截硬體中斷回呼，只是為了應用層能夠回應硬體中斷，並對網路卡做些控制操作。

因為對於裝置中斷的應答必須在核心空間進行，所以在核心空間中有一小部分程式用來應答中斷和禁止中斷，其餘的工作全部留給使用者空間處理。如果使用者空間要等待一個裝置中斷，那它只需要簡單地阻塞在對 /dev/uioX 的 read() 操作上，當裝置產生中斷時，read() 操作立即傳回。UIO 也實現了 poll() 系統呼叫，我們可以使用 select() 來等待中斷的發生。select() 有一個逾時參數，可以用來實現在有限時間內等待中斷。這些都是具體的 UIO 驅動程式設計了，讀者了解即可。

UIO 的特點如下：

（1）一個 UIO 裝置最多支援 5 個 mem 和 portio 空間的 mmap 映射。

（2）UIO 裝置的中斷使用者態通訊機制基於 wait_queue 實現。

（3）一個 UIO 裝置只支援一個中斷號註冊，支援中斷共用。

總的來說，UIO 框架適用於簡單裝置的驅動，因為它不支援 DMA，不支援多個中斷線，缺乏邏輯裝置抽象能力。

總之，UIO 是使用者空間下驅動程式的支援機制。DPDK 使用 UIO 機制使網路卡驅動程式執行在使用者態，並採用輪詢和零複製方式從網路卡收取封包，提高收發封包的性能。UIO 旁路了核心，主動輪詢去掉硬中斷，從而 DPDK 可以在使用者態做收發送封包處理，帶來零複製、無系統呼叫的好處，同步處理減少上下文切換帶來的 Cache Miss。

值得注意的是，如果電腦啟用了 UEFI 安全啟動，那麼 Linux 核心可能會禁止在系統上使用 UIO，因此應如果要用 UIO，建議先在 BIOS 中去掉 UEFI 安全啟動。

2）VFIO 使用者態驅動

UIO 的出現允許將驅動程式用到使用者態空間裡實現，但 UIO 有它的不足之處，如不支援 DMA、中斷等。VFIO 作為 UIO 的升級版，主要就是解決這個問題。

此外，隨著虛擬化的出現，IOMMU（Input/Output Memory Management Unit）也隨之出現。IOMMU 是一個記憶體管理單元（Memory Management Unit），它的作用是連接 DMA-capable I/O 匯流排（Direct Memory Access-capable I/O Bus）和主記憶體（Main Memory）。傳統的記憶體管理單元會把 CPU 存取的虛擬位址轉化成實際的實體位址，而 IOMMU 則是把裝置（device）存取的虛擬位址轉換成實體位址。IOMMU 為每個直通的裝置分配獨立的分頁表，因此不同的直通裝置，彼此之間相互隔離。

有一些場景，多個 PCI 裝置之間是相互聯繫的，它們互相組成一個功能實體，彼此之間是可以相互存取的，因此 IOMMU 針對這些裝置是行不通的，隨之出現了 VFIO 技術。VFIO 兼顧了 UIO 和 IOMMU 的優點，在 VFIO 裡，直通的最小單元不再是某個單獨的裝置了，而是分佈在同一個組的所有裝置。總之，相比於 UIO，VFIO 更為強健和安全。不過，如果要透過 VFIO 綁定網路卡，那麼機器設定要求就比較高，比如需要 IOMMU 的支援等。還是為了照顧廣大學生讀者，本書透過 UIO 來綁定網路卡。

最後總結兩種驅動類型：igb_uio 主要作為輕量級核心模組 UIO 提供給裝置。如果想要比 UIO 更堅固更安全的核心模組，那麼可以採用 vfio-pci，它基於 IOMMU 的安全保護。

### 3. 透過 UIO 綁定網路卡

綁定操作其實很簡單，DPDK 提供了一個 Python 指令稿程式檔案 dpdk-devbind.py，這個指令檔在原始程式目錄的 usertools 子目錄下可以找到。如果已經安裝了 DPDK，則在 /usr/local/bin/ 下也可以找到 dpdk-devbind.py（如果做了前面的編譯安裝 DPDK，則應該是能找到的），在圖 8-4 中可以看到。因此，既可以在原始程式的 usertools 目錄下執行該指令稿，也可以在任意目錄下執行該指令稿（此時執行的是 /usr/local/bin/ 下的指令稿），當然前提是要有 root 許可權。檔案 dpdk-devbind.py 旨在操作裝置與其驅動程式的綁定關係、查詢裝置與其驅動程式的綁定關係（即查詢裝置是和核心驅動綁定在一起，還是和 UIO 或 VFIO 驅動綁定在一起，或沒有和驅動綁定一起，此時是 nodrv）、綁定裝置驅動和解綁裝置驅動，等等。反正功能很強大，有興趣的讀者可以打開這個指令檔看看。

指令檔 dpdk-devbind.py 使用選項 -s 或 --status 可以查詢裝置與驅動的綁定關係。在 dpdk-devbind.py 顯示綁定關係之前，用主函式先驗證一下系統是否具有 DPDK 支援的驅動，程式如下：

```
#DPDK 支援的驅動
dpdk_drivers = ["igb_uio", "vfio-pci", "uio_pci_generic"]
```

這 3 個模組都可以提供 UIO 功能，uio_pci_generic 最基本，vfio-pci 最安全和強大（但預置要求多），不過它相依於相依於 IOMMU。igb_uio 驅動就是前面講解的 UIOI 使用者態驅動。vfio-pci 就是 VFIO 使用者態驅動；uio_pci_generic 也是 Linux 核心提供的可以提供 UIO 能力的標準模組，但對於不支援傳統中斷的裝置，必須使用 igb_uio 來替代 uio_pci_generic 模組。DPDK 1.7 版本提供 VFIO 支援，所以，對於支援 VFIO 的平臺，可選擇 UIO，也可以不用。此外，現在電腦都會啟用 UEFI（Unified Extensible Firmware Interface 統一的可延伸韌體介面）安全啟動，而 Linux 核心可能會禁止在系統上使用 UIO，因此，由 DPDK 使用的裝置應綁定到 vfio-pci 核心模組，而非 igb_uio 或 uio_pci_generic。

dpdk-devbind.py 指令稿程式會遍歷 /sys/module 目錄下的模組檔案，檢查 dpdk_drivers 字元陣列定義的 3 種驅動是否存在。dpdk-devbind.py 指令檔中的函式 check_module 的最後，會更新 dpdk_drivers，使它僅包含系統已載入的驅動模組。如果在參數選項中使用 -b 或 --bind 指定了要綁定的驅動，但是模組未載入，則退出程式。因此在綁定之前通常要載入這 3 個驅動之一。如果 --bind 要綁定的驅動程式並非 DPDK 的 dpdk_drivers 中指定的任意一個，也允許進行綁定，但是會列印一個警告資訊。

由於我們要把系統的一片網路卡讓 DPDK 接管而不讓作業系統接管，因此系統至少要有兩片網路卡，否則一片網路卡脫離作業系統後，就無法透過終端工具連接到該網路卡了。綁定網路卡前，先在虛擬機器中增加一片網路卡（如果當前僅有一片的網路卡的話），然後就可以開始綁定了。在虛擬機器 Ubuntu 中綁定網路卡到 UIO 驅動的步驟如下：

步骤 01 查看綁定使用者態驅動前的裝置狀態，在命令列下輸入以下命令：

```
root@tom-virtual-machine:~# dpdk-devbind.py -s

Network devices using kernel driver
===================================
0000:02:01.0 '82545EM Gigabit Ethernet Controller (Copper) 100f' if=ens33
drv=e1000 unused=vfio-pci *Active*
0000:02:06.0 '82545EM Gigabit Ethernet Controller (Copper) 100f' if=ens38
drv=e1000 unused=vfio-pci *Active*

No 'Baseband' devices detected
======== =====================
...
```

筆者已經將 dpdk-devbind.py 所在的路徑存放在系統 PATH 中了，因此可以在任意目錄下直接執行 dpdk-devbind.py。如果沒有這樣做，則要先進入該指令檔所在目錄，然後執行 ./ dpdk-devbind.py -s。可以看到，當前網路裝置用的是核心驅動（Network devices using kernel driver）；發現了兩片網路卡，分別是 ens33 和 ens38，其中 ens33 是虛擬機器 Ubuntu 附帶的，ens38 是筆者後來增加的。另外，if 是網路介面的意思，這兩片網路卡當前用的驅動是 Intel 提供的 e1000，這是個核心態驅動（因此作業系統核心能認識）；unused 表示某個驅動程式已經在作業系統中存在了，但未使用，現在顯示的是 vfio-pci，並沒有 UIO 驅動，似乎 DPDK 預設想讓使用者使用 vfio-pci。為了降低讀者的學習成本，本節使用 UIO 驅動來綁定網路卡，沒有 UIO 驅動不要緊，我們找原始程式來，自己編譯一個 UIO 驅動出來。

步骤 02 載入 igb_uio 驅動模組。

DPDK 提供了 igb_uio.ko 驅動的原始程式，需要到官網上去下載，筆者已經為讀者下載並放到隨書原始程式根目錄下，讀者只要將它複製到 Linux 系統中去 make 一下，即可生成 igb_uio.ko 檔案，注意，因為是驅動，所以一定要先 make，然後到 igb_uio 所在的目錄下就可以載入 igb_uio 驅動模組了：

```
root@tom-virtual-machine:~/soft/igb_uio# modprobe uio
root@tom-virtual-machine:~/soft/igb_uio# insmod igb_uio.ko
```

modprobe 是 Linux 的命令，可載入指定的個別模組，或是載入一組相依的模組（這一步是必不可少的），然後再用 insmod 命令載入驅動模組。前面透過 dpdk-devbind.py 知道，dpdk_drivers 陣列定義了 3 種使用者態驅動，現在又載入了 igb_uio 驅動模組，這樣支援 VFIO 驅動的網路卡就可以在使用者態下直接使用了，否則網路卡使用的驅動是核心態下的，導致每次使用網路卡還要經過核心態，簡直浪費時間。

**步驟 03** 查看綁定使用者態驅動前的裝置狀態，在命令列下輸入以下命令：

```
root@tom-virtual-machine:~# dpdk-devbind -s

Network devices using kernel driver
====================================
0000:02:01.0 '82545EM Gigabit Ethernet Controller (Copper) 100f' if=ens33 drv=e1000
unused=igb_uio,vfio-pci *Active*
0000:02:06.0 '82545EM Gigabit Ethernet Controller (Copper) 100f' if=ens38 drv=e1000
unused=igb_uio,vfio-pci *Active*

No 'Baseband' devices detected
==============================
...
```

可以看到發生了一點變化，未使用（unused）的驅動模組變為 2 個了，即 igb_uio 和 vfio-pci，說明系統已經載入了這兩個驅動模組，但未使用，也就是未和網路卡綁定。下面要把網路卡綁定到使用者態驅動程式 UIO 上去，即讓 e1000 這個核心驅動到「unused=」後面去，「drv=」後面變為 igb_uio。

**步驟 04** 停止網路卡。

注意，停止網路卡前，確保當前作業系統至少有兩片網路卡，比如筆者當前有兩片網路卡，一片是 ens33，另外一片是新增加的 ens38。然後執行命令：

```
ifconfig ens38 down
```

ens38 是要停止的網路卡的名稱，down 表示停止網路卡。這一步是必須的，不停止網路卡，綁定不會成功。

**步驟 05** 透過 UIO 綁定網路卡。

在命令列下輸入以下命令：

```
root@tom-virtual-machine:~# dpdk-devbind.py -b=igb_uio  0000:02:06.0
root@tom-virtual-machine:~#
```

其中，-b 表示綁定（bind）的意思；後面的數字是步驟 03 顯示的網路卡那一行開頭的數字。如果要解綁網路卡，則用選項 -u 代替 -b 即可。

**注意**：如果是 DPDK19，則 -b 後面的等於號用空格來代替。

步骤 06 再次確認狀態。

此時再檢查狀態：

```
root@tom-virtual-machine:~# dpdk-devbind -s

Network devices using DPDK-compatible driver
=============================================
0000:02:06.0 '82545EM Gigabit Ethernet Controller (Copper) 100f' drv=igb_uio
unused=e1000,vfio-pci

Network devices using kernel driver
==================================
0000:02:01.0 '82545EM Gigabit Ethernet Controller (Copper) 100f' if=ens33 drv=e1000
unused=igb_uio,vfio-pci *Active*
...
```

可以看到網路裝置使用的是 DPDK 驅動了（Network devices using DPDK-compatible driver），並且從 drv 後面可以看到驅動名稱是 igb_uio；而未使用（unused）的驅動是 e1000 和 vfio-pci，一個是核心網路卡驅動 e1000，另外一個是高端使用者態驅動 vfio-pci，它們都處於未使用狀態。至此，綁定網路卡到 UIO 驅動成功。

## 8.2.11 實現一個稍複雜的命令列工具

我們的第一個 DPDK 程式比較簡單，而且沒什麼實用性，至多只能檢測開發環境是否正常。現在我們來開發一個具有實用功能的命令列程式，該程式模擬一個命令列，使用者可以輸入自訂的命令，然後執行相應的功能，比如使用者輸入 help，則顯示一段和幫助相關的文字。DPDK 提供了一些程式庫函式來方便使用者構造這樣一個命令列工具，該命令列工具可以為程式增加命令列實現。

本節實現的是一個最基本的命令列工具程式，讀者可以根據此程式進行擴展，增加自己的命令。這個命令列工具程式可以作為以後發佈 DPDK 程式的使用者介面，讓使用者透過命令來操作 DPDK 程式。

有的命令只有一個動作參數，有的命令包括動作參數、動作物件參數以及動作物件的值參數，等等。比如有這樣一筆命令：add ip 192.168.0.2。其中，add 是命令（即動作參數，動作參數就是告訴程式要幹什麼），表示一個動作；ip 是 add 增加的物件（即動作物件參數）；192.168.0.2 是給物件 ip 增加的具體值（動作物件的值參數）。那麼我們如何把這樣一筆命令做成 DPDK 命令列程式呢？由以下四步實現：

步驟 01 定義命令參數。我們定義一個結構，來表示該筆命令的每個參數（或稱欄位），結構定義如下：

```
struct cmd_obj_add_result {
    cmdline_fixed_string_t action;    // 表示命令動作名稱
    cmdline_fixed_string_t name;      // 表示命令操作物件的名稱
    cmdline_ipaddr_t ip;              // 表示使用者輸入具體的 ip 值
};
```

命令動作名稱和物件名稱都是字串，所以用 DPDK 附帶的字串類型 cmdline_fixed_string_t 來定義；ip 表示具體的 ip 值，用 DPDK 附帶的 IP 網路址類別型 cmdline_ipaddr_t 來定義，這些附帶類型現在不必深究，拿來用即可。結構 cmd_obj_add_result 用於儲存該筆命令的 3 個參數。

步驟 02 初始化命令參數。該筆命令中有 3 個識別字，分別是 add、ip 和具體的 ip 值（比如 192.168.0.2）。定義權杖的目的是把命令中的識別字和命令結構中的欄位聯繫起來，比如將 add 和命令結構的欄位 action 聯繫起來，我們可以這樣定義 add 權杖：

```
cmdline_parse_token_string_t cmd_obj_action_add =
    TOKEN_STRING_INITIALIZER(struct cmd_obj_add_result, action, "add");
```

透過巨集 TOKEN_STRING_INITIALIZER 用字串「add」初始化命令結構欄位 action，這樣使用者輸入命令的第一個識別字就只能是「add」了。如果用其他識別字，比如「insert」，那麼使用者就必須這樣輸入：insert ip 192.168.0.2。cmdline_parse_token_string_t 是 DPDK 附帶的表示字串類型的權杖類型，我們拿來用即可。cmd_obj_action_add 是字串權杖變數名稱。

我們再定義第二個權杖，即初始化命令結構中的欄位 ip：

```
cmdline_parse_token_string_t cmd_obj_name =
TOKEN_STRING_INITIALIZER(struct cmd_obj_add_result, name,"serv-ip");
```

TOKEN_STRING_INITIALIZER 的第三個參數 "serv-ip" 就是使用者輸入的 ip，如果寫成大寫 IP，則使用者輸入的時候，也要用大寫。如果允許使用者輸入任意字元的識別字，則直接使用 NULL 即可，這樣使用者輸入 "add myip 192.168.0.2" 或 "add server-ip 192.168.0.2" 等都可以了。

最後定義本命令的最後一個權杖：

```
cmdline_parse_token_ipaddr_t cmd_obj_ip =
    TOKEN_IPADDR_INITIALIZER(struct cmd_obj_add_result, ip);
```

cmdline_parse_token_ipaddr_t 是 DPDK 附帶的 IP 權杖類型，cmd_obj_ip 是權杖變數名稱。巨集 TOKEN_IPADDR_INITIALIZER 用於初始化命令結構中的 ip 欄位，該巨集只有兩個參數，並沒有出現第三個參數，這個很好理解，因為具體的 IP 值是讓使用者來輸入的，沒必要具體連結某個 IP 值到 ip 欄位。

**步驟 03** 定義並初始化命令結構：

```
cmdline_parse_inst_t cmd_obj_add = {
    .f = cmd_obj_add_parsed,  /* function to call */
    .data = NULL,       /* 2nd arg of func */
    .help_str = "Add an object (name, val)",
    .tokens = {        /* token list, NULL terminated */
        (void *)&cmd_obj_action_add,
        (void *)&cmd_obj_name,
        (void *)&cmd_obj_ip,
        NULL,
    },
};
```

cmdline_parse_inst_t 是 DPDK 附帶的命令結構類型，用來定義筆命令。cmd_obj_add 是結構變數名稱，其第一個欄位 f 指向命令處理函式，這裡函式名稱是 cmd_obj_add_parsed，這個是自訂函式，用來回應使用者輸完命令後按 Enter 鍵的後續操作，該函式我們稍後定義；欄位 data 指向的是傳給函式 cmd_obj_add_parsed 的參數，這裡不需要傳參數，因此為 NULL；欄位 help_str 表示對該命令的解釋說明；tokens 是一個權杖陣列，每個元素都是前面定義好的權杖元素，其實就是整筆命令的所有參數，注意最後以 NULL 結束。

**步驟 04** 定義命令回應函式。使用者輸入命令，肯定需要回應，回應的過程就在這個回應函式中實現。上一步舉出了回應函式名稱 cmd_obj_add_parsed，現在來實現該函式，定義如下：

```
static void cmd_obj_add_parsed(void *parsed_result, struct cmdline *cl,
                __rte_unused void *data)
{
    // 將傳遞的參數轉為 cmd_obj_add_result 結構
    struct cmd_obj_add_result *res = parsed_result;
    struct object *o;
```

```
char ip_str[INET6_ADDRSTRLEN];  // 用於儲存使用者輸入的 ip，支援 IPv6

SLIST_FOREACH(o, &global_obj_list, next) { // 遍歷列表，判斷物件是否增加過
    if (!strcmp(res->name, o->name)) { //res->name 是傳入的物件名稱
        cmdline_printf(cl, "Object %s already exist\n", res->name);
        return;  // 如果已經增加過了，則直接返回
    }
}
// 使用者輸入的增加物件是新的，那就增加進全域列表中
// 分配 object 結構指標（這裡用到了一個比較巧妙的做法，對指標 0 進行設定值再用 sizeof 求取大小）
o = malloc(sizeof(*o));  // 分配物件空間
if (!o) {
    cmdline_printf(cl, "mem error\n");
    return;  // 分配空間失敗，則直接返回
}
strlcpy(o->name, res->name, sizeof(o->name));  // 複製物件名稱，即填充 name
o->ip = res->ip;  // 儲存使用者輸入的 ip，即填充 ip 位址
SLIST_INSERT_HEAD(&global_obj_list, o, next);// 把新的增加物件插入全域列表中
// 格式化 IP 字串，即將 ip 位址轉換成方便查看的點分十進位並且列印
if (o->ip.family == AF_INET) // 若輸入的 ip 是 IPv4 位址，則組成 IPv4 格式的字串
    snprintf(ip_str, sizeof(ip_str), NIPQUAD_FMT,
            NIPQUAD(o->ip.addr.ipv4));
else // 若輸入的 ip 是 IPv6 位址，則組成 IPv6 格式的字串
    snprintf(ip_str, sizeof(ip_str), NIP6_FMT,
            NIP6(o->ip.addr.ipv6));
// 輸入結果，告訴使用者增加成功了，cmdline_printf 是 DPDK 附帶的輸出函式
cmdline_printf(cl, "Object %s added, ip=%s\n",
            o->name, ip_str);
}
```

這個函式邏輯比較簡單，就是把使用者增加的物件儲存在一個全域列表裡，如果新增加的物件已經存在，則直接返回，否則就增加進全域列表中。命令回應函式的第 1、2 個參數形式是固定的，第 3 個參數 data 才是我們傳遞給函式的參數，當然也可以不傳內容。在 SLIST_FOREACH 迴圈中，判斷使用者輸入的物件（也就是 add 後面的那個參數）是否增加過，其中 res->name 是傳入的物件名稱，o->name 是迴圈中列表當前的物件名稱。遍歷迴圈後，如果判斷出物件沒有被增加過，則分配記憶體空間，並將它增加進全域列表中，最後格式化 IP 位址字串並輸出結果。

完成以上四步，一筆命令就算徹底定義好了。命令列程式通常包含多筆命令，我們需要把這些命令儲存起來，DPDK 提供了一個 cmdline_parse_ctx_t 結構類型，用於定義陣列，儲存多筆命令，比如：

```
cmdline_parse_ctx_t main_ctx[] = {
```

```
    (cmdline_parse_inst_t *)&cmd_obj_del_show,
    (cmdline_parse_inst_t *)&cmd_obj_add,
    (cmdline_parse_inst_t *)&cmd_help,
    (cmdline_parse_inst_t *)&cmd_quit,
    NULL,
};
```

一共有 4 筆命令，其中 cmd_obj_add 是剛才定義過的，另外 3 筆命令可以在下面的例子程式中找到，定義過程類似。

### 【例 8.3】實現 DPDK 命令列工具程式

（1）打開 VC2017，新建一個 Linux 主控台專案，專案名稱是 test。

（2）向工程增加一個 main.c 檔案，並輸入以下程式：

```
#include <stdio.h>
#include <string.h>
#include <stdint.h>
#include <errno.h>
#include <sys/queue.h>

#include <cmdline_rdline.h>
#include <cmdline_parse.h>
#include <cmdline_socket.h>
#include <cmdline.h>

#include <rte_memory.h>
#include <rte_eal.h>
#include <rte_debug.h>

#include "commands.h"
int main(int argc, char **argv)
{
    int ret;
    struct cmdline *cl;

    ret = rte_eal_init(argc, argv);   // 初始化環境抽象層 (EAL)
    if (ret < 0)
        rte_panic("Cannot init EAL\n");

    cl = cmdline_stdin_new(main_ctx, "example> ");    // 初始化一個命令列
    if (cl == NULL)
        rte_panic("Cannot create cmdline instance\n");
    cmdline_interact(cl);                // 在使用者輸入 Ctrl+D 時傳回
    cmdline_stdin_exit(cl);              // 退出命令列，釋放資源和設定
```

```
        return 0;
    }
```

程式中首先呼叫程式庫函式 rte_eal_init，所有 DPDK 程式都必須初始化環境抽象層（EAL）。然後呼叫程式庫函式 cmdline_stdin_new 初始化命令列，相當於建立一個命令列，其中的第二個參數「example>」為命令列啟動時的提示符號，第一個參數 main_ctx 是一個存放所有命令結構的陣列。cmdline_stdin_new 函式功能比較多，很多初始化操作都在 cmdline_stdin_new 中執行，比如設定命令列輸入的有效性檢查函式（cmdline_valid_buffer）、設定命令列完成函式（cmdline_complete_buffer）、分配命令列結構空間、一些回呼函式指標初始化、設定提示符號（這裡是「example>」），等等。當 cmdline_stdin_new 成功傳回後，將得到一個已經初始化好的 cmdline 結構指標，隨後將它傳入庫函式 cmdline_interact 中。當 cmdline_stdin_new 執行完後，「example>」就會出現了。

在內建函式 cmdline_valid_buffer 中，將執行命令列分析，該函式的程式如下：

```
cmdline_valid_buffer(struct rdline *rdl, const char *buf,
            __rte_unused unsigned int size)
{
    struct cmdline *cl = rdl->opaque;
    int ret;
    ret = cmdline_parse(cl, buf);
    if (ret == CMDLINE_PARSE_AMBIGUOUS)
        cmdline_printf(cl, "Ambiguous command\n");
    else if (ret == CMDLINE_PARSE_NOMATCH)
        cmdline_printf(cl, "Command not found\n");
    else if (ret == CMDLINE_PARSE_BAD_ARGS)
        cmdline_printf(cl, "Bad arguments\n"); // 當輸入不準確時候，列印提示一下
}
```

函式 cmdline_parse 用於具體解析命令列的輸入，此外還會執行設定好的命令列解析回呼函式。介紹這個的目的主要是讓讀者知道，當命令列確認後，不是馬上執行設定的命令列處理函式，而是先執行命令列解析回呼函式，通常可以把一些輸入有效性檢查放在這個回呼函式中，當輸入不準確時，就列印出「Bad arguments」。除了命令列解析回呼函式外，其實還有幾個回呼函式，具體函式形式都在 cmdline_token_ops 結構中宣告好了：

```
struct cmdline_token_ops {
    /** parse(token ptr, buf, res pts, buf len) */
```

```
    int (*parse)(cmdline_parse_token_hdr_t *, const char *, void *,
        unsigned int);
    /** return the num of possible choices for this token */
    int (*complete_get_nb)(cmdline_parse_token_hdr_t *);
    /** return the elt x for this token (token, idx, dstbuf, size) */
    int (*complete_get_elt)(cmdline_parse_token_hdr_t *, int, char *,
        unsigned int);
    /** get help for this token (token, dstbuf, size) */
    int (*get_help)(cmdline_parse_token_hdr_t *, char *, unsigned int);
};
```

而這個 cmdline_token_ops 結構的初始化又是在巨集 TOKEN_XXX_INITIALIZER 中實現的，比如字串的 TOKEN_STRING_INITIALIZER 的定義如下：

```
#define TOKEN_STRING_INITIALIZER(structure, field, string)      \
{                                                               \
    /* hdr */                                                   \
    {                                                           \
        &cmdline_token_string_ops,      /* ops */               \
        offsetof(structure, field),      /* offset */           \
    },                                                          \
    /* string_data */                                           \
    {                                                           \
        string,                         /* str */               \
    },                                                          \
}
```

cmdline_token_string_ops 裡會具體設定回呼函式，定義如下：

```
struct cmdline_token_ops cmdline_token_string_ops = {
    .parse = cmdline_parse_string,
    .complete_get_nb = cmdline_complete_get_nb_string,
    .complete_get_elt = cmdline_complete_get_elt_string,
    .get_help = cmdline_get_help_string,
};
```

讀者是不是覺得有點頭暈？沒關係，DPDK 已經幫我們都做好了關於字串的這些操作了，IP 位址也幫我們做好了。那我們可不可以自己也來做一個物件（類型）的回呼函式呢？勇士的答案當然是要，暫且休息，回到主流程上來。

程式庫函式 cmdline_interact 從標準輸入裝置上讀取資料（比如這裡從 example> 後面讀取使用者輸入的字元），並把輸入的字元傳入命令列 cmdline 結構，此時 DPDK 將執行命令列解析回呼函式（cmdline_token_ops.parse 所指的函式），如果沒問題再執行命令處理函式。當使用者輸入 Ctrl+D 時傳回，從命令列中退出，後續程式庫函式 cmdline_stdin_exit 將得到執行，並釋放資源和設定，整個程式結束。

（3）在專案中增加 commands.h，並輸入以下程式：

```
#ifndef _COMMANDS_H_
#define _COMMANDS_H_

extern cmdline_parse_ctx_t main_ctx[];

#endif /* _COMMANDS_H_ */
```

程式比較簡單，就是宣告了一個 main_ctx 結構陣列，以方便在 main.c 中引用。

然後再增加 commands.c 檔案，該檔案用來定義具體的命令，並實現命令處理函式。command.c 中定義了命令上下文陣列 main_ctx：

```
cmdline_parse_ctx_t main_ctx[] = {
    (cmdline_parse_inst_t *)&cmd_obj_del_show,
    (cmdline_parse_inst_t *)&cmd_obj_add,
    (cmdline_parse_inst_t *)&cmd_help,
    NULL,
};
```

一共有 3 筆命令，其中 cmd_obj_add cadd 命令，前面已經講解過了。Help 命令就是顯示一段說明文字，命令 del 和 show 都是對列表中的某個物件操作，前者是刪除列表中的某個物件，後者是顯示清單中某個物件的值，由於這兩筆命令都需要使用者輸入物件的名稱（也就是增加時候的物件名稱，比如 ip），因此可以把這兩筆命令放在一個結構 cmd_obj_del_show 中實現。要實現 del 和 show 命令，老規矩還是 4 步曲（這裡就簡述了，因為前面已經詳述過了）：

第一步，定義命令參數。我們定義一個結構，來表示該筆命令的每個參數（或稱欄位），結構定義如下：

```
struct cmd_obj_del_show_result {
    cmdline_fixed_string_t action; // 表示命令動作名稱
    struct object *obj;     // 表示命令操作物件，這樣不是物件名稱，是物件
};
```

**注意**：為了演示自訂命令列解析回呼函式，這裡沒有用物件名稱（物件名稱是字串形式，命令列解析函式 DPDK 已經幫我們做好了），用了一個自訂的結構 struct object，這個結構後面會專門在檔案中定義，這裡先實現 4 步曲。

第二步，初始化命令參數。該筆命令中有兩個識別字，比如「del 物件」，或

「show 物件」。定義權杖的目的是把命令中的識別字和命令結構中的欄位聯繫起來，比如將「show」或「del」和命令結構的欄位 action 聯繫起來。可以這樣定義 show 和 del 權杖：

```
cmdline_parse_token_string_t cmd_obj_action =
    TOKEN_STRING_INITIALIZER(struct cmd_obj_del_show_result,
                action, "show#del");
```

透過巨集 TOKEN_STRING_INITIALIZER 用字串「show」或「del」初始化命令結構欄位 action，這樣使用者輸入命令的第一個識別字只能是「show」或「del」。我們再定義第二個權杖，即初始化命令結構中的欄位 obj：

```
parse_token_obj_list_t cmd_obj_obj =
    TOKEN_OBJ_LIST_INITIALIZER(struct cmd_obj_del_show_result, obj,
                &global_obj_list);
```

TOKEN_OBJ_LIST_INITIALIZER 是我們自訂的巨集，稍後會實現；obj 是 cmd_obj_del_show_result 中的欄位；global_obj_list 是一個全域列表，儲存當前所有物件，定義如下：

```
struct object_list global_obj_list;
```

第三步，定義並初始化命令結構：

```
cmdline_parse_inst_t cmd_obj_del_show = {
    .f = cmd_obj_del_show_parsed,  /* function to call */
    .data = NULL,      /* 2nd arg of func */
    .help_str = "Show/del an object",
    .tokens = {        /* token list, NULL terminated */
        (void *)&cmd_obj_action,
        (void *)&cmd_obj_obj,
        NULL,
    },
};
```

第四步，定義命令回應函式。上一步舉出的回應函式名稱是 cmd_obj_del_show_parsed，現在來實現該函式，定義如下：

```
static void cmd_obj_del_show_parsed(void *parsed_result,
                struct cmdline *cl,
                __rte_unused void *data)
{
    struct cmd_obj_del_show_result *res = parsed_result;
    char ip_str[INET6_ADDRSTRLEN];
```

```
                // 格式化 IP 字串，並存於字串 ip_str 中，方便以後顯示
        if (res->obj->ip.family == AF_INET)
            snprintf(ip_str, sizeof(ip_str), NIPQUAD_FMT,
                    NIPQUAD(res->obj->ip.addr.ipv4));
        else
            snprintf(ip_str, sizeof(ip_str), NIP6_FMT,
                    NIP6(res->obj->ip.addr.ipv6));

        if (strcmp(res->action, "del") == 0) {
            SLIST_REMOVE(&global_obj_list, res->obj, object, next); // 刪除物件
            cmdline_printf(cl, "Object %s removed, ip=%s\n",
                        res->obj->name, ip_str);
            free(res->obj);
        }
        else if (strcmp(res->action, "show") == 0) {
            cmdline_printf(cl, "Object %s, ip=%s\n",   // 顯示物件的 IP 位址
                        res->obj->name, ip_str);
        }
    }
```

程式很簡單，如果是 del 命令，就利用巨集 SLIST_REMOVE 在清單中刪除匹配的物件，如果是 show 命令，就顯示該物件的 ip 值。

del 和 show 命令全部定義完畢，現在要實現物件和列表操作了。至於 help 命令，就不再贅述了，它非常簡單，輸出一段文字而已，具體可以參見隨書原始程式。

（4）現在開始定義物件和物件列表操作。在專案中增加標頭檔 parse_obj_list.h，首先在該檔案中定義物件結構：

```
#define OBJ_NAME_LEN_MAX 64              // 物件名稱的最大長度
struct object {
    SLIST_ENTRY(object) next;            // 指向一個物件結構的指標
    char name[OBJ_NAME_LEN_MAX];         // 儲存物件名稱
    cmdline_ipaddr_t ip;                         // 儲存 ip
};
```

然後定義物件結構列表：

```
SLIST_HEAD(object_list, object);
```

巨集 SLIST_ENTRY 和 SLIST_HEAD 都是 DPDK 自訂的，直接拿來用即可。

接著用物件類別表定義權杖列表

```
/* data is a pointer to a list */
struct token_obj_list_data {
```

```
        struct object_list *list;
    };

    struct token_obj_list {
        struct cmdline_token_hdr hdr;   // 定義頭部結構變數
        struct token_obj_list_data obj_list_data; // 定義權杖列表物件資料
    };
    typedef struct token_obj_list parse_token_obj_list_t; // 定義一個類型
```

宣告幾個回呼函式：

```
int parse_obj_list(cmdline_parse_token_hdr_t *tk, const char *srcbuf, void
*res,unsigned ressize);
int complete_get_nb_obj_list(cmdline_parse_token_hdr_t *tk);
int complete_get_elt_obj_list(cmdline_parse_token_hdr_t *tk, int idx,
                    char *dstbuf, unsigned int size);
int get_help_obj_list(cmdline_parse_token_hdr_t *tk, char *dstbuf, unsigned int size);
```

最重要的是 parse_obj_list 函式，該函式在命令處理函式之前呼叫，用於分析使用者輸入是否正確。

最後定義權杖物件清單的初始化巨集：

```
#define TOKEN_OBJ_LIST_INITIALIZER(structure, field, obj_list_ptr)   \
{                                           \
    .hdr = {                                    \
        .ops = &token_obj_list_ops,                 \
        .offset = offsetof(structure, field),           \
    },                                      \
        .obj_list_data = {                          \
        .list = obj_list_ptr,                           \
    },                                      \
}
```

最重要的是結構 token_obj_list_ops，它儲存回呼函式的具體函式名稱。我們可以在專案中增加一個原始檔案 parse_obj_list.c，並實現 token_obj_list_ops：

```
struct cmdline_token_ops token_obj_list_ops = {
    .parse = parse_obj_list,
    .complete_get_nb = complete_get_nb_obj_list,
    .complete_get_elt = complete_get_elt_obj_list,
    .get_help = get_help_obj_list,
};
```

這裡演示一下命令列解析函式 parse_obj_list，該函式定義如下：

```
int parse_obj_list(cmdline_parse_token_hdr_t *tk, const char *buf, void *res,
    unsigned ressize)
{
    struct token_obj_list *tk2 = (struct token_obj_list *)tk;
    struct token_obj_list_data *tkd = &tk2->obj_list_data;
    struct object *o;
    unsigned int token_len = 0;

    if (*buf == 0)
        return -1;

    if (res && ressize < sizeof(struct object *))
        return -1;
    // 判斷命令列是否結束
    while (!cmdline_isendoftoken(buf[token_len]))
        token_len++;
    // 遍歷查詢物件是否存在
    SLIST_FOREACH(o, tkd->list, next) {
        if (token_len != strnlen(o->name, OBJ_NAME_LEN_MAX))
            continue;
        if (strncmp(buf, o->name, token_len)) // 檢查匹配
            continue;
        break;
    }
    if (!o) /* not found */
        return -1;

    /* store the address of object in structure */
    if (res)
        *(struct object **)res = o; // 儲存物件值

    return token_len;
}
```

程式比較簡單，首先判斷命令列是否結束，然後遍歷查詢物件是否存在，如果沒找到就傳回 -1，否則就把該物件的 ip 位址儲存在 res 中，以便在命令處理函式中使用。最後傳回權杖長度，函式結束。

其他幾個回呼函式比較簡單，用處不是很大，只要有實現即可，這裡不再贅述。

（5）儲存專案並執行，執行結果如圖 8-18 所示。

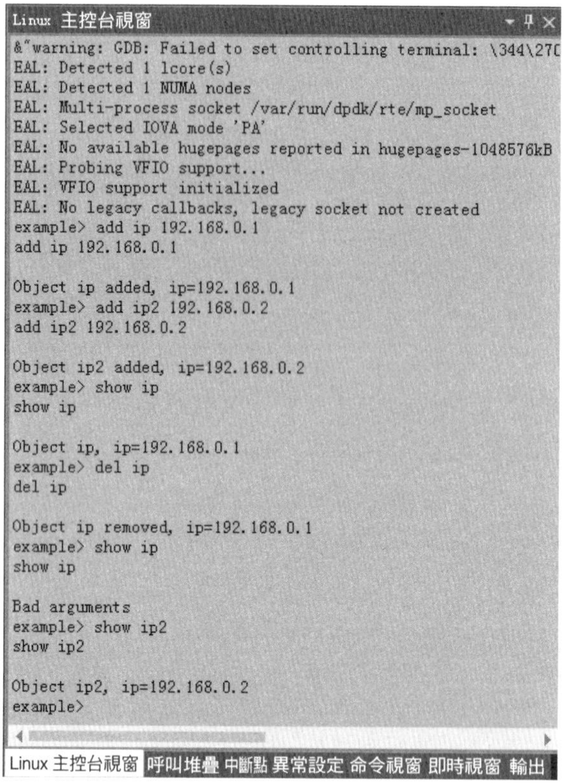

▲ 圖 8-18

可以看到，首先增加了兩個物件，即 ip 和 ip2，然後顯示了物件 ip，接著刪除了 ip，再顯示物件 ip 的時候就提示 Bad arguments 了（因為已經被我們刪除了，不在清單中），顯示物件 ip2 時，則能正常顯示其值。如果要結束程式，可以按一下 VC 在功能表列上的停止偵錯命令。如果是在 Linux 的命令列下執行的，那麼可以按複合鍵 Ctrl+D 來結束程式，若用 root 帳號登入，則專案在 Linux 中的位置通常是在 /root/projects/ 下。

至此，稍複雜的 DPDK 程式完成了。讀者可以按照範例增加一些簡單的小命令，比如 quit，實現命令列的優雅退出。

## 8.3 虛擬機器下命令方式建立 DPDK19 環境

對於學習者，不建議一上來就按照官方最新版來學習，因為最新版往往沒有經過實際的考驗，或許多有很多漏洞，而且資料也少，出了問題基本只能自己摸索。建議把主要學習精力放在業界主流版本上，這樣一旦進入企業工作，尤其在維護已有專案的時候就會很快上手。企業開發，新專案或許會用新版本嘗試一下，但已有的穩定系統往往不會用到最新版本的 DPDK，因此對於新版本的 DPDK 做到基本了解、基本上手即可，很多原理性的東西差別不是很大。筆者的風格一貫是稍新的版本和最新的版本都介紹，這樣無論以後維護已有專案還是用最新版本開發新專案都能心中有數。本節首先介紹 DPDK19.11.7，這是個 LTS 版本（長期支援版）。在架設 DPDK19 開發環境前，可以把當前虛擬機器的狀態做個快照，因為後面還會用指令稿方式來建立 DPDK19 開發環境，如果要用指令稿方式來建立 DPDK 環境，那麼需要將虛擬機器狀態恢復到沒有建立 DPDK 環境之前。

### 1. 下載和解壓 DPDK19.11

可到 DPDK 官方網站（http://core.dpdk.org/download/）上去下載最新版的 DPDK，本節下載的版本是 19.11.7，下載下來的檔案是 dpdk-19.11.7.tar.xz，這是個壓縮檔。如果不想下載，也可以在本書書附的下載資源中的原始程式目錄下的 somesofts 資料夾中找到。

把這個壓縮檔上傳到虛擬機器 Ubuntu 中，然後在命令列下解壓：

```
tar xJf dpdk-19.11.7.tar.xz
```

得到一個資料夾 dpdk-stable-19.11.7，可以進入該資料夾查看下面的子資料夾和檔案：

```
root@tom-virtual-machine:~/soft/dpdk-stable-19.11.7# ls
ABI_VERSION  app  buildtools  config  devtools  doc  drivers  examples  GNUmakefile
kernel  lib  license  MAINTAINERS  Makefile  meson.build  meson_options.txt  mk  README
usertools  VERSION
root@tom-virtual-machine:~/soft/dpdk-stable-19.11.7#
```

### 2. 安裝相依程式庫

編譯 DPDK19.11 前需要線上安裝相依程式庫，確保虛擬機器 Ubuntu 能連上網際網路，然後在命令列下輸入以下命令：

```
apt-get install libnuma-dev
```

如果出現「無法獲得鎖 /var/lib/dpkg/lock-frontend。」之類的錯誤訊息，則可以強制刪除下面的檔案：

```
rm /var/lib/dpkg/lock-frontend
rm /var/lib/dpkg/lock
```

然後重新啟動，重新啟動後再安裝另外一個軟體：

```
apt-get install libpcap-dev
```

這兩個程式庫都是安裝 DPDK19 所需要的。

### 3. 設定 Python 3

DPDK19 需要 Python 程式來解釋一些 py 指令稿，而 Ubuntu 20.04 附帶 Python 3，因此可以做個軟連結，過程如下：

```
root@tom-virtual-machine:~/soft/dpdk-20.11# python3 --version
root@tom-virtual-machine:~# which python3
/usr/bin/python3
root@tom-virtual-machine:~# ln -s /usr/bin/python3 /usr/bin/python
```

首先查看 Python 3 版本，然後找到 Python 3 的位置，最後用 ln 命令做軟連結，這樣 /usr/bin/ 下就有 Python 了，以後 DPDK19 都會到這個路徑上去找 Python。

### 4. 設定 DPDK 的平臺環境

在 DPDK 原始程式根目錄下執行以下命令：

```
make config T=x86_64-native-linux-gcc O=mybuild
```

如果成功則提示 Configuration done using x86_64-native-linux-gcc。其中「T=」指定設定範本 RTE_CONFIG_TEMPLATE，O= 指定編譯輸出目錄，若不指定，則預設為 ./build 目錄。

### 5. 啟用 PCAP

如果以後需要用到 PCAP 程式庫，則還需執行 PCAP 啟用命令：

```
sed -ri 's,(PMD_PCAP=).*,\1y,' mybuild/.config
```

### 6. 編譯 DPDK19.11

在命令列進入 DPDK 原始程式目錄，然後輸入：

```
make -j4 O=mybuild
```

其中，-j 表示充分利用本機運算資源。make 命令執行後，將在指定的輸出目錄（這裡是在原始程式根目錄下的 mybuild 目錄）生成 SDK 附帶的測試程式、程式庫檔案及核心模組。該過程有點長。

### 7. 安裝 DPDK19.11

編譯結束後，開始安裝，命令如下：

```
make install O=mybuild DESTDIR=/root/mydpdk prefix=
```

/root/mydpdk 是安裝目標路徑，注意「prefix=」不能少。稍等片刻，就會在 /root/mydpdk/ 下看到安裝後的內容了：

```
make install O=mybuild DESTDIR=/root/mydpdk prefix=
make[1]: 對「pre_install」無須做任何事
================== Installing /root/mydpdk/
Installation in /root/mydpdk/ complete
root@tom-virtual-machine:~/soft/dpdk-stable-19.11.7# ls /root/mydpdk/
bin  include  lib  sbin  share
root@tom-virtual-machine:~/soft/dpdk-stable-19.11.7#
```

如果不想指定安裝目錄，也可以直接用 make install，此時 DPDK 的目的檔案主要安裝在 4 個大目錄下：/usr/local/bin、/usr/local/lib、/usr/local/sbin 和 /usr/local/share 目錄。

### 8. 設定安裝目錄

以後編譯 DPDK 應用程式時，需要用到一些系統變數，這裡可以預先設定好，比如 RTE_SDK，該環境變數指向 DPDK 的安裝目錄。在命令列下輸入以下命令：

```
export RTE_SDK=/root/mydpdk/share/dpdk
```

### 9. 設定大分頁記憶體

這裡設定 16 個大分頁記憶體，每個大分頁記憶體為 2MB，即將 16 寫入下面這個檔案中：

```
echo 16 > /sys/kernel/mm/hugepages/hugepages-2048kB/nr_hugepages
```

也可以這樣寫：

```
echo 16 > /proc/sys/vm/nr_hugepages
```

### 10. 綁定網路卡

這裡也透過綁定網路卡到 UIO 驅動。進入目錄 /root/soft/dpdk-stable-19.11.7/ usertools/，然後執行命令 ./dpdk-devbind.py -s 查看網路卡狀態，如果前面執行過安裝步驟，那麼也可到 /root/mydpdk/sbin/ 下執行 ./dpdk-devbind.py。為了方便，我們把 /root/mydpdk/sbin 加入系統 PATH 變數中，這樣在任意目錄下都可以執行 dpdk-devbind 了，命令如下：

```
export PATH=$PATH:/root/mydpdk/sbin
```

此時在 /root 或其他任意目錄下，只要輸入 dpdk-devbind，就可以執行該指令稿了。後續步驟和 8.2.10 節一樣，這裡不再贅述，照著 8.2.10 節的步驟做即可。注意，有一個不同的地方是，綁定網路卡的時候，-b 後面是空格，而非 =。

## 8.4 虛擬機器下指令稿方式建立 DPDK19 環境

除了上一節用命令的方式來架設 DPDK 開發環境外，官方也提供了一個 bash 指令檔，路徑位於 /root/soft/dpdk-stable-19.11.7/usertools/dpdk-setup.sh，這個指令檔相當於一個精靈，跟著它的提示我們也可以一步一步架設起 DPDK 開發環境。如果前面已經做過命令列方式建立 DPDK 環境，那麼可以將虛擬機器恢復到沒有建立 DPDK 環境之前的狀態。

由於預設情況下，VMware 只給系統組態一片網路卡，因此我們自己先要增加好一片網路卡。這樣，原來的網路卡用於遠端連接，新增加的網路卡用於 DPDK 實驗。如果預先忘記增加，那麼在後續執行 DPDK 安裝指令稿程式時，在綁定網路卡之前也可以增加，注意新增加的網路卡要 down 後才能給 DPDK 使用。

### 1. 下載和解壓 DPDK19、安裝相依程式庫、設定 Python 3

在使用 DPDK 安裝指令稿之前，依舊要做 3 步和命令方式相同的步驟，即下載和解壓 DPDK19、安裝相依程式庫、設定 Python 3，上一節已經闡述過了，這裡不再贅述。筆者的 dpdk-19.11.7.tar.xz 的路徑是 /root/soft/ 下，解壓命令如下：

```
tar xJf dpdk-19.11.7.tar.xz
```

### 2. 設定安裝路徑

設定安裝路徑的命令如下：

```
export DESTDIR=/root/mydpdk
```

設定完畢後用 echo 查看一下：

```
# echo $DESTDIR
/root/mydpdk
```

目錄如果不存在，則 DPDK 會自動幫我們建立。為了不每次都進行環境變數的設定，可以一次性永久設定。執行以下命令：

```
vim /etc/profile
```

在檔案末尾增加下面兩行內容：

```
    export RTE_SDK=/root/mydpdk/share/dpdk
    export RTE_TARGET=x86_64-native-linuxapp-gcc
```

RTE_SDK 指向安裝指令檔夾 mk 所在的目錄，RTE_TARGET 指向 DPDK 的目標環境。

儲存檔案並退出，然後執行下面的命令使設定生效：

```
source /etc/profile
```

### 3. 設定 DPDK 平臺環境

在命令列下進入原始程式根目錄的子目錄 usertools 下，執行指令稿程式：

```
cd usertools
./dpdk-setup.sh
```

此時會出來很多選項：

```
root@tom-virtual-machine:~/soft/dpdk-stable-19.11.7/usertools# ./dpdk-setup.sh
------------------------------------------------------------------------
 RTE_SDK exported as /root/soft/dpdk-stable-19.11.7
------------------------------------------------------------------------
------------------------------------------------------------
 Step 1: 選擇要架設的 DPDK 環境
------------------------------------------------------------
[1] arm64-armada-linuxapp-gcc
[2] arm64-armada-linux-gcc
[3] arm64-armv8a-linuxapp-clang
...
[40] x86_64-native-linuxapp-clang
[41] x86_64-native-linuxapp-gcc
[42] x86_64-native-linuxapp-icc
```

```
[43] x86_64-native-linux-clang
[44] x86_64-native-linux-gcc
```

這裡讓我們選擇 DPDK 執行平臺，因為筆者的是 x86-64 虛擬機器，所以這裡選擇是「[41] x86_64-native-linuxapp-gcc」。

### 4. 編譯 DPDK19.11

在終端視窗的「Option:」後面輸入 41：

```
Option: 41
```

按 Enter 鍵後就開始編譯了，稍等片刻，編譯完成，如圖 8-19 所示。

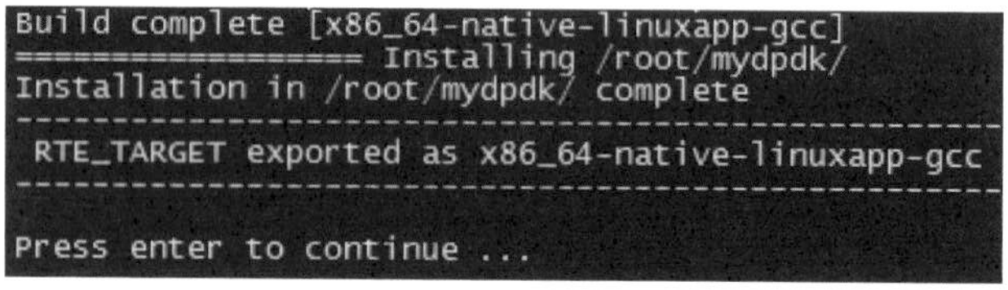

▲ 圖 8-19

如果結尾出現 Installation cannot run with T defined and DESTDIR undefined，說明我們忘記設定 DESTDIR 環境變數了。編譯完成後到 /root/mydpdk/ 目錄下去看，能看到不少子資料夾，如圖 8-20 所示。

▲ 圖 8-20

這些資料夾中的內容都用來開發 DPDK 應用程式。

### 5. 安裝 Linux 環境

下面按 Enter 鍵繼續安裝 Linux 環境：

```
--------------------------------------------------------
Step 2: 安裝 Linux 環境
--------------------------------------------------------
[48] Insert IGB UIO module
[49] Insert VFIO module
[50] Insert KNI module
[51] Setup hugepage mappings for non-NUMA systems
[52] Setup hugepage mappings for NUMA systems
[53] Display current Ethernet/Baseband/Crypto device settings
```

```
[54] Bind Ethernet/Baseband/Crypto device to IGB UIO module
[55] Bind Ethernet/Baseband/Crypto device to VFIO module
[56] Setup VFIO permissions
```

我們將使用 igb_uio 這個使用者態驅動程式，因此選擇 48，此時會卸載已經存在的 UIO 模組，並重新載入，過程如下：

```
Option: 48

Unloading any existing DPDK UIO module
Loading DPDK UIO module
```

現在重新打開一個階段視窗並用命令 lsmod 查看模組，可以發現 igb_uio 模組已經載入了，如下所示：

```
root@tom-virtual-machine:~# lsmod
Module                  Size  Used by
igb_uio                20480  0
uio                    20480  1 igb_uio
...
```

### 6. 設定大分頁記憶體映射

下面準備設定大分頁記憶體映射，此時有兩種情況，一種是針對非 NUMA 系統，另外一種是針對 NUMA 系統。另外開啟一個終端視窗，用命令「dmesg | grep -i numa」查看主機是否有 NUMA，比如筆者的虛擬機器 Linux，輸出如下：

```
# dmesg | grep -i numa
[    0.011918] NUMA: Node 0 [mem 0x00000000-0x0009ffff] + [mem 0x00100000-0x7fffffff]
->
[mem 0x00000000-0x7fffffff]
```

說明有一個 NUMA 節點，那麼回到先前的終端視窗，在「Option:」後面輸入 52，此時提示輸入為每個 NUMA 節點所設定的大分頁數量：

```
Input the number of 2048kB hugepages for each node
Example: to have 128MB of hugepages available per node in a 2MB huge page system,
enter '64' to reserve 64 * 2MB pages on each node
Number of pages for node0:
```

輸入 64，這樣我們可以得到 128MB 的大分頁記憶體，每分頁是 2MB。稍等片刻，建立完成，提示如下：

```
Input the number of 2048kB hugepages for each node
Example: to have 128MB of hugepages available per node in a 2MB huge page system,
```

```
enter '64' to reserve 64 * 2MB pages on each node
Number of pages for node0: 64
Reserving hugepages
Creating /mnt/huge and mounting as hugetlbfs
```

當然，根據實際實體記憶體情況，大分頁記憶體設定多一點也沒關係。

### 7. 綁定網路卡

再次按 Enter 鍵，然後在終端視窗中的「Option:」後面輸入 53，顯示網路卡狀態，如圖 8-21 所示。

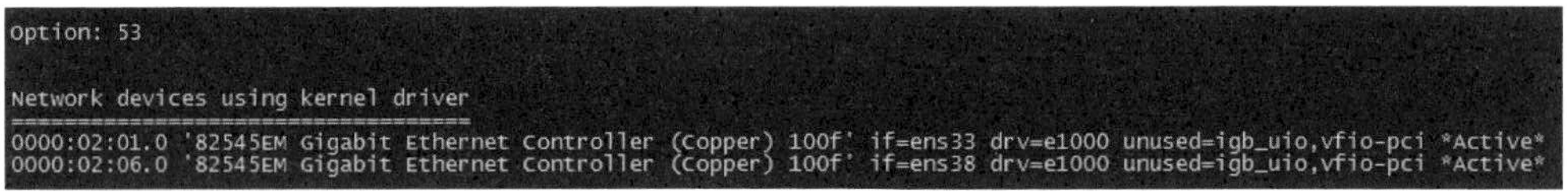

```
Option: 53

Network devices using kernel driver
=====================================
0000:02:01.0 '82545EM Gigabit Ethernet Controller (Copper) 100f' if=ens33 drv=e1000 unused=igb_uio,vfio-pci *Active*
0000:02:06.0 '82545EM Gigabit Ethernet Controller (Copper) 100f' if=ens38 drv=e1000 unused=igb_uio,vfio-pci *Active*
```

▲ 圖 8-21

可以看到，當前系統有兩片網路卡，一片名為 ens33，另外一片是 ens38，0000:02:01.0 和 0000:02:06.0 分別是這兩片網路卡的 PCI 位址。這兩片網路卡當前所使用的網路卡驅動程式都是 e1000，這是核心附帶的網路卡驅動，所以網路卡收到的資料封包都會經過核心（因為驅動程式在核心）。現在要讓其中一片網路卡不用核心驅動程式 e1000，而是要用使用者態驅動程式 igb_uio（現在處於 unused 狀態，也就是說系統已經有這個驅動模組，但沒有使用）。現在把 IP 位址不是 192.168.11.129 的那片網路卡綁定到使用者態驅動程式 igb_uio 上，因為筆者在 Windows 下透過 SecureCRT 和 192.168.11.129 連著呢，所以這片網路卡不能動。在綁定之前，需要先停掉該網路卡（哪個網路卡用於 DPDK，就要先停掉那個網路卡；哪個網路卡用於與主機相連執行操作命令，那就不要用於 DPDK 綁定）。這裡筆者把 ens38 用於 DPDK 綁定，另外打開一個終端視窗，輸入以下命令：

```
root@tom-virtual-machine:~# ifconfig ens38 down
```

再回到 DPDK 設定的終端視窗，在「Option：」後面輸入 54，此時提示我們輸入即將要綁定的網路卡的 PCI 位址。輸入 ens38 的 PCI 位址 0000:02:01.0，如下所示：

```
Enter PCI address of device to bind to IGB UIO driver: 0000:02:06.0
OK

Press enter to continue ...
```

提示 OK，表示綁定成功。此時再在「Option：」後面輸入 53，可以發現有變化了，如圖 8-22 所示。

```
Option: 53

Network devices using DPDK-compatible driver
0000:02:06.0 '82545EM Gigabit Ethernet Controller (Copper) 100f' drv=igb_uio unused=e1000,vfio-pci
Network devices using kernel driver
0000:02:01.0 '82545EM Gigabit Ethernet Controller (Copper) 100f' if=ens33 drv=e1000 unused=igb_uio,vfio-pci *Active*
```

▲ 圖 8-22

可以看到 PCI 位址為 0000:02:06.0 的網路卡的驅動（drv）已經等於 igb_uio 了，而網路卡核心驅動 e1000 到 unused（未用）後面去了。這樣，作業系統就不知道系統中還有一個 PCI 位址為 0000:02:06.0 的網路卡了，該網路卡收到的資料封包也就不會經過作業系統核心了。現在只有 DPDK 知道有這樣一片網路卡，它可以被 DPDK 程式獨享了，該網路卡收到的資料封包都會被使用者態的 DPDK 應用程式收到，而且不經過作業系統核心，大大縮短了途徑，也提高了效率。

### 8. 測試程式

我們在「Option：」後面輸入 57 來測試 test 程式，可以發現執行成功了，如圖 8-23 所示。

```
Option: 57

 Enter hex bitmask of cores to execute test app on
 Example: to execute app on cores 0 to 7, enter 0xff
bitmask: 1
Launching app
EAL: Detected 1 lcore(s)
EAL: Detected 1 NUMA nodes
EAL: Multi-process socket /var/run/dpdk/rte/mp_socket
EAL: Selected IOVA mode 'PA'
EAL: No available hugepages reported in hugepages-1048576kB
EAL: Probing VFIO support...
EAL: VFIO support initialized
EAL: PCI device 0000:02:01.0 on NUMA socket -1
EAL:   Invalid NUMA socket, default to 0
EAL:   probe driver: 8086:100f net_e1000_em
EAL: PCI device 0000:02:06.0 on NUMA socket -1
EAL:   Invalid NUMA socket, default to 0
EAL:   probe driver: 8086:100f net_e1000_em
EAL: Error reading from file descriptor 10: Input/output error
APP: HPET is not enabled, using TSC as default timer
RTE>>
```

▲ 圖 8-23

其中，提示 EAL: Error reading from file descriptor 10: Input/output error 是因為在虛擬機器執行的緣故，不用去管。至此，指令稿方式建立 DPDK19 環境成功了。

或許有些愛專研的讀者對此錯誤想深究，下面就來簡單講解一下。

這個錯誤是在 DPDK 內部顯示的，在 eal_interrupts.c 中的 eal_intr_process_interrupts 函式中，有這樣一段程式：

```
bytes_read = read(events[n].data.fd, &buf, bytes_read);
if (bytes_read < 0) {
            if (errno == EINTR || errno == EWOULDBLOCK)
                    continue;
            RTE_LOG(ERR, EAL, "Error reading from file "
                                    "descriptor %d: %s\n",
                                    events[n].data.fd,
                                    strerror(errno));
```

strerror 列印的結果為 Input/output error。查詢 Linux 系統錯誤碼對照表，比如 CentOS 7.6 通常可以在 /usr/include/asm-generic/errno-base.h 下找到：

```
#define EIO                5      /* I/O error */
```

即對應的錯誤碼是 5，這表明問題為從 uio 檔案讀取時傳回了 EIO 錯誤值。那麼問題來了：EIO 這個傳回值是從哪裡傳回的呢？ uio 模組中對 uio 檔案註冊的 read 回呼函式部分程式如下：

```
static ssize_t uio_read(struct file *filep, char __user *buf, size_t count, loff_t
*ppos)
{
        struct uio_listener *listener = filep->private_data;
        struct uio_device *idev = listener->dev;
        DECLARE_WAITQUEUE(wait, current);
        ssize_t retval;
        s32 event_count;

        if (!idev->info->irq)
                return -EIO;
    ...
```

上述程式中的 uio_read 就是讀取 /dev/uioX 檔案時核心中最終呼叫到的函式。從上面的函式邏輯可以看出，當 idev->info->irq 的值為 0 時就會傳回 -EIO 錯誤。那麼 idev->info->irq 是在哪裡初始化的呢？透過研究確定它在 igb_uio.c 中被初始化。我們來看一下 igb_uio.c 中初始化 uio_info 結構中 irq 欄位的位置，相關程式如下：

```
switch (igbuio_intr_mode_preferred) {
```

```
        case RTE_INTR_MODE_MSIX:
                /* Only 1 msi-x vector needed */
                msix_entry.entry = 0;
                if (pci_enable_msix(dev, &msix_entry, 1) == 0) {
                        dev_dbg(&dev->dev, "using MSI-X");
                        udev->info.irq = msix_entry.vector;
                        udev->mode = RTE_INTR_MODE_MSIX;
                        break;
                }
                /* fall back to INTX */
        case RTE_INTR_MODE_LEGACY:
                if (pci_intx_mask_supported(dev)) {
                        dev_dbg(&dev->dev, "using INTX");
                        udev->info.irq_flags = IRQF_SHARED;
                        udev->info.irq = dev->irq;
                        udev->mode = RTE_INTR_MODE_LEGACY;
                        break;
                }
                dev_notice(&dev->dev, "PCI INTX mask not supported\n");
                /* fall back to no IRQ */
        case RTE_INTR_MODE_NONE:
                udev->mode = RTE_INTR_MODE_NONE;
                udev->info.irq = 0;
                break;

        default:
                dev_err(&dev->dev, "invalid IRQ mode %u",
                        igbuio_intr_mode_preferred);
                err = -EINVAL;
                goto fail_release_iomem;
        }
```

上述流程首先根據 igb_uio 模組載入時設定的中斷模式進行匹配，預設值為 RTE_INTR_MODE_MSIX，由於 VMWARE 環境下，82545EM 網路卡不支援 msic 與 intx 中斷，因此流程執行到 RTE_INTR_MODE_NONE case 中，irq 的值被設定為 0，這就導致 DPDK 透過 read 讀取 uio 檔案時一直顯示出錯。儘管 VMWARE 環境下 82545EM 虛擬網路卡不支援 msix、intx 中斷，但是 DPDK 程式仍然能夠正常執行，這在一定程度上說明沒有使用到中斷部分的功能。基於這樣的事實，修改 igb_uio 程式，若判斷出網路卡型號為 82545EM，則執行 RTE_INTR_MODE_LEGACY 中的流程。另外一種可選的修改方案是在 DPDK PMD 驅動中，針對 82545EM 網路卡不註冊監聽 uio 中斷的事件，即在 eth_em_dev_init 中判斷網路卡型號，如果為 82545EM，則將介面 pci_dev 中 intr_handle 的 fd 欄位設定為 -1。目前我們只需了解這個情況，不需要立刻去修改，筆者只是提供一個想法。

# 8.5 在 CentOS 7.6 下建立 DPDK19 環境

相信很多讀者安裝的作業系統是經典的 CentOS 7.6，而不想用比較新的 DPDK20，因此，筆者將在本節開啟在真實 PC CentOS 7.6 下建立 DPDK19 環境之旅。

由於虛擬機器下的網路卡通常不被 DPDK 支援，為了讓讀者能看到 DPDK 網路程式的演示，因此筆者特意買了一片支援 DPDK 的實體網路卡，然後把它插在裝有 CentOS 7.6 的 PC 上，這樣筆者的 PC 就有兩片網路卡。值得注意的是，CentOS 7.6 的版本比較低，因此建議不要在該系統上建立 DPDK20，筆者就是忽視了這點，浪費了很多時間。另外，在真實 PC 上做實驗，需要支援 DPDK 的實體網路卡，筆者後面會開發一個測試程式，來測試網路卡是否被 DPDK 支援。下面我們開始在真實 PC 上建立 DPDK19 環境，步驟和在虛擬機器上類似，這裡就簡述了。

1）下載、編譯、安裝 Python 3

目前 Python 最新版是 3.9，我們就下載該版本。下載網址是 https://www.python.org/downloads/release/python-397/，下載下來的檔案是 Python-3.9.7.tar.xz。當然，筆者在本書書附的下載資源中的原始程式目錄下的「somesofts」子目錄中也放置了一份，讀者可以直接使用。我們首先把 Python-3.9.7.tar.xz 放到 Linux 下，然後解壓：

```
tar -xvJf Python-3.9.7.tar.xz
```

然後建立編譯安裝目錄：

```
mkdir /usr/local/python3
```

接著進入目錄 Python-3.9.7 進行設定：

```
cd Python-3.9.7/
./configure --prefix=/usr/local/python3 --with-ssl
```

再編譯並安裝：

```
make && make install
```

稍等片刻，編譯並安裝成功，如圖 8-24 所示。

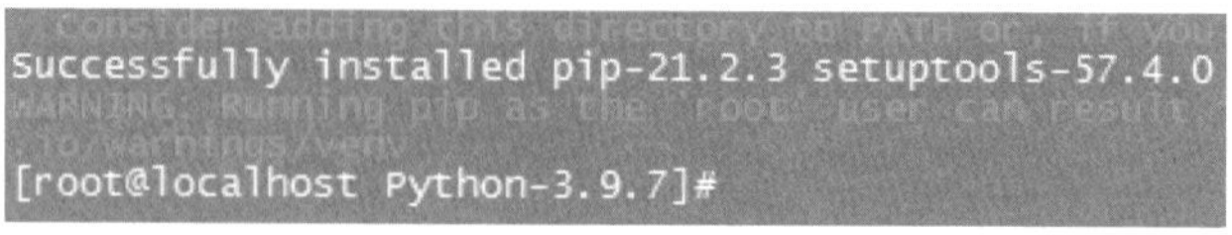

```
Successfully installed pip-21.2.3 setuptools-57.4.0
[root@localhost Python-3.9.7]#
```

▲ 圖 8-24

最後建立軟連結：

```
ln -s /usr/local/python3/bin/python3 /usr/local/bin/python3
ln -s /usr/local/python3/bin/pip3 /usr/local/bin/pip3
```

現在可以驗證是否安裝成功：

```
[root@localhost Python-3.9.7]# python3 -V
Python 3.9.7
[root@localhost Python-3.9.7]# pip3 -V
pip 21.2.3 from /usr/local/python3/lib/python3.9/site-packages/pip (python 3.9)
[root@localhost Python-3.9.7]#
```

## 2）安裝 DPDK19

到官方網站 http://core.dpdk.org/download/ 上去下載 DPDK，這裡下載的版本是 19.11.7，下載下來的檔案是 dpdk-19.11.7.tar.xz，這是個壓縮檔。當然，也可以在本書書附的下載資源中的 somesofts 子目錄下找到。首先把這個壓縮檔上傳到虛擬機器 Ubuntu 中，然後在命令列下解壓：

```
tar xJf dpdk-19.11.7.tar.xz
```

這樣就可以得到一個資料夾 dpdk-stable-19.11.7。

再設定安裝路徑，命令如下：

```
export DESTDIR=/root/mydpdk
```

設定完畢後用 echo 命令查看一下：

```
echo $DESTDIR
/root/mydpdk
```

這裡 DPDK 會自動幫我們建立目錄。此外，我們還要建立兩個路徑的環境變數，為了不每次都進行環境變數的設定，可以寫在設定檔中，這樣下次登入也依舊存在：打開設定檔 /etc/profile，執行以下命令：

```
vim /etc/profile
```

在檔案末尾增加下面兩行內容：

```
    export DESTDIR=/root/mydpdk
 export RTE_SDK=/root/mydpdk/share/dpdk
    export RTE_TARGET=x86_64-native-linuxapp-gcc
```

RTE_SDK 指向安裝指令檔夾 mk 所在的目錄，RTE_TARGET 指向 DPDK 的目標環境。然後執行下面的命令使設定生效：

```
source /etc/profile
```

### 3）設定 DPDK 平臺環境

下面在命令列下進入 DPDK 原始程式根目錄（即 dpdk-stable-19.11.7）的子目錄 usertools，執行指令稿程式：

```
./dpdk-setup.sh
```

然後會出來很多選項，我們先後在「Option：」後面輸入 41 和 48。

### 4）設定大分頁記憶體映射

下面準備設定大分頁記憶體映射，此時有兩種情況，一種是針對非 NUMA 系統，另外一種是針對 NUMA 系統。重新開啟一個終端視窗，用命令「dmesg | grep -i numa」查看主機是否有 NUMA：

```
[root@localhost ~]# dmesg | grep -i numa
[    0.000000] No NUMA configuration found
```

說明當前 PC 是非 NUMA 系統。回到先前的終端視窗，在「Option：」後面輸入 51。

如果出現類似下面的提示：

```
[root@localhost ~]# dmesg | grep -i numa
[    0.000000] NUMA: Node 0 [mem 0x00000000-0x0009ffff] + [mem 0x00100000-0x7fffffff]
->
[mem 0x00000000-0x7fffffff]
```

則說明當前 PC 支援 NUMA，因此要在「Option：」後面輸入 52。筆者這裡的是後者的提示，因此輸入 52，此時出現下列提示：

```
Input the number of 2048kB hugepages for each node
Example: to have 128MB of hugepages available per node in a 2MB huge page system,
enter '64' to reserve 64 * 2MB pages on each node
Number of pages for node0:
```

也就是要求輸入希望得到的大分頁的數量，這裡輸入 64，這樣我們就得到 128MB 的大分頁記憶體，每分頁是 2MB。稍等片刻，建立完成，提示如下：

```
Number of pages for node0: 64
Reserving hugepages
Creating /mnt/huge and mounting as hugetlbfs
```

當然，根據實際實體記憶體情況，大分頁記憶體設定多一點也沒關係。

### 5) 綁定網路卡

按 Enter 鍵，然後在「Option：」後面輸入 53，顯示網路卡狀態，如下所示：

```
Option: 53

Network devices using kernel driver
===================================
0000:01:00.0 '82574L Gigabit Network Connection 10d3' if=enp1s0 drv=e1000e
unused=igb_uio
0000:03:00.0 'RTL8111/8168/8411 PCI Express Gigabit Ethernet Controller 8168'
if=enp3s0 drv=r8169 unused=igb_uio *Active*
```

其中，82574L 是筆者新買的網路卡，支援 DPDK，這裡筆者把它用於 DPDK 綁定。另外開啟一個終端視窗，輸入以下命令：

```
ifconfig enp1s0 down
```

再回到先前的終端視窗，在「Option：」後面輸入 54，此時提示我們輸入即將要綁定的網路卡的 PCI 位址。輸入 ens38 的 PCI 位址 0000:01:00.0，如下所示：

```
Enter PCI address of device to bind to IGB UIO driver: 0000:01:00.0
OK
```

提示 OK，表示綁定成功。最後，我們在「Option：」後面輸入 57 來測試 test 程式，可以發現執行成功，如圖 8-25 所示。

```
Option: 57

  Enter hex bitmask of cores to execute test app on
  Example: to execute app on cores 0 to 7, enter 0xff
bitmask: 1
Launching app
EAL: Detected 4 lcore(s)
EAL: Detected 1 NUMA nodes
EAL: Multi-process socket /var/run/dpdk/rte/mp_socket
EAL: Selected IOVA mode 'PA'
EAL: Probing VFIO support...
EAL: PCI device 0000:01:00.0 on NUMA socket -1
EAL:   Invalid NUMA socket, default to 0
EAL:   probe driver: 8086:10d3 net_e1000_em
APP: HPET is not enabled, using TSC as default timer
RTE>>quit
```

▲ 圖 8-25

至此，在實機 PC 上以指令稿方式建立 DPDK19 環境成功了。在 /root/mydpdk/ 目錄下可以看到有很多子資料夾了。下面按老規矩，啟動 helloworld 專案。

## 【例 8.4】單步偵錯第一個真實 PC 個人電腦上的 DPDK19 程式

（1）打開 VC2017，新建一個主控台專案，專案名稱是 test。在 VC 中設定遠端主機 IP 位址。

（2）在 VC 中打開 main.cpp，輸入以下程式：

```cpp
#include <stdio.h>
#include <string.h>
#include <stdint.h>
#include <errno.h>
#include <sys/queue.h>
#include <rte_memory.h>
#include <rte_launch.h>
#include <rte_eal.h>
#include <rte_per_lcore.h>
#include <rte_lcore.h>
#include <rte_debug.h>

static int lcore_hello(__attribute__((unused)) void *arg)
{
    unsigned lcore_id;
    lcore_id = rte_lcore_id();
    printf("hello from core %u\n", lcore_id);
    return 0;
}

int main(int argc, char **argv)
{
    int ret;
    unsigned lcore_id;

    ret = rte_eal_init(argc, argv);
    if (ret < 0)
        rte_panic("Cannot init EAL\n");

    /* call lcore_hello() on every slave lcore */
    RTE_LCORE_FOREACH_SLAVE(lcore_id) {
        rte_eal_remote_launch(lcore_hello, NULL, lcore_id); // 每個核心建立並執行一個
執行緒
    }

    /* call it on master lcore too */
```

```
    lcore_hello(NULL);

    rte_eal_mp_wait_lcore();   // 等待所有執行緒執行結束
    return 0;
}
```

程式中，rte_eal_init 可以是一系列很長很複雜的初始化設定，這些初始化工作包括記憶體初始化、記憶體池初始化、佇列初始化、告警初始化、中斷初始化、PCI 初始化、計時器初始化、檢測記憶體當地語系化（NUMA）、外掛程式初始化、主執行緒初始化、輪詢裝置初始化、建立主從執行緒通道、將從執行緒設定為等待模式、PCI 裝置的探測和初始化等。

然後巨集 RTE_LCORE_FOREACH_SLAVE 遍歷 EAL 指定的可用邏輯核心（lcore），並在每個邏輯核心上執行被指定的執行緒，透過 rte_eal_remote_launch 啟動指定的執行緒。需要注意的是 lcore_id 是一個 unsigned 變數，其實際作用就相當於迴圈變數 i，因為在巨集 RTE_LCORE_FOREACH_SLAVE 裡會啟動 for 迴圈來遍歷所有可用的核心：

```
#define RTE_LCORE_FOREACH_SLAVE(i)                      \
    for (i = rte_get_next_lcore(-1, 1, 0);              \
        i<RTE_MAX_LCORE;                                \
        i = rte_get_next_lcore(i, 1, 0))
```

在函式 rte_eal_remote_launch(int (f)(void ), void *arg, unsigned slave_id)) 中，第一個參數是從執行緒要呼叫的函式，第二個參數是呼叫的函式的參數，第三個參數是指定的邏輯核心。詳細的函式執行過程如下：

```
int rte_eal_remote_launch(int (*f)(void *), void *arg, unsigned slave_id)
{
    int n;
    char c = 0;
    int m2s = lcore_config[slave_id].pipe_master2slave[1]; // 主執行緒對從執行緒的管道，
管道是一個大小為 2 的 int 陣列
    int s2m = lcore_config[slave_id].pipe_slave2master[0]; // 從執行緒對主執行緒的管道

    if (lcore_config[slave_id].state != WAIT)
        return -EBUSY;

    lcore_config[slave_id].f = f;
    lcore_config[slave_id].arg = arg;

    /* send message */
```

```
n = 0;
while (n == 0 || (n < 0 && errno == EINTR))
    n = write(m2s, &c, 1);       // 此處呼叫的是 Linux 程式庫函式
if (n < 0)
    rte_panic("cannot write on configuration pipe\n");

/* wait ack */
do {
    n = read(s2m, &c, 1);
} while (n < 0 && errno == EINTR);

if (n <= 0)
    rte_panic("cannot read on configuration pipe\n");

return 0;
}
```

　　lcore_config 中的 pipe_master2slave[2] 和 pipe_slave2master[2] 分別是主執行緒到從執行緒核心和從執行緒到主執行緒的管道，與 Linux 中的管道一樣，是一個大小為 2 的陣列，陣列的第一個元素為讀取打開，第二個元素為寫入打開。這裡呼叫了 Linux 程式庫函式 read 和 write，把 c 作為訊息傳遞。這樣，每個從執行緒透過 rte_eal_remote_launch 函式執行了自訂函式 lcore_hello，就列印出了「hello from core #」的輸出。rte_eal_remote_launch 函式是內部程式庫函式，讀者只要了解即可，目前不必深入研究。

　　（3）增加標頭檔所在目錄：打開專案屬性對話方塊，選中「組態屬性」→「VC++ 目錄」，然後在右邊「Include 目錄」文字標籤中輸入 3 個路徑：/root/mydpdk/include/dpdk;/usr/include;/usr/local/include，其中第 1 個路徑是 DPDK 標頭檔（比如 rte_eal.h）所在的目錄，接著按一下對話方塊下方的「應用」按鈕，如圖 8-26 所示。

▲ 圖 8-26

　　增加程式庫路徑：在專案屬性對話方塊左邊選擇「組態屬性」→「連結器」→「一般」，並在右邊「其它程式庫目錄」文字標籤中輸入「/root/mydpdk/lib;」，注意有分號，如圖 8-27 所示。

共用程式庫搜尋路徑
%(Link.SharedLibrarySearchPath)
其他程式庫目錄
/root/mydpdk/lib;%(Link.AdditionalLibraryDirectories)
連結器
g++

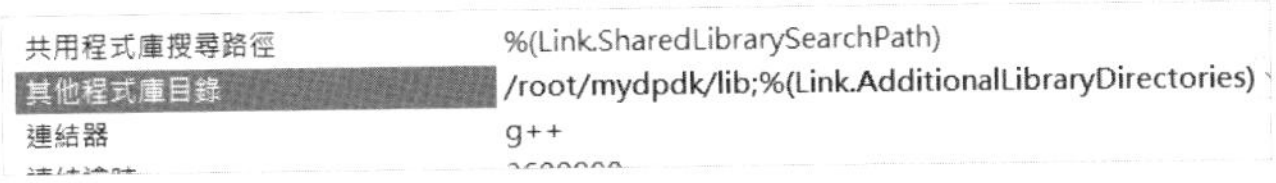

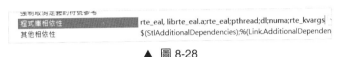

▲ 圖 8-27

增加相依的程式庫：在專案屬性對話方塊左邊選擇「組態屬性」→「連結器」→「輸入」，並在右邊「程式庫相依性」文字標籤中輸入需要連結的程式庫：rte_eal;pthread;dl;numa;rte_kvargs，如圖 8-28 所示。

程式庫相依性
rte_eal, librte_eal.a;rte_eal;pthread;dl;numa;rte_kvargs
其他相依性
$(StlAdditionalDependencies);%(Link.AdditionalDependen

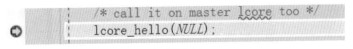

▲ 圖 8-28

最後按一下「確定」按鈕。

（4）按 F5 鍵生成解決方案，如果沒錯，那麼可以在主功能表列中選擇「偵錯」→「Linux 主控台」來打開「Linux 主控台視窗」，然後按 F5 鍵啟動偵錯執行，就能看到最終結果了，如圖 8-29 所示。

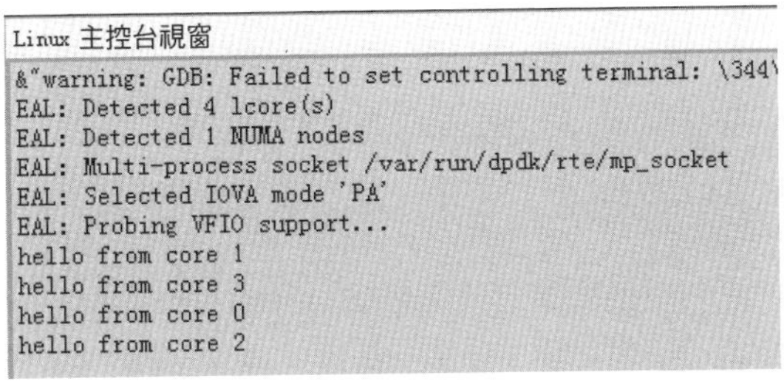

Linux 主控台視窗
&"warning: GDB: Failed to set controlling terminal: \344\
EAL: Detected 4 lcore(s)
EAL: Detected 1 NUMA nodes
EAL: Multi-process socket /var/run/dpdk/rte/mp_socket
EAL: Selected IOVA mode 'PA'
EAL: Probing VFIO support...
hello from core 1
hello from core 3
hello from core 0
hello from core 2

▲ 圖 8-29

如果想單步偵錯，那麼可以在某一行設定中斷點，然後按 F5 鍵，此時程式將執行到中斷點處，如圖 8-30 所示。

/* call it on master lcore too */
lcore_hello(NULL);

▲ 圖 8-30

如果要單步執行，可以按 F10 鍵。至此，在真實 PC 上的 DPDK19 應用程式單步偵錯成功。下面再來看一個透過 make 命令編譯的 DPDK19 應用程式。

### 【例 8.5】make 方式編譯 DPDK19 的 helloworld 程式

（1）在 Windows 本地某個路徑下新建一個目錄，該目錄用於存放原始程式。

這裡使用 E:\ex\test\。

（2）打開 VSCode，按複合鍵 Ctrl+Shift+P 後進入 VSCode 的命令輸入模式，輸入 sftp:config 命令，在當前資料夾（這裡是 E:\ex\test\）中生成一個 .vscode 資料夾，裡面有一個 sftp.json 檔案，在這個檔案中組態遠端伺服器位址（VSCode 會自動打開這個檔案），輸入內容如下：

```json
{
    "name": "My DPDK19 Server",
    "host": "192.168.11.108",
    "protocol": "sftp",
    "port": 22,
    "username": "root",
    "password": "123456",
    "remotePath": "/root/ex/test/",
    "uploadOnSave": true
}
```

其中，192.168.11.108 是筆者的裝有 DPDK19 的真實實體 PC 的 IP 位址，讀者可以根據自己的情況來設定。username 和 password 也是該 PC 的 CentOS 帳號。remotePath 是把原始程式檔案上傳後存放的路徑。

輸入完畢，按複合鍵 Alt+F+S 進行儲存，此時 E:\ex\test\.vscode 下有一個 sftp.json 檔案，該檔案其實就是這個遠端主機的設定檔，用來告訴 VSCode 關於遠端主機的資訊。

（3）在 VSCode 中新建一個 main.c 檔案，內容和例 8.4 的 main.cpp 相同，這裡不再演示和解釋了。再新建一個 Makefile 檔案，並輸入以下程式：

```makefile
# binary name，即二進位程式名稱
APP = helloworld

# 所有資源檔名稱都儲存在 SRCS-y 中
SRCS-y := main.c

# 如果可能，使用 pkg 組態變數進行建構
ifeq ($(shell pkg-config --exists libdpdk && echo 0),0)

all: shared
.PHONY: shared static
shared: build/$(APP)-shared
    ln -sf $(APP)-shared build/$(APP)
static: build/$(APP)-static
    ln -sf $(APP)-static build/$(APP)
```

```
PKGCONF ?= pkg-config

PC_FILE := $(shell $(PKGCONF) --path libdpdk 2>/dev/null)
CFLAGS += -O3 $(shell $(PKGCONF) --cflags libdpdk)
LDFLAGS_SHARED = $(shell $(PKGCONF) --libs libdpdk)
LDFLAGS_STATIC = $(shell $(PKGCONF) --static --libs libdpdk)

build/$(APP)-shared: $(SRCS-y) Makefile $(PC_FILE) | build
	$(CC) $(CFLAGS) $(SRCS-y) -o $@ $(LDFLAGS) $(LDFLAGS_SHARED)

build/$(APP)-static: $(SRCS-y) Makefile $(PC_FILE) | build
	$(CC) $(CFLAGS) $(SRCS-y) -o $@ $(LDFLAGS) $(LDFLAGS_STATIC)

build:
	@mkdir -p $@

.PHONY: clean
clean:
	rm -f build/$(APP) build/$(APP)-static build/$(APP)-shared
	test -d build && rmdir -p build || true

else

ifeq ($(RTE_SDK),)
$(error "Please define RTE_SDK environment variable")
endif

# 預設目標，透過查詢帶有 .comfig 的路徑來檢測建構目錄
RTE_TARGET ?= $(notdir $(abspath $(dir $(firstword $(wildcard $(RTE_SDK)/*/.config)))))

include $(RTE_SDK)/mk/rte.vars.mk

CFLAGS += -O3
CFLAGS += $(WERROR_FLAGS)

include $(RTE_SDK)/mk/rte.extapp.mk

endif
```

可以看到，all 後面是 shared，說明程式連接的是共用程式庫，如果需要連結靜態程式庫，改為 static 即可。注意，Makefile 裡用了 pkg-config，就不需要人工去制定程式庫檔案了，非常方便。

（4）在 VSCode 中分別按右鍵上述兩個檔案，然後在快顯功能表上選擇 Upload 來上傳這兩個檔案到 CentOS 中。上傳成功後，可到 CentOS 的 /root/ex/test

下執行 make 命令，執行後的結果如下：

```
[root@localhost test]# ls
main.c  Makefile
[root@localhost test]# make
  CC main.o
  LD helloworld
  INSTALL-APP helloworld
  INSTALL-MAP helloworld.map
```

此時在 /root/ex/test/ 下可以看到多了一個 build 資料夾，build 目錄下生成的是可執行檔。進入 build 目錄，執行可執行檔 helloworld，執行結果如下：

```
[root@localhost build]# ls
app  helloworld  helloworld.map  _install  main.o  _postbuild  _postinstall
_preinstall
[root@localhost build]# ./helloworld
EAL: Detected 4 lcore(s)
EAL: Detected 1 NUMA nodes
EAL: Multi-process socket /var/run/dpdk/rte/mp_socket
EAL: Selected IOVA mode 'PA'
EAL: Probing VFIO support...
EAL: PCI device 0000:01:00.0 on NUMA socket -1
EAL:   Invalid NUMA socket, default to 0
EAL:   probe driver: 8086:10d3 net_e1000_em
hello from core 1
hello from core 2
hello from core 3
hello from core 0
```

注意：因為前面執行 dpdk-setup.sh 時已經設定過大分頁記憶體了，所以這裡直接執行 helloworld 就成功了，如果下一次電腦重新啟動，則要在設定大分頁記憶體後再執行 helloworld。當然也可以在生產環境中永久設定好大分頁記憶體。但開發的時候，一般還是臨時設定比較靈活。

至此，make 方式開發 DPDK19 應用程式成功了，看起來還是蠻順利的。下面演示一個附帶點網路功能的程式，檢測支援 DPDK 的網路卡數量。

## 【例 8.6】檢測支援 DPDK 的網路卡數量

（1）打開 VSCode，打開目錄 E:\ex\test，JSON 檔案可以繼續用例 8.5 的。

（2）在 VSCode 中打開 main.c，輸入以下程式：

```
#include <stdio.h>
```

```c
#include <stdlib.h>

#include <rte_common.h>
#include <rte_spinlock.h>
#include <rte_eal.h>
#include <rte_ethdev.h>
#include <rte_ether.h>
#include <rte_ip.h>
#include <rte_memory.h>
#include <rte_mempool.h>
#include <rte_mbuf.h>

#define MAX_PORTS RTE_MAX_ETHPORTS

int main(int argc, char **argv)
{
        int cnt_args_parsed;
        uint32_t cnt_ports;

        /* Init runtime environment */
        cnt_args_parsed = rte_eal_init(argc, argv);
        if (cnt_args_parsed < 0)
                rte_exit(EXIT_FAILURE, "rte_eal_init(): Failed");

        cnt_ports = rte_eth_dev_count_avail();
        printf("Number of NICs: %i\n", cnt_ports);
        if (cnt_ports == 0)
                rte_exit(EXIT_FAILURE, "No available NIC ports!\n");
        if (cnt_ports > MAX_PORTS) {
                printf("Info: Using only %i of %i ports\n",
                        cnt_ports, MAX_PORTS
                        );
                cnt_ports = MAX_PORTS;
        }
        return 0;
}
```

程式中，首先呼叫函式 rte_eal_init 進行初始化，然後呼叫程式庫函式 rte_eth_dev_count_avail 來統計當前可用於 DPDK 的網路卡數量，最後列印出來。

（3）新建一個名為 Makefile 的檔案，輸入以下程式：

```makefile
ifeq ($(RTE_SDK),)
$(error "Please define RTE_SDK environment variable")
endif

# 預設目標，透過查詢帶有 .config 的路徑來檢測生成的目錄
```

```
RTE_TARGET ?= $(notdir $(abspath $(dir $(firstword $(wildcard $(RTE_SDK)/*/.config)))))

include $(RTE_SDK)/mk/rte.vars.mk

# 二進位程式名稱
APP = countEthDev

# 所有資源儲存在 SRCS-y 中
SRCS-y := main.c

CFLAGS += -O3 -pthread -I$(SRCDIR)/../lib
CFLAGS += $(WERROR_FLAGS)
EXTRA_CFLAGS=-w -Wno-address-of-packed-member

ifeq ($(CONFIG_RTE_BUILD_SHARED_LIB),y)
ifeq ($(CONFIG_RTE_LIBRTE_IXGBE_PMD),y)
LDLIBS += -lrte_pmd_ixgbe
endif
endif

include $(RTE_SDK)/mk/rte.extapp.mk
```

生成的可執行檔名是 countEthDev。用 Wno-address-of-packed-member 的作用是取消編譯器檢測位址的非對齊。

（4）在 VSCode 中把這兩個檔案上傳到 Linux，然後進入 /root/ex/test 進行編譯：

```
[root@localhost test]# make
  CC main.o
  LD countEthDev
  INSTALL-APP countEthDev
  INSTALL-MAP countEthDev.map
```

沒有錯誤的話，會在目前的目錄下生成一個 build 資料夾，進入該資料夾，執行 countEthDev：

```
[root@localhost build]# ls
app  countEthDev  countEthDev.map  _install  main.o  _postbuild  _postinstall
_preinstall
[root@localhost build]# ./countEthDev
EAL: Detected 4 lcore(s)
EAL: Detected 1 NUMA nodes
EAL: Multi-process socket /var/run/dpdk/rte/mp_socket
EAL: Selected IOVA mode 'PA'
EAL: Probing VFIO support...
EAL: PCI device 0000:01:00.0 on NUMA socket -1
```

```
EAL:    Invalid NUMA socket, default to 0
EAL:    probe driver: 8086:10d3 net_e1000_em
Number of NICs: 1
```

結果非常完美，探測到一個網路卡了（PCI device 0000:01:00.0），這個網路卡就是剛才執行安裝指令稿（dpdk-setup.sh）時和 DPDK 綁定的網路卡。

# 8.6 在 CentOS 8.2 下建立 DPDK20 環境

上一節在 CentOS 7.6 下建立了 DPDK19 環境，本節要在 CentOS 8.2 下建立 DPDK20 開發環境。同樣需要準備兩片網路卡。筆者喜歡用一台 Windows 主機透過網線來遠端操作 Linux，因此其中一片網路卡要用於和 Windows 主機相連，另外一片網路卡則用於 DPDK。

## 8.6.1 架設 Meson+Ninja 環境

DPDK20.11 要求使用 Meson+Ninja 的編譯環境。在 CentOS 8.2 下架設 Meson+Ninja 編譯環境，主要相依三個軟體套件：Python 3、ninja-build 和 meson。

1）下載、編譯、安裝 Python 3

此處與 8.5 節中的下載、編譯、安裝 Python 3 的操作完全一致，按照 8.5 節中的操作即可，不再贅述。

2）安裝 Ninja

下載 ninja-build RPM 套件的網址是 https://cbs.centos.org/koji/buildinfo?buildID=24453，下載下來的檔案是 ninja-build-1.7.2-3.el7.x86_64.rpm，在本書書附程式中的原始程式目錄中的「書附軟體」下也可以找到。我們把它放到 Linux 下，然後使用以下命令安裝：

```
rpm -ivh ninja-build-1.7.2-3.el7.x86_64.rpm
```

稍等片刻，安裝完成，查看下版本編號：

```
ninja-build --version
1.7.2
```

3）安裝 Meson

下載 Meson 的網址是 https://cbs.centos.org/koji/buildinfo?buildID=27917，下載下來的檔案是 meson-0.47.2-2.el7.noarch.rpm，在本書書附程式中的原始程式目錄中的「書附軟體」下也可以找到。將它放到 Linux 下，然後使用以下命令安裝：

```
rpm -ivh meson-0.47.2-2.el7.noarch.rpm
```

稍等片刻，安裝完成，查看其版本編號：

```
meson -v
0.47.2
```

下面我們撰寫一個小程式來測試一下。

### 【例 8.7】使用 Meson 建構 Linux 程式

（1）在 Window 下用記事本撰寫一個 C 程式，程式如下：

```
#include <stdio.h>
int main()
{
    printf("Hello world from meson!\n");
    return 0;
}
```

儲存檔案為 test.c，並將它上傳到 Linux 的某個路徑下（比如 /root/ex，ex 是自己建立的資料夾）。

（2）再在 Windows 下用記事本撰寫一個編譯設定檔，內容如下：

```
project('test','c')
executable('demo','test.c')
```

demo 是最終生成的可執行檔名稱。然後儲存檔案為 meson.build，並將它上傳到 Linux 下，注意要和 test.c 在同一目錄。

（3）相關檔案已經準備好，現在可以用 Meson 來建構了。注意 Meson 不是用來編譯（編譯要用 ninja 命令），而是用來製作建構系統。在命令列下輸入命令 meson build：

```
[root@localhost 1]# meson build
The Meson build system
Version: 0.47.2
Source dir: /root/ex/1
```

```
Build dir: /root/ex/1/build
Build type: native build
Project name: test
Project version: undefined
Native C compiler: cc (gcc 4.8.5 "cc (GCC) 4.8.5 20150623 (Red Hat 4.8.5-36)")
Build machine cpu family: x86_64
Build machine cpu: x86_64
Build targets in project: 1
Found ninja-1.7.2 at /usr/bin/ninja-build
[root@localhost 1]#
```

沒有提示錯誤，說明建構系統製作成功，並且在同路徑下生成了一個 build 資料夾。meson 後面的 build 只是一個目錄名稱，該目錄用來存放建構出來的檔案，我們也可以用其他名稱作為目錄名稱，而且該目錄會自動建立。

（4）進入 build 目錄，輸入 ninja 命令進行編譯（真正的編譯才剛剛開始）：

```
[root@localhost build]# ninja-build
[2/2] Linking target demo.
```

ninja-build 相當於 make，因此會編譯程式，生成可執行檔 demo，此時可以看到 build 目錄下有一個可執行檔 demo，我們執行它：

```
[root@localhost build]# ./demo
Hello world from meson!
```

如果要清理，可以執行以下命令：

```
[root@localhost build]# ninja-build clean
[1/1] Cleaning.
Cleaning... 2 files.
```

這樣可執行檔 demo 就會被刪除。至此，我們在 CentOS 下的 Meson+Ninja 環境建立起來了。

## 8.6.2 基於 Meson 建立 DPDK20 環境

先要組態建構系統，首先解壓下載下來的 dpdk-20.11.tar.xz 檔案：

```
tar xJf dpdk-20.11.tar.xz
```

然後在命令列下進入 dpdk-20.11 目錄，輸入以下命令：

```
[root@localhost dpdk-20.11]# meson mybuild
```

　　mybuild 的意思是建構出來的檔案都存放在 mybuild 目錄中，mybuild 目錄會自動建立。很快建構完畢，出現以下提示：

```
Build targets in project: 1035
Found ninja-1.7.2 at /usr/bin/ninja-build
```

　　此時我們可以在 dpdk-20.11 主目錄下發現一個 mybuild 資料夾，這個資料夾最終將存放編譯後的各類檔案，比如動態程式庫檔案、應用程式的可執行檔等，目前只是建立了一些資料夾和符號連結檔案（可以去 lib 子目錄下查看）。

　　現在可以進行編譯了，在命令列下進入原始程式主目錄 dpdk-20.11，再輸入 ninja-build-C mybuild。稍等一會兒，編譯完成，如下所示：

```
[root@localhost dpdk-20.11]# ninja-build -C mybuild
ninja: Entering directory `mybuild'
[2405/2405] Linking target app/test/dpdk-test.
```

　　其中 -C 的意思是在做任何其他事情之前，先切換到 DIR，-C 後面加要切換的目錄名稱，這裡是名為 mybuild 的目錄，也就是先進入 mybuild 目錄再編譯。當然也可以手動進入 mybuild 目錄，然後直接輸入 ninja 即可。

　　編譯完畢後，mybuild 就變得沉甸甸了，裡面存放了大量編譯後的 DPDK 程式庫檔案和可執行檔，比如進入 lib 子目錄可以看到很多 .so 和 .a 檔案。這些程式庫檔案只是存放在這裡也是不行的，必須讓需要它們的各個應用程式知道，怎麼辦呢？通常是將它們放到系統路徑上去，這個工作是安裝要做的，安裝不但會複製程式庫到系統路徑，還會複製標頭檔、命令程式到系統路徑。

　　準備開始安裝了，在命令列下進入 dpdk-20.11/mybuild 目錄，然後輸入以下命令：

```
[root@localhost mybuild]# ninja-build install
```

　　安裝很快完成。此時我們在 /usr/local/bin/ 下可以看到很多與 DPDK 相關的應用程式檔案了，如圖 8-31 所示。

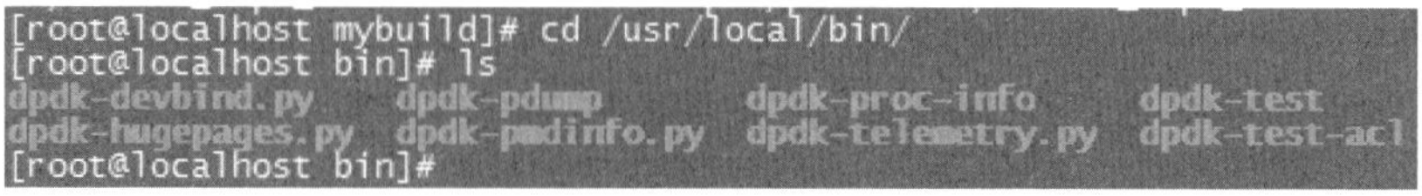

▲ 圖 8-31

　　在 /usr/local/include 下可以看到標頭檔案，如圖 8-32 所示。

```
[root@localhost bin]# cd /usr/local/include
[root@localhost include]# ls
bpf_def.h                     rte_class.h
cmdline_cirbuf.h              rte_common.h
cmdline.h                     rte_compat.h
cmdline_parse_etheraddr.h     rte_compatibility_defines.h
```

▲ 圖 8-32

注意：截圖中只顯示了部分標頭檔案。另外，靜態程式庫、一些共用程式庫和共用程式庫連結會存放到 /usr/local/lib64/ 下，其中共用程式庫連結會指向 /usr/local/lib64/dpdk/pmds-21.0/ 下的共用程式庫，因為有一些共用程式庫是在 /usr/local/lib64/dpdk/pmds-21.0/ 下。到 /usr/local/lib64/ 下用 ll 命令查看就可以一目了然，例如：

```
[root@localhost lib64]# ll
總用量 31412
drwxr-xr-x. 3 root root      23 9月   8 08:31 dpdk
-rw-r--r--. 1 root root  112196 9月   8 08:24 librte_acl.a
lrwxrwxrwx. 1 root root      16 9月   8 08:31 librte_acl.so -> librte_acl.so.21
lrwxrwxrwx. 1 root root      18 9月   8 08:31 librte_acl.so.21 -> librte_acl.so.21.0
-rwxr-xr-x. 1 root root   99128 9月   8 08:31 librte_acl.so.21.0
-rw-r--r--. 1 root root   63574 9月   8 08:26 librte_baseband_acc100.a
lrwxrwxrwx. 1 root root      40 9月   8 08:31 librte_baseband_acc100.so ->
dpdk/pmds-21.0/librte_baseband_acc100.so
lrwxrwxrwx. 1 root root      43 9月   8 08:31 librte_baseband_acc100.so.21 ->
dpdk/pmds-21.0/librte_baseband_acc100.so.21
lrwxrwxrwx. 1 root root      45 9月   8 08:31 librte_baseband_acc100.so.21.0 ->
dpdk/pmds-21.0/librte_baseband_acc100.so.21.0
...
```

為了讓以後撰寫的應用程式在連結時能找到程式庫，我們還需要把程式庫路徑（/usr/local/lib64/）增加到檔案 /etc/ld.so.conf 中。增加後的結果如下：

```
# cat /etc/ld.so.conf
/usr/local/lib64/
```

儲存檔案並關閉，再執行命令 ldconfig 來更新系統動態程式庫快取。該命令是一個動態連結程式庫管理命令，其目的是讓動態連結程式庫為系統所共用。這個方法是修改設定檔的方法，另外也可以採用臨時法，即修改環境變數：

```
#export LD_LIBRARY_PATH=/usr/local/lib64/
```

不過重新啟動後，該設定就會遺失，建議使用修改設定檔的方法。

下面綁定大分頁記憶體：

```
echo 16 > /proc/sys/vm/nr_hugepages
```

查看綁定後的情況：

```
[root@localhost ~]# grep Huge /proc/meminfo
AnonHugePages:     200704 kB
HugePages_Total:       16
HugePages_Free:        16
HugePages_Rsvd:         0
HugePages_Surp:         0
Hugepagesize:        2048 kB
```

最後綁定網路卡，步驟如下：

**步骤 01** 載入 igb_uio 驅動模組。

DPDK 提供了 igb_uio.ko 驅動的原始程式，需要到官網上去下載，也可在本書書附的下載資源的原始程式根目錄下找到，只要將它複製到 Linux 系統中，使用 make 命令即可生成 igb_uio.ko 檔案，注意，因為是驅動，所以一定要先 make：

```
# make
```

如果提示 Cannot generate ORC metadata...，則線上安裝 elfutils-libelf-devel 程式庫：

```
yum install elfutils-libelf-devel
```

make 後就可以在 igb_uio 所在的目錄下載入 igb_uio 驅動模組了：

```
modprobe uio
insmod igb_uio.ko
```

modprobe 是 Linux 的命令，可以載入指定的個別模組，或是載入一組相依的模組，這一步也是必不可少的；然後再用 insmod 命令載入驅動模組。8.2.10 節介紹了 dpdk_drivers 陣列定義了 3 種使用者態驅動，現在我們載入了 igb_uio 驅動模組，這樣支援 VFIO 驅動的網路卡就可以在使用者態下直接使用了，否則網路卡使用的驅動是核心態下的，導致每次使用網路卡還要經過核心態，浪費時間。

**步骤 02** 查看下當前主機上的網路卡狀態：

```
[root@localhost igb_uio]# dpdk-devbind.py -s

Network devices using kernel driver
===================================
0000:00:19.0 'Ethernet Connection I217-LM 153a' if=em1 drv=e1000e unused=igb_uio
```

```
*Active*
    0000:03:02.0 '82541PI Gigabit Ethernet Controller 107c' if=p4p1 drv=e1000
unused=igb_uio *Active*
    No 'Baseband' devices detected
    ...
```

可以看到有兩片網路卡，一片是 em1，型號是 I217-LM 153a，目前使用的驅動是 e1000e；另一片網路卡是 p4p1，型號是 82541PI，目前使用的驅動是 e1000。這是筆者主機上的情況。讓哪一片網路卡給 DPDK 使用呢？這個時候，我們就要看哪一片網路卡是 DPDK 支援的。8.2.4 節列出了 Intel 公司支援的網路卡，比如：

```
e1000 (82540, 82545, 82546)
e1000e (82571, 82572, 82573, 82574, 82583, ICH8, ICH9, ICH10, PCH, PCH2, I217, I218,
I219)
```

可以看出，82541 型號是不支援的，I217 是支援的。因此，我們讓 I217-LM 153a 給 DPDK 使用，也就是讓該網路卡的「drv=」後面出現「igb_uio」。

步驟 03 停止網路卡。執行命令：

```
ifconfig em1 down
```

em1 是要停掉的網路卡的名稱；down 表示停止網路卡。這一步是必須的。

**注意**：如果是透過網路遠端操作 Linux，則停止網路卡前，應確保當前作業系統至少有兩片網路卡，不停止的那片網路卡依舊用於和 Windows 主機相連。

步驟 04 透過 uio 綁定網路卡。

在命令列下輸入以下命令：

```
dpdk-devbind.py -b=igb_uio 0000:00:19.0
```

步驟 05 再次確認狀態。

此時再次檢查狀態：

```
[root@localhost igb_uio]# dpdk-devbind.py -s

Network devices using DPDK-compatible driver
==============================================
0000:00:19.0 'Ethernet Connection I217-LM 153a' drv=igb_uio unused=e1000e

Network devices using kernel driver
==============================================
```

```
   0000:03:02.0 '82541PI Gigabit Ethernet Controller 107c' if=p4p1 drv=e1000
unused=igb_uio *Active*
   ...
```

可以看到網路卡 I217-LM 153a 使用的驅動是 igb_uio 了，至此，綁定網路卡到 UIO 驅動成功！下面我們撰寫一個小程式來熱身。

### 8.6.3　單步偵錯 DPDK20 程式

在 Windows 下用 VC2017 這個整合開發工具開發遠端 Linux 下的 DPDK 程式，有時也是比較方便的，尤其對 Windows 程式設計師來說，如果突然需要開發 Linux 專案，一時半會兒沒時間學 vi 編輯器、Makefile 檔案的語法格式、Linux 命令等，此時可以透過自己熟悉的開發環境（比如 VC2017）來快速實現 Linux 的開發。對於如何用 VC2017 開發普通 Linux C/C++ 程式，在 3.3 節已經介紹過了，本小節介紹如何在 VC2017 下開發遠端 Linux 的 DPDK 程式，基本過程類似，主要是一些標頭檔路徑和程式庫路徑的區別。

#### 【例 8.8】單步偵錯的第一個 DPDK20 程式

（1）打開 VC2017，新建一個 Linux 主控台專案，專案名稱是 test。

**注意**：執行所有 DPDK 例子之前，不要忘記先設定大分頁記憶體，再綁定網路卡。

（2）在專案中打開 main.cpp 並輸入程式，程式同例 8.7，這裡不再贅述，詳見原始程式專案。

（3）增加標頭檔所在目錄。打開專案屬性對話方塊，在對話方塊左邊選中「組態屬性」→「VC++ 目錄」，然後在右邊「Include 目錄」文字標籤中輸入兩個路徑：/usr/include;/usr/local/include。其中，第一個路徑是標準 C 標頭檔（比如 stdio.h）所在的目錄，第二個路徑是 DPDK 標頭檔（比如 rte_eal.h）所在的目錄，然後按一下對話方塊下方的「應用」按鈕。如圖 8-33 所示。

▲ 圖 8-33

（4）接著要讓連結器知道程式中的程式庫函式是在哪個程式庫中，本例都在 librte_eal.so 中，因此要在專案中加入程式庫相依性。在專案屬性對話方塊中，在左邊選擇「組態屬性」→「連結器」→「輸入」，在右邊的「程式庫相依項」文字標籤中輸入 rte_eal，如圖 8-34 所示。

▲ 圖 8-34

然後按一下「確定」按鈕，關閉屬性對話方塊。目前，檔案 librte_eal.so 在 /usr/local/lib64/ 下，我們已經把這個路徑放到 ld.so.conf 中，所以連結器能自動找到這個程式庫了。注意，增加到 ld.so.conf 中後，別忘記執行命令 ldconfig。

（5）下面開始編譯和連接，按 F7 鍵即可。如果沒有顯示出錯，那麼我們開始單步偵錯，先在程式中某行左邊灰白處按一下，此時出現紅圈，這個紅圈就是中斷點，程式偵錯執行到這裡就會暫停，然後按 F5 鍵開始偵錯執行，可以發現在紅圈處暫停了，如圖 8-35 所示。

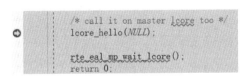

▲ 圖 8-35

這裡主要是為了證明 VC2017 可以單步偵錯 DPDK 程式。按 F10 鍵單步執行到最後一行，執行結果如圖 8-36 所示。

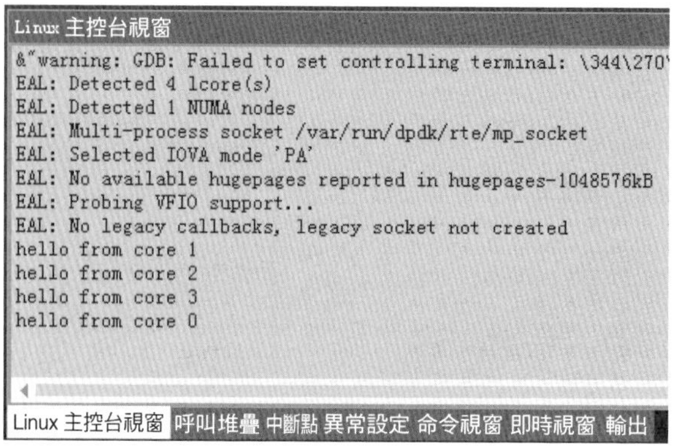

```
Linux 主控台視窗
&"warning: GDB: Failed to set controlling terminal: \344\270'
EAL: Detected 4 lcore(s)
EAL: Detected 1 NUMA nodes
EAL: Multi-process socket /var/run/dpdk/rte/mp_socket
EAL: Selected IOVA mode 'PA'
EAL: No available hugepages reported in hugepages-1048576kB
EAL: Probing VFIO support...
EAL: No legacy callbacks, legacy socket not created
hello from core 1
hello from core 2
hello from core 3
hello from core 0

Linux 主控台視窗 呼叫堆疊 中斷點 異常設定 命令視窗 即時視窗 輸出
```

▲ 圖 8-36

可以看到，CPU 的四個核心分別對我們喊了一聲「hello」。CPU 的資訊可以在終端下用命令 lscpu 顯示，筆者的情況如下：

```
[root@localhost ~]# lscpu
Architecture:          x86_64
CPU op-mode(s):        32-bit, 64-bit
Byte Order:            Little Endian
CPU(s):                4
On-line CPU(s) list:   0-3
Thread(s) per core:    1
Core(s) per socket:    4
座：                    1
NUMA 節點：             1
廠商 ID：               GenuineIntel
CPU 系列：              6
型號：                  60
型號名稱：              Intel(R) Core(TM) i5-4590 CPU @ 3.30GHz
```

其中，座就是主機板上插 CPU 的槽的數目，也就是可以插入的實體 CPU 的個數，這裡是 1（見「座：1」），說明只能插入 1 個實體 CPU，也就是目前主機板有一個實體 CPU；Core(s)per socket 就是每個 CPU 多少核心，這裡是 4 核心；Thread(s)per core 就是每個核心幾個超執行緒。core 就是我們平時說的「核心」，每個實體 CPU 可以是雙核心、四核心，等等。thread 就是每個 core 的硬體執行緒數，即超執行緒。

至此，實機上第一個 DPDK20 程式執行成功了。

## 8.6.4 make 命令開發 DPDK20 程式

上一小節我們在 VC2017 上開發了一個 Linux 程式，這一點對於 Linux 同好來講是不可接受的，我玩 Linux 就喜歡在 Linux 下，居然還要我安裝一個巨大無比的 VC2017。筆者知道廣大的 Linux 老玩家喜歡用 vi 或 sourcesight 寫程式，然後寫一個 Makefile 檔案，最後用 make 命令進行編譯。這一節我們將透過傳統方式來開發 DPDK 程式，以此來滿足資深 Linux 玩家。

要想用 make 命令，一般需要寫 Makefile 檔案，但透過 pkg-config 以及 libdpdk.pc 的幫助，不必在 Makefile 檔案裡費心思寫 CFLAGS 和 LDFLAGS 等，而是讓 pkg-config 自動生成。DPDK 應用程式的 Makefile 檔案內容一般都類似下面這樣：

```
PKGCONF = pkg-config
CFLAGS += -O3 $(shell $(PKGCONF) --cflags libdpdk)
LDFLAGS += $(shell $(PKGCONF) --libs libdpdk)
$(APP): $(SRCS-y) Makefile
        $(CC) $(CFLAGS) $(SRCS-y) -o $@ $(LDFLAGS)
```

可以看到 CFLAGS、LDFLAGS 是推斷出來的。接下來的例子所對應的 Makefile 檔案將用到 pkg-config，即使用 pkg-config 來尋找 DPDK 程式庫，而 DPDK 安裝後會把對應的 libdpdk.pc 安裝在某個目錄，比如 Ubuntu 系統下是 /usr/local/lib/x86_64-linux-gnu/pkgconfig/libdpdk.pc，我們需要確保這個路徑能被 pkg-config 找到。首先用命令 pkg-config--variable pc_path pkg-config 來查看 CentOS 8 平臺上的 pkg-config 的預設搜尋路徑：

```
[root@localhost ~]# pkg-config --variable pc_path pkg-config
/usr/lib64/pkgconfig:/usr/share/pkgconfig
```

可以看到是兩個路徑 /usr/lib64/pkgconfig 和 /usr/share/pkgconfig。而 libdpdk.pc 在 CentOS 上，路徑是 /usr/local/lib64/pkgconfig/libdpdk.pc，並不在預設搜尋路徑中，因此需要使用 export 命令增加：

```
export PKG_CONFIG_PATH=/usr/local/lib64/pkgconfig
```

然後，可以透過以下命令檢查 pkg-config 設定是否正確，如果正確會顯示版本編號：

```
[root@localhost ~]# pkg-config --modversion libdpdk
20.11.0
```

看來增加成功了。如果失敗則會顯示以下類似資訊：

```
#pkg-config --modversion libdpdk
Package libdpdk was not found in the pkg-config search path.
Perhaps you should add the directory containing `libdpdk.pc'
to the PKG_CONFIG_PATH environment variable
No package 'libdpdk' found
```

為了不每次都進行環境變數的設定，可以執行以下命令一次性設定：

```
vim /etc/profile
```

在檔案末尾增加下面一行內容：

```
export PKG_CONFIG_PATH=/usr/local/lib64/pkgconfig
```

儲存檔案並退出，然後執行下面的命令使設定生效：

```
source /etc/profile
```

順便提一句，在 Meson 中使用此路徑時，可以直接透過選項進行設定，例如：

```
meson --pkg-config-path=/usr/local/lib64/pkgconfig
```

準備工作差不多了，下面可以進入實戰了。

## 【例 8.9】make 命令編譯 helloworld 程式

筆者多年來一直沒學會 Linux 下的 vi 編輯器，比較鍾愛的是 Windows 下的 VSCode 這個編輯器，它支援語法突顯、函式跳躍定義、上傳檔案等，反正功能強大。當然不強求，讀者也一定要使用 VSCode，總之一句話，選用自己喜愛的編輯器。

（1）在 Windows 本地某個路徑下新建一個目錄，該目錄用於存放原始程式。這裡使用 E:\ex\test\。

（2）打開 VSCode，按複合鍵 Ctrl+Shift+P 後會進入 VSCode 的命令輸入模式，然後我們可以輸入 sftp:config 命令，在當前資料夾（這裡是 E:\ex\test\）中生成一個 .vscode 資料夾，裡面有一個 sftp.json 檔案，我們需要在這個檔案中設定遠端伺服器位址（VSCode 會自動打開這個檔案），輸入內容如下：

```
{
    "name": "My DPDK Server",
    "host": "192.168.11.128",
    "protocol": "sftp",
```

```
    "port": 22,
    "username": "root",
    "password": "123456",
    "remotePath": "/root/ex/test/",
    "uploadOnSave": true
}
```

其中，192.168.11.128 是筆者的裝有 DPDK 的真實實體 PC 的 IP 位址，讀者可以根據自己的情況來設定。username 和 password 也是該 PC 的 CentOS 帳號。remotePath 是把原始程式檔案上傳後存放的路徑。輸入完畢，按複合鍵 alt+f+s 進行儲存，此時 E:\ex\test\.vscode 下有一個 sftp.json 檔案，該檔案其實就是個遠端主機的設定檔，用來告訴 VSCode 關於遠端主機的資訊。然後，我們在 VSCode 中新建一個 main.c（在左邊 Explorer 視圖下按右鍵 New File），內容和上例的 main.cpp 相同，這裡演示和解釋了。再新建一個 Makefile 檔案，並輸入以下程式：

```
# 二進位程式名稱
APP = helloworld

# 所有原始檔案名稱都儲存在 SRCS-y 中
SRCS-y := main.c

# 如果可能，請使用 pkg 設定變數進行建構
ifeq ($(shell pkg-config --exists libdpdk && echo 0),0)

all: shared
.PHONY: shared static
shared: build/$(APP)-shared
	ln -sf $(APP)-shared build/$(APP)
static: build/$(APP)-static
	ln -sf $(APP)-static build/$(APP)

PKGCONF ?= pkg-config

PC_FILE := $(shell $(PKGCONF) --path libdpdk 2>/dev/null)
CFLAGS += -O3 $(shell $(PKGCONF) --cflags libdpdk)
LDFLAGS_SHARED = $(shell $(PKGCONF) --libs libdpdk)
LDFLAGS_STATIC = $(shell $(PKGCONF) --static --libs libdpdk)

build/$(APP)-shared: $(SRCS-y) Makefile $(PC_FILE) | build
	$(CC) $(CFLAGS) $(SRCS-y) -o $@ $(LDFLAGS) $(LDFLAGS_SHARED)

build/$(APP)-static: $(SRCS-y) Makefile $(PC_FILE) | build
	$(CC) $(CFLAGS) $(SRCS-y) -o $@ $(LDFLAGS) $(LDFLAGS_STATIC)
```

```
build:
    @mkdir -p $@

.PHONY: clean
clean:
    rm -f build/$(APP) build/$(APP)-static build/$(APP)-shared
    test -d build && rmdir -p build || true

else

ifeq ($(RTE_SDK),)
$(error "Please define RTE_SDK environment variable")
endif

# 預設目標，透過查詢帶有 .comfig 的路徑來檢測建構目錄
RTE_TARGET ?= $(notdir $(abspath $(dir $(firstword $(wildcard $(RTE_SDK)/*/.config)))))

include $(RTE_SDK)/mk/rte.vars.mk

CFLAGS += -O3
CFLAGS += $(WERROR_FLAGS)

include $(RTE_SDK)/mk/rte.extapp.mk

endif
```

可以看到，all 後面是 shared。

然後在 VSCode 中分別按右鍵選中這兩個檔案，然後在右鍵選單上選擇 Upload 來上傳這 2 個檔案到 CentOS 中。上傳成功後，我們可到 CentOS 下的 /root/ex/test 下，執行 make 命令，執行後結果如圖 8-37 所示。

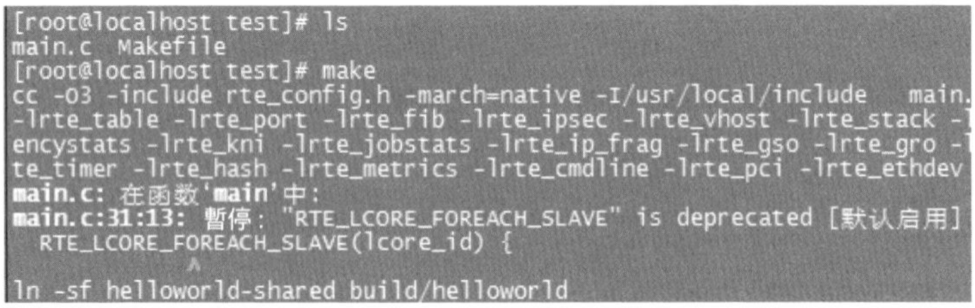

▲ 圖 8-37

此時在 /root/ex/test/ 下可以看到多了一個 build 資料夾，build 目錄下生成的可執行檔。我們進入 build 目錄，然後執行可執行檔 helloworld，但要注意的是，大分頁記憶體別忘記設定哦，比如：echo 16 > /proc/sys/vm/nr_hugepages。執行

helloworld 結果如下：

```
[root@localhost build]# ./helloworld
EAL: Detected 4 lcore(s)
EAL: Detected 1 NUMA nodes
EAL: Multi-process socket /var/run/dpdk/rte/mp_socket
EAL: Selected IOVA mode 'PA'
EAL: No available hugepages reported in hugepages-1048576kB
EAL: Probing VFIO support...
EAL: No legacy callbacks, legacy socket not created
hello from core 1
hello from core 2
hello from core 3
hello from core 0
```

執行結果和例 8.8 在 VC++ 下的執行結果一樣，至此 make 方式編譯 DPDK 程式成功了。這個時候 Linux 老玩家應該有點開心了，因為看到了熟悉的 make 方式，但他們是不會僅滿足於一個 helloworld 程式的。DPDK 的強大功能在於網路，應該做一個網路程式。現在我們就來演練一個最基本的和網路有點關係的小程式—統計支援 DPDK 的網路卡。千里網路，始於網路卡，如果網路卡都不支援 DPDK 了，那還怎麼做網路程式。注意，在做這個範例之前，別忘記綁定網路卡。筆者的 DPDK 主機上綁定了一片網路卡，下面讓我們的範例程式把它檢測出來，如果能檢測到，說明它是支援 DPDK 的，反之就是不支援。另外，能綁定成功不能代表就是支援 DPDK，一定要透過 DPDK 的程式庫函式檢測成功，才算支援。

## 【例 8.10】檢測支援 DPDK 的網路卡數量

（1）在 Windows 下新建目錄，然後打開 VSCode，新建 sftp.json 和 Makefile 檔案，不同範例的這兩個檔案基本都類似，這裡不再贅述，可直接參考原始程式專案。新建一個 main.c 檔案，輸入程式同例 8.6，這裡不再贅述。

（2）在 VSC 中編輯 JSON 檔案和 Makefile 檔案，JSON 檔案不列出，Makefile 檔案的程式如下：

```
# 二進位程式名稱
APP = countEthDev

# 所有原始檔案名稱都儲存在 SRCS-y 中
SRCS-y := main.c

# 如果可能，請使用 pkg 設定變數進行建構
ifeq ($(shell pkg-config --exists libdpdk && echo 0),0)
```

```
all: static
.PHONY: shared static
shared: build/$(APP)-shared
    ln -sf $(APP)-shared build/$(APP)
static: build/$(APP)-static
    ln -sf $(APP)-static build/$(APP)

PKGCONF ?= pkg-config

PC_FILE := $(shell $(PKGCONF) --path libdpdk 2>/dev/null)
CFLAGS += -O3 $(shell $(PKGCONF) --cflags libdpdk)
LDLIBS += -lrte_net_ixgbe

LDFLAGS_SHARED = $(shell $(PKGCONF) --libs libdpdk)
LDFLAGS_STATIC = $(shell $(PKGCONF) --static --libs libdpdk)

build/$(APP)-shared: $(SRCS-y) Makefile $(PC_FILE) | build
    $(CC) $(CFLAGS) $(SRCS-y) -o $@ $(LDFLAGS) $(LDFLAGS_SHARED)

build/$(APP)-static: $(SRCS-y) Makefile $(PC_FILE) | build
    $(CC) $(CFLAGS) $(SRCS-y) -o $@ $(LDFLAGS) $(LDFLAGS_STATIC)

build:
    @mkdir -p $@

.PHONY: clean
clean:
    rm -f build/$(APP) build/$(APP)-static build/$(APP)-shared
    test -d build && rmdir -p build || true

else

ifeq ($(RTE_SDK),)
$(error "Please define RTE_SDK environment variable")
endif

# 預設目標，透過查詢帶有 .config 的路徑來檢測建構目錄
RTE_TARGET ?= $(notdir $(abspath $(dir $(firstword $(wildcard $(RTE_SDK)/*/.config)))))

include $(RTE_SDK)/mk/rte.vars.mk

CFLAGS += -O3
CFLAGS += $(WERROR_FLAGS)

include $(RTE_SDK)/mk/rte.extapp.mk
```

```
endif
```

最終生成的可執行檔名是 countEthDev。這裡我們改為了靜態編譯，所以「all:」後面為 static。

把 main.c 和 Makefile 檔案上傳到 Linux，然後到 Linux 下進入 /root/ex/test，輸入 make 命令，如果編譯沒有錯誤則會生成一個 build 目錄，進入該目錄，執行可執行檔 countEthDev：

```
[root@localhost build]# ./countEthDev
EAL: Detected 4 lcore(s)
EAL: Detected 1 NUMA nodes
EAL: Multi-process socket /var/run/dpdk/rte/mp_socket
EAL: Selected IOVA mode 'PA'
EAL: No available hugepages reported in hugepages-1048576kB
EAL: Probing VFIO support...
EAL:   Invalid NUMA socket, default to 0
EAL: Probe PCI driver: net_e1000_em (8086:153a) device: 0000:00:19.0 (socket 0)
EAL:   Invalid NUMA socket, default to 0
EAL: No legacy callbacks, legacy socket not created
Number of NICs: 1
```

Number of NICs（網路卡的數量）為 1，說明檢測成功。

# 8.7 在舊版作業系統下架設基於**10GB**網路卡的**DPDK20**環境

前面我們在虛擬機器、普通 PC（GB 網路卡）、一般作業系統（Ubuntu 和 CentOS）下建立了 DPDK 環境，主要是為了方便。最前線開發中，DPDK 是不會在這些系統上執行的。下面我們面向企業最前線開發，分別把 10GB 網路卡（商用軟體中，DPDK 都是和 10GB 網路卡一起用）插在 PC、實體上，然後作業系統並建立 DPDK 環境。

## 8.7.1 CentOS 8 驗證 10GB 網路卡

我們將透過程式來驗證新買的 10GB 網路卡。首先把 10GB 網路卡插在 PCIE 插槽上，開機進入 CentOS 8，然後設定好大分頁記憶體（比如 echo 16>/proc/sys/vm/nr_hugepages），並載入 igb_uio 驅動。用 dpdk-devbind.py-s 查看 10GB 網路卡狀態：

```
0000:05:00.0 '82599ES 10-Gigabit SFI/SFP+ Network Connection 10fb'
```

```
if=enp5s0f0 drv=ixgbe unused=igb_uio
   0000:05:00.1 '82599ES 10-Gigabit SFI/SFP+ Network Connection 10fb' if=enp5s0f1
drv=ixgbe unused=igb_uio
```

10GB 網路卡上有兩個網路通訊埠，目前都辨識出來了，所用的驅動是 ixgbe。我們把這兩個網路通訊埠都停掉輸入命令如下：

```
ifconfig enp5s0f0 down
ifconfig enp5s0f1 down
```

然後綁定這兩個網路通訊埠：

```
[root@localhost igb_uio]# dpdk-devbind.py -b=igb_uio 05:00.0
[root@localhost igb_uio]# dpdk-devbind.py -b=igb_uio 05:00.1
```

下面準備網路卡檢測程式。前面已經用 make 命令開發了 DPDK20 程式，因此這裡不用 make 命令，用 Meson 來編譯。

## 【例 8.11】Meson 生成網路卡檢測程式

（1）在 Windows 下打開 VSCode，準備好 stfp.json、main.c 檔案，這些都和前面範例中的內容一致，不再贅述。

（2）在 VSCode 中新建一個名為 meson.build 的檔案，並輸入以下內容：

```
project('countEthDev', 'c')

dpdk_dep = declare_dependency(
    dependencies: dependency('libdpdk'),
    link_args: [
        '-Wl,--no-as-needed',
        '-L/usr/local/lib64',
        '-lrte_net_ixgbe',
    ],
)

sources = files(
    'main.c'
)

executable('countEthDev',sources,
    dependencies: dpdk_dep
)
```

這裡要注意的是，要顯式寫出連結 ixgbe 驅動（見「'-lrte_net_ixgbe'」），並寫明程式庫所在路徑（/usr/local/lib64）。

（3）上傳這 3 個檔案到 Linux，並在 Linux 下用 meson 來進行編譯：

```
[root@localhost test]# meson mybuild
The Meson build system
Version: 0.47.2
Source dir: /root/ex/test
Build dir: /root/ex/test/mybuild
Build type: native build
Project name: countEthDev
Project version: undefined
Native C compiler: cc (gcc 8.3.1 "cc (GCC) 8.3.1 20191121 (Red Hat 8.3.1-5)")
Build machine cpu family: x86_64
Build machine cpu: x86_64
Found pkg-config: /usr/bin/pkg-config (1.4.2)
Native dependency libdpdk found: YES 20.11.0
Build targets in project: 1
Found ninja-1.7.2 at /usr/bin/ninja-build
```

此時會生成 mybuild 資料夾，進入該資料夾執行 ninja-build：

```
[root@localhost mybuild]# ninja-build
[2/2] Linking target countEthDev.
```

執行可執行程式 countEthDev：

```
[root@localhost mybuild]# ./countEthDev
EAL: Detected 4 lcore(s)
EAL: Detected 1 NUMA nodes
EAL: Multi-process socket /var/run/dpdk/rte/mp_socket
EAL: Selected IOVA mode 'PA'
EAL: No available hugepages reported in hugepages-1048576kB
EAL: Probing VFIO support...
EAL:   Invalid NUMA socket, default to 0
EAL: Probe PCI driver: net_ixgbe (8086:10fb) device: 0000:05:00.0 (socket 0)
EAL:   Invalid NUMA socket, default to 0
EAL: Probe PCI driver: net_ixgbe (8086:10fb) device: 0000:05:00.1 (socket 0)
EAL: No legacy callbacks, legacy socket not created
Number of NICs: 2
```

結果非常完美，兩個 10GB 網路卡都檢測出來了。另外，我們可以用 ldd 命令查看 countEthDev，如圖 8-38 所示。

```
[root@localhost mybuild]# ldd countEthDev
    linux-vdso.so.1 (0x00007fff949a8000)
    librte_net_ixgbe.so.21 => /usr/local/lib64/librte_net_ixgbe.so.21 (0x00007ff37e390000)
    librte_ethdev.so.21 => /usr/local/lib64/librte_ethdev.so.21 (0x00007ff37e0eb000)
    librte_eal.so.21 => /usr/local/lib64/librte_eal.so.21 (0x00007ff37ddfc000)
    libc.so.6 => /lib64/libc.so.6 (0x00007ff37da3a000)
    libm.so.6 => /lib64/libm.so.6 (0x00007ff37d6b8000)
    libdl.so.2 => /lib64/libdl.so.2 (0x00007ff37d4b4000)
    librte_kvargs.so.21 => /usr/local/lib64/librte_kvargs.so.21 (0x00007ff37d2b1000)
    librte_telemetry.so.21 => /usr/local/lib64/librte_telemetry.so.21 (0x00007ff37d0a8000)
    librte_net.so.21 => /usr/local/lib64/librte_net.so.21 (0x00007ff37cea1000)
    librte_mbuf.so.21 => /usr/local/lib64/librte_mbuf.so.21 (0x00007ff37cc96000)
    librte_mempool.so.21 => /usr/local/lib64/librte_mempool.so.21 (0x00007ff37ca8c000)
    librte_ring.so.21 => /usr/local/lib64/librte_ring.so.21 (0x00007ff37c889000)
    librte_meter.so.21 => /usr/local/lib64/librte_meter.so.21 (0x00007ff37c686000)
    librte_bus_pci.so.21 => /usr/local/lib64/librte_bus_pci.so.21 (0x00007ff37c47a000)
    librte_pci.so.21 => /usr/local/lib64/librte_pci.so.21 (0x00007ff37c278000)
    librte_bus_vdev.so.21 => /usr/local/lib64/librte_bus_vdev.so.21 (0x00007ff37c073000)
    librte_hash.so.21 => /usr/local/lib64/librte_hash.so.21 (0x00007ff37be5a000)
    librte_rcu.so.21 => /usr/local/lib64/librte_rcu.so.21 (0x00007ff37bc55000)
    librte_security.so.21 => /usr/local/lib64/librte_security.so.21 (0x00007ff37ba52000)
    librte_cryptodev.so.21 => /usr/local/lib64/librte_cryptodev.so.21 (0x00007ff37b843000)
    libpthread.so.0 => /lib64/libpthread.so.0 (0x00007ff37b623000)
    /lib64/ld-linux-x86-64.so.2 (0x00007ff37e5fd000)
```

▲ 圖 8-38

可以發現 countEthDev 是連結到 DPDK 共用程式庫的。對於動態連結到共用程式庫的情況，需要顯式指定連結網路卡驅動程式庫，比如本例的 '-lrte_net_ixgbe'。如果實在不知道所需的網路卡驅動程式庫，那麼只能透過 pkg-config 靜態編譯了。

現在可以知道，筆者買的 10GB 網路卡是支援 DPDK 的，下面就讓 10GB 網路卡到作業系統中去使用了。

## 8.7.2　DPDK 調配 PC 實體系統

DPDK20.11 要求使用 Meson+Ninja 編譯環境，因此我們架設 Meson+Ninja 編譯環境。和前面不同，這裡不準備採用 RPM 套件的安裝方式，因為 RPM 套件所對應的版本不一定是最新的，直接從官方網站下載最新版。

1）下載並測試 Ninja

（1）打開 Ninja 官方網站（https://ninja-build.org/），找到並按一下「download the Ninja binary」文字連結，或直接打開網址 https://github.com/ninja-build/ninja/releases，然後按一下「ninja-linux.zip」文字連結進行下載。這個壓縮檔中包含了當前最新版的 Ninja，下載後解壓。如果不想下載，筆者也把 Ninja 程式軟體放到本書書附的下載資源中原始程式目錄的「書附軟體」下了，並且已經解壓好了。注意，這個 Ninja 程式適用於 x86 架構，不能用於 ARM 架構。

（2）把裡面的二進位檔案（ninja）上傳到某個路徑（比如 /root/soft/）下。然後我們做個軟連結：

```
ln -s /root/soft/ninja /usr/bin/ninja
```

這樣，在任何路徑下都可以使用 Ninja 了。可以查看一下 Ninja 版本：

```
[root@localhost ~]# ninja --version
1.10.2
```

顯示出版本編號說明 Ninja 工作正常。下面準備下載 Meson。

2）下載並測試 Meson

打開 Meson 官方網站 https://mesonbuild.com，在網頁左邊找到並按一下「Getting Meson」選項，然後在網頁中間找到並按一下「GitHub release page」文字連結，或直接打開網址 https://github.com/mesonbuild/meson/releases，然後按一下當前的最新版 meson-0.59.1.tar.gz，當然該版本只是筆者當前下載的最新版本，讀者可能會看到更新的版本。如果不想下載，筆者也把 Messon 程式軟體放到原始程式目錄的「書附軟體」下了。下載後把 meson-0.59.1.tar.gz 上傳到某個路徑（比如 /root/soft/）下。然後該路徑下解壓：

```
tar zxvf meson-0.59.1.tar.gz
```

再做個軟連結：

```
ln -s /root/soft/meson-0.59.1/meson.py /usr/bin/meson
```

此時就可以在任意路徑下使用 Meson 了。我們來查看一下 Meson 的版本：

```
[root@localhost ~]# meson -v
0.59.1
```

顯示出版本編號說明 Meson 工作正常。

現在兩個軟體都可以顯示版本，說明它們單獨工作是正常的，那它們聯合工作是否正常呢？這就需要撰寫一個小程式來測試了。

## 【例 8.12】系統下 Meson 和 Ninja 的第一次聯合作戰

（1）打開 VSCode，新建 stfp.json、main.c 和 meson.build 檔案，前兩個檔案內容可參考對應原始程式，meson.build 檔案內容如下：

```
project('test','c')
executable('test','main.c')
```

生成的可執行檔名是 test。在 VSCode 中把這 3 個檔案上傳到的某個路徑。

（2）到路徑（meson.build 所在的目錄）下進行編譯：

```
[root@localhost test]# meson build
The Meson build system
Version: 0.59.1
...
Build targets in project: 1

Found ninja-1.10.2 at /usr/bin/ninja
```

如果沒有錯誤，就會生成一個 build 資料夾，進入該資料夾，執行 ninja 命令：

```
[root@localhost build]# ninja
[2/2] Linking target demo
```

然後執行可執行程式 demo：

```
[root@localhost build]# ./demo
Hello world from meson!
```

OK，Meson 和 Ninja 聯合作戰成功。其實我們做這個小程式主要是來測試版本匹配問題，因為高版本的 Meson 是不能和低版本的 Ninja 一起工作的。

下面開始編譯 DPDK20，分別執行以下命令：

```
tar xJf dpdk-20.11.tar.xz
cd dpdk-20.11/
meson mybuild
ninja -C mybuild
cd mybuild/
ninja install
```

安裝完畢後，為了找到 libdpdk.pc 檔案，可以把它所在的路徑加入設定檔中。執行以下命令：

```
vim /etc/profile
```

在檔案末尾增加下面一行內容：

```
export PKG_CONFIG_PATH=/usr/local/lib64/pkgconfig
```

儲存檔案並退出，然後執行下面的命令使設定生效：

```
source /etc/profile
```

為了讓我們的可執行程式能找到程式庫路徑，可以把 DPDK 的程式庫路徑 /usr/local/lib64/ 加到 /etc/ld.so.conf 中，增加後再執行一下 ldconfig 命令。

下面再綁定大分頁記憶體，比如 echo 16 > /proc/sys/vm/nr_hugepages，然後編譯 igb_uio 驅動並載入，接著查看 10GB 網路卡的狀態：

```
dpdk-devbind.py -s
0000:01:00.0 '82599ES 10-Gigabit SFI/SFP+ Network Connection 10fb' if=em1
drv=ixgbe unused=igb_uio
0000:01:00.1 '82599ES 10-Gigabit SFI/SFP+ Network Connection 10fb' if=em2
drv=ixgbe unused=igb_uio
```

再綁定 10GB 網路卡：

```
[root@localhost igb_uio]# dpdk-devbind.py -b=igb_uio 01:00.0
[root@localhost igb_uio]# dpdk-devbind.py -b=igb_uio 01:00.1
[root@localhost igb_uio]# dpdk-devbind.py -s

Network devices using DPDK-compatible driver
============================================
0000:01:00.0 '82599ES 10-Gigabit SFI/SFP+ Network Connection 10fb'
drv=igb_uio unused=ixgbe
0000:01:00.1 '82599ES 10-Gigabit SFI/SFP+ Network Connection 10fb'
drv=igb_uio unused=ixgbe
```

綁定成功。下面我們再透過程式來檢測 10GB 網路卡。

## 【例 8.13】用 Meson 生成網路卡檢測程式

（1）在 Windows 下打開 VSCode，準備好 stfp.json、main.c 和 meson.build 檔案，這些都和例 8.11 內容類別似，最多就是 PC 的 IP 位址不同，這裡不再贅述。上傳這 3 個檔案。

（2）進行編譯和連結：

```
meson build
cd build
ninja
```

執行結果如下：

```
[root@localhost build]# ./countEthDev
EAL: Detected 4 lcore(s)
EAL: Detected 1 NUMA nodes
EAL: Multi-process socket /var/run/dpdk/rte/mp_socket
EAL: Selected IOVA mode 'PA'
EAL: Probing VFIO support...
EAL:   Invalid NUMA socket, default to 0
EAL: Probe PCI driver: net_ixgbe (8086:10fb) device: 0000:01:00.0 (socket 0)
```

```
EAL:    Invalid NUMA socket, default to 0
EAL: Probe PCI driver: net_ixgbe (8086:10fb) device: 0000:01:00.1 (socket 0)
EAL: No legacy callbacks, legacy socket not created
Number of NICs: 2
```

兩個網路卡都探測到了。現在是時候告別 PC，全面進軍伺服器了。

## 8.7.3 DPDK 調配伺服器

貼近企業最前線實戰的大幕終於拉開了，現在是企業界的工程師觀看的時候了。最近筆者又買了一片 10GB 網路卡，把它插在伺服器上。從官網下載系統然後裝機。

把 ninja、meson-0.59.1.tar 和 dpdk-20.11.tar.xz 上傳到 /root/soft/ 下（也可以自訂路徑），然後分別執行下列命令：

```
cd /root/soft/
ln -s /root/soft/ninja /usr/bin/ninja
chmod +x ninja
ninja --version
1.10.2
tar zxvf meson-0.59.1.tar.gz
ln -s /root/soft/meson-0.59.1/meson.py /usr/bin/meson
meson -v
0.59.1
tar xJf dpdk-20.11.tar.xz
cd dpdk-20.11/
meson mybuild
ninja -C mybuild
cd mybuild/
ninja install
```

安裝完畢後，為了找到 libdpdk.pc 檔案，可以把它所在的路徑加入設定檔中。執行以下命令：

```
vim /etc/profile
```

在檔案末尾增加下面一行內容：

```
export PKG_CONFIG_PATH=/usr/local/lib64/pkgconfig
```

儲存檔案並退出，然後執行下面的命令使設定生效：

```
source /etc/profile
```

為了讓我們的可執行程式能找到程式庫路徑，可以把 DPDK 的程式庫路徑 / usr/local/lib64/ 加入 /etc/ld.so.conf 中，增加後再執行一下 ldconfig 命令。

下面再綁定大分頁記憶體，比如 echo 16 > /proc/sys/vm/nr_hugepages，然後編譯 igb_uio 驅動並載入，接著查看 10GB 網路卡的狀態：

```
dpdk-devbind.py -s
...
    0000:0b:00.0 '82599ES 10-Gigabit SFI/SFP+ Network Connection 10fb' if=em2
drv=ixgbe unused=igb_uio
    0000:0b:00.1 '82599ES 10-Gigabit SFI/SFP+ Network Connection 10fb' if=em3
drv=ixgbe unused=igb_uio
```

再綁定 10GB 網路卡：

```
[root@localhost igb_uio]# dpdk-devbind.py -b=igb_uio 0b:00.0
[root@localhost igb_uio]# dpdk-devbind.py -b=igb_uio 0b:00.1
[root@localhost igb_uio]# dpdk-devbind.py -s

Network devices using DPDK-compatible driver
============================================
    0000:0b:00.0 '82599ES 10-Gigabit SFI/SFP+ Network Connection 10fb'
drv=igb_uio unused=ixgbe
    0000:0b:00.1 '82599ES 10-Gigabit SFI/SFP+ Network Connection 10fb'
drv=igb_uio unused=ixgbe
```

綁定成功，看來在伺服器平臺上也十分順利。下面我們再透過程式來檢測 10GB 網路卡。

### 【例 8.14】用 Meson 生成網路卡檢測程式

（1）在 Windows 下打開 VSCode，準備好 stfp.json、main.c 和 meson.build 檔案，這些都和例 8.11 內容類別似，最多就是 IP 位址不同，這裡不再贅述。上傳這 3 個檔案。

（2）進行編譯和連結：

```
meson build
cd build
ninja
```

執行結果如下：

```
[2/2] Linking target countEthDev
[root@localhost build]# ./countEthDev
```

```
EAL: Detected 8 lcore(s)
EAL: Detected 1 NUMA nodes
EAL: Multi-process socket /var/run/dpdk/rte/mp_socket
EAL: Selected IOVA mode 'PA'
EAL: No available hugepages reported in hugepages-1048576kB
EAL: Probing VFIO support...
EAL:   Invalid NUMA socket, default to 0
EAL: Probe PCI driver: net_ixgbe (8086:10fb) device: 0000:0b:00.0 (socket 0)
EAL:   Invalid NUMA socket, default to 0
EAL: Probe PCI driver: net_ixgbe (8086:10fb) device: 0000:0b:00.1 (socket 0)
EAL: No legacy callbacks, legacy socket not created
Number of NICs: 2
```

兩個網路卡探測到了。

## 8.7.4 DPDK 調配 Arm 伺服器

從官網下載 Arm 系統然後裝機。

伺服器是 ARM 架構，因此 x86 架構的 Ninja 程式不能用了，必須下載原始程式，編譯出 ARM 版本的 Ninja，可到網站 https://github.com/ninja-build/ninja/releases 下載原始程式壓縮檔，這裡下載的是 ninja-1.10.2.zip，把它上傳到 /root/soft/ 下。構造 Ninja 可使用 CMake 或 Python 兩種方式，不過都需要先安裝詞法分析器 re2c。re2c 的下載網址是 http://re2c.org/，這裡下載的是 re2c-2.2.zip，把它上傳到 /root/soft/ 下。再把 meson-0.59.1.tar 和 dpdk-20.11.tar.xz 也上傳到 /root/soft/ 下（也可以自訂路徑）。

然後編譯安裝 re2c，命令如下：

```
cd /root/soft
unzip re2c-2.2.zip
cd re2c-2.2/
autoreconf -i -W all
./configure
make
make install
```

再編譯安裝 Ninja（在本書書附程式中的「書附軟體」下也可以找到 Arm 版的 Ninja，不需要編譯），命令如下：

```
unzip ninja-1.10.2.zip
cd ninja-1.10.2/
./configure.py --bootstrap
```

```
cp ninja /usr/bin/
ninja --version
1.10.2
```

接著分別執行下列命令：

```
tar zxvf meson-0.59.1.tar.gz
ln -s /root/soft/meson-0.59.1/meson.py /usr/bin/meson
meson -v
0.59.1
tar xJf dpdk-20.11.tar.xz
cd dpdk-20.11/
meson mybuild
ninja -C mybuild
cd mybuild/
ninja install
```

安裝完畢後，為了找到 libdpdk.pc 檔案，可以把它所在的路徑加入設定檔中。執行以下命令：

```
vim /etc/profile
```

在檔案末尾增加下面一行內容：

```
export PKG_CONFIG_PATH=/usr/local/lib64/pkgconfig
```

儲存檔案並退出，然後執行下面的命令使設定生效：

```
source /etc/profile
```

為了讓我們的可執行程式能找到程式庫路徑，可以把 DPDK 的程式庫路徑 /usr/local/lib64/ 加入 /etc/ld.so.conf 中，增加後再執行一下 ldconfig 命令。

下面再綁定大分頁記憶體，比如 echo 16 > /proc/sys/vm/nr_hugepages，然後編譯 igb_uio 驅動並載入，接著查看 10GB 網路卡狀態：

```
[root@localhost soft]# dpdk-devbind.py -s

Network devices using kernel driver
===================================
0000:0e:00.0 '82599ES 10-Gigabit SFI/SFP+ Network Connection 10fb' if=enp14s0f0
drv=ixgbe unused=igb_uio
0000:0e:00.1 '82599ES 10-Gigabit SFI/SFP+ Network Connection 10fb' if=enp14s0f1
drv=ixgbe unused=igb_uio
```

再綁定 10GB 網路卡：

```
[root@localhost soft]#dpdk-devbind.py -b=igb_uio 0e:00.0
[root@localhost soft]#dpdk-devbind.py -b=igb_uio 0e:00.1
[root@localhost soft]# dpdk-devbind.py -s

Network devices using DPDK-compatible driver
============================================
0000:0e:00.0 '82599ES 10-Gigabit SFI/SFP+ Network Connection 10fb' drv=igb_uio
unused=ixgbe
0000:0e:00.1 '82599ES 10-Gigabit SFI/SFP+ Network Connection 10fb' drv=igb_uio
unused=ixgbe
```

綁定成功。看下面我們再透過程式來檢測 10GB 網路卡。

## 【例 8.15】用 Meson 生成網路卡檢測程式

（1）在 Windows 下打開 VSCode，準備好 stfp.json、main.c 和 meson.build 檔案，這些都和例 8.11 內容類別似，最多就是 IP 位址不同，這裡不再贅述。 上傳這 3 個檔案。

（2）進行編譯和連結：

```
meson build
cd build
ninja
```

執行結果如下：

```
[root@localhost build]# ./countEthDev
EAL: Detected 64 lcore(s)
EAL: Detected 4 NUMA nodes
EAL: Multi-process socket /var/run/dpdk/rte/mp_socket
EAL: Selected IOVA mode 'PA'
EAL: No available hugepages reported in hugepages-2048kB
EAL: No free hugepages reported in hugepages-524288kB
EAL: Probing VFIO support...
EAL: DPDK is running on a NUMA system, but is compiled without NUMA support.
EAL: This will have adverse consequences for performance and usability.
EAL: Please use --legacy-mem option, or recompile with NUMA support.
EAL: Probe PCI driver: net_ixgbe (8086:10fb) device: 0000:0e:00.0 (socket 0)
EAL: Probe PCI driver: net_ixgbe (8086:10fb) device: 0000:0e:00.1 (socket 0)
EAL: No legacy callbacks, legacy socket not created
Number of NICs: 2
```

兩個網路卡探測到了。現在，是時候告別本章了，再次強調，調配工作很重要，這是一切網路應用程式的基礎。本章我們從投資最小的虛擬機器開始，到高端的伺服器為止。

第9章
••••••••••••••••••••••••••••••••••
# DPDK 應用案例實戰

本節介紹兩個 DPDK 應用的案例實戰，提升讀者的 DPDK 的實際應用能力。

## 9.1 實戰 1：測試兩個網路通訊埠之間的收發

前面我們洋洋灑灑地講解了 DPDK 開發環境的架設，現在就要利用 DPDK 做一些有實際用途的事情了。當然，考慮到初學者，本節的案例不會很複雜，從而保證讀者學習曲線的平緩。我們的第一個實戰將測試兩個網路通訊埠之間的收發，並統計出結果。

### 9.1.1 搞清楚網路卡、網路通訊埠和通訊埠

對於初學者而言，經常會搞混網路卡和網路通訊埠，而這兩個詞彙在 DPDK 領域內經常出現，並且非常重要。

網路卡就是一片被設計用來允許電腦在電腦網路上進行通訊的電腦硬體，它可以插在電腦主機板的 PCI 插槽上或整合在主機板中，前者也稱 PCI 網路卡，如圖 9-1 所示。

網路介面

▲ 圖 9-1

相信大家對網路卡應該不會陌生。在圖 9-1 中，圈出來的類似矩形的通訊埠就

是網路卡，它是用來插網線的，相信大家都插過網線吧。網路卡上這個用來插網線的通訊埠就是網路通訊埠。但要注意的是，網路卡上可能不止一個網路通訊埠，比如雙網路通訊埠網路卡，如圖 9-2 所示。

▲ 圖 9-2

相信大家現在已經清楚網路卡和網路通訊埠的概念了。那什麼是通訊埠呢？學過通訊端網路程式設計的讀者，可能第一反應就是通訊端位址中的通訊埠編號，在通訊端網路程式設計中，通訊埠是邏輯連接的端點，用來區分不同的網路處理程序。如果一個軟體應用程式或服務需要與其他人進行 socket 通訊，它就會暴露一個通訊埠，由 Internet 協定封包的傳輸層協定使用，例如使用者資料封包通訊協定（UDP）和傳輸控制協定（TCP）。但這裡的通訊埠嚴格地講是一個軟體通訊埠（也稱邏輯通訊埠）。

電腦「通訊埠」是英文 port 的譯義，可以認為是電腦與外界通訊交流的出口。在電腦中，通訊埠分為硬體通訊埠和軟體通訊埠，其中硬體領域的通訊埠又稱介面，如網路卡通訊埠（簡稱網路通訊埠）、USB 通訊埠、序列埠等。軟體領域的通訊埠一般指網路中連線導向服務和無連接服務的通訊協定通訊埠。

因此，在 DPDK 中，經常所說的 port 就是網路通訊埠。現在應該清楚了吧。

## 9.1.2　testpmd 簡介

testpmd 是一個使用 DPDK 軟體套件分發的應用程式，其主要目的是在乙太網通訊埠之間轉發資料封包。此外，使用者還可以用 testpmd 嘗試一些不同驅動程式的功能，例如 RSS、篩檢程式和英特爾乙太網流量控制器（Intel Ethernet Flow Director）。

testpmd 是 DPDK 附帶的網路卡測試工具，當執行 testpmd 時，可以展示和驗證網路卡支援的各種 PMD（Poll Mode Drive，基於使用者態輪詢機制的驅動）相關功能。同時對基於 DPDK 的上層開發者來說，testpmd 也是一個進行程式開發的很好的參考，熟悉 testpmd 對開發工作往往能夠造成事半功倍的效果。

這裡，我們使用 DPDK 附帶的 testpmd 程式來測試統計我們的網路通訊埠的收發送封包。

### 9.1.3 testpmd 的轉發模式

testpmd 可以使用 3 種不同的轉發模式：輸入／輸出模式、接收封包模式和發送封包模式。

（1）輸入／輸出模式（Input/Output mode）：此模式通常稱為 I/O 模式，是最常用的轉發模式，也是 testpmd 啟動時的預設模式。在 I/O 模式下，CPU 核心（core）從一個通訊埠接收資料封包（Rx），並將它發送到另一個通訊埠（Tx）。如果需要的話，一個通訊埠可同時用於接收和發送。

（2）接收封包模式（Rx-only mode）：在此模式下，應用程式會輪詢 Rx 通訊埠的資料封包，然後直接釋放而不發送。它以這種方式充當資料封包接收器。

（3）發送封包模式（Tx-only mode）：在此模式下，應用程式生成 64B 的 IP 資料封包，並從 Tx 通訊埠發送出去。它不接收資料封包，僅作為資料封包來源。

後兩種模式（接收封包模式和發送封包模式）對於單獨檢查接收封包或發送封包非常有用。

### 9.1.4 案例中的使用場景

為了照顧學生讀者，我們就在一個虛擬機器中執行 testpmd 程式，不需要額外投資。此時，testpmd 應用程式把兩個乙太網通訊埠連成環回模式，這樣使用者就可以在沒有外部流量發生器的情況下檢查網路裝置的接收和傳輸功能。拓撲結構如圖 9-3 所示。

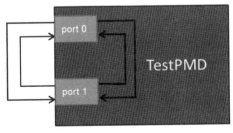

▲ 圖 9-3

　　為了擁有 port0 和 port1，我們為虛擬機器增加兩個網路卡，這兩個網路卡綁定到 DPDK 中。

## 9.1.5 架設 DPDK 案例環境

　　在進行 DPDK 實驗前架設好環境太重要了，否則不是 DPDK 程式跑不通，就是執行了但沒結果，到時候一頭霧水。雖然上一章已經詳細講解過 DPDK 環境的架設，但那是通用的情況，針對特定案例，筆者還是覺得有必要說一下環境架設，但也不會說得非常詳細，主要是把要點和注意點講清楚。另外，說實話，DPDK 實驗最好是在高性能伺服器上執行，這樣才能展現出 DPDK 的高性能特點。但筆者也知道，看本書的人有不少是在校學生，不一定有企業級伺服器環境，因此，筆者還是決定在虛擬機器上做實驗，這樣可以讓（大家跟著做，具有實操性。其實過程和原理都是類似的，在虛擬機器上學會後，以後入職了，有了高性能伺服器，那麼這些案例也是可以用的，無非就是設定（比如 CPU 核心數、大分頁記憶體的數量可以設定大一些）和最終結果有所不同。

　　具體步驟如下：

**步驟01** 安裝虛擬機器 Linux。

　　在 Win7 或 Win10 的實體 PC 上用 VMWare 軟體安裝虛擬機器 CentOS 7.6。安裝後，CentOS 中有一個網路卡，這個網路卡用來和宿主機透過 NAT 方式進行連接，這樣在宿主機上就可以用終端工具（比如 SecureCRT、MobaXTerm 等）連接到虛擬機器 CentOS。也就是說，這個網路卡不給 DPDK 程式用。有人或許奇怪：虛擬機器直接在本地，為什麼還要用終端工具，直接在圖形介面的虛擬機器中操作不就得了？其實，筆者這樣做也是有目的的，是為了盡可能模擬企業中的使用場景。企業中，高性能伺服器肯定都是在機房裡，我們在辦公桌上肯定是透過終端工具遠端操作機房裡的伺服器。筆者也是用心良苦。

**步驟02** 增加網路卡。

　　我們要測試兩個網路通訊埠，可以在 VMWare 的「虛擬機器設定」對話方片中增加兩片新的網路卡，它們的網路連接模式都是「僅主機模式」，如圖 9-4 所示。

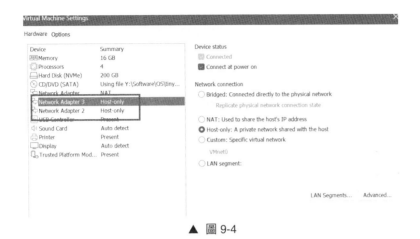

▲ 圖 9-4

這樣，我們的虛擬機器 Linux 中可以看到有 3 片網路卡了，如下所示：

```
# ifconfig
eno16777736: flags=4163<UP,BROADCAST,RUNNING,MULTICAST>  mtu 1500
        inet 192.168.100.135  netmask 255.255.255.0  broadcast 192.168.100.255
        ...
eno33554984: flags=4163<UP,BROADCAST,RUNNING,MULTICAST>  mtu 1500
        inet 192.168.48.130  netmask 255.255.255.0  broadcast 192.168.48.255
        ...
eno50332208: flags=4163<UP,BROADCAST,RUNNING,MULTICAST>  mtu 1500
        inet 192.168.48.128  netmask 255.255.255.0  broadcast 192.168.48.255
        ...
```

其中，網路卡 eno16777736 用於和宿主機網路連接，其餘兩片用於 DPDK。另外，把 Linux 的防火牆關閉：

```
systemctl disable firewalld.service
```

**步驟 03** 增加 CPU 核心。

預設情況下，剛裝好的虛擬機器只有一個 CPU，我們要用到兩個網路通訊埠，每個網路通訊埠由一個 CPU 來處理，那麼就需要兩個 CPU，在 VMWare 的「虛擬機器設定」對話方塊中選擇處理器數量為 2，如圖 9-5 所示。

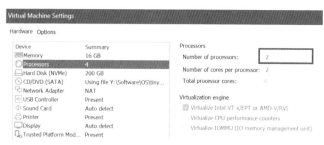

▲ 圖 9-5

**步驟 04** 增加記憶體。

DPDK 程式通常需要分配較多的大分頁記憶體,所以實體記憶體最好是多一些,筆者這裡分配 3GB,如圖 9-6 所示。

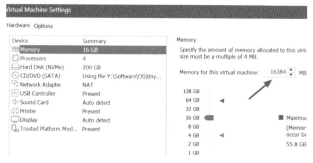

▲ 圖 9-6

如果讀者沒有這麼大的記憶體,也可以試試 2GB。

**步驟 05** 解壓編譯 DPDK。

把 dpdk-19.11.7.tar.xz 檔案上傳到虛擬機器 Linux 的某目錄(比如 /root/soft/)下,解壓:

```
tar xJf dpdk-19.11.7.tar.xz
```

然後設定環境變數,執行以下命令:

```
vim /etc/profile
```

在檔案末尾增加下面 3 行內容:

```
export DESTDIR=/root/mydpdk
export RTE_SDK=/root/mydpdk/share/dpdk
export RTE_TARGET=x86_64-native-linuxapp-gcc
```

儲存檔案並退出，最後執行下面的命令進行生效：

```
source /etc/profile
```

下面我們在命令列下進入原始程式根目錄的子目錄 usertools 下，執行指令稿程式：

```
cd usertools
./dpdk-setup.sh
```

出現提示後，輸入 41 開始編譯，稍等片刻編譯完成，提示訊息如下所示：

```
...
Build complete [x86_64-native-linuxapp-gcc]
================== Installing /root/mydpdk/
Installation in /root/mydpdk/ complete
------------------------------------------------------------------------
 RTE_TARGET exported as x86_64-native-linuxapp-gcc
------------------------------------------------------------------------

Press enter to continue ...
```

接下來，我們將使用 IGB UIO 這個使用者態驅動程式，所以選擇 48；下一步輸入 52，準備設定大分頁記憶體數量，這個數量要設定大一點，如果設定小了，那 testpmd 根本執行不起來，這裡設定 512，如下所示：

```
...
Option: 52

Removing currently reserved hugepages
Unmounting /mnt/huge and removing directory

  Input the number of 2048kB hugepages for each node
  Example: to have 128MB of hugepages available per node in a 2MB huge page system,
  enter '64' to reserve 64 * 2MB pages on each node
Number of pages for node0: 512
```

下面綁定兩片網路卡，在終端上重新開一個階段視窗，然後讓它們失效：

```
[root@localhost ~]# ifconfig eno33554984 down
[root@localhost ~]# ifconfig eno50332208 down
```

再回到原來的階段視窗，輸入 53：

```
Network devices using kernel driver
```

```
=====================================
0000:02:01.0 '82545EM Gigabit Ethernet Controller (Copper) 100f' if=eno16777736
drv=e1000 unused=igb_uio *Active*
0000:02:05.0 '82545EM Gigabit Ethernet Controller (Copper) 100f' if=eno33554984
drv=e1000 unused=igb_uio
0000:02:06.0 '82545EM Gigabit Ethernet Controller (Copper) 100f' if=eno50332208
drv=e1000 unused=igb_uio
```

把要綁定的兩片網路卡的硬體 ID 記錄下來，這裡是 0000:02:05.0 和 0000:02:06.0。輸入 54，然後輸入 0000:02:05.0，再輸入 54，然後輸入 0000:02:06.0。如果只提示 OK，就表示成功了，如下所示：

```
Enter PCI address of device to bind to IGB UIO driver: 0000:02:06.0
OK
```

## 9.1.6 執行測試工具

萬事俱備，開始執行。進入 /root/mydpdk/bin/（/root/mydpdk/ 是筆者編譯 DPDK 後的目標目錄），然後執行 testpmd，命令如下：

```
./testpmd -l 0,1 -n 4 -- -i
```

參數說明：

- 「--」之前的參數為 EAL 參數，也就是把 DPDK 環境抽象層（EAL）命令參數與 TestPMD 應用程式命令參數分開。
- -l 就是明確指定使用哪些 CPU 邏輯核心，用清單的形式指定，0,1 表示有兩個邏輯核心，邏輯核心 0 用於 testpmd 程式本身，邏輯核心 1 用於轉發，也就是把處理對應收發佇列的執行緒綁定到對應的核心上。其實，更好的方式是有 3 個核心，一個用於 testpmd 本身，另外兩個分別用於兩個網路通訊埠轉發，這比較合理。但筆者的虛擬機器只能設定兩個核心，讀者可以試一下指定 3 個核心。
- -n 表示 EAL 的記憶體通道數，一般為 4。
- -i 表示啟用互動模式，也就是執行成功後，會出現「testpmd>」這樣的提示符號，允許使用者輸入命令。

稍等片刻，出現以下資訊表示執行成功了：

```
[root@localhost bin]# ./testpmd -l 0,1 -n 4 -- -i
EAL: Detected 2 lcore(s)
```

```
EAL: Detected 1 NUMA nodes
EAL: Multi-process socket /var/run/dpdk/rte/mp_socket
EAL: Selected IOVA mode 'PA'
EAL: No available hugepages reported in hugepages-1048576kB
EAL: Probing VFIO support...
EAL: PCI device 0000:02:01.0 on NUMA socket -1
EAL:   Invalid NUMA socket, default to 0
EAL:   probe driver: 8086:100f net_e1000_em
EAL: PCI device 0000:02:05.0 on NUMA socket -1
EAL:   Invalid NUMA socket, default to 0
EAL:   probe driver: 8086:100f net_e1000_em
EAL: PCI device 0000:02:06.0 on NUMA socket -1
EAL:   Invalid NUMA socket, default to 0
EAL:   probe driver: 8086:100f net_e1000_em
EAL: Error reading from file descriptor 19: Input/output error
Interactive-mode selected
EAL: Error reading from file descriptor 22: Input/output error
testpmd: create a new mbuf pool <mbuf_pool_socket_0>: n=155456, size=2176, socket=0
testpmd: preferred mempool ops selected: ring_mp_mc
Configuring Port 0 (socket 0)
EAL: Error enabling interrupts for fd 19 (Input/output error)
Port 0: 00:0C:29:AB:F3:FF
Configuring Port 1 (socket 0)
EAL: Error enabling interrupts for fd 22 (Input/output error)
Port 1: 00:0C:29:AB:F3:09
Checking link statuses...
Done
testpmd>
```

下面我們檢查轉發設定，輸入 show config fwd：

```
testpmd> show config fwd
io packet forwarding - ports=2 - cores=1 - streams=2 - NUMA support enabled,
MP allocation mode: native
Logical Core 1 (socket 0) forwards packets on 2 streams:
  RX P=0/Q=0 (socket 0) -> TX P=1/Q=0 (socket 0) peer=02:00:00:00:00:01
  RX P=1/Q=0 (socket 0) -> TX P=0/Q=0 (socket 0) peer=02:00:00:00:00:00
```

這表明 testpmd 正在使用預設的 I/O 轉發模式。它還顯示 CPU 核心 1 將從通訊埠 0 輪詢資料封包，將它們轉發到通訊埠 1，反之亦然。命令列上的第一個核心 0 用於處理執行時期命令列本身。可以看到封包轉發（packet forwarding）用了兩個網路通訊埠（ports=2），用了一個 CPU 核心（cores=1），資料流程也是兩個（streams=2）。

下面開始轉發，只需輸入 start：

```
testpmd> start
io packet forwarding - ports=2 - cores=1 - streams=2 - NUMA support enabled,
MP allocation mode: native
Logical Core 1 (socket 0) forwards packets on 2 streams:
  RX P=0/Q=0 (socket 0) -> TX P=1/Q=0 (socket 0) peer=02:00:00:00:00:01
  RX P=1/Q=0 (socket 0) -> TX P=0/Q=0 (socket 0) peer=02:00:00:00:00:00

  io packet forwarding packets/burst=32
  nb forwarding cores=1 - nb forwarding ports=2
  port 0: RX queue number: 1 Tx queue number: 1
    Rx offloads=0x0 Tx offloads=0x0
    RX queue: 0
      RX desc=256 - RX free threshold=0
      RX threshold registers: pthresh=0 hthresh=0  wthresh=0
      RX Offloads=0x0
    TX queue: 0
      TX desc=256 - TX free threshold=32
      TX threshold registers: pthresh=0 hthresh=0  wthresh=0
      TX offloads=0x0 - TX RS bit threshold=32
  port 1: RX queue number: 1 Tx queue number: 1
    Rx offloads=0x0 Tx offloads=0x0
    RX queue: 0
      RX desc=256 - RX free threshold=0
      RX threshold registers: pthresh=0 hthresh=0  wthresh=0
      RX Offloads=0x0
    TX queue: 0
      TX desc=256 - TX free threshold=32
      TX threshold registers: pthresh=0 hthresh=0  wthresh=0
      TX offloads=0x0 - TX RS bit threshold=32
```

稍等片刻，若要檢查是否正在通訊埠之間轉發流量，可以執行命令 show port stats all 以顯示應用程式正在使用的所有通訊埠的統計資訊：

```
testpmd> show port stats all

  ######################## NIC statistics for port 0  ########################
  RX-packets: 160273791  RX-missed: 0          RX-bytes:  27176720510
  RX-errors: 0
  RX-nombuf:  0
  TX-packets: 159344026  TX-errors: 0          TX-bytes:  26399416331

  Throughput (since last show)
  Rx-pps:        52783        Rx-bps:      71601456
  Tx-pps:        52477        Tx-bps:      69553536
  ###########################################################################
```

```
###################### NIC statistics for port 1 ######################
RX-packets: 159344216  RX-missed: 0        RX-bytes:  27036818962
RX-errors: 0
RX-nombuf:  0                    .
TX-packets: 160273601  TX-errors: 0        TX-bytes:  26535599579

Throughput (since last show)
Rx-pps:       52477      Rx-bps:     71232848
Tx-pps:       52783      Tx-bps:     69912312
###########################################################################
```

　　此輸出顯示自資料封包轉發開始以來應用程式處理的資料封包總數，以及兩個通訊埠接收和傳輸的資料封包數。流量速率以每秒資料封包數（pps）顯示。在此案例中，在通訊埠接收的所有流量都以 5 萬多的 pps 的理論線速轉發。線速是給定資料封包大小和網路介面的最大速度。要停止轉發，只需輸入 stop 命令即可：

```
testpmd> stop
Telling cores to stop...
Waiting for lcores to finish...

  ---------------------- Forward statistics for port 0  ----------------------
  RX-packets: 160273641    RX-dropped: 0        RX-total: 160273641
  TX-packets: 159344026    TX-dropped: 0        TX-total: 159344026
  ----------------------------------------------------------------------------


  ---------------------- Forward statistics for port 1  ----------------------
  RX-packets: 159344066    RX-dropped: 0        RX-total: 159344066
  TX-packets: 160273601    TX-dropped: 0        TX-total: 160273601
  ----------------------------------------------------------------------------


  +++++++++++++++ Accumulated forward statistics for all ports+++++++++++++++
  RX-packets: 319617707    RX-dropped: 0        RX-total: 319617707
  TX-packets: 319617627    TX-dropped: 0        TX-total: 319617627
  ++++++++++++++++++++++++++++++++++++++++++++++++++++++++++++++++++++++++++++

Done.
```

　　現在停止轉發並顯示兩個通訊埠的累積統計資訊以及整體摘要。最後，如果要退出 testpmd 命令列，輸入 quit 即可。

## 9.1.7 testpmd 的其他選項

　　在我們的開發工作中，常用的 testpmd 的啟動參數有：

```
-w                    綁定網路卡
-c                    使用哪些核心，ff 代表 1111 1111 八個核心
-n                    記憶體通道數
-q                    每個 CPU 管理的收發佇列
-p                    使用的通訊埠

--nb-cores=N          設定轉發核心數
--rxq=N               將每個通訊埠的 RX 佇列數設定為 N
--rxd=N               將 RX 環中的描述符號數量設定為 N
--txq=N               將每個通訊埠的 TX 佇列數設定為 N
--txd=N               將 TX 環中的描述符號數量設定為 N

--burst=N      將每個突發的資料封包數設定為 N，預設值為 32
--nb-cores      用於轉發的邏輯核心數目。注意 testpmd 本身需要一個邏輯核心用於互動，所以這個參數的值
應大於 0 且小於或等於總邏輯核心數 -1
--nb-ports      用於轉發的網路介面。如果不指定則使用所有可用的介面；2 表示用前兩個介面
```

testpmd 啟動後，也可以設定一些屬性，常用的有：

```
> set fwd io/txonly/rxonly/txrx          設定模式
> show port stats all                    顯示所有通訊埠資訊
> set txpkts N                           設定封包的長度為 N
> set pktc N                             設定封包的數量為 N，0XFFFF 代表一直發
> read reg <port_id> <reg_off>           讀取暫存器的值
```

對於 set fwd，有必要詳細說明一下，其完整的語法形式如下：

```
testpmd> set fwd (io|mac|macswap|flowgen| \
rxonly|txonly|csum|icmpecho|noisy|5tswap|shared-rxq) (""|retry)
```

參數說明如下：

- io：按原始 I/O 方式轉發封包。這是最快的轉發操作，因為它不存取資料封包資料。這是預設模式。
- mac：在轉發封包之前改變封包的來源乙太網位址和目的乙太網位址。應用程式的預設行為是將來源乙太網位址設定為發送介面的位址，將目的乙太網位址設定為一個虛擬值（在 init 時設定）。使用者可以透過命令列選項 eth-peer 或 eth-peers-configfile 指定目的乙太網位址。目前還不能指定特定的來源乙太網位址。
- macswap：MAC 交換轉發模式。在轉發資料封包之前，交換資料封包的來源和目的乙太網位址。
- flowgen：多流生成方式。發起大量流（具有不同的目的 IP 位址），並終止接

收流量。

- rxonly：接收封包但不發送。
- txonly：不接收封包，生成並發送封包。
- csum：根據資料封包上的卸載標識用硬體或軟體方法改變校驗和欄位。
- icmpecho：接收大量封包，查詢 ICMP echo 請求，如果有，則傳回 ICMP echo 應答。
- ieee1588：演示 L2 IEEE1588 V2 點對 RX 和 TX 的時間戳記。
- noisy：吵鬧的鄰居模擬。模擬執行虛擬網路功能（VNF）接收和發送資料封包的客戶端設備的真實行為。
- 5tswap：交換 L2、L3、L4 的來源和目標（如果存在）。
- shared-rxq：只接收共用的 Rx 佇列。從 mbuf 解析資料封包的來源通訊埠，並相應地更新流統計資訊。

# 9.2 實戰 2：接收來自 Windows 的網路封包並統計

DPDK 程式針對的應用場景非常多，大家以後在工作中可以體會到這一點。但現在考慮到初學者，不宜搞得非常複雜和費用高昂，一定要大幅地利用大家的現有條件來學會 DPDK 程式的用法。

前面的實戰案例中，我們僅利用了一台 Linux 虛擬機器就做出了可操作性的實驗。現在，筆者設計了這樣一個案例，利用宿主機 Windows 的網路發送封包工具向虛擬機器 Linux 中的 DPDK 程式發送封包，然後這個 DPDK 程式統計收到的封包。這個案例充分利用了大家現有的條件，不用投資購買其他裝置。

## 9.2.1 什麼是二層轉發

二層轉發對應 OSI 模型中的資料連結層，該層以 MAC 幀進行傳輸，執行在二層的比較有代表性的裝置就是交換機了。當交換機收到資料時，它會檢查它的目的 MAC 位址，然後把資料從目的主機所在的介面轉發出去。

交換機之所以能實現這一功能，是因為其內部有一個 MAC 位址表，MAC 位址表記錄了網路中所有 MAC 位址與該交換機各通訊埠的對應資訊。某一資料幀需要轉發時，交換機根據該資料幀的目的 MAC 位址來查詢 MAC 位址表，從而得到該位址對應的通訊埠，即知道具有該 MAC 位址的裝置是連接在交換機的哪個通訊埠上，然後交換機把資料幀從該通訊埠轉發出去。內部原理如下：

（1）交換機根據收到的資料幀中的來源 MAC 位址建立該位址同交換機通訊埠的映射，並將它寫入 MAC 位址表中。

（2）交換機將資料幀中的目的 MAC 位址同已建立的 MAC 位址表進行比較，以決定由哪個通訊埠進行轉發。

（3）如果資料幀中的目的 MAC 位址不在 MAC 位址表中，則向所有通訊埠轉發。這一過程稱為泛洪（flood）。

（4）接到廣播幀或多點傳輸幀的時候，立即轉發到除接收通訊埠之外的所有其他通訊埠。

下面我們就準備寫一個二層轉發程式，來接收 Windows 中發來的網路封包。

## 9.2.2 程式的主要流程

程式的主要流程如圖 9-7 所示。

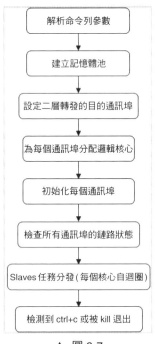

▲ 圖 9-7

## 9.2.3 主函式實現

　　因為程式碼較多，我們不可能全部貼上出來，所以只能挑重要的函式拿出來分析。主函式肯定是第一個出場，程式如下：

```
/* 命令列解析
 * 參數輸入 ./l2fwd -c 0x3 -n 4 -- -p 3 -q 1
 * -c 為十六進位的分配的邏輯核心數量
 * -n 為十進位的記憶體通道數量，EAL 參數和程式參數用 -- 分開
 * -q 為分配給每個核心的收發佇列數量（通訊埠數量）
 * -p 為十六進位的分配的通訊埠數
 * -t 為可選的列印時間間隔參數，預設 10s
 */
int main(int argc, char **argv)
{
    struct lcore_queue_conf *qconf;
    int ret;
    uint16_t nb_ports;
    uint16_t nb_ports_available = 0;
    uint16_t portid, last_port;
    unsigned lcore_id, rx_lcore_id;
    unsigned nb_ports_in_mask = 0;
    unsigned int nb_lcores = 0;
    unsigned int nb_mbufs;

    /* init EAL */
    /* 初始化 EAL 參數並解析參數，系統函式 getopt 以及 getopt_long
     * 這兩個是用來處理命令列參數的函式
     */
    ret = rte_eal_init(argc, argv);
    if (ret < 0)
        rte_exit(EXIT_FAILURE, "Invalid EAL arguments\n");
    //argc 減去 EAL 參數的同時，argv 加上 EAL 參數，保證在解析程式參數的時候已經跳過了 EAL 參數
    argc -= ret;
    argv += ret;

    force_quit = false;
    signal(SIGINT, signal_handler);
    signal(SIGTERM, signal_handler);

    /* parse application arguments (after the EAL ones) */
    // 解析 l2fwd 程式參數
    ret = l2fwd_parse_args(argc, argv);
    if (ret < 0)
        rte_exit(EXIT_FAILURE, "Invalid L2FWD arguments\n");
```

```
        printf("MAC updating %s\n", mac_updating ? "enabled" : "disabled");

        /* convert to number of cycles */
        //-t 參數，列印時間間隔
        timer_period *= rte_get_timer_hz();

        nb_ports = rte_eth_dev_count_avail();
        if (nb_ports == 0)
            rte_exit(EXIT_FAILURE, "No Ethernet ports - bye\n");

        /* check port mask to possible port mask */
        /*
         * 在 DPDK 執行時期建立的大分頁記憶體中建立封包記憶體池，
         * 其中 socket 不是通訊端，是 numa 框架中的 socket，
         * 每個 socket 都有數個 node，每個 node 又包括數個 core。
         * 每個 socket 都有自己的記憶體，每個 socket 裡的處理器存取自己記憶體的速度最快，
         * 存取其他 socket 的記憶體則較慢。
         */
        if (l2fwd_enabled_port_mask & ~((1 << nb_ports) - 1))
            rte_exit(EXIT_FAILURE, "Invalid portmask; possible (0x%x)\n",
                (1 << nb_ports) - 1);

        /* reset l2fwd_dst_ports */
        // 設定二層轉發目的通訊埠
        for (portid = 0; portid < RTE_MAX_ETHPORTS; portid++)
            l2fwd_dst_ports[portid] = 0;
        // 初始化所有的目的通訊埠為 0
        last_port = 0;

        /*
         * Each logical core is assigned a dedicated TX queue on each port.
         */
        RTE_ETH_FOREACH_DEV(portid) {
            /* skip ports that are not enabled */
            /* l2fwd_enabled_port_mask 可用通訊埠位元遮罩
             * 跳過未分配或是不可用通訊埠。
             * 可用通訊埠位元遮罩表示，左數第 n 位如果為 1，則表示通訊埠 n 可用，如果為 0，則表示通訊埠
n 不可用。
             * 要得到第 x 位為 1 還是 0，我們的方法是將 1 左移 x 位，得到一個隻在 x 位為 1 其他位都為 0 的數，
再與位元遮罩相與。
             * 若結果為 1，則第 x 位為 1；若結果位 0，則第 x 位為 0。
             */
            if ((l2fwd_enabled_port_mask & (1 << portid)) == 0)
                continue;
            // 此處，當輸入通訊埠數即 nb_ports 為 1 時，dst_port[0] = 0
            // 此處，當輸入通訊埠數即 nb_ports 為 2 時，dst_port[0] = 0，dst_port[2] = 1，
dst_port[1] = 2
```

```
        // 此處，當輸入通訊埠數即 nb_ports 為 3 時，dst_port[0] = 0，dst_port[2] = 1,
dst_port[1] = 2;
        // 此處，當輸入通訊埠數即 nb_ports 為 4 時，dst_port[4] = 3，dst_port[3] = 4

        if (nb_ports_in_mask % 2) {
            l2fwd_dst_ports[portid] = last_port;
            l2fwd_dst_ports[last_port] = portid;
        }
        else
            last_port = portid;

        nb_ports_in_mask++;
    }
    if (nb_ports_in_mask % 2) {
        printf("Notice: odd number of ports in portmask.\n");
        l2fwd_dst_ports[last_port] = last_port;
    }

    rx_lcore_id = 0;
    qconf = NULL;

    /* Initialize the port/queue configuration of each logical core */
    RTE_ETH_FOREACH_DEV(portid) {
        /* skip ports that are not enabled */
        if ((l2fwd_enabled_port_mask & (1 << portid)) == 0)
            continue;

        /* get the lcore_id for this port */
        //l2fwd_rx_queue_per_lcore 即參數 -q
        while (rte_lcore_is_enabled(rx_lcore_id) == 0 ||
                lcore_queue_conf[rx_lcore_id].n_rx_port ==
                l2fwd_rx_queue_per_lcore) {
            rx_lcore_id++;
            if (rx_lcore_id >= RTE_MAX_LCORE)
                rte_exit(EXIT_FAILURE, "Not enough cores\n");
        }

        if (qconf != &lcore_queue_conf[rx_lcore_id]) {
            /* Assigned a new logical core in the loop above. */
            qconf = &lcore_queue_conf[rx_lcore_id];
            nb_lcores++;
        }

        qconf->rx_port_list[qconf->n_rx_port] = portid;
        qconf->n_rx_port++;
        printf("Lcore %u: RX port %u\n", rx_lcore_id, portid);
    }
```

```
        nb_mbufs = RTE_MAX(nb_ports * (nb_rxd + nb_txd + MAX_PKT_BURST +
            nb_lcores * MEMPOOL_CACHE_SIZE), 8192U);

        /* create the mbuf pool */
        l2fwd_pktmbuf_pool = rte_pktmbuf_pool_create("mbuf_pool", nb_mbufs,
            MEMPOOL_CACHE_SIZE, 0, RTE_MBUF_DEFAULT_BUF_SIZE,
            rte_socket_id());
        if (l2fwd_pktmbuf_pool == NULL)
            rte_exit(EXIT_FAILURE, "Cannot init mbuf pool\n");

        /* Initialise each port */
        RTE_ETH_FOREACH_DEV(portid) {
            struct rte_eth_rxconf rxq_conf;
            struct rte_eth_txconf txq_conf;
            struct rte_eth_conf local_port_conf = port_conf;
            struct rte_eth_dev_info dev_info;

            /* skip ports that are not enabled */
            if ((l2fwd_enabled_port_mask & (1 << portid)) == 0) {
                printf("Skipping disabled port %u\n", portid);
                 continue;
            }
            nb_ports_available++;

            /* init port */
            printf("Initializing port %u... ", portid);
            // 清除讀寫緩衝區
            fflush(stdout);

        // 設定通訊埠，將一些設定寫進裝置 dev 的一些欄位，以及檢查裝置支援什麼類型的中斷、
支援的封包大小
            ret = rte_eth_dev_info_get(portid, &dev_info);
            if (ret != 0)
                rte_exit(EXIT_FAILURE,
                    "Error during getting device (port %u) info: %s\n",
                    portid, strerror(-ret));

            if (dev_info.tx_offload_capa & DEV_TX_OFFLOAD_MBUF_FAST_FREE)
                local_port_conf.txmode.offloads |=
                    DEV_TX_OFFLOAD_MBUF_FAST_FREE;
            ret = rte_eth_dev_configure(portid, 1, 1, &local_port_conf);
            if (ret < 0)
                rte_exit(EXIT_FAILURE, "Cannot configure device: err=%d, port=%u\n",
                    ret, portid);

            ret = rte_eth_dev_adjust_nb_rx_tx_desc(portid, &nb_rxd,
```

```
                                   &nb_txd);
        if (ret < 0)
            rte_exit(EXIT_FAILURE,
                "Cannot adjust number of descriptors: err=%d, port=%u\n",
                ret, portid);

        // 獲取裝置的 MAC 位址，存入 l2fwd_ports_eth_addr[] 陣列，後續列印 MAC 位址
        ret = rte_eth_macaddr_get(portid,
                    &l2fwd_ports_eth_addr[portid]);
        if (ret < 0)
            rte_exit(EXIT_FAILURE,
                "Cannot get MAC address: err=%d, port=%u\n",
                ret, portid);

        /* init one RX queue */
        // 清除讀寫緩衝區
        fflush(stdout);
        rxq_conf = dev_info.default_rxconf;
        rxq_conf.offloads = local_port_conf.rxmode.offloads;
        // 設定接收佇列，nb_rxd 指收取佇列的大小，最大能夠儲存 mbuf 的數量
        ret = rte_eth_rx_queue_setup(portid, 0, nb_rxd,
                        rte_eth_dev_socket_id(portid),
                        &rxq_conf,
                        l2fwd_pktmbuf_pool);
        if (ret < 0)
            rte_exit(EXIT_FAILURE, "rte_eth_rx_queue_setup:err=%d, port=%u\n",
                    ret, portid);

        /* init one TX queue on each port */
        fflush(stdout);
        txq_conf = dev_info.default_txconf;
        txq_conf.offloads = local_port_conf.txmode.offloads;
        // 初始化一個發送佇列，nb_txd 指發送佇列的大小，最大能夠儲存 mbuf 的數量
        ret = rte_eth_tx_queue_setup(portid, 0, nb_txd,
                rte_eth_dev_socket_id(portid),
                &txq_conf);
        if (ret < 0)
            rte_exit(EXIT_FAILURE, "rte_eth_tx_queue_setup:err=%d, port=%u\n",
ret, portid);

        /* Initialize TX buffers */
        // 為每個通訊埠分配接收緩衝區，根據 numa 架構的 socket 就近分配
        tx_buffer[portid] = rte_zmalloc_socket("tx_buffer",
                RTE_ETH_TX_BUFFER_SIZE(MAX_PKT_BURST), 0,
                rte_eth_dev_socket_id(portid));
        if (tx_buffer[portid] == NULL)
            rte_exit(EXIT_FAILURE, "Cannot allocate buffer for tx on port %u\n",
```

```
portid);

            rte_eth_tx_buffer_init(tx_buffer[portid], MAX_PKT_BURST);

            ret = rte_eth_tx_buffer_set_err_callback(tx_buffer[portid],
                    rte_eth_tx_buffer_count_callback,
                    &port_statistics[portid].dropped);
            if (ret < 0)
                rte_exit(EXIT_FAILURE,
                "Cannot set error callback for tx buffer on port %u\n",
                    portid);

            ret = rte_eth_dev_set_ptypes(portid, RTE_PTYPE_UNKNOWN, NULL,
                            0);
            if (ret < 0)
                printf("Port %u, Failed to disable Ptype parsing\n",
                        portid);
            /* Start device */
            // 啟動通訊埠
            ret = rte_eth_dev_start(portid);
            if (ret < 0)
                rte_exit(EXIT_FAILURE, "rte_eth_dev_start:err=%d, port=%u\n",
                    ret, portid);

            printf("done: \n");

            ret = rte_eth_promiscuous_enable(portid);
            if (ret != 0)
                rte_exit(EXIT_FAILURE,
                    "rte_eth_promiscuous_enable:err=%s, port=%u\n",
                    rte_strerror(-ret), portid);

            printf("Port %u, MAC address: %02X:%02X:%02X:%02X:%02X:%02X\n\n",
                    portid,
                    l2fwd_ports_eth_addr[portid].addr_bytes[0],
                    l2fwd_ports_eth_addr[portid].addr_bytes[1],
                    l2fwd_ports_eth_addr[portid].addr_bytes[2],
                    l2fwd_ports_eth_addr[portid].addr_bytes[3],
                    l2fwd_ports_eth_addr[portid].addr_bytes[4],
                    l2fwd_ports_eth_addr[portid].addr_bytes[5]);

            /* initialize port stats */
            // 初始化通訊埠資料，就是後面要列印的接收、發送、drop 的封包數
            memset(&port_statistics, 0, sizeof(port_statistics));
        }

        if (!nb_ports_available) {
```

```
        rte_exit(EXIT_FAILURE,
            "All available ports are disabled. Please set portmask.\n");
    }

    // 檢查每個通訊埠的連接狀態
    check_all_ports_link_status(l2fwd_enabled_port_mask);

    ret = 0;
    /* launch per-lcore init on every lcore */
    // 在每個邏輯核心上啟動執行緒，開始轉發，l2fwd_launch_one_lcore
實際上執行的是 l2fwd_main_loop
    rte_eal_mp_remote_launch(l2fwd_launch_one_lcore, NULL, CALL_MASTER);
    RTE_LCORE_FOREACH_SLAVE(lcore_id) {
        if (rte_eal_wait_lcore(lcore_id) < 0) {
            ret = -1;
            break;
        }
    }
    RTE_ETH_FOREACH_DEV(portid) {
        if ((l2fwd_enabled_port_mask & (1 << portid)) == 0)
            continue;
        printf("Closing port %d...", portid);
        rte_eth_dev_stop(portid);
        rte_eth_dev_close(portid);
        printf(" Done\n");
    }
    printf("Bye...\n");
    return ret;
}
```

## 9.2.4 任務分發的實現

注意 main 函式中的這段程式：

```
/* launch per-lcore init on every lcore */
rte_eal_mp_remote_launch(l2fwd_launch_one_lcore, NULL, CALL_MASTER);
RTE_LCORE_FOREACH_SLAVE(lcore_id) {
    if (rte_eal_wait_lcore(lcore_id) < 0) {
        ret = -1;
        break;
    }
}
```

每個邏輯核心在任務分發後會執行以下迴圈，直到退出。l2fwd_launch_one_lcore 的程式如下：

```
static int
l2fwd_launch_one_lcore(__attribute__((unused)) void *dummy)
{
    l2fwd_main_loop();
    return 0;
}
```

這是一個包裝函式，具體工作由 l2fwd_main_loop 函式來完成，其程式如下：

```
/* main processing loop */
static void
l2fwd_main_loop(void)
{
    struct rte_mbuf *pkts_burst[MAX_PKT_BURST];
    struct rte_mbuf *m;
    int sent;
    unsigned lcore_id;
    uint64_t prev_tsc, diff_tsc, cur_tsc, timer_tsc;
    unsigned i, j, portid, nb_rx;
    struct lcore_queue_conf *qconf;
    const uint64_t drain_tsc = (rte_get_tsc_hz() + US_PER_S - 1) / US_PER_S *
BURST_TX_DRAIN_US;
    struct rte_eth_dev_tx_buffer *buffer;

    prev_tsc = 0;
    timer_tsc = 0;

    // 獲取自己的 lcore_id
    lcore_id = rte_lcore_id();
    qconf = &lcore_queue_conf[lcore_id];

    // 分配後多餘的 lcore 無事可做，orz
    if (qconf->n_rx_port == 0) {
        RTE_LOG(INFO, L2FWD, "lcore %u has nothing to do\n", lcore_id);
        return;
    }

    // 有事做的核心很開心地進入了主迴圈
    RTE_LOG(INFO, L2FWD, "entering main loop on lcore %u\n", lcore_id);
    for (i = 0; i < qconf->n_rx_port; i++) {

        portid = qconf->rx_port_list[i];
        RTE_LOG(INFO, L2FWD, " -- lcoreid=%u portid=%u\n", lcore_id,
            portid);

    }
    // 直到發生了強制退出，在這裡就是 Ctrl+C 或 kill 了這個處理程序
```

```
        while (!force_quit) {

            cur_tsc = rte_rdtsc();

            /*
             * TX burst queue drain
             */
            // 計算時間切片
            diff_tsc = cur_tsc - prev_tsc;
            // 過了 100us，把發送 buffer 裡的封包發出去
            if (unlikely(diff_tsc > drain_tsc)) {
                for (i = 0; i < qconf->n_rx_port; i++) {
                    portid = l2fwd_dst_ports[qconf->rx_port_list[i]];
                    buffer = tx_buffer[portid];

                    sent = rte_eth_tx_buffer_flush(portid, 0, buffer);
                    if (sent)
                        port_statistics[portid].tx += sent;
                }
                /* if timer is enabled */
                 // 到了時間切片了列印各通訊埠的資料
                if (timer_period > 0) {
                    /* advance the timer */
                    timer_tsc += diff_tsc;

                    /* if timer has reached its timeout */
                    if (unlikely(timer_tsc >= timer_period)) {

                        /* do this only on master core */
                        if (lcore_id == rte_get_master_lcore()) {
                            // 列印讓 master 主執行緒來做
                            print_stats();
                            /* reset the timer */
                            timer_tsc = 0;
                        }
                    }
                }
                prev_tsc = cur_tsc;
            }

            /*
             * Read packet from RX queues
             */
            // 沒有到發送時間切片的話，就讀取接收佇列裡的封包
            for (i = 0; i < qconf->n_rx_port; i++) {
                portid = qconf->rx_port_list[i];
                nb_rx = rte_eth_rx_burst(portid, 0,
```

```
                                    pkts_burst, MAX_PKT_BURST);

                // 計數，收到的封包數
                port_statistics[portid].rx += nb_rx;
                for (j = 0; j < nb_rx; j++) {
                    m = pkts_burst[j];
                    rte_prefetch0(rte_pktmbuf_mtod(m, void *));
                    // 更新 MAC 位址以及目的通訊埠發送 buffer 滿了的話，就嘗試發送
                    l2fwd_simple_forward(m, portid)
                }
            }
        }
    }
}
```

## 9.2.5 程式參數的解析實現

　　我們的程式是一個命令列程式，可以接收不同的參數實現不同的功能，解析參數的函式是 l2fwd_parse_args，程式如下：

```
/* Parse the argument given in the command line of the application */
static int
l2fwd_parse_args(int argc, char **argv)
{
    int opt, ret, timer_secs;
    char **argvopt;
    int option_index;
    char *prgname = argv[0]; // l2fwd
    argvopt = argv;
    // Linux 下解析命令列參數的函式支援由兩個橫杠開頭的長選項
    while ((opt = getopt_long(argc, argvopt, short_options,
                    lgopts, &option_index)) != EOF) {
        // 關於這個函式可以 man getopt_long
        switch (opt) { // 解析成功時傳回字元
        /* portmask */
        case 'p': // 通訊埠遮罩
                l2fwd_enabled_port_mask = l2fwd_parse_portmask(optarg); // 解析成功時，
將字元後面的參數放到 optarg 裡
                if (l2fwd_enabled_port_mask == 0) {
                    printf("invalid portmask\n");
                    l2fwd_usage(prgname);
                    return -1;
                }
                break;
        /* nqueue */
```

```
        case 'q': // A number of queues (=ports) per lcore (default is 1)
        // q 後面跟著的數字是每個邏輯核心上要綁定的佇列（通訊埠）數量
        // 例如 -q 4 表示該應用使用一個 lcore 輪詢 4 個通訊埠。如果共有 16 個通訊埠，則只需要
4 個 lcore
            l2fwd_rx_queue_per_lcore = l2fwd_parse_nqueue(optarg);
            if (l2fwd_rx_queue_per_lcore == 0) {
                printf("invalid queue number\n");
                l2fwd_usage(prgname);
                return -1;
            }
            break;
        /* timer period */
        case 'T':
            timer_secs = l2fwd_parse_timer_period(optarg);
            if (timer_secs < 0) {
                printf("invalid timer period\n");
                l2fwd_usage(prgname);
                return -1;
            }
            timer_period = timer_secs;
            break;
        /* long options */
        case 0: // 解析到了長選項 會傳回 0，長選項形如 --arg=param or --arg param
            break;
        default:
            l2fwd_usage(prgname);
            return -1;
        }
    }
    if (optind >= 0) // optind 是 argv 中下一個要被處理的參數的索引
        argv[optind-1] = prgname;
    ret = optind-1;
    optind = 1; /* reset getopt lib */ // 解析完所有的參數要讓 optind 重新指向 1
    return ret;
}
```

## 9.2.6 轉發的實現

實現轉發的函式是 l2fwd_simple_forward，程式如下：

```
static void
l2fwd_simple_forward(struct rte_mbuf *m, unsigned portid)
{
    unsigned dst_port;
    int sent;
    struct rte_eth_dev_tx_buffer *buffer;
```

```
        dst_port = l2fwd_dst_ports[portid]; // 與之配對的通訊埠

        if (mac_updating) // 如果開啟了 mac updating 模式
            l2fwd_mac_updating(m, dst_port); // 調整 MAC 位址

        buffer = tx_buffer[dst_port]; // 該通訊埠的 tx_buffer
        sent = rte_eth_tx_buffer(dst_port, 0, buffer, m); // 將收到的封包快取在 tx_buffer 裡，
用於未來的發送
        // 如果傳回值為 0，則表示 pkt 已經被快取
        // 如果傳回值 N>0，則表示由於緩衝區被 flush 導致 N 個 pkt 被發送

        if (sent)
            port_statistics[dst_port].tx += sent;
    }
```

## 9.2.7　訊號的處理

為了提供程式的堅固性，需要對一些訊號進行處理，程式如下：

```
static void
signal_handler(int signum)
{
    if (signum == SIGINT || signum == SIGTERM) {
        printf("\n\nSignal %d received, preparing to exit...\n",
                signum);
        force_quit = true;    }
}
```

其中，force_quit = true; 表示當我們退出時是使用 Ctrl+C 快速鍵讓程式自然退出，不是直接將處理程序殺死，這樣程式就來得及完成最後退出之前的操作。

## 9.2.8　架設 DPDK 案例環境

這一節的內容和 9.1 節的一樣，不再贅述。

## 9.2.9　撰寫 Makefile 並編譯

我們把所有的程式放在一個 main.c 中，二進位程式名稱是 l2fwd，意思是二層轉發程式。Makefile 程式如下：

```
# 二進位名稱
APP = l2fwd

# 所有資源都儲存在 SRCS-y 中
```

```
SRCS-y := main.c

# 如果可能，使用 pkg 設定變數進行建構
ifeq ($(shell pkg-config --exists libdpdk && echo 0),0)

all: shared
.PHONY: shared static
shared: build/$(APP)-shared
	ln -sf $(APP)-shared build/$(APP)
static: build/$(APP)-static
	ln -sf $(APP)-static build/$(APP)

PKGCONF ?= pkg-config

PC_FILE := $(shell $(PKGCONF) --path libdpdk 2>/dev/null)
CFLAGS += -O3 $(shell $(PKGCONF) --cflags libdpdk)
# 增加標識以允許實驗性的 API，因為 l2fwd 使用了 rte_ethdev_set_ptype API
CFLAGS += -DALLOW_EXPERIMENTAL_API
LDFLAGS_SHARED = $(shell $(PKGCONF) --libs libdpdk)
LDFLAGS_STATIC = $(shell $(PKGCONF) --static --libs libdpdk)

build/$(APP)-shared: $(SRCS-y) Makefile $(PC_FILE) | build
	$(CC) $(CFLAGS) $(SRCS-y) -o $@ $(LDFLAGS) $(LDFLAGS_SHARED)

build/$(APP)-static: $(SRCS-y) Makefile $(PC_FILE) | build
	$(CC) $(CFLAGS) $(SRCS-y) -o $@ $(LDFLAGS) $(LDFLAGS_STATIC)

build:
	@mkdir -p $@

.PHONY: clean
clean:
	rm -f build/$(APP) build/$(APP)-static build/$(APP)-shared
	test -d build && rmdir -p build || true

else # 使用傳統建構系統進行建構

ifeq ($(RTE_SDK),)
$(error "Please define RTE_SDK environment variable")
endif

# 預設目標，透過查詢帶有 .comfig 的路徑來檢測建構目錄
RTE_TARGET ?= $(notdir $(abspath $(dir $(firstword $(wildcard $(RTE_SDK)/*/.config)))))

include $(RTE_SDK)/mk/rte.vars.mk
```

```
CFLAGS += -O3
CFLAGS += $(WERROR_FLAGS)
# 增加標識以允許實驗性的 API，因為 l2fwd 使用了 rte_ethdev_set_ptype API
CFLAGS += -DALLOW_EXPERIMENTAL_API

include $(RTE_SDK)/mk/rte.extapp.mk
endif
```

接下來把 main.c 和 Makefile 放到讀者在 Linux 上的某個工作目錄下。然後在命令列下定位到這個目錄，並輸入 make 命令進行編譯：

```
# make
```

如果沒有問題，則會生成一個 build 子目錄，這個子目錄下就有一個二進位程式 l2fwd 了。該程式的參數形式如下：

```
l2fwd [EAL options] -- -p PORTMASK [-q NQ -T t]
```

l2fwd 的命令列參數分兩部分：EAL 和程式本身的參數，中間以 -- 分隔開。EAL options 表示 DPDK EAL 的預設參數，必須的參數為 -c、COREMASK、-n、NUM。參數說明如下：

- -c：分配邏輯核心數量。
- COREMASK：一個十六進位位元遮罩，表示分配的邏輯核心數量。
- -n：分配記憶體通道數量。
- NUM：一個十進位整數，表示記憶體通道數量。
- -p PORTMASK：指定通訊埠數量。
- PORTMASK：一個十六進位位元遮罩表示的通訊埠數量。目標通訊埠是啟用的通訊埠遮罩的相鄰通訊埠，即如果啟用前 4 個通訊埠（通訊埠遮罩 0xf，每個通訊埠用一個位元表示），則啟動 4 個就是 4 個位元位置 1。
- -q NQ：指定分配給每個邏輯核心的收發佇列數量。
- NQ：表示分配給每個邏輯核心的收發佇列數量。
- -T t：設定列印統計資料到螢幕上的時間間隔，預設為 10 秒。

## 9.2.10 在 Windows 上部署環境

現在我們需要到 Windows 上去發點資料封包給 DPDK 程式 l2fwd，但需要做一些準備工作。這裡我們將使用「網路偵錯幫手」這個工具（這個工具可以在本書書附程式的 somesofts 資料夾下找到），它需要指定對方 IP 位址才能發送資料封包，而且想要 DPDK 網路卡收到資料，就必須在本地綁定一條靜態路由（管理員許可權）。我們使用 netsh 程式來設定這個靜態路由，netsh 是一個由 Windows 系統本身提供的功能強大的網路設定命令列工具。

首先打開 Windows 的命令列視窗，執行 netsh i i show in 命令查看本地網路卡對應的 Idx 值，這個 Idx 值接下來會使用到，該命令執行結果如下：

```
C:\Users\Administrator>netsh i i show in

Idx     Met        MTU         狀態            名稱
---   ----------  ----------  -----------   -----------------------------
  1        50    4294967295   connected     Loopback Pseudo-Interface 1
 11        10         1500    connected     本地連接
 13        20         1500    connected     VMware Network Adapter VMnet1
 15        20         1500    connected     VMware Network Adapter VMnet8
```

我們的 DPDK 網路卡都是連接在 VMnet1 這個虛擬網路中，因此要記住第 1 列的 13 這個數字。

然後開始綁定一條靜態路由，命令如下：

```
netsh -c "i i" add neighbors 13 "192.168.48.5" "00-0c-29-ab-f3-ff"
```

其中，192.168.48.5 是假設的對方 IP 位址，供「網路偵錯幫手」使用，這個 IP 位址要和 VMnet1 在同一個網段，筆者的 VMnet1 虛擬機器交換機的位址是 192.168.48.1，如圖 9-8 所示。

子網 192.168.48.0 可以在 VMWare 的「虛擬網路編輯器」中設定（按一下功能表列中的「編輯」→「虛擬網路編輯器」），如圖 9-9 所示。

命令列中的 MAC 位址 00-0c-29-ab-f3-ff 是 DPDK 網路卡 port0 的 MAC 位址。這樣我們就把 IP 位址（192.168.48.5）和 MAC 位址綁定起來了，這相當於一筆路由。發給這個 IP 位址的資料都將由 MAC 位址為 00-0c-29-ab-f3-ff 的網路卡 port0 接收。

Windows 下的準備工作完畢了，接下來激動人心的時刻到了，要開始執行程式了。

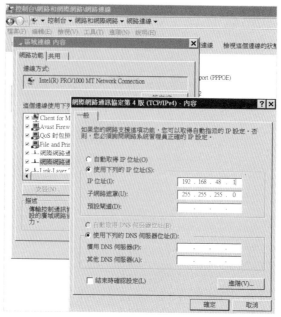

▲ 圖 9-8

▲ 圖 9-9

## 9.2.11 執行程式

先到虛擬機器 Linux 中定位到 l2fwd 程式所在的目錄，然後執行命令：

```
# ./l2fwd  -c 0x1 -n 2  -- -p 0x1 -q 10 -T 1
```

-p 指定通訊埠數量為 0x1，也就是啟用一個通訊埠，即 port0，我們準備在 port0 上等待資料的接收；-q 指定分配給每個邏輯核心的收發佇列數量，這裡是 10；-T 指定列印統計資料到螢幕上的時間間隔，這裡是間隔 1 秒。

執行成功後，可以看到收到的封包是 0，如圖 9-10 所示。

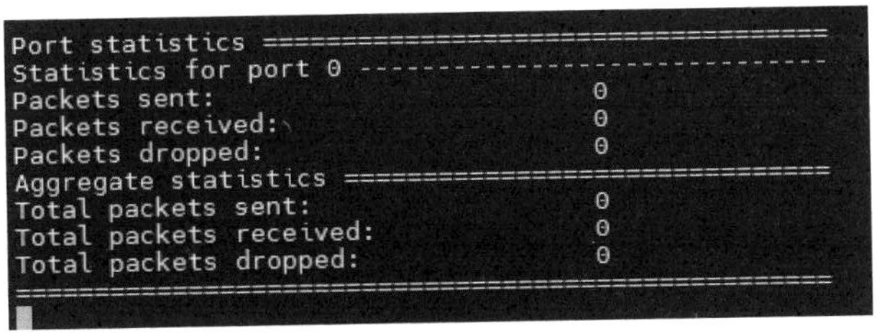

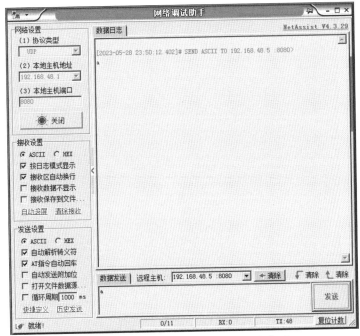

```
Port statistics ===================================
Statistics for port 0 ------------------------------
Packets sent:                          0
Packets received:                      0
Packets dropped:                       0
Aggregate statistics ==============================
Total packets sent:                    0
Total packets received:                0
Total packets dropped:                 0
===================================================
```

▲ 圖 9-10

然後到 Windows 下打開「網路偵錯幫手」，選擇協定類型為「UDP」，本地本機位址為「192.168.48.1」，本地本機通訊埠為「8080」，然後按一下「打開」按鈕，此時按鈕標題會變為「關閉」，然後我們在下方的「遠端主機」旁選擇「192.168.48.5:8080」，並在「發送」按鈕左邊的視窗中輸入字元 a，如圖 9-11 所示。

▲ 圖 9-11( 編按：本圖例為簡體中文介面 )

按一下「發送」按鈕，此時 Linux 一端的 DPDK 程式發生了變化，也就是統計到收到的資料封包了，如圖 9-12 所示。

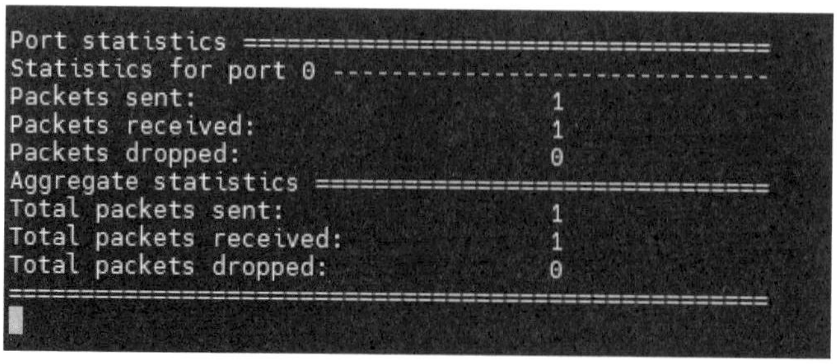

```
Port statistics ====================================
Statistics for port 0 ------------------------------
Packets sent:                          1
Packets received:                      1
Packets dropped:                       0
Aggregate statistics ===============================
Total packets sent:                    1
Total packets received:                1
Total packets dropped:                 0
====================================================
```

▲ 圖 9-12

至此，我們的 DPDK 程式能正確地接收來自 Windows 的網路封包並做統計了。這個案例其實非常簡單，本來想再設計一個稍微複雜的案例，但需要兩台虛擬機器 Linux，筆者的電腦實在執行不了兩個虛擬機器，只能等筆者電腦升級後，在本書的下一版中給讀者展示了。另外，這個案例的完整程式可在本書書附程式中本章的程式目錄下找到。

# 第10章

## 基於 P2P 架構的高性能遊戲伺服器

　　網路遊戲又稱「線上遊戲」，簡稱網遊，是必須依託於網際網路進行的、可以多人同時參與的遊戲，透過人與人之間的互動達到交流、娛樂和休閒的目的。根據現有網路遊戲的類型及其特點，可以將網路遊戲分為大型多人線上遊戲（Massive Multiplayer Online Game，MMOG）、多人線上遊戲（Multiplayer Online Game，MOG）、平臺遊戲、網頁遊戲（Web Game）以及手機網路遊戲。網路遊戲具有傳統遊戲所不具備的優勢。一方面，它充分利用了網路不受時間和空間限制的特點，大大增強了遊戲的互動性，使兩個分佈在不同地理位置的玩家可以在同一空間內進行遊戲和互動；另一方面，網路遊戲的執行模式避免了傳統的單機遊戲的盜版問題。網路遊戲身為新的娛樂方式，將動人的故事情節、豐富的視聽效果、高度的可參與性，以及冒險、刺激等諸多娛樂元素融合在一起，為玩家提供了一個虛擬而又近乎真實的世界，隨著電腦硬體技術的不斷發展，網路品質的不斷提高，以及軟體程式設計水準的不斷提高，網路遊戲視覺效果更加逼真，遊戲複雜度和規模越來越高，為玩家帶來了更好的遊戲體驗。

　　由於具有上述性質，網路遊戲隨著技術、生活水準的提高以及網路的普及而有了顯著的發展。

　　網路遊戲伺服器是整個網路遊戲的承載和支柱，隨著網路遊戲伺服器技術的不斷升級，網路遊戲也在不斷地進行著重大的變革。網路遊戲伺服器技術的演變和變革伴隨了網路遊戲發展的整個過程。在網路遊戲的虛擬世界裡，大量並發的線上玩家在時刻改變著整個虛擬世界的狀態，因此網路遊戲伺服器對整個遊戲世界一致性的維護、對伺服器的負載進行有效的均衡，以及用戶端之間的即時同步都是衡量一個網路遊戲伺服器性能的技術指標，相應地也是網路服務器技術的關鍵技術之一。

# 10.1 網路遊戲伺服器發展現狀

伺服器是網路遊戲的核心，隨著遊戲內容複雜性的增加，遊戲規模的擴大，遊戲伺服器的負載將越來越大，伺服器的設計也會越來越難，因此，解決網路遊戲伺服器的設計開發難題成為網路遊戲發展的首要任務。

目前網路遊戲伺服器引擎其架構主要分為兩種：C/S 架構和 P2P（Peer to Peer 對等網路或對等連接）架構。

目前的大多數網路遊戲都採用以 C/S 架構為主的網路遊戲架構，用戶端與伺服器直接進行通訊，用戶端之間的通訊透過伺服器中繼來實現，代表性的網路遊戲有《完美世界》《劍俠情緣三》《天下貳》《傳奇世界》等。C/S 架構中伺服器端由一個包含多個伺服器的伺服器叢集組成，遊戲狀態由多台伺服器共同維護管理，各伺服器之間功能劃分明確，便於管理，程式設計也比較容易實現。但是隨著伺服器數量的增多，伺服器之間的維護變得複雜，而且玩家之間的通訊也會引起伺服器之間的通訊，從而增加了訊息在網路傳輸上的延遲。此外，對伺服器間的負載平衡也比較困難，假如負載都集中在某幾台伺服器上而其他伺服器的負載很少，就會由於少數伺服器的超載而造成整個系統執行緩慢，甚至無法正常執行。在 C/S 架構中，由於遊戲同步、興趣管理等都需要伺服器集中控制，因此可伸縮性低以及單點失敗是 C/S 模式固有的問題。

基於 P2P 架構的網路遊戲解決了 C/S 架構網路遊戲的低資源使用率問題。P2P 身為分散式運算模式，可以提供很好的伸縮性、減少資訊傳輸延遲，並且能消除伺服器瓶頸，但其開放特性也加重了安全隱憂。在這種架構中，P2P 技術使用很少的資源消耗，卻能提供可靠性的服務。基於 P2P 模式的網路遊戲將遊戲邏輯放在遊戲用戶端執行，遊戲伺服器只幫助遊戲用戶端建立必要的 P2P 連接，本身很少處理遊戲邏輯。對網路遊戲營運商來說，伺服器的部分功能轉移到了玩家的機器上，有效利用了玩家的電腦及頻寬資源，從而節省了營運商在伺服器及頻寬上的投資。但是，由於網路遊戲的邏輯和狀態維護基本上都是由一個超級用戶端來進行維護，因此欺騙行為很容易發生。欺騙不僅降低了遊戲的可玩性，也威脅到了遊戲經濟。怎樣維護遊戲的公平性，防止欺騙在遊戲中發生是 P2P 模式網路遊戲需要重點考慮的。

儘管兩種架構的優缺點不盡相同，但是架構設計中需要考慮的同步機制、網路傳輸延遲以及負載平衡等網路遊戲熱點問題都是相同的。網路遊戲是分散式虛擬技術的重要應用，因此分散式虛擬實境中的很多技術都能夠運用於網路遊戲伺服器的研究中。相對於狀態同步問題，可以透過分散式虛擬實境中的興趣過濾與壅塞控制技術來控制網路中資訊的傳輸量，進而減少網路延遲，透過分散式模擬中的時間同步演算法來對整個網路遊戲的邏輯時間進行同步；相對於負載平衡，網路遊戲伺服器將整個虛擬環境劃分成多個區域，由不同的伺服器來負責不同的區域，透過採用一種局部負載平衡的演算法來動態調整超載伺服器的負載。

本章設計了一種結合 C/S 架構和 P2P 架構的網路遊戲架構模型，並且基於該模型實現了一個網路五子棋遊戲。其實模型只要設計得好，換成任何其他遊戲內容都是很輕鬆的，無非就是遊戲邏輯演算法和遊戲介面展示不同而已，因此良好的遊戲伺服器架構是關鍵。該模型來自於筆者以前在遊戲公司參與開發的大型遊戲專案，作為教學產品，必須對它進行簡化，但是整體架構是類似的。用戶端和伺服器之間的通訊採用了 C/S 架構，而用戶端之間的通訊採用 P2P 架構，結合了 C/S 架構易於程式設計和 P2P 架構伸縮性好的優點。這種可行的伺服器架構方案提供了一個可靠的遊戲伺服器平臺，同時能夠降低網路遊戲的開發難度，減少重複開發，讓開發者更專注於遊戲具體功能的開發。為了讓讀者能了解得更全面，在理論階段依舊是按照大型網遊來闡述，只是最後實現時，考慮到讀者的學習環境，刪除了一些對於教學來講不必要的功能，比如日誌伺服器、負載平衡伺服器等。

## 10.2 現有網路遊戲伺服器架構

網路遊戲伺服器是網路遊戲的承載和支柱，幾乎每一次網路遊戲的重大變革都離不開遊戲伺服器在其中發揮的作用。隨著遊戲內容複雜性的增加，遊戲規模的擴大，遊戲伺服器的負載將越來越大，伺服器的設計也會越來越難，它既要保證網路遊戲資料的一致性，還要處理大量線上使用者的狀態的同步和資訊的傳輸，同時還要兼顧整個遊戲系統執行管理的便捷性、安全性、玩家的反作弊行為。因此，網路遊戲發展的首要任務是解決網路遊戲伺服器的設計開發難題。

根據使用的網路通訊協定，包括網路遊戲在內的透過網際網路交換資料的應用程式設計模型架構可以分為三大類，即用戶端／伺服器模型架構、P2P 模型架構，以及 C/S 架構和 P2P 架構相結合的遊戲大廳代理架構。

## 10.2.1 Client/Server 架構

　　傳統的大型網路遊戲均採用 Client/Server 架構，用戶端與伺服器直接進行通訊，用戶端之間的通訊透過伺服器中繼來實現。在 C/S 架構的網路遊戲中，伺服器儲存了網路遊戲世界中的各種資料，用戶端則儲存了玩家在虛擬世界裡的視圖，用戶端和伺服器的頻繁互動改變著虛擬世界的各種狀態。伺服器接收到來自某一用戶端的資訊之後，必須及時地透過廣播或多播的方式將該用戶端的狀態的改變發送給其他用戶端，從而保證整個遊戲狀態的一致性。當用戶端數量比較多的時候，伺服器對用戶端資訊的轉發就會產生延遲，此時可以透過為每個用戶端設定一個 AOI（Area Of Interest）來減少資訊的傳輸量，當用戶端的狀態發生改變後，由伺服器把改變之後的用戶端狀態廣播給在其 AOI 區域之內的其他用戶端。C/S 架構一般的網路架構如圖 10-1 所示。

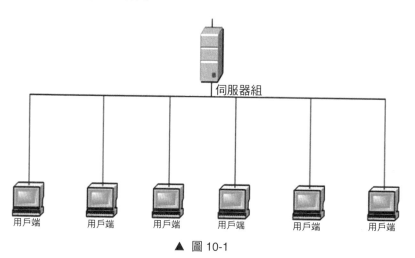

▲ 圖 10-1

　　C/S 架構中遊戲世界由伺服器統一控制，便於管理，程式設計也比較容易實現，這種架構的通訊流量中上行封包和下行封包是不對稱的。C/S 架構的功能劃分明確，伺服器主要負責整個遊戲的大部分邏輯和背景資料的處理，用戶端則負責使用者的互動、遊戲畫面的即時著色以及處理一些基本的邏輯資料，在一定程度上減輕了伺服器的負擔。但是伺服器之間的維護比較複雜，再加上網路遊戲本身的即時性和玩家狀態的不確定性，必然會造成伺服器負載過重，伺服器和網路租用費成本過高，任意一台伺服器的當機都會給遊戲的完整進行帶來毀滅性的影響，很容易造成單點失敗。單點失敗指的是當位於系統架構中的某個資源（可以是硬體、軟體、元件）出現故障時，系統不能正常執行的情形。要預防單點失敗，通常使用的方法是容錯機制（硬體容錯等）和備份機制（資料備份、系統備份等）。

### 10.2.2 遊戲大廳代理架構

棋牌類和競技類遊戲多採用遊戲大廳代理架構。遊戲大廳就是存放棋牌類、休閒類小遊戲的用戶端容器，其目的就是極大容量地包容多種遊戲服務，讓玩家有多種選擇。遊戲大廳的主要任務是安排角色會面和安排遊戲。該模式中，玩家不直接進入遊戲，而是進入遊戲大廳，然後選擇遊戲類型，之後與遊戲夥伴共同進入遊戲。進入遊戲後，玩家和玩家之間的通訊結構與 P2P 類似，每一台遊戲伺服器是建立該遊戲的用戶端，可以稱之為超級用戶端。遊戲大廳代理架構如圖 10-2 所示。

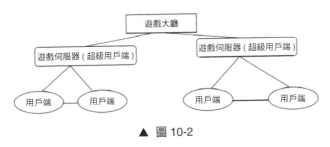

▲ 圖 10-2

在遊戲大廳代理架構中，進行遊戲的時候，其網路模型是由一個伺服器和 N 個用戶端組成的全網狀的模型，並且每局遊戲中的各個用戶端和伺服器之間是相互可達的。遊戲的邏輯由遊戲伺服器控制，然後透過遊戲伺服器將玩家的狀態傳輸給中心伺服器。

### 10.2.3 P2P 架構

當一個遊戲的玩家數量不是很多時，多採用 P2P 對等通訊架構模型，如圖 10-3 所示。

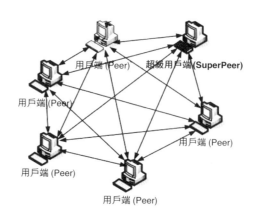

用戶端(Peer)　超級用戶端(SuperPeer)

用戶端(Peer)

用戶端 (Peer)

用戶端 (Peer)

用戶端 (Peer)

▲ 圖 10-3

P2P 模型與所有資料交換都要透過伺服器的 C/S 模型不同,它是透過實際玩家之間的相互連接來交換資料。在 P2P 模型中,玩家和一起進行遊戲的玩家直接交換資料,因此,它比 C/S 模型有更快的網路反應速度。在網路通訊服務的形式上,一般採用浮動伺服器的形式,即其中一個玩家的機器既是用戶端,又是伺服器,一般由建立遊戲的用戶端擔任伺服器,很多對戰型的 RTS、STG 等網路遊戲多採用這種架構。比起需要更高價的伺服器裝備和網際網路線路租用費的 C/S 模型來說,P2P 模型基於玩家的個人線路和用戶端電腦,可以減少營運費用。

P2P 模型沒有明顯的用戶端和伺服器的區別。每台主機既要充當用戶端又要充當伺服器來承擔一些伺服器的運算工作。整個遊戲被分佈到多台機器上,各個主機之間都要建立起對等連接,通訊在各個主機之間直接進行。由於它的計算不是集中在某幾台主機上,因此它不會有明顯的瓶頸,這種架構本身就要求遊戲不會因為某幾台主機的加入和退出而發生失敗,因此,它具有天生的容錯性。一般來說,選擇 P2P 是因為 P2P 可以解決所有資料都透過伺服器傳送給各個用戶端的 C/S 模型存在的問題,即傳送速度慢的問題。

P2P 模型的缺點在於容易作弊、網路程式設計由於連接數量的增加而變得複雜。由於遊戲圖形處理再加上網路通訊處理的負荷,根據玩家電腦設定的不同,遊戲環境會出現很大的差異。另外遊戲中負責資料處理的玩家的電腦設定也可能大不相同,從而導致遊戲效果出現很大的差異。此外,由於沒有可行的商業模式,因此 P2P 在商業上尚無法得到應用,但是 P2P 的思想仍然值得參考。

# 10.3 P2P 網路遊戲技術分析

　　P2P 網路遊戲的架構和 C/S 架構有相似的地方。每個 Peer 端其實就是伺服器和用戶端的整合，提供一個網路層用於網際網路上的 Peer 之間傳輸訊息資料封包。P2P 網路遊戲架構不同於一般的檔案傳輸架構所運用到的「純 P2P 模式」，把純 P2P 模式運用到網路遊戲中將存在這樣的問題：由於沒有中心管理者，網路節點難以發現，而且這樣形成的 P2P 網路很難進行諸如安全管理、身份認證、流量管理、資費等控制，並且安全性較差。因此，我們設計一種 C/S 和 P2P 相結合的網路遊戲架構模式：檔案目錄是分佈的，但需要架設中間伺服器；各節點之間可以直接建立連接，網路的建構需要伺服器進行索引、集中認證及其他服務；中間伺服器用於輔助對等點之間建立連接，伺服器的功能被弱化，節點之間直接進行通訊；透過分散式檔案系統建立完全開放的可共用檔案目錄，運用相對的自由來兼顧安全和可管理性。將登入和帳戶管理伺服器從 P2P 網路中分離出來，它們以 C/S 網路形式來作為遊戲的入口。

　　P2P 技術主要是指透過系統間的直接交換所達成的電腦資源與資訊的共用。P2P 起源於最初的連網通訊方式，具備以下特性：

- 系統依存於邊緣化（非中央式伺服器）裝置的主動協作，每個成員直接從其他成員而非從伺服器的參與中受益，系統中的成員同時扮演伺服器與用戶端的角色。
- 系統中的使用者可以意識到彼此的存在，並組成一個虛擬的或實際的群眾。
- P2P 是一種分散式的網路，網路參與者共用他們所擁有的一部分資源，這些資源都需要由網路提供服務和內容，可以被各個對等節點直接存取而不需要經過中間實體。

　　P2P 應用系統按照其網路架構大致可以分為 3 類：集中式 P2P 系統、純分散式 P2P 系統和混合式 P2P 系統。

　　集中式 P2P 系統以 Napster 為代表，該系統採用集中式網路架構，像一個典型的 C/S 模式，這種結構要求各對等節點都登入到中心伺服器上，透過中心伺服器儲存並維護所有對等節點的共用檔案目錄資訊。此類 P2P 系統通常有較為固定的 TCP 通訊連接埠，並且由於有中心伺服器，因此只要監管節點域內存取中心伺服器的位址，其業務流量就比較容易得到檢測和控制。這種結構的優點是結構簡單，便於管理，資源檢索回應速度比較快，管理維護整個網路消耗的網路頻寬較低。其缺點是伺服器承擔的工作比較多，負載過重，不符合 P2P 的原則；伺服器上的索引得不到及時的更新，檢索結果不精確；伺服器發生故障時會對系統造成較大影響，可靠性和安全性較低，容易造成單點故障；隨著網路規模的擴大，對中央伺服器的維護和更新的費用急劇增加，所需成本過高；中央伺服器的存在引起共用資源在版權問題上的糾紛。

　　純分散式的 P2P 系統由所有的對等節點共同負責相互間的通訊和搜尋，最典型的案例是 Gnutella。此時網路中所有的節點都是真正意義上的對等端，無須中心伺服器的參與。由於純分散式的網路架構將網路認為是一個完全隨機圖，節點之間的鏈路沒有遵循某個預先定義的拓撲結構來建構，因此檔案資訊的查詢結構可能不完全，且查詢速度較慢，查詢對網路頻寬的消耗較大，使得此類系統並沒有被大規模地使用。這種結構的優點是所有的節點都參與服務，不存在中央伺服器，避免了伺服器性能瓶頸和單點失敗，部分節點受攻擊不影響服務搜尋結果，有效性較強。缺點是採用廣播方式在網路間傳輸搜尋請求，造成的網路額外銷耗較大，隨著 P2P 網路規模的擴大，網路銷耗成數量級增長，從而造成完整地獲得搜尋結果的延遲比較大，防火牆穿透能力較差。

　　混合式 P2P 系統同時吸取了集中式和純分散式 P2P 系統的特點，採用了混合式的架構，是現在應用最為廣泛的 P2P 架構。該系統選擇性能較高的節點作為超級節點，在各個超級節點上儲存了系統中其他部分節點的資訊，發現演算法僅在超級節點之間轉發，超級節點再將查詢請求轉發給適當葉子節點。混合式架構是一個層次式結構，超級節點之間組成一個高速轉發層，超級節點和所負責的普通節點組成若干層次。混合式 P2P 的思想是把整個 P2P 網路建成一個二層結構，由普通節點和超級節點組成，一個超級節點管理多個普通節點，即超級節點和其管理的普通節點直接採用集中式拓撲結構，而超級節點之間則採用純分散式拓撲結構。混合 P2P 系統可以利用純分散式拓撲結構在節點不多時實現高分散性、堅固性和高覆蓋率，也可以利用層次模型對大規模網路提供可擴展性。混合式 P2P 的優點是速度快、可擴展性好，較容易管理，但對超級節點的依賴性較大，易受到攻擊，容錯性也會受到一定的影響。

　　由於混合式 P2P 的速度快、可擴展性好以及容易管理的優點，本章的 P2P 架構中採用混合式 P2P 的架構方法，同時透過採取一些對超級節點發生故障後的處理策略來提高容錯性。

# 10.4 網路遊戲的同步機制

　　網路遊戲研究的重要而且疑難的問題就是如何保持各用戶端之間的同步，這種同步就是要保證每個玩家在螢幕上看到的東西大體上是一樣的，即玩家第一時間發出自己的動作並且可以在第一時間看到其他玩家的動作。如何在網路遊戲中進行有效的同步，需要從同步問題產生的根本原因來進行分析。同步問題主要是由網路延遲和頻寬限制這兩個原因引起的。網路延遲決定了接收方的應用程式何時可以看到這個資料資訊，直接影響到遊戲的互動性，從而影響遊戲的真實性。網路的頻寬是指在規定時間內從一端流到另一端的資訊量，即資料傳輸率。

　　解決同步問題的最簡單的方法就是把每個用戶端的動作都向其他用戶端廣播一遍，但是隨著用戶端數量的急劇增長，如果向所有的用戶端都發送資訊，那麼必然會增加網路中資訊的傳輸量，從而加大網路延遲。目前解決同步問題的措施都是採用一些同步演算法來減少網路不同步帶來的影響。這些同步演算法基本上都來自分散式軍事模擬系統的研究。網路遊戲中大多採用分散式物件進行通訊，採用基於時間的移動，並且移動過程中採用用戶端預測和用戶端修正的方法來保持用戶端與伺服器、用戶端與用戶端之間的同步。

## 10.4.1 事件一致性

　　網路遊戲系統中各個玩家以及伺服器之間，沒有一個統一的全域物理時鐘，並且各個玩家之間的傳輸存在抖動，表現為延遲不可確定。這些時鐘的不同會導致各用戶端之間對時間的觀測和理解出現不一致，從而影響事件在各用戶端上的發生順序，因此需要保證各個玩家的事件一致性。舉例來說，在系統執行的過程中，某個時刻發生事件 E，由於用戶端 A 和用戶端 B 都有自己的物理時鐘，它們對時間 E 的處理也是以各自的時鐘為參考的，因此認為事件 E 的發生時刻分別為 tA 和 tB，對於同一事件 E，由不同的用戶端進行處理時就會導致事件的不一致性。這種不一致性的現象是由分散式系統的特點造成的，隨著系統規模的增大和網路鏈路的增長，出現的機率更大。產生這種現象的原因主要有兩方面：一方面由於各個玩家分佈於不同的地理位置，沒有嚴格統一的物理時鐘對他們進行同步；另一方面由於資訊傳輸存在延遲，並且每個用戶端電腦的處理能力不同，處理的時間無法預測，從而導致節點之間訊息接收的順序產生了亂序。事件一致性其實是要求事件在用戶端上的處理順序一致，最直接的方法就是使這些用戶端進行時間同步，使每個事件都與其產生的時間相連結，然後按照時間的先後順序進行排序，使事件在各個用戶端上按連續處理而不至於發生亂序。

## 10.4.2 時間同步

時間同步是事件一致性的關鍵。常見的時間同步演算法大致分為 3 類：基於時間伺服器的一致性演算法、邏輯時間的一致性演算法、模擬時間的一致性演算法。本章主要介紹基於時間伺服器的一致性演算法。

在時間伺服器演算法中，由系統指定的時間伺服器來發佈全域的統一時間。各個玩家用戶端根據全域的統一時間來校對自己的本地時間，達到各個玩家時間的一致性。這類演算法透過使用心跳機制來對玩家的時間進行定期同步，演算法本身和事件沒有關係，但節點可以依據這個時間進行時間排序以達到一致。

常見的時間同步協定是 SNTP，其流程是用戶端向伺服器發送訊息，請求獲取伺服器當前的全域時間。伺服器將其當前的時間發回給用戶端，用戶端將接收到的全域時間加上傳輸過程中所消耗的時間值與本地時間進行比較，若本地時間值小，則加快本地時間頻率，反之，則減慢本地時間頻率。用戶端和伺服器之間訊息傳輸所消耗的時間值可以透過對封包中攜帶的實體時間進行 RTT 計算得到。時間伺服器的演算法原理簡單，易於實現，但是由於網路延遲的不確定性，當對精確度要求比較高時，就沒什麼作用了。

NTP 協定是在整個網路內發佈精確時間的 TCP/IP 協定，是基於 UDP 傳輸的，提供了全面的機制用以存取標準時間和頻率伺服器，組成時間同步子網，並校正每一個加入子網的用戶端的本地時間。NTP 協定有 3 種工作模式：C/S 模式，用戶端週期性地向伺服器請求時間資訊，然後用戶端和伺服器同步；主 / 被動對稱模式，與 C/S 模式基本相同，區別在於用戶端和伺服器雙方都可以相互同步；廣播模式，沒有同步的發起方，每個同步週期內，伺服器向整個網路廣播帶有自己時間戳記的訊息封包，目標節點接收到這些訊息封包後，根據時間戳記來調整自己的時間。

# 10.5 整體設計

## 10.5.1 伺服器系統架構模型

傳統的網路遊戲架構都是基於 C/S 架構，把整個遊戲世界透過區域劃分的方式分成一個個小的區域，每一個區域都由一個伺服器來進行維護，這樣很容易地把負載分配到由多個伺服器組成的伺服器叢集上，但是這種區域劃分的方式會造成負載分配不均，伺服器叢集中伺服器數量的增加必然引起遊戲營運商的硬體設施費用增加、跨區域對用戶端不透明以及易發生擁擠等問題。針對上述問題，我們提出的伺服器架構模型的目標是：

（1）由用戶端來充當傳統架構中的負責管理某一區域的區域伺服器，從而將劃分到用戶端的負載劃分到不同的超級用戶端中，避免了由於區域伺服器而帶來的硬體消費。

（2）給玩家提供一個連續一致的遊戲世界，從而給玩家帶來很好的遊戲體驗。

（3）透過二級負載平衡機制避免發生負載過重的問題。

（4）區域間進行興趣管理，從而降低區域間的資訊資料通信量。

（5）區域內部進行興趣過濾，降低區域內玩家的資訊資料通信量，避免用戶端因頻寬限制而造成延遲過大。

這裡所說的區域根據具體的遊戲形式，其範圍可大可小。比如我們將要設計的棋牌遊戲，可以把區域範圍定義為棋牌的一桌，比如一桌麻將的 4 個人、一桌五子棋的 2 個人、一桌軍旗的 4 個人或 2 個人，等等。

伺服器是網路遊戲的核心，在設計網路遊戲伺服器時要考慮遊戲本身的特點，因此基本上每個遊戲都有一套不同的伺服器方案，但常用的一些功能基本類似，一般還包括專門的資料庫伺服器、註冊登入伺服器和資費伺服器（這個伺服器也非常重要，要保護好）。伺服器整體架構採用 C/S 與 P2P 相結合的方式。超級用戶端與閘道伺服器的連接方式是基於傳統的 C/S 連接，超級用戶端與其所在區域中的節點以及超級用戶端之間的連接方式是非結構化的 P2P 連接。整個網路拓撲結構如圖 10-4 所示。

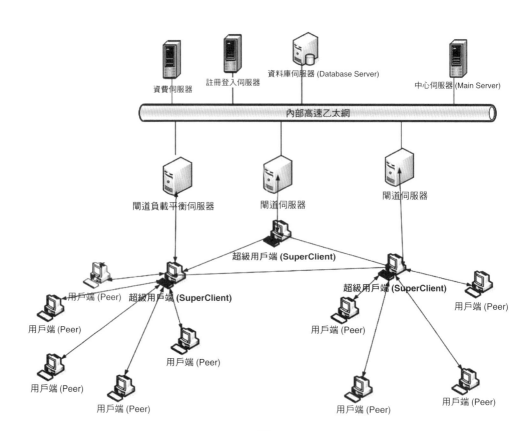

▲ 圖 10-4

　　本系統中的伺服器按照功能劃分為註冊登入伺服器、資料庫伺服器、中心伺服器、資費伺服器、閘道負載平衡伺服器、閘道伺服器，各伺服器由一台或一組計算機構成。系統內部各伺服器之間採用高速乙太網互聯。系統對外僅暴露閘道負載平衡伺服器和閘道伺服器，這樣能夠大幅保護系統安全，防範網路攻擊。

- 註冊登入伺服器主要負責新玩家的註冊和玩家的登入。玩家進入遊戲世界之前必須先透過註冊登入伺服器的帳號驗證。同時，遊戲角色的選擇、建立和維護通常也是在註冊登入伺服器中進行的。

- 資料庫伺服器專門利用一台伺服器進行資料庫的讀寫操作，負責儲存遊戲世界中的各種狀態資訊，同時還要保證資料的安全。

- 中心伺服器是整個遊戲伺服器系統中最重要的伺服器，主要負責在遊戲的初始階段將遊戲世界的區域靜態地劃分成若干個區域，由一個超級用戶端來負責一塊區域，並在遊戲過程中對負載過重的區域進行區域遷移，從而實現動態負載平衡。中心伺服器還會維護一個列表，該列表儲存當前存在的超級用戶端的相關資訊，包括 IP 位址、通訊埠、該區域當前的玩家數量以及地圖區域的 ID。

- 閘道負載平衡伺服器是客戶登入的唯一入口。閘道負載平衡伺服器維護一個列表，該列表中儲存了各個閘道伺服器的當前用戶端連接數，當有新的用戶端請求連接時，就透過閘道負載平衡伺服器的負載分配將該用戶端分配到當前連接數最小的閘道伺服器上，從而避免某台閘道伺服器上的連接數超載。

- 閘道伺服器作為網路通訊的中轉站，將內網與外網隔開，使外部無法直接存取內部伺服器，從而保證內網伺服器的安全。用戶端程式進行遊戲時只需要與閘道伺服器建立一條連接，連接成功之後，玩家資料在不同的伺服器之間的流通只是內網交換，玩家無須斷開並重新連接新的伺服器，保證了用戶端遊戲的流暢性。如果沒有閘道伺服器，則用戶端（玩家）與中心（遊戲）伺服器之間相連，這樣給整個遊戲的伺服器叢集帶來了安全隱憂，直接暴露了遊戲伺服器的 IP 位址。閘道伺服器既要處理與超級用戶端的連接，又要處理與中心伺服器的連接，是超級用戶端和中心伺服器之間通訊的中轉。

- 資費伺服器等可選伺服器根據遊戲的需要增加。

在非結構化 P2P 架構中，節點根據進入區域的時間先後順序的不同又分為 SuperClient 和 Client 兩種。其中 SuperClient 是遊戲過程中最先進入該區域的節點，負責管理整個區域中的所有 Client；Client 是該區域的普通節點，進入該區域時區域中已經存在 SuperClient。對於大型遊戲而言，用戶端首先連接到閘道負載平衡伺服器，閘道負載平衡伺服器分配一個閘道伺服器給用戶端，用戶端建立和中心伺服器的連接，然後中心伺服器根據該用戶端的位置資訊來判斷它所處的區域中是否已經存在 SuperClient：若不存在，則使該用戶端成為 SuperClient，並儲存該節點的相關資訊；若存在，則將該區域中的 SuperClient 發送給該用戶端，該用戶端建立和 SuperClient 的連接，之後斷開與中心伺服器的連接，從而減輕中心伺服器的工作量。SuperClient 用來維護它所在地圖區域中所有 Client 節點的狀態，並且透過心跳執行緒將這些狀態隔時段地傳送給 C/S 結構中的伺服器，從而更新資料庫該 Client 節點所代表的用戶端在資料庫中的狀態，遊戲中各個用戶端之間的通訊以 C/S 連接方式透過 SuperClient 直接傳輸，而不需要透過主要伺服器，各超級用戶端之間的連接則透過 P2P 的連接方式進行。另外，普通玩家並沒有直接與伺服器進行通訊，而是透過它所在區域的 SuperClient 與伺服器進行通訊，區域中的普通玩家會把他的遊戲狀態資訊發送給 SuperClient，然後由 SuperClient 隔時段地向伺服器發送心跳封包，將普通玩家的資訊發送給伺服器。SuperClient 與中心伺服器之間也沒有直接進行通訊，出於安全性的考慮，將閘道伺服器作為二者通訊的中轉。

至於我們的五子棋遊戲，可以把區域看作一個棋盤，然後先進來的人作為超級用戶端，超級用戶端作為下棋的一方，且作為下棋另外一方的服務端，下棋另外一方則作為用戶端。如果是其他遊戲，則只需要擴展多個用戶端即可。由於我們設計的系統是教學產品，因此圖 10-4 中的閘道負載平衡伺服器可以不需要，但如果是商用軟體系統，則一般是需要的，因為線上遊戲人數會很多，閘道負載平衡伺服器的存在是為了滿足可靠性和負載平衡化的要求。另外，我們的五子棋遊戲因為是在區域網中實現的，所以閘道伺服器其實也是不需要的；用戶端也不需要首先連接到閘道負載平衡伺服器，可以直接連接到中心伺服器。圖 10-4 中的拓撲架構完全是為了讓讀者拓寬知識面，了解大型商用遊戲伺服器的規劃設計（其實，還有專門的日誌伺服器和資料庫伺服器等，進了遊戲開發公司就知道了），現在我們自己在區域網系統中不必面面俱到，只要實現關鍵的功能即可。我們的註冊登入伺服器、資料庫伺服器也和中心伺服器合二為一，這樣做是為了方便讀者進行實驗。

## 10.5.2 傳輸層協定的選擇

傳輸層處於 OIS 七層網路模型的中間，主要用來處理資料封包，負責確保網路中一台主機到另一台主機的無錯誤連接。傳輸層的另外一個任務就是將大的資料組分解成較小的單元，這些小的單元透過網路進行傳輸，在接收端，將接收到的較小的資料單元透過傳輸層的協定進行重新組裝，重新組成封包。傳輸層監控從一端到另一段的傳輸和接收活動，以確保資料封包被正確地分解和組裝。

在資料傳輸過程中，要特別注意兩個任務：第一是資料被分割、組合封包，並在接收端重組；第二是每個資料封包單獨在網路上傳輸，直到完成任務。因此，選擇合適的傳輸層協定將提高網路遊戲的安全性、高效性和穩定性。傳輸層主要有兩種協定：TCP 和 UDP。

- TCP 是可靠的、連線導向的協定，在資料傳輸之前需要先在要進行傳輸的兩端建立連接；TCP 協定能夠保證資料封包的傳送和有序，為了保證資料的順序到達，TCP 協定需要等待一些遺失的封包來按順序重組成原來的資料，同時還要檢查是否有封包遺失現象發生，因此需要很多時間。TCP 還可以透過壅塞控制機制避免因快速發送方向低速接收方發送太多的封包而使接收方來不及處理的現象發生，因此 TCP 協定的計算比較複雜，傳輸速率較慢。

- UDP 是資料封包導向的傳輸協定，是不可靠的、不需連線的。UDP 協定把資料發送出去之後，並不能保證它們能到達目的地，也不能保證接收方接收到的順序和發送的順序一致，因此 UDP 適合於對通訊的快速性要求較高而對資料準確度要求不嚴格的應用。

在網路遊戲中，用戶端和伺服器以及伺服器和伺服器之間的資訊的傳輸都是在傳輸層上進行的，由於傳輸的資訊的資料種類比較多，而且資料量較大，因此通訊協定的選擇非常重要。一般情況下，協定的選擇依賴於遊戲的類型和設計重點，如果對於即時性要求不高，允許一點延遲，但是對資料的準確傳輸要求較高，則應該選擇 TCP；相反，如果對即時性要求較高，不允許有延遲，則 UDP 是一個很好的選擇。在 UDP 協定中，可以透過在協定封包中加入一些驗證資訊來提高資料的傳輸準確性。

在本系統中，用戶端的遊戲狀態在資料庫中的更新都是透過各區域的 SuperClient 向中心伺服器發送相關資訊來完成的，而 SuperClient 也由某一用戶端來充當，由於它們之間的通訊網路的可靠性較差，很容易出現亂序封包遺失的現象，因此 SuperClient 和伺服器之間的通訊採用的是 TCP 協定。而某一區域的 SuperClient 與該區域中的普通玩家之間的通訊也採用的是 TCP 協定，可以快速地即時更新玩家的遊戲資訊，從而保證玩家在資料庫中的狀態是較新的。

## 10.5.3 協定封包設計

在網路遊戲中，用戶端和伺服器之間以及用戶端和用戶端之間是透過 TCP/IP 協定建立網路連接進行資料互動的。雙方在進行資料互動的時候，雖然通訊資料在網路傳輸過程中表現為位元組流，但伺服器和用戶端在發送和接收時需要將資料組裝成一筆完整的訊息，即傳輸的資料是按照一定的協定格式包裝的。相互通訊的兩台主機之間要設定一種資料通信格式來滿足資料傳輸控制指令的功能。協定封包的定義是用戶端和伺服器通訊協定的重要組成部分，協定封包設計是否合理直接影響到訊息傳輸和解析的效率，因此，協定封包的設計至關重要。

常見的協定封包設計格式主要有 3 種：XML、訂製的文字格式和訂製的二進位格式。

XML 是一種簡單的資料儲存語言，使用一系列簡單的標記來描述資料，有很好的可讀性和擴展性。但是由於 XML 中有很多標記語言，增加了訊息的長度，因此對訊息的分析的銷耗也會相應地增大。訂製的文字格式對伺服器和用戶端的執行平臺沒有要求，訊息長度比訂製的二進位格式長，實現比較簡單，可讀性較高。協定封包格式如下：

| 命令號<br>（一個字元） | 分隔符號<br>（一個字元） | 命令內容<br>（n 個不定長的字元） | ... |
|---|---|---|---|

其中，命令號用來標記該筆命令的作用，分隔符號用來把命令號和命令內容分隔開，命令內容長度不定。最後一列的省略符號表示可能會有多組分隔符號和命令內容。本系統中，我們定義以下命令號：

```
#define CL_CMD_LOGIN 'l'                 // 登入命令
#define CL_CMD_REG 'r'                         // 註冊命令
#define CL_CMD_CREATE 'c'                // 建立（棋盤）遊戲命令
#define CL_CMD_GET_TABLE_LIST 'g'        // 得到當前空閒的可加入的棋桌的命令
#define CL_CMD_OFFLINE 'o'               // 下線通知命令
#define CL_CMD_CREATOR_IS_BUSY 'b'       // 標記棋盤建立者已經在下棋了的命令
```

關於分隔符號，通常選用一個不常用於使用者名稱的字元作為分隔符號，比如英文逗點，這裡就採用英文逗點來作為分隔符號。

關於命令內容，不同的命令對應不同的命令內容，因為不同的命令需要的參數不同。比如建立棋盤命令 CL_CMD_CREATE 需要兩個參數，第一個是建立者的名稱，第二個是建立者作為遊戲服務者的 IP 位址，那麼完整的命令形式就是「c,userName,IP"，userName 和 IP 都是參數名稱，具體實現時會賦予不同的值，比如「c,Tom,192.168.10.90」。

注意，有時候整筆命令中不需要分隔符號和命令內容，比如獲取當前空閒棋桌的列表，如果當前沒有空閒棋桌，那麼整筆命令就是「g」。現在列舉幾筆用戶端發送給伺服器的完整命令，如表 10-1 所示。

▼ 表 10-1 用戶端發送給伺服器的完整命令範例

| 完整命令形式 | 說　明 | 舉　例 |
|---|---|---|
| r,strName | 使用者註冊 | 「r,Tom」表示 Tom 註冊 |
| l,strName | 使用者登入 | 「l,Jack」表示 Jack 登入 |
| c,strName,szMyIPAsCreator | 使用者建立了棋局，參數是建立者的名稱和建立者的 IP 位址 | 「c,Tom,192.168.10.90」表示 Tom 建立棋局，Tom 的電腦 IP 位址是 192.168.10.90，該 IP 位址等待其他玩家的連接 |
| g, | 獲取當前空閒棋局，空閒棋局就是一個玩家已經建立好了棋局，正在等待其他玩家加入。該命令不需要參數 | 「g,」 |
| o,strName | 向伺服器通知使用者下線了 | 「o,Tom」表示 Tom 下線了 |
| b,strName | 建立棋局的使用者正在下棋，該棋局不能接待其他玩家 | 「b,Tom」表示 Tom 建立的棋局已經開戰 |

　　這些命令都是用戶端發送給伺服器的。對應地伺服器也會對這些命令進行回應，即伺服器也會發送回覆命令給用戶端，從而完成互動過程。回覆命令的命令號和用戶端發給伺服器的命令號是一樣的，區別就是命令內容不同，這裡列舉一些伺服器發送給用戶端的完整命令，如表 10-2 所示。

▼ 表 10-2 伺服器發送給用戶端的完整命令範例

| 完整的回覆命令 | 說　明 |
|---|---|
| l,hasLogined | 使用者已經登入 |
| l,ok | 使用者登入成功 |
| l,noexist | 登入失敗，原因是使用者不存在，即沒註冊 |
| r,ok | 註冊成功 |
| r,exist | 註冊失敗，使用者名稱已經存在 |
| c,ok,strName | 建立棋局成功，strName 是建立者的使用者名稱 |
| g,strName1(strIP1),strName2(strIP2),… | 更新遊戲大廳中空閒棋局的列表，參數是建立棋局的使用者的名稱和 IP 位址，該 IP 位址將作為服務 IP 位址，後續加入棋局的玩家將作為用戶端，連接到此 IP 位址。<br>省略符號的意思是可能會有多個棋局，因此有多組 strName(strIP)，並用英文逗點隔開 |

# 10.6 資料庫設計

對註冊的使用者名稱需要儲存起來，遊戲比分結果，日誌資訊也需要儲存起來。限於篇幅，後兩者功能我們目前沒有實現，可以作為作業留給讀者實現。使用者名稱儲存需要資料庫，這裡使用的資料庫是 MySQL。

MySQL 的下載和安裝，以及表格的建立在 6.6.2 節中已有介紹，這裡就不再贅述了。

# 10.7 伺服器詳細設計和實現

伺服器程式不需要介面，當然如果在商用環境中使用，通常需要用網頁為它設計管理設定功能，這裡我們聚焦關鍵功能，設定功能就省略了，一些設定（比如伺服器 IP 位址和通訊埠編號）都直接在程式裡固定寫好，如果要修改，則直接在程式裡修改即可。

伺服器程式是一個 Linux 下的 C 語言應用程式，編譯器是 gcc，執行在 Ubuntu 20.04 上，當然應該也可以執行在其他 Linux 系統上。

伺服器程式採用基於 select 的通訊模型，如果以後要支援更多使用者，則可以改為 epoll 模型或採用執行緒池。目前在區域網中，select 模型足夠了。

我們的遊戲邏輯是在用戶端上實現，因此伺服器程式主要是提供管理功能，管理好使用者的註冊、認證、下線、查詢空閒棋局等。由於要服務多個用戶端，因此使用一個鏈結串列來儲存當前登入到伺服器的用戶端，鏈結串列的節點定義如下：

```
typedef struct link {
    int fd; // 當前已經登入的用戶端通訊端控制碼
    char usrName[256]; // 線上使用者名稱
    char creatorIP[256]; // 該使用者建立棋盤後作為服務端的 IP
    int isFree,isCreator;//isFree 表示棋局是否空閒；isCreator 表示該使用者是否為建立棋盤者
    struct link * next;// 代表指標域，指向直接後繼元素
}MYLINK;
```

## 【例 10.1】並發遊戲伺服器的實現

（1）在 Windows 下用自己喜愛的編輯器新建一個原始檔案，檔案名稱是 myChatSrv.c，並輸入以下程式：

```c
#include <stdio.h>
#include <stdlib.h>
#include <string.h>
#include <netinet/in.h>
#include <arpa/inet.h>
#include <sys/select.h>
#include "mylink.h"
#define MAXLINE 80
#define SERV_PORT 8000     // 伺服器的監聽通訊埠
// 定義各個命令號
#define CL_CMD_LOGIN 'l'
#define CL_CMD_REG 'r'
#define CL_CMD_CREATE 'c'
#define CL_CMD_GET_TABLE_LIST 'g'
#define CL_CMD_OFFLINE 'o'
#define CL_CMD_CREATE_IS_BUSY 'b'
// 得到命令中的使用者名稱
int GetName(char str[],char szName[])
{
    const char * split = ",";     // 英文分隔符號
    char * p;
    p = strtok (str,split);
    int i=0;
    while(p!=NULL)
    {
        printf ("%s\n",p);
        if(i==1) sprintf(szName,p);
        i++;
        p = strtok(NULL,split);
    }
    return 0;
}
// 得到 str 中逗點之間的內容，比如 g,strName,strIP，那麼 item1 得到 strName，
//item2 得到 strIP，特別要注意：分隔處理後原字串 str 會變成第一個子字串
void GetItem(char str[], char item1[], char item2[])
{
    const char * split = ",";
    char * p;
    p = strtok(str, split);
    int i = 0;
    while (p != NULL)
    {
        printf("%s\n", p);
        if (i == 1) sprintf(item1, p);
        else if(i==2)   sprintf(item2, p);
        i++;
        p = strtok(NULL, split);
```

```
        }
    }
    // 查詢字串中某個字元出現的次數，這個函式主要用來判斷傳來的字串是否符合規範
    int countChar(const char *p, const char chr)
    {
        int count = 0,i = 0;
        while(*(p+i))
        {
            if(p[i] == chr)// 字元陣列存放在一塊記憶體區域中，按索引查詢字元，指標本身不變
                ++count;
            ++i;// 按陣列的索引值查詢對應指標變數的值
        }
        //printf(" 字串中 w 出現的次數：%d",count);
        return count;
    }

MYLINK myhead ;        // 線上使用者列表的頭指標，該節點不儲存具體內容

int main(int argc, char *argv[])   // 主函式入口
{
    int i, maxi, maxfd,ret;
    int listenfd, connfd, sockfd;
    int nready, client[FD_SETSIZE];
    ssize_t n;
    char *p,szName[255]="",szPwd[128]="",repBuf[512]="",szCreatorIP[64]="";
    fd_set rset, allset; // 兩個集合
    char buf[MAXLINE];
    char str[INET_ADDRSTRLEN]; /* #define INET_ADDRSTRLEN 16 */
    socklen_t cliaddr_len;
    struct sockaddr_in cliaddr, servaddr;
    listenfd = socket(AF_INET, SOCK_STREAM, 0); // 建立通訊端
    //為了通訊端馬上能重複使用
    int val = 1;
    ret = setsockopt(listenfd,SOL_SOCKET,SO_REUSEADDR,(void *)&val,sizeof(int));
    // 綁定
    bzero(&servaddr, sizeof(servaddr));
    servaddr.sin_family = AF_INET;
    servaddr.sin_addr.s_addr = htonl(INADDR_ANY);
    servaddr.sin_port = htons(SERV_PORT);
    bind(listenfd, (struct sockaddr *)&servaddr, sizeof(servaddr));
    // 監聽
    listen(listenfd, 20); // 預設最大值為 128
    maxfd = listenfd; // 需要接收最大檔案描述符號

    // 陣列初始化為 -1
    maxi = -1;
    for (i = 0; i < FD_SETSIZE; i++)
```

```
        client[i] = -1;
// 集合清零
FD_ZERO(&allset);
// 將 listenfd 加入 allset 集合
FD_SET(listenfd, &allset);
puts("Game server is running...");
for (; ;)
{
    rset = allset; /* 每次迴圈時都重新設定 select 監控訊號集 */

    //select 傳回 rest 集合中發生讀取事件的總數  參數 1 為最大檔案描述符號 +1
    nready = select(maxfd + 1, &rset, NULL, NULL, NULL);
    if (nready < 0)
        puts("select error");
    //listenfd 是否在 rset 集合中
    if (FD_ISSET(listenfd, &rset))
    {
        //accept 接收
        cliaddr_len = sizeof(cliaddr);
        //accept 傳回通訊通訊端，當前非阻塞，因為 select 已經發生讀寫事件
        connfd = accept(listenfd, (struct sockaddr *)&cliaddr, &cliaddr_len);

        printf("received from %s at PORT %d\n",
            inet_ntop(AF_INET, &cliaddr.sin_addr, str, sizeof(str)),
            ntohs(cliaddr.sin_port))
        for (i = 0; i < FD_SETSIZE; i++)
            if (client[i] < 0)
            {
                //accept 傳回的通訊通訊端 connfd 儲存到 client[] 裡
                client[i] = connfd;
                break;
            }

        // 是否達到 select 能監控的檔案個數上限 1024
        if (i == FD_SETSIZE) {
            fputs("too many clients\n", stderr);
            exit(1);
        }
        FD_SET(connfd, &allset); // 增加一個新的檔案描述符號到監控訊號集裡
        // 更新最大檔案描述符號數
        if (connfd > maxfd)
            maxfd = connfd; //select 第一個參數需要
        if (i > maxi)
            maxi = i;  // 更新 client[] 最大下標值
        /* 如果沒有更多的就緒檔案描述符號，就繼續回到上面的 select 阻塞監聽，處理未處理完
的就緒檔案描述符號 */
        if (--nready == 0)
```

```
                        continue;
                }
            for (i = 0; i <= maxi; i++)
            {
                // 檢測哪個 client 有資料就緒
                if ((sockfd = client[i]) < 0)
                    continue;
                //sockfd（connd）是否在 rset 集合中
                if (FD_ISSET(sockfd, &rset))
                {
                    // 進行讀取資料，不用阻塞立即讀取（select 已經幫忙處理阻塞環節）
                    if ((n = read(sockfd, buf, MAXLINE)) == 0)
                    {
                      /* 無數據情況下用戶端關閉連結，伺服器也關閉對應連結 */
                        close(sockfd);
                        FD_CLR(sockfd, &allset); /* 解除 select 監控此檔案描述符號 */
                        client[i] = -1;
                    }
                    else
                    {
                        char code= buf[0];
                        switch(code)
                        {
                        case CL_CMD_REG:    // 註冊命令處理
                                if(1!=countChar(buf,','))
                                {
                                        puts("invalid protocal!");
                                        break;
                                }
                                GetName(buf,szName);
                                // 判斷名稱是否重複
                                if(IsExist(szName))
                                {
                                        sprintf(repBuf,"r,exist");
                                }
                                else
                                {
                                        insert(szName);
                                        showTable();
                                        sprintf(repBuf,"r,ok");
                                        printf("reg ok,%s\n",szName);
                                }
                                write(sockfd, repBuf, strlen(repBuf));// 回覆用戶端
                                break;
                            case CL_CMD_LOGIN: // 登入命令處理
                                    if(1!=countChar(buf,','))
                                    {
```

```c
                                puts("invalid protocal!");
                                break;
                }
                GetName(buf,szName);
                // 判斷資料庫中是否註冊過，即是否存在
                if(IsExist(szName))
                {
                        // 再判斷是否已經登入了
                        MYLINK *p = &myhead;
                        p=p->next;
                        while(p)
                        {
                                // 判斷是否名稱相同，名稱相同說明已經登入
                                if(strcmp(p->usrName,szName)==0)
                                        {
                                        sprintf(repBuf,"l,hasLogined");
                                        break;
                                }
                                p=p->next;
                        }
                        if(!p)
                        {
                                AppendNode(&myhead,connfd,szName,"");
                                sprintf(repBuf,"l,ok");
                        }
                }
                else sprintf(repBuf,"l,noexist");
                write(sockfd, repBuf, strlen(repBuf));// 回覆用戶端
                break;
        case CL_CMD_CREATE: //create game
                printf("%s create game.",buf);
                p = buf;
                // 得到遊戲建立者的 IP 位址
                GetItem(p,szName,szCreatorIP);
                // 修改建立者標記
                MYLINK *p = &myhead;
                p=p->next;
                while(p)
                {
                        if(strcmp(p->usrName,szName)==0)
                        {
                                p->isCreator=1;
                                p->isFree=1;
                                strcpy(p->creatorIP,szCreatorIP);
                                break;
                        }
                        p=p->next;
```

```
                            }
                            sprintf(repBuf,"c,ok,%s",buf+2);
                            // 群發
                            p = &myhead;
                            p=p->next;
                            while(p)
                            {
                                    write(p->fd, repBuf, strlen(repBuf));
                                    p=p->next;
                            }
                            break;
                    case CL_CMD_GET_TABLE_LIST:
                            sprintf(repBuf,"%c",CL_CMD_GET_TABLE_LIST);
                            // 得到所有空閒建立者列表
                            GetAllFreeCreators(&myhead,repBuf+1);
                            write(sockfd, repBuf, strlen(repBuf));// 回覆用戶端
                            break;
                    case CL_CMD_CREATE_IS_BUSY:
                            GetName(buf,szName);
                            p = &myhead;
                            p=p->next;
                            while(p)
                            {
                                    if(strcmp(szName,p->usrName)==0)
                                    {
                                            p->isFree=0;
                                            break;
                                    }
                                    p=p->next;
                            }
    // 更新空閒棋局列表，通知到大廳，讓所有用戶端玩家知道當前的空閒棋局
                            sprintf(repBuf,"%c",CL_CMD_GET_TABLE_LIST);
                            GetAllFreeCreators(&myhead,repBuf+1);

                            // 群發
                            p = &myhead;
                            p=p->next;
                            while(p)
                            {
                                    write(p->fd, repBuf, strlen(repBuf));
                                    p=p->next;
                            }
                            break;
                    case CL_CMD_OFFLINE:
                            DelNode(&myhead,buf+2); // 在鏈結串列中刪除該節點
    // 更新空閒棋局列表，通知到大廳，讓所有用戶端玩家知道當前的空閒棋局
                            sprintf(repBuf,"%c",CL_CMD_GET_TABLE_LIST);
```

```
                                GetAllFreeCreators(&myhead,repBuf+1);
                                // 群發
                                p = &myhead;
                                p=p->next;
                                while(p)
                                {
                                        write(p->fd, repBuf, strlen(repBuf));
                                        p=p->next;
                                }
                                break;
                        }//switch
                }
                if (--nready == 0)
                        break;
            }
        }
    }
    close(listenfd);
    return 0;
}
```

在 select 通訊模型建立起來後，就可以用一個 switch 結構來處理各個命令。這樣類似的架構在伺服器程式中很通用，一套通訊模型，一個業務命令處理模型，以後要換其他業務了，只需要在 switch 中更換不同的命令和處理即可。

（2）再新建一個原始檔案，檔案名稱是 mydb.c，該檔案主要封裝對資料庫的一些操作，比如函式 showTable 用來顯示表中的所有記錄，函式 IsExist 用來判斷使用者名稱是否已經註冊過了。mydb.c 的內容和 6.7.2 節中的 mydb.c 一樣，這裡就不再列舉展開了，詳細內容可參考本書的書附下載資源中的原始程式目錄。

（3）實現鏈結串列。建立標頭檔，內容如下：

```
typedef struct link {
    int fd;// 代表通訊端控制碼
    char usrName[256]; // 線上使用者名稱
    char creatorIP[256]; // 該使用者建立棋盤所在用戶端的 IP 位址
    int isFree,isCreator;// 是否空閒沒對手；是否為建立棋盤者
    struct link * next;// 代表指標域，指向直接後繼元素
}MYLINK;
```

再新建一個原始檔案，檔案名稱是 mylink.c，該檔案主要用來封裝自訂鏈結串列的一些功能，比如向鏈結串列中增加一個節點、刪除一個節點、清空釋放鏈結串列等，程式如下：

```
#include "stdio.h"
#include "mylink.h"
```

```
void AppendNode(struct link *head,int fd,char szName[],char ip[]){   // 宣告建立節點函式
    // 建立 p 指標，初始化為 NULL；建立 pr 指標，透過 pr 指標來給指標域賦值
    struct link *p = NULL,*pr = head;
     // 為指標 p 申請記憶體空間，必須操作，因為 p 是新建立的節點
    p = (struct link *)malloc(sizeof(struct link)) ;
    if(p == NULL){                      // 如果申請記憶體失敗，則退出程式
        printf("NO enough momery to allocate!\n");
        exit(0);
    }
    if(head == NULL){                   // 如果頭指標為 NULL，說明現在的鏈結串列是空白資料表
        head = p; // 使 head 指標指向 p 的位址 (p 已經透過 malloc 申請了記憶體，所以有位址 )
    }else{      // 此時鏈結串列已經有頭節點 ，再一次執行了 AppendNode 函式
        // 註：假如這是第二次增加節點
        // 因為第一次增加頭節點時，pr = head，和頭指標一樣指向頭節點的位址
        while(pr->next!= NULL){
            pr = pr->next;  // 使 pr 指向頭節點的指標域
        }
        pr->next = p;           // 使 pr 的指標域指向新鍵節點的位址，此時的 next 指標域是頭節點的
指標域
    }

    p->fd = fd;                 // 給 p 的資料欄賦值
    sprintf(p->usrName,"%s",szName);
    sprintf(p->creatorIP,"%s",ip);
    p->isFree=1;
    p->isCreator=0;
    p->next = NULL;                     // 新增加的節點位於表尾，因此它的指標域為 NULL
}

// 搜尋鏈結串列，當找到使用者名為 szName 時，刪除該節點
void DelNode(struct link *head, char szName[]){
    struct link *p = NULL,*pre=head,*pr = head;
    while(pr->next!= NULL){
        pre=pr;
        pr = pr->next;          // 使 pr 指向頭節點的指標域
        if(strcmp(pr->usrName,szName)==0)
        {
            pre->next=pr->next;
            free(pr);
            break;
        }
    }
}

// 輸出函式，列印鏈結串列
void DisplayNode(struct link *head){
```

```
        struct link *p = head->next;                        // 定義 p 指標，使它指向頭節點
        int j = 1;                                           // 定義 j 記錄這是第幾個數值
        while(p != NULL){                           // 因為 p = p->next，所以直到尾節點列印結束
            printf("%5d%10d\n",j,p->fd);
            p = p->next;            // 因為節點已經建立成功，所以 p 由頭節點指向下一個節點
( 每一個節點的指標域都指向了下一個節點 )
            j++;
        }
    }
    // 得到空閒棋局的資訊
    void GetAllFreeCreators(struct link *head,char *buf){
        struct link *p = head->next;                        // 定義 p 指標，使它指向頭節點

        while(p != NULL)
        {
            if(p->isCreator && p->isFree)
            {
                strcat(buf,",");// 所有線上使用者名稱之間用逗點隔開
                strcat(buf,p->usrName);
                strcat(buf,"(");
                strcat(buf,p->creatorIP);
                strcat(buf,")");
            }
            p = p->next;
        }
    }


    // 釋放鏈結串列資源
    void DeleteMemory(struct link *head){
        struct link *p = head->next,*pr = NULL;             // 定義 p 指標指向頭節點
        while(p != NULL){                                   // 當 p 的指標域不為 NULL
            pr = p;                                         // 將每一個節點的位址賦值給 pr 指標
            p = p->next;                                    // 使 p 指向下一個節點
            free(pr);                                       // 釋放此時 pr 指向節點的記憶體
        }
    }
```

　　上述程式都是一些常見的鏈結串列操作函式，相信了解資料結構的讀者應該很容易看懂。

　　（4）至此，所有原始程式檔案實現完畢，下面將它們上傳到 Linux 進行編譯。為了編譯方便，準備了一個 Makefile 檔案，該檔案和 6.6.3 節的 Makefile 檔案的內容相同，因此這裡不再贅述。在 Linux 下進入 myGameSrv.c 所在地目錄，然後在命令列下直接執行 make 命令，此時將在同目錄下生成可執行檔 gameSrv，直接執行它：

```
root@tom-virtual-machine:~/ex/net/12/12.1/myChatSrvcmd# ./gameSrv
Game server is running...
```

執行成功，伺服器已實現完成，下面就可以實現用戶端了。

# 10.8 客戶端詳細設計和實現

筆者一直比較矛盾，因為這是一本介紹 Linux 下的伺服器程式設計的書，但由於本章涉及遊戲，而遊戲用戶端肯定需要良好的圖形介面，因此遊戲用戶端基本都是在 Windows 下或安卓下實現。這就導致要實現一個完整的遊戲系統，在 Windows 下實現用戶端將是必須做的工作。但限於篇幅，並不能用太多的筆墨講解很多 Windows 下的程式設計知識，這裡只能要求讀者有一定的 VC 程式設計知識，筆者會儘量使用最少的 VC 介面程式設計知識，不去繪製複雜漂亮的圖形介面，掌握思想和原理即可。其實，在遊戲程式設計公司，伺服器開發、用戶端開發和介面美工開發都是不同的職位。

使用者使用用戶端的基本過程如下：

（1）使用者註冊。

（2）使用者登入，登入成功後進入遊戲大廳。

（3）在遊戲大廳裡，可以建立棋局（也可以說是建立棋桌）等待玩家加入，也可以選擇一個空閒的棋局來加入。

（4）一旦加入某個空閒的棋局，就可以開始玩遊戲了，遊戲是在兩個玩家之間展開。一旦遊戲結束，棋局建立者將把遊戲結果上傳到伺服器，以統計比分（這個功能留給讀者實現）。

（5）同一個棋局之間的玩家可以聊天。

根據這個使用過程，我們這樣設計用戶端：註冊、登入、建立棋局這三大功能都由用戶端和伺服器透過 TCP 協定互動，並且把建立遊戲的用戶端作為超級用戶端，一旦建立遊戲成功，則超級用戶端將作為另一個玩家的服務端而等待其他玩家的加入，加入過程就是其他用戶端透過 TCP 協定連接到超級用戶端，一旦連接成功，就可以開始玩遊戲。這個想法其實就是把 C/S 和 P2P 聯合起來，這樣做的好處是大大減輕了遊戲伺服器的壓力，並增強了它的穩定性。畢竟，對伺服器來講，穩定性是第一位的。遊戲邏輯則完全可以放到用戶端上實現，伺服器只要做好管理和關鍵資料儲存工作（比如日誌資料、比分資料、使用者資訊等）。另外，由於一個棋局之間的兩個玩家已經透過 TCP 相互連接，因此他們之間的聊天資訊沒必要再經過伺服器來轉發，這樣也減輕了伺服器的壓力。

在用戶端實現過程中，流程實現其實不是最複雜的環節，最複雜的環節是遊戲邏輯的實現。這裡為了照顧初學者，選用最簡單的五子棋遊戲。相信讀者都會下五子棋，但要用程式來實現，其實也是不容易的，因此也要闡述一下。另外，為了在斷線狀態下也能玩遊戲，我們實現了人機對弈。

## 10.8.1 棋盤類別 CTable

該類別是整個遊戲的核心部分，類別名為 CTable，封裝了棋盤的各種可能用到的功能，如儲存棋盤資料、初始化、判斷勝負等。使用者透過在主介面與 CTable 進行互動來完成對遊戲的操作。

### 1. 主要成員變數

主要成員變數如下：

1）網路連接標識—m_bConnected

用來表示當前網路連接的情況。在網路對弈模式下，當用戶端連接伺服器時用來判斷是否連接成功。事實上，它也是區分當前遊戲模式的唯一標識。

2）棋盤等待標識—m_bWait 與 m_bOldWait

由於在玩家落子後需要等待對方落子，因此 m_bWait 標識就用來標識棋盤的等候狀態。當 m_bWait 為 TRUE 時，是不允許玩家落子的。

在網路對弈模式下，玩家之間需要互相發送諸如悔棋、和棋這一類的請求訊息，在發送請求後等待對方回應時，也是不允許落子的，因此需要將 m_bWait 標識置為 TRUE。在收到對方回應後，需要恢復原有的棋盤等候狀態，因此需要另外一個變數在發送請求之前儲存棋盤的等候狀態以做恢復之用，這就是 m_bOldWait。

等待標識的設定由成員函式 SetWait 和 RestoreWait 完成。

3）網路通訊端—m_sock 和 m_conn

在網路對弈模式下，需要用到這兩個通訊端物件。其中 m_sock 物件用於伺服器的監聽，m_conn 用於網路連接的傳輸。

4）棋盤資料─m_data

這是一個 15×15 的二位陣列，用來儲存當前棋盤的落子資料。對每個成員來說，0 表示落黑子，1 表示落白子，-1 表示無子。

5）遊戲模式指標─m_pGame

這是 CGame 類別的物件指標，是 CTable 類別的核心內容。它所指向的物件實體決定了 CTable 在執行一件事情時的不同行為。

**2. 主要成員函式**

主要成員函式如下：

1）通訊端的回呼處理─Accept、Connect、Receive

本程式的通訊端衍生自 MFC 的 CAsyncSocket 類別，CTable 的這 3 個成員函式就分別提供了對通訊端回呼事件 OnAccept、OnConnect、OnReceive 的實際處理，其中 Receive 成員函式最為重要，它包含了對所有網路訊息的分發處理。

2）清空棋盤─Clear

在每一局遊戲開始的時候都需要呼叫這個函式將棋盤清空，也就是初始化棋盤。在這個函式中，主要發生了以下幾件事情：

將 m_data 中每一個落子位都置為無子狀態（-1）。

按照傳入的參數設定棋盤等待標識 m_bWait，以供先、後手的不同情況之用。

使用 delete 將 m_pGame 指標所指向的原有遊戲模式物件從堆積上刪除。

3）繪製棋子─Draw

這無疑是很重要的函式，它根據參數給定的座標和顏色繪製棋子。繪製的詳細過程如下：

將給定的棋盤座標換算為繪圖的圖元座標。

根據座標繪製棋子點陣圖。

如果先前曾下過棋子，則利用 R2_NOTXORPEN 將上一個繪製棋子的最後落子指示矩形擦拭。

在剛繪製完成的棋子四周繪製最後落子指示矩形。

### 4）左鍵訊息—OnLButtonUp

作為棋盤唯一回應的左鍵訊息，也需要做不少的工作：

如果棋盤等待標識 m_bWait 為 TRUE，則直接發出警告聲音並傳回，即禁止落子。

如果按一下時的滑鼠座標在合法座標 (0, 0) ～ (14, 14) 之外，亦禁止落子。

走的步數大於 1 步，方才允許悔棋。

進行勝利判斷，如勝利則修改 UI 狀態並增加勝利數的統計。

如未勝利，則向對方發送已經落子的訊息。

落子完畢，將 m_bWait 標識置為 TRUE，開始等待對方回應。

### 5）繪製棋盤—OnPaint

每當 WM_PAINT 訊息觸發時，都需要對棋盤進行重繪。OnPaint 作為回應繪製訊息的訊息處理函式，使用了雙緩衝技術，減少了多次繪圖可能導致的影像閃爍問題。這個函式主要完成了以下工作：

加載棋盤點陣圖並進行繪製。

根據棋盤資料繪製棋子。

繪製最後落子指示矩形。

### 6）對方落子完畢—Over

在對方落子之後，仍然需要做一些判斷工作，這些工作與 OnLButtonUp 中的類似，在此不再贅述。

### 7）設定遊戲模式—SetGameMode

這個函式透過傳入的遊戲模式參數對 m_pGame 指標進行初始化，程式如下：

```
void CTable::SetGameMode( int nGameMode )
{
    if ( 1 == nGameMode )
        m_pGame = new COneGame( this );
    else
        m_pGame = new CTwoGame( this );
    m_pGame->Init();
}
```

這之後，就可以利用物件導向的繼承和多態的特點讓 m_pGame 指標使用相同的呼叫來完成不同的工作。事實上，COneGame::Init 和 CTwoGame::Init 都是不同的。

8）勝負的判斷—Win

這是遊戲中一個極其重要的演算法，用來判斷當前棋局是哪一方獲勝。

## 10.8.2　遊戲模式類別 CGame

該類別用來管理遊戲模式（目前只有網路雙人對戰模式，以後還可以擴展更多的模式，比如人機對戰模式、多人對戰模式等），類別名為 CGame。CGame 是一個抽象類別，經由它衍生出一人遊戲類別 COneGame 和網路遊戲類別 CTwoGame，如圖 10-5 所示。

▲ 圖 10-5

CTable 類別可以透過一個 CGame 類別的指標，在遊戲初始化的時候根據具體遊戲模式的要求實實體化 COneGame 或 CTwoGame 類別的物件；然後利用多態性，使用 CGame 類別提供的公有介面完成不同遊戲模式下的不同功能。

CGame 類別負責對遊戲模式進行管理，以及在不同的遊戲模式下對不同的使用者行為進行不同的回應。由於並不需要 CGame 本身進行回應，因此將它設計為了一個純虛類別，它的定義如下：

```
class CGame
{
protected:
    CTable *m_pTable;
public:
    // 落子步驟
    list< STEP > m_StepList;
public:
    // 構造函式
    CGame( CTable *pTable ) : m_pTable( pTable ) {}
    // 析構函式
    virtual ~CGame();
    // 初始化工作，不同的遊戲方式初始化也不一樣
    virtual void Init() = 0;
    // 處理勝利後的情況，CTwoGame 需要改寫此函式完成善後工作
    virtual void Win( const STEP& stepSend );
```

```
        // 發送己方落子
        virtual void SendStep( const STEP& stepSend ) = 0;
        // 接收對方訊息
        virtual void ReceiveMsg( MSGSTRUCT *pMsg ) = 0;
        // 發送悔棋請求
        virtual void Back() = 0;
};
```

**1. 主要成員變數**

CGame 類別的主要成員變數說明如下：

**1）棋盤指標—m_pTable**

由於在遊戲中需要對棋盤和棋盤的父視窗—主對話方塊操作及 UI 狀態設定，故為 CGame 類別設定了這個成員。當對主對話方塊操作時，可以使用 m_pTable->GetParent() 得到它的視窗指標。

**2）落子步驟—m_StepList**

一個好的棋類程式必須考慮到的功能就是它的悔棋功能，所以需要為遊戲類別設定一個落子步驟的清單。由於人機對弈和網路對弈中都需要這個功能，故將這個成員直接設定到基礎類別 CGame 中。另外，考慮到使用的簡便性，這個成員使用了 C++ 標準範本程式庫（Standard Template Library，STL）中的 std::list，而非 MFC 的 CList。

**2. 主要成員函式**

CGame 類別主要成員函式說明如下：

**1）悔棋操作**

在不同的遊戲模式下，悔棋的行為是不一樣的。

人機對弈模式下，電腦是完全允許玩家悔棋的，但是出於對程式負荷的考慮，只允許玩家悔當前的兩步棋（電腦一步，玩家一步）。

雙人網路對弈模式下，悔棋的過程為：首先由玩家向對方發送悔棋請求（悔棋訊息），然後由對方決定是否允許玩家悔棋，在玩家得到對方的回應訊息（允許或拒絕）之後，才進行悔棋與否的操作。

**2）初始化操作—Init**

不同的遊戲模式有不同的初始化方式。對於人機對弈模式而言，初始化操作包括以下幾個步驟：

- 設定網路連接狀態 m_bConnected 為 FALSE。
- 設定主介面電腦玩家的姓名。
- 初始化所有的獲勝組合。
- 如果是電腦先走，則佔據天元（棋盤正中央）的位置。

網路對弈的初始化工作暫為空，以供以後擴展之用。

### 3）接收來自對方的訊息—ReceiveMsg

這個成員函式由 CTable 棋盤類別的 Receive 成員函式呼叫，用於接收來自對方的訊息。對人機對弈模式來說，所能接收到的就僅是本地模擬的落子訊息 MSG_PUTSTEP；對網路對弈模式來說，這個成員函式則負責從通訊端讀取對方發過來的資料，然後將這些資料解釋為自訂的訊息結構，並回到 CTable::Receive 來進行處理。

### 4）發送落子訊息—SendStep

在玩家落子結束後，要向對方發送自己落子的訊息。不同的遊戲模式，發送的目標也不同：

人機對弈模式下，將直接把落子的資訊（座標、顏色）發送給 COneGame 類別相應的計算函式。

網路對弈模式下，將把落子訊息發送給通訊端，並由通訊端轉發給對方。

### 5）勝利後的處理—Win

這個成員函式主要針對 CTwoGame 網路對弈模式。在玩家贏得棋局後，這個函式仍然會呼叫 SendStep 將玩家所下的制勝落子步驟發送給對方，然後對方的遊戲端經由 CTable::Win 來判定自己失敗。

## 10.8.3 訊息機制

Windows 系統擁有自己的訊息機制，在不同事件發生的時候，系統也可以提供不同的回應方式。五子棋程式模仿 Windows 系統實現了自己的訊息機制，主要為網路對弈服務，以回應多種多樣的網路訊息。

當繼承自 CAsyncSocket 的通訊端類別 CFiveSocket 收到訊息時，會觸發 CFiveSocket::OnReceive 事件，在這個事件中呼叫 CTable::Receive，CTable::Receive

開始按照自訂的訊息格式接收通訊端發送的資料，並對不同的訊息類型進行分發處理，如圖 10-6 所示。

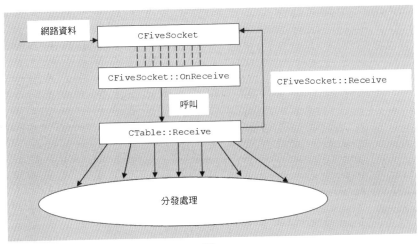

▲ 圖 10-6

當 CTable 獲得了來自網路的訊息之後，就可以使用一個 switch 結構來進行訊息的分發了。網路間傳遞的訊息都遵循以下結構的形式：

```
// 摘自 Messages.h
typedef struct _tagMsgStruct {
    // 訊息 ID
    UINT uMsg;
    // 落子資訊
    int x;
    int y;
    int color;
    // 訊息內容
    TCHAR szMsg[128];
} MSGSTRUCT;
```

其中，uMsg 表示訊息 ID，x、y 表示落子的座標，color 表示落子的顏色，szMsg 隨著 uMsg 的不同而有不同的含義。

### 1）落子訊息—MSG_PUTSTEP

表明對方落下了一個棋子，其中 x、y 和 color 成員有效，szMsg 成員無效。在人機對弈模式下，亦會模擬發送此訊息以達到程式模組一般化的效果。

2）悔棋訊息—MSG_BACK

　　表明對方請求悔棋，除 uMsg 成員外其餘成員皆無效。接收到這個訊息後，會彈出 MessageBox 詢問是否接受對方的請求，並根據玩家的選擇回返 MSG_AGREEBACK 或 MSG_REFUSEBACK 訊息，如圖 10-7 所示。另外，在發送這個訊息之後，主介面上的某些元素將不再回應使用者的操作。

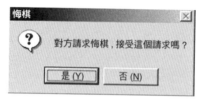

▲ 圖 10-7

3）同意悔棋訊息—MSG_AGREEBACK

　　表明對方接受了玩家的悔棋請求，除 uMsg 成員外其餘成員皆無效。接收到這個訊息後，將進行正常的悔棋操作。

4）拒絕悔棋訊息—MSG_REFUSEBACK

　　表明對方拒絕了玩家的悔棋請求（見圖 10-8），除 uMsg 成員外其餘成員皆無效。接收到這個訊息後，整個介面將恢復為發送悔棋請求前的狀態。

▲ 圖 10-8

5）和棋訊息—MSG_DRAW

　　表明對方請求和棋，除 uMsg 成員外其餘成員皆無效。接收到這個訊息後，會彈出 MessageBox 詢問是否接受對方的請求，並根據玩家的選擇回返 MSG_AGREEDRAW 或 MSG_REFUSEDRAW 訊息，如圖 10-9 所示。另外，在發送這個訊息之後，主介面上的某些元素將不再回應使用者的操作。

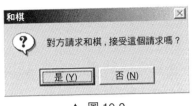

▲ 圖 10-9

### 6）同意和棋訊息—MSG_AGREEDRAW

表明對方接受了玩家的和棋請求，除 uMsg 成員外其餘成員皆無效。接到這個訊息後，雙方和棋，如圖 10-10 所示。

▲ 圖 10-10

### 7）拒絕和棋訊息—MSG_REFUSEDRAW

表明對方拒絕了玩家的和棋請求（見圖 10-11），除 uMsg 成員外其餘成員皆無效。接到這個訊息後，整個介面將恢復為發送和棋請求前的狀態。

▲ 圖 10-11

### 8）認輸訊息—MSG_GIVEUP

表明對方已經投子認輸，除 uMsg 成員外其餘成員皆無效。接到這個訊息後，整個介面將轉為勝利後的狀態，如圖 10-12 所示。

▲ 圖 10-12

9）聊天訊息—MSG_CHAT

表明對方發送了一筆聊天資訊，szMsg 表示對方的資訊。接收到這個資訊後，會將對方聊天的內容顯示在主對話方塊的聊天記錄視窗內。

10）對方資訊訊息—MSG_INFORMATION

用來獲取對方玩家的姓名，szMsg 表示對方的姓名。在開始遊戲的時候，由用戶端向伺服器發送這筆訊息，伺服器接收到後設定對方的姓名，並將自己的姓名同樣用這筆訊息回發給用戶端。

11）再次開局訊息—MSG_PLAYAGAIN

表明對方希望開始一局新的棋局，除 uMsg 成員外其餘成員皆無效。接收到這個訊息後，會彈出 MessageBox 詢問是否接受對方的請求，並根據玩家的選擇回返 MSG_AGREEAGAIN 訊息或直接斷開網路，如圖 10-13 所示。

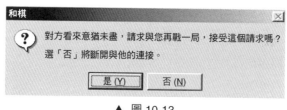

▲ 圖 10-13

12）同意再次開局訊息—MSG_AGREEAGAIN

表明對方同意了再次開局的請求，除 uMsg 成員外其餘成員皆無效。接收到這個訊息後，將開啟一局新遊戲。

## 10.8.4 遊戲演算法

五子棋遊戲中，有相當的篇幅是演算法的部分，即如何判斷勝負。五子棋的勝負判斷在於棋盤上是否有一個點，這個點的右、下、右下、左下四個方向是否有連續的五個同色棋子出現，如圖 10-14 所示。

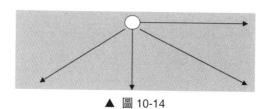

▲ 圖 10-14

這個演算法也就是 CTable 的 Win 成員函式。從設計的思想上來看，需要它接收一個棋子顏色的參數，然後傳回一個布林值，這個布林值來指示是否勝利，程式如下：

```
BOOL CTable::Win( int color ) const
{
    int x, y;
    // 判斷橫向
    for ( y = 0; y < 15; y++ )
    {
        for ( x = 0; x < 11; x++ )
        {
            if ( color == m_data[x][y] &&
color == m_data[x + 1][y] &&
                color == m_data[x + 2][y] &&
color == m_data[x + 3][y] &&
                color == m_data[x + 4][y] )
            {
                return TRUE;
            }
        }
    }
    // 判斷縱向
    for ( y = 0; y < 11; y++ )
    {
        for ( x = 0; x < 15; x++ )
        {
            if ( color == m_data[x][y] &&
color == m_data[x][y + 1] &&
                color == m_data[x][y + 2] &&
color == m_data[x][y + 3] &&
                color == m_data[x][y + 4] )
            {
                return TRUE;
            }
        }
    }
    // 判斷「\」方向
    for ( y = 0; y < 11; y++ )
    {
        for ( x = 0; x < 11; x++ )
        {
            if ( color == m_data[x][y] &&
color == m_data[x + 1][y + 1] &&
                color == m_data[x + 2][y + 2] &&
color == m_data[x + 3][y + 3] &&
```

```
                color == m_data[x + 4][y + 4] )
            {
                return TRUE;
            }
        }
    }
    // 判斷「/」方向
    for ( y = 0; y < 11; y++ )
    {
        for ( x = 4; x < 15; x++ )
        {
            if ( color == m_data[x][y] &&
color == m_data[x - 1][y + 1] &&
                color == m_data[x - 2][y + 2] &&
color == m_data[x - 3][y + 3] &&
                color == m_data[x - 4][y + 4] )
            {
                return TRUE;
            }
        }
    }
    // 不滿足勝利條件
    return FALSE;
}
```

　　需要說明是，由於這個演算法所遵循的搜尋順序是從左到右、從上往下，因此在每次迴圈的時候，都有一些座標無須納入考慮範圍。例如對於橫向判斷而言，由於右邊界限制，所有水平座標大於或等於 11 的點都構不成達到五子連的條件，因此水平座標的迴圈上界也就定為 11，這樣也就提高了搜尋的速度。

### 【例 10.2】遊戲用戶端的實現

　　（1）打開 VC2017，新建一個對話方塊專案，專案名稱是 Five。

　　（2）實現「登入遊戲伺服器」對話方塊，在資源管理器中增加一個對話方塊資源，介面設計如圖 10-15 所示。

　　分別實現「註冊」和「登入伺服器」兩個按鈕，限於篇幅，程式不再列出，可以參考書附原始程式中的本例專案。

　　（3）實現「遊戲大廳」對話方塊，在資源管理器中增加一個對話方塊資源，介面設計如圖 10-16 所示。

▲ 圖 10-15　　　　　　　　　　　　　▲ 圖 10-16

其中，列表方塊中用來存放已經建立的空閒棋局，當棋局有玩家加入時，就會自動在列表中消失。分別實現「加入棋局」和「建立棋盤」兩個按鈕，限於篇幅，程式不再列出，可以參考書附原始程式中的本例專案。當使用者按一下這兩個按鈕之中的時，該對話方塊將自動關閉，從而顯示棋盤對話方塊。

（4）實現棋盤對話方塊，在資源管理器中增加一個對話方塊資源，介面設計如圖 10-17 所示。

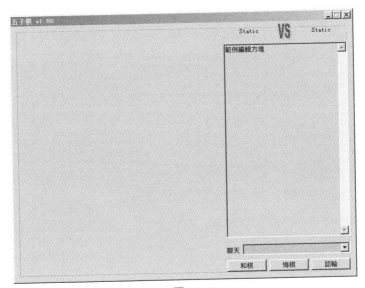

▲ 圖 10-17

在右下角放置了一個下拉式清單方塊用於實現聊天功能，執行時期，只需要輸入聊天內容，然後按 Enter 鍵，就會把聊天內容發送給對方玩家，並顯示在編輯方塊上。在對話方塊設計介面上按一下「和棋」按鈕，為該按鈕增加事件處理函式，

程式如下:

```
void CFiveDlg::OnBtnHq()
{
    m_Table.DrawGame();
}
```

直接呼叫類別 CTable 的成員函式 DrawGame 實現了和棋功能。

再按一下「悔棋」按鈕,為該按鈕增加事件處理函式,程式如下:

```
void CFiveDlg::OnBtnBack()
{
    m_Table.Back();
}
```

直接呼叫類別 CTable 的成員函式 Back 實現了悔棋功能。

再按一下「認輸」按鈕,為該按鈕增加事件處理函式,程式如下:

```
void CFiveDlg::OnBtnLost()
{
    //TODO: Add your control notification handler code here
    m_Table.GiveUp();
}
```

直接呼叫類別 CTable 的成員函式 GiveUp 實現了認輸功能。看得出,類別 CTable 比較重要,用來實現棋盤功能,該類別宣告如下:

```
class CTable : public CWnd
{
    CImageList m_iml;                       // 棋子影像
    int m_color;                            // 玩家顏色
    BOOL m_bWait;                           // 等待標識
    void Draw(int x, int y, int color);
    CGame *m_pGame;                         // 遊戲模式指標
public:
    void PlayAgain();                       // 發送再玩一次請求
    void SetMenuState( BOOL bEnable );      // 設定選單狀態 (主要為網路對戰準備)
    void GiveUp();                          // 發送認輸訊息
    void RestoreWait();                     // 重新設定先前的等待標識
    BOOL m_bOldWait;                        // 先前的等待標識
    void Chat( LPCTSTR lpszMsg );           // 發送聊天訊息
    // 是否連接網路 (用戶端使用)
    BOOL m_bConnected;
    // 我方名字
    CString m_strMe;
    // 對方名字
```

```
        CString m_strAgainst;
        // 傳輸用通訊端
        CFiveSocket m_conn;
        CFiveSocket m_sock;
        int m_data[15][15];                         // 棋盤資料
        CTable();
        ~CTable();
        void Clear( BOOL bWait );                   // 清空棋盤
        void SetColor(int color);                   // 設定玩家顏色
        int GetColor() const;                       // 獲取玩家顏色
        BOOL SetWait( BOOL bWait );                 // 設定等待標識，傳回先前的等待標識
        void SetData( int x, int y, int color );    // 設定棋盤資料，並繪製棋子
        BOOL Win(int color) const;                  // 判斷指定顏色是否勝利
        void DrawGame();                            // 發送和棋請求
        void SetGameMode( int nGameMode );          // 設定遊戲模式
        void Back();                                // 悔棋
        void Over();                                // 處理對方落子後的工作
        void Accept( int nGameMode );               // 接收連接
        void Connect( int nGameMode );              // 主動連接
        void Receive();                             // 接收來自對方的資料
    protected:
        afx_msg void OnPaint();
        afx_msg void OnLButtonUp( UINT nFlags, CPoint point );
        DECLARE_MESSAGE_MAP()
    };
```

限於篇幅，這些函式的具體實現程式就不列舉了，具體可以參考書附的原始程式專案，筆者對其中的程式進行了詳細的註釋。除了棋盤類別，還有一個重要的類別就是遊戲實現的類別 CGame，該類別宣告如下：

```
#ifndef CLASS_GAME
#define CLASS_GAME
#ifndef _LIST_
#include <list>
using std::list;
#endif
#include "Messages.h"
class CTable;
typedef struct _tagStep {
    int x;
    int y;
    int color;
} STEP;
// 遊戲基礎類別
class CGame
{
```

```
protected:
    CTable *m_pTable;
public:
    // 落子步驟
    list< STEP > m_StepList;
public:
    // 構造函式
    CGame( CTable *pTable ) : m_pTable( pTable ) {}
    // 析構函式
    virtual ~CGame();
    // 初始化工作，不同的遊戲方式初始化也不一樣
    virtual void Init() = 0;
    // 處理勝利後的情況，CTwoGame 需要改寫此函式完成善後工作
    virtual void Win( const STEP& stepSend );
    // 發送己方落子
    virtual void SendStep( const STEP& stepSend ) = 0;
    // 接收對方訊息
    virtual void ReceiveMsg( MSGSTRUCT *pMsg ) = 0;
    // 發送悔棋請求
    virtual void Back() = 0;
};

// 一人遊戲衍生類別
class COneGame : public CGame
{
    bool m_Computer[15][15][572];              // 電腦獲勝組合
    bool m_Player[15][15][572];                // 玩家獲勝組合
    int m_Win[2][572];                         // 各個獲勝組合中填入的棋子數
    bool m_bStart;                             // 遊戲是否剛剛開始
    STEP m_step;                               // 儲存落子結果
    // 以下三個成員做悔棋之用
    bool m_bOldPlayer[572];
    bool m_bOldComputer[572];
    int m_nOldWin[2][572];
public:
    COneGame( CTable *pTable ) : CGame( pTable ) {}
    virtual ~COneGame();
    virtual void Init();
    virtual void SendStep( const STEP& stepSend );
    virtual void ReceiveMsg( MSGSTRUCT *pMsg );
    virtual void Back();
private:
    // 舉出下了一個子後的分數
    int GiveScore( const STEP& stepPut );
    void GetTable( int tempTable[][15], int nowTable[][15] );
    bool SearchBlank( int &i, int &j, int nowTable[][15] );
};
```

```
// 二人遊戲衍生類別
class CTwoGame : public CGame
{
public:
    CTwoGame( CTable *pTable ) : CGame( pTable ) {}
    virtual ~CTwoGame();
    virtual void Init();
    virtual void Win( const STEP& stepSend );
    virtual void SendStep( const STEP& stepSend );
    virtual void ReceiveMsg( MSGSTRUCT *pMsg );
    virtual void Back();
};
#endif //CLASS_GAME
```

同樣，限於篇幅，該類別各成員函式的實現程式這裡不再列出，具體可以參考原始程式專案，筆者對它們進行了詳細註釋。其實整個系統如果想換個遊戲也是很輕鬆的事情，只需要把棋盤類別和遊戲類別換掉，即可實現其他遊戲。

（5）為了讓超級用戶端（作為遊戲服務的一方）能知道當前狀態，我們需要增加一個狀態對話方塊。在 VC 資源管理器中增加「建立遊戲」的提示對話方塊，介面設計如圖 10-18 所示。

一旦使用者在遊戲大廳裡按一下「建立棋盤」按鈕，就會開始監聽通訊埠，等待其他用戶端（對方玩家）來連接。一旦遊戲服務監聽成功，棋盤初始化也成功，該對話方塊就會自動顯示出來，這樣可以提示使用者當前狀態一切順利，只需要等著玩家連接過來就可以了。一旦有玩家連接過來，這個對話方塊就會自動消失，從而開始遊戲。

同樣，為了讓作為普通用戶端的玩家知道是否成功連接到超級用戶端，也需要一個狀態對話方塊，在 VC 資源管理器中增加「加入遊戲」的提示對話方塊，介面設計如圖 10-19 所示。

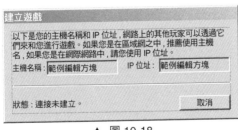

▲ 圖 10-18

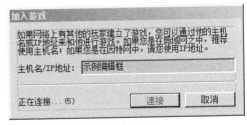

▲ 圖 10-19

　　如果超級用戶端準備就緒，網路暢通，則這個對話方塊顯示的時間很短，一旦成功連接到超級用戶端，則該對話方塊自動消失。至此，介面設計全部完成。為了照顧沒有 VC 功底的讀者，筆者用了最簡單的介面元素，正式商用的時候，是不可能使用如此「簡陋」的介面的，至少要像騰訊棋盤遊戲那樣，在每個介面元素上都貼圖，當然那是美工要幹的事，我們現在的主要目的是掌握程式的實現邏輯和原理。

　　（6）儲存專案並按複合鍵 Ctrl+F5 執行這個 VC 專案（注意，服務端程式要執行著）。第一個介面出來的是登入對話方塊，如圖 10-20 所示。

　　筆者已經註冊過 Tom 了，因此直接按一下「登入伺服器」按鈕，出現登入成功的提示對話方塊，如圖 10-21 所示。

　　在提示對話方塊中按一下「確定」按鈕，進入遊戲大廳，目前遊戲大廳是空的，如圖 10-22 所示。

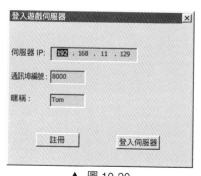

▲ 圖 10-20

▲ 圖 10-21

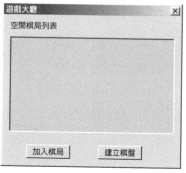

▲ 圖 10-22

　　按一下「建立棋盤」按鈕，如果建立成功，則出現棋盤對話方塊，同時彈出「建立遊戲」對話方塊，「建立遊戲」對話方塊會提示當前狀態為「等待其他玩家加入 ...」，如圖 10-23 所示。

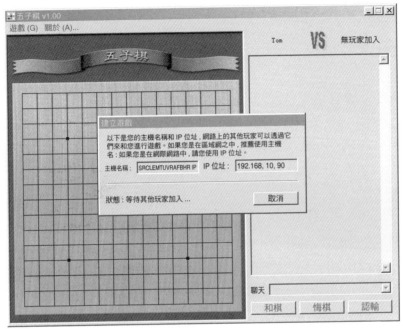

▲ 圖 10-23

現在第一個玩家的操作就完成了。接下來執行第二個玩家，第二個玩家是加入遊戲的一方。回到 VC 介面，切換到「方案總管」頁面，然後按右鍵解決方案名稱「Five」，在彈出的快顯功能表上選擇「偵錯」→「啟動新實例」命令，此時將啟動另外一個處理程序，該處理程序的第一個介面依舊是登入框，如圖 10-24 所示。

我們把昵稱改為 Jack，Jack 是筆者前面已經註冊好的使用者名稱，讀者也可以註冊一個新的使用者名稱。按一下「登入伺服器」按鈕，彈出提示登入成功的對話方塊，在該對話方塊中按一下「確認」按鈕，進入「遊戲大廳」，如圖 10-25 所示。

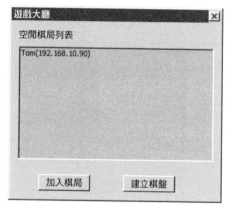

▲ 圖 10-24　　　　　　　　　　　　▲ 圖 10-25

　　可以看到，遊戲大廳裡有一個名為 Tom 的玩家在等著讀者加入棋局呢！選中「Tom(192.168.10.90)」，然後按一下「加入棋局」按鈕，此時就和連接到 Tom，一旦連接成功，則會顯示 Jack 的棋盤，如圖 10-26 所示。

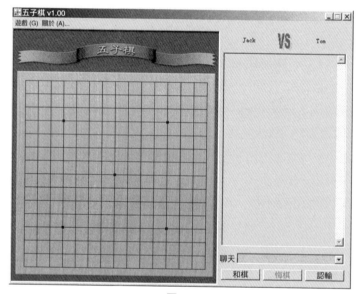

▲ 圖 10-26

　　此時如果 Tom 一方在棋盤上用滑鼠按一下某個位置進行落子，則雙方都能看到有個棋子落子了，然後 Jack 可以接著落子，這樣遊戲就展開了，如圖 10-27、圖 10-28 所示。

　　另外，下棋的同時，也可以相互聊天，如圖 10-29 所示。

　　此時如果再有一個使用者登入到遊戲大廳，它看到的遊戲大廳就是空的了，因為遊戲建立者 Tom 已經正在玩，不再等待別的玩家了。我們可以按右鍵解決方案名稱「Five」，在彈出的快顯功能表上選擇「偵錯」→「啟動新實例」命令，然後用 Alice 登入（Alice 也已經註冊過），如圖 10-30 所示。提示登入成功後，進入遊戲大廳，此時遊戲大廳是空的，如圖 10-31 所示。

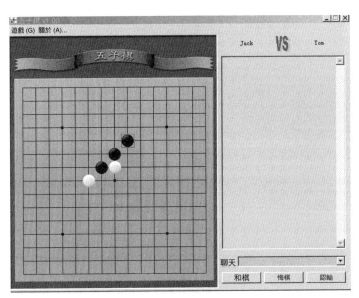

▲ 圖 10-27

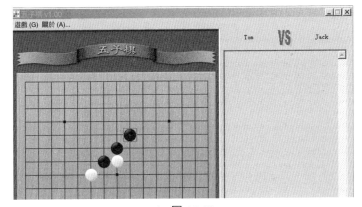

▲ 圖 10-28

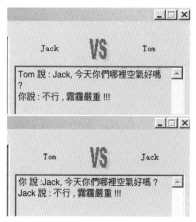

▲ 圖 10-29

▲ 圖 10-30　　　　　　　　　▲ 圖 10-31

　　這就說明我們保持遊戲玩家的狀態是正確的，Alice 可以繼續建立遊戲，等待下一個玩家。至此，我們的整個遊戲程式實現成功了。